L'AGROÉCOLOGIE

UNE AGRICULTURE BIOLOGIQUE ARTISANALE ET AUTONOME

COURS THÉORIQUE

BENOÎT R. SOREL

2nde édition – Novembre 2015

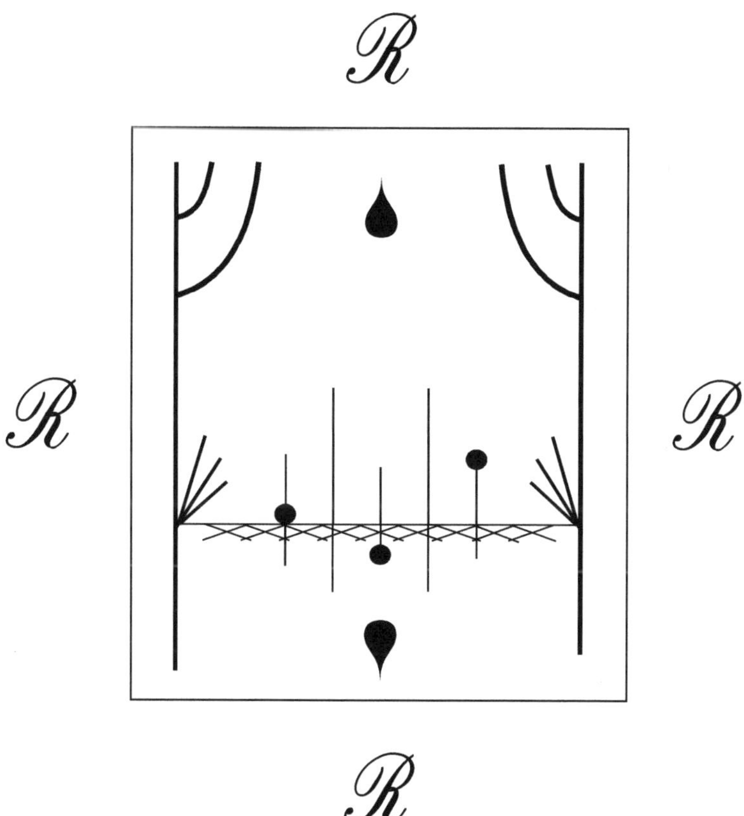

© 2015 - Benoît R. Sorel
Edition: BoD - Books on Demand
12/14 rond-point des Champs Elysées, 75008 Paris
Imprimé par Books on Demand GmbH, Norderstedt, Allemagne
ISBN : 9782322042760
Dépôt légal: avril 2015

TABLE DES MATIÈRES

AVANT-PROPOS **1**

INTRODUCTION À L'AGROÉCOLOGIE **5**

    1 Objectif du cours 5
    2 Les questions-clé de l'agriculture 7
    3 Les objectifs de l'agroécologie 8
    4 Pourquoi inventer l'agroécologie ? 10
    5 Plusieurs définitions de l'agroécologie 15

BASES SCIENTIFIQUES DE L'AGROÉCOLOGIE **25**

    1 De la science écologique à l'agroécologie 25
    2 Écologie 28
    3 Biologie 41
    4 Pédologie 45
    5 Connaissances scientifiques issues du ... jardinage 48

LES THÉORIES AGROÉCOLOGIQUES **51**

FONDEMENTS HISTORIQUES DE L'AGROÉCOLOGIE **55**

    1 Percée de l'agriculture biologique 55
    2 Les fondateurs de l'agroécologie 57
    3 Établissement de l'agriculture conventionnelle 58
    4 Écologie, romantisme et écologisme 77
    5 Le mode de vie aborigène 77

ASPECTS SOCIO-ÉCONOMIQUES **79**

    1 Le modèle économique de l'agroécologie 79
    2 Un projet de société basée sur l'agroécologie 82
    3 La production de notre jardin agroécologique 90
    4 Communication et agroécologie 95
    5 L'innovation et la production de connaissances 104
    6 Le groupe des jardiniers agroécologistes 112

JARDINER EN AGROÉCOLOGIE **115**

    1 Adapter un principe aux conditions locales 115
    2 La pensée agroécologiste 116
    3 La touche personnelle du jardinier 132
    4 Choix des espèces à cultiver 134
    5 Les catégories de techniques 139
    6 Check-list pour adopter ou abandonner une technique 145
    7 Schéma de synthèse 146

PSYCHOLOGIE DU JARDINIER AGROÉCOLOGISTE 147

1 La confiance de produire 148
2 On part de soi 148
3 Se prendre en main : de l'action / réaction à l'initiative 149
4 Vertus et limites de la solitude 149
5 Comprendre le client 150
6 Médiocrité, pugnacité, ambition 152
7 Les contraintes de la vie de famille 154
8 Les préjugés déstabilisants 155
9 Le désir d'une vie équilibrée 158
10 L'épanouissement personnel 159
11 Le meilleur des légumes 161

PHILOSOPHIE DE L'AGROÉCOLOGIE 163

1 La notion de propriété 163
2 La complexité du jardinage 164
3 Un jardin est-il un organisme ? 167
4 La notion d'émergence en agroécologie 169
5 La fatalité de l'agriculture 170
6 La science pour l'artisanat 171
7 Le darwinisme et le respect de la vie du sol 174
8 L'Homme et la Machine industrielle 175

SPIRITUALITÉ ET AGROÉCOLOGIE 177

1 Ce que l'agroécologie n'est pas 178
2 Les initiations spirituelles que permet l'agroécologie 179
3 Le mythe du jardin d'Éden 184
4 L'harmonie naturelle 187
5 Spiritualité et agriculture conventionnelle 188
6 Sécheresse de l'âme et poésie 191
7 Synthèse des spiritualités agricoles 194

SITUER L'AGROÉCOLOGIE DANS L'AGRICULTURE 195

1 Précisions sur la nomenclature nationale 196
2 Éviter de moraliser 197
3 L'agriculture de précision 198
4 L'agriculture écologiquement intensive 201
5 L'agriculture conventionnelle 203
6 L'agriculture naturelle 204
7 La permaculture 208
8 La culture maraîchère du XIXe siècle 210
9 L'agriculture biologique intensive sur petite surface 212
10 La biodynamie 213
11 L'agriculture de conservation 216
12 Classifications des agricultures 217

CONCLUSION : SCÉNARIO À L'HORIZON 2050 .... **221**

    1 Quatre conditions pour la pérennisation de l'agroécologie 221
    2 La forme dominante d'agriculture 222
    3 Les semences autorisées 223
    4 Emploi agricole, innovation et vente 224
    5 Le jardinier détenteur de la tradition agroécologique 225

ANNEXES **227**

    1 Agroécologie, le futur c'est maintenant 227
    2 Éléments d'écologie théorique 234
    3 Extraits fermentés : science ou croyance ? 237
    4 Utilisations possibles de la fougère 239

BIBLIOGRAPHIE **240**

TABLES **243**

    1 Auteurs 243
    2 Mots-clé 244
    3 Sigles 245
    4 Expressions 245
    5 Tableaux 246
    6 Illustrations 246

DU MÊME AUTEUR

Cours d'entomologie pour l'agriculture naturelle, École d'Agriculture Durable, formation en ligne www.ecole-agriculture-durable.eu

L'agroécologie : cours technique, Éditions BoD, 2015

L'élevage professionnel d'insectes : points stratégiques et méthode de conduite, Éditions BoD, 2015

Les cinq pratiques du jardinage agroécologique, auto-édition, 2015

Où va le monde ? Recueil de textes, auto-édition, 2015

Les ouvrages en auto-édition peuvent être commandés sur le site internet
http:\\jardindesfrenes.jimdo.com

AVANT-PROPOS

À qui s'adresse ce cours ?

À toutes les personnes qui aiment s'occuper de la terre et des plantes, pour leur faire produire respectueusement des fruits et légumes bons et sains. Et plus particulièrement à ces personnes ci-dessus qui ont le souci de la rigueur intellectuelle sans pour autant vouloir renoncer à la beauté. Ces personnes auront naturellement le goût et l'habitude de la lecture : ce cours répondra à leurs exigences de détails et de mouvements souples de la pensée. Aux autres lecteurs ce cours demandera quelque effort et quelque persévérance, car il est d'un niveau presque universitaire. L'intelligence qu'il procurera n'en sera que plus gratifiante.

Le cours technique, avec ses nombreuses explications illustrées, est à la portée de tous ceux dont la motivation pour les agricultures alternatives est confirmée ou en passe de l'être. Enfin, le livret « Les cinq pratiques du jardinage agroécologique » est à la portée de tous les curieux de Nature qui se demandent comment un jardin sans fumier et sans labour peut être productif et durable.

À propos de l'auteur

Benoît R. SOREL est titulaire d'une maîtrise es Biologie des populations et des Écosystèmes, ainsi que d'un D.E.A. es Sciences, Technologies et Société : Histoire et Enjeux. Il étudie plus particulièrement l'écologie des insectes, puis les rencontres entre scientifiques et bouddhistes au cours des conférences et programmes de recherche Mind and Life. De 2008 à 2011 il élève des insectes à des fins d'expérimentation animale dans le cadre du programme REACh d'évaluation des pesticides, rédige plans d'études, rapports et procédures de travail. En 2012 il suit la formation à la ferme de Sainte Marthe, puis enseigne la biologie en collège et lycée à temps partiel. En 2014 il rédige pour l'Institut Technique d'Agriculture Naturelle le cours d'entomologie agricole. En 2015 il vend ses premiers surplus de jardin sur les marchés.

Considération sur les livres aujourd'hui

Ceci est le premier ouvrage que nous avons rédigé afin d'être publié et vendu. Nous fûmes naïfs de penser qu'une maison d'édition « conventionnelle » l'accepterait, car la question qui assure leur existence est, tout simplement, « Qui ira lire un inconnu ? » Avec les possibilités désormais très faciles d'auto-édition (eBook, pdf), avec les innombrables textes et ouvrages gratuits de toute sorte que l'on peut trouver sur l'internet (yousribe.com, academia.edu...), il n'y a jamais eu autant de publications. Donc, arithmétiquement, la valeur des idées posées sur papier (réel ou virtuel) n'a jamais été aussi basse : on écrit sur tout, de toutes les façons, dans toutes les langues. Deviner quel ouvrage se vendra bien est un pari délicat, alors nous comprenons que pour le domaine qui est le nôtre, les éditeurs choisissent de viser le grand public, sinon de publier des auteurs déjà connus dans d'autres domaines ou dans certains cercles.

Ainsi, dans la majorité des ouvrages du domaine agricultures biologiques alternatives, publiés par les éditeurs conventionnels, nous pensons que la qualité des propos comme des styles reflète la devise « se divertir en s'instruisant » : pour attirer le lecteur, la photo jolie et la mise en page compliquée, sinon fantasmagorique, sont censés être plus efficaces que l'originalité des idées de l'auteur. Et bien souvent les auteurs même ne parviennent pas à dissimuler leur manque de méthode intellectuelle ainsi que de connaissance pratique de l'agriculture. Comme Michel ONFRAY l'écrit, bien des auteurs se contentent de connaître le monde par l'entremise des livres. Ceci aboutit à certains ouvrages où la poésie se mélange à la technique : mélange des genres stérile sur le plan intellectuel comme pratique, qui nuit aux efforts des jardiniers agroécologistes pour légitimer leur place à côté de l'agriculture industrielle.

Aujourd'hui, l'auteur est le premier maillon d'une chaîne qui va à l'éditeur, au revendeur, au lecteur, puis se termine ... dans le bac à recyclage. Il n'est pas exagéré de dire cela : tout domaine livresque confondu, on voit les brocantes et les vide-greniers déborder de livres, et l'on sait bien où ils finissent inévitablement. On n'a jamais écrit autant de livres, et, comme tout bien de consommation, on en a plus qu'il n'en faut. Dans le même temps, on ne pourra pas nier non plus la baisse d'attractivité des livres face à l'internet : le succès de ce média tient à sa capacité à amener rapidement des réponses à tous types de question. Découvrir devient facile, quand lire demande temps et effort.

Le point positif est, face à ces montagnes de livres comme face à l'internet, le retour de l'individu pensant (l'auteur en premier lieu, le bibliothécaire, le libraire, l'enseignant ...) dans sa capacité à conseiller et orienter, pour distinguer le détail de l'essentiel, le particulier du général, et ainsi rappeler que les écrits et toute forme de savoirs ne sont pas en soi des finalités, mais des moyens.

Il demeure que, dans l'espoir d'être lu, un auteur peut proposer en téléchargement gratuit sur l'internet le fruit de ses réflexions. Ainsi, nous avions publié sur youscribe.com plusieurs textes. L'un deux fût consulté plus de 1500 fois, mais jamais nous ne reçûmes un remerciement ni un commentaire. Nous avons donc décidé de le retirer, et de le mettre en vente (« L'élevage professionnel d'insectes : points stratégiques et méthode de conduite). Nous n'avons jamais donné à lire gratuitement le présent ouvrage.

Dans ce contexte actuel, pour clore cette considération, disons sans détour que ce cours ne peut être pas un succès de vente : trop détaillé, trop questionnant, il vient bien après les ouvrages grand public d'introduction aux agricultures biologiques. C'est un choix volontaire de notre part : nous visons les lecteurs pour qui la découverte de ce cours représente une étape dans un processus de questionnement de soi, en particulier des façons de penser l'agriculture respectueuse du sol, des plantes et de l'humain. Le cours guidera ces lecteurs véritablement curieux à travers la trinité Nature – Société – Sens de la vie (pour ne pas dire spiritualité), en demeurant toujours dans la problématique agricole.

Remerciements

Ce cours n'aurait pas vu le jour sans le soutien de notre famille. C'est grâce à elle que nous avons pu acquérir et restaurer une fermette, sur laquelle nous avons créé un grand jardin agroécologique, le *Jardin des Frênes*. Nous n'oublions pas notre tante de Villedieu, cette pionnière de l'alimentation bio, qui a essuyé bien des critiques quand elle se construisait, mais qui a fait de nombreux émules. Et nous remercions le docteur Jean-Pierre DARRÉ, pour ses recommandations et pour la rigueur de sa pensée, qu'il a su nous transmettre à travers ses recherches dédiées à l'innovation agricole.

Comment lire ce cours

Les différents aspects de l'agroécologie sont abordés en chapitres successifs, mais nous vous encourageons à sortir des sentiers battus, et à commencer la lecture par le chapitre qui vous intéresse le plus. Vous pouvez même terminer par la lecture de l'introduction et démarrer par l'annexe ! Car si l'agroécologie est une forme récente d'agriculture, en cours d'élaboration, elle s'astreint à éviter les contradictions internes et elle possède déjà la cohérence d'une agriculture confirmée.

Passer d'un chapitre à l'autre dans l'ordre qui vous plaît est aussi l'ordre pédagogique idéal pour vous, car ainsi vous comprendrez l'agroécologie à la lumière de votre histoire personnelle et de vos centres d'intérêt. Ce n'est certes pas conventionnel, mais les jardiniers agroécologistes ne veulent pas « faire comme tout le monde ».

L'agroécologie est la réalisation d'une agriculture alternative, alors prenez le temps de découvrir ces principes et ces techniques « différentes » : la différence exige d'être questionnée, pesée et repesée. Puis allez dans votre jardin mettre en pratique (inspirez-vous du cours technique adjoint à ce cours théorique) ou bien allez sur le terrain rencontrer un jardinier agroécologiste. En échange d'un petit coup de main pour dérouler une bâche noire ou répandre de la tonte, il vous expliquera sûrement pourquoi l'agroécologie lui permet de maintenir fertiles sa terre tout comme son esprit.

Ce cours a été rédigé à Carentan puis à Saint Jean de Daye entre juillet 2012 et mars 2015 pour la première édition. Les corrections pour la deuxième édition furent réalisées à Saint Jean de Daye en septembre et octobre 2015.

INTRODUCTION À L'AGROÉCOLOGIE

1 OBJECTIF DU COURS

L'objectif de ce cours théorique est de présenter l'agroécologie : *ce qu'elle est, pourquoi on la pratique, pourquoi on l'invente.* La présentation se veut exhaustive, en abordant un maximum d'aspects pour cerner le cœur opératif de l'agroécologie (chapitres définitions, connaissances scientifiques utilisées, techniques, projet de société) et ses surfaces d'échange avec la société, la Nature et l'individu (chapitres histoire, philosophie, psychologie, spiritualité, comparaisons), surfaces d'échanges par lesquelles elle reçoit et elle donne.

L'agroécologie est une forme d'agriculture biologique en cours d'élaboration, où convergent des théories et des pratiques variées et innovantes. La diversité des sources d'imagination et la créativité de ses acteurs impose la pluralité des perspectives. Nous identifierons tout au long du cours les « chemins » qui ont conduit à sa naissance, nous recenserons tout ce qui permet de la définir dans sa forme actuelle, et nous rechercherons toutes les « pistes » pour le futur.

Précisons que si l'exposé se veut objectif, nous ne sommes pas moins partie prenante. D'une part parce qu'en entreprenant un exposé si large, qui est une entreprise inédite, nous avons l'objectif de contribuer à consolider les fondements de l'agroécologie. D'autre part parce que nous parions sur la démocratisation de l'agroécologie : nous pensons qu'elle est une des solutions aux problèmes qualitatifs comme quantitatifs de l'alimentation moderne, ainsi qu'au mal-être de notre société occidentale qui ne veut pas s'avouer les effets néfastes du culte de la machine.

Ce parti pris n'empêche pas l'attitude critique à l'intérieur même de l'agroécologie. Nous aurons quatre lignes de critique : Critique contre les âmes simplistes ou laxistes qui renoncent trop vite à l'effort de maintenir certains objectifs et principes agroécologiques. Critique contre les âmes utopistes, utopistes techniques (par exemple produire de façon agroécologique des fruits et légumes hors-saison voire exotiques) ou utopistes hédonistes (laisser la Nature faire en toute liberté). Auto-critique envers les théories agroécologiques que nous allons émettre, car il est bien connu que « la tête est en avance sur les mains » : ces théories demandent à faire leur preuve sur le terrain. Le lecteur ne doit pas être choqué de cette situation : il découvrira que c'est tout à fait normal en agroécologie. Cela ne gêne en rien la fiabilité des pratiques culturales admises. Enfin, l'auto-critique de nos arguments : nous nous ferons souvent l'avocat du diable pour présenter les arguments des détracteurs de l'agroécologie.

En ce début de XXIe siècle, on parle et on écrit beaucoup à propos de l'agroécologie, mais in fine seul le résultat concret est important. L'agroécologie ne peut acquérir de reconnaissance sociale que si tout d'abord elle « donne du résultat ». Le sol demeure fertile, le légume est bon et nourrissant, la récolte est régulière, le travail est parcimonieux, le jardinier s'endort serein : voila ce qui permettra d'asseoir la reconnaissance de l'agroécologie, face aux habitudes alimentaires industrielles de la majorité de nos concitoyens. Pour parvenir à du résultat, nous montrerons que la créativité technique qui est au cœur de l'agroécologie doit se baser sur les repères intellectuels très clairement distingués que sont les connaissances et les théories scientifiques de la biologie, de la pédologie (science du sol) et de l'écologie bien sûr, tout en intégrant des considérations historiques, sociales, et psychologiques voire spirituelles. Que le lecteur se rassure : nous procéderons pas-à-pas. Nous différencierons bien chaque aspect. Nous irons au fond des choses, dénicher l'histoire et la trajectoire de chacun d'eux. Les ouvrages grand public – par nécessité ou par limitation des compétences des auteurs ? – présentent souvent tous ces aspects réunis dans un mix scientifico-poético-humaniste : l'éditeur s'en trouve peut-être flatté, mais nous pensons que cela ne sert pas au mieux le lecteur, et certainement pas l'agroécologie. Nous irons dans le détail de chaque aspect et, à la lumière de notre expérience personnelle, nous éclairerons toutes les convergences et nous pourrons in fine donner au lecteur la pensée agroécologiste, totale et « clé en main ».

Ce cours théorique est complété par le cours technique, dont l'objectif est de montrer *comment on pratique* l'agroécologie. Avec de nombreuses illustrations, nous montrons les pratiques mises en œuvre dans notre *jardin des frênes*, à Saint Jean de Daye. Ainsi équipé d'un bagage théorique et d'indications pratiques, vous aurez les clés pour vous-même par la suite continuer à explorer et imaginer l'abstrait et le concret, vous pourrez faire preuve de l'esprit d'adaptation et de créativité qui est indissociable de l'agroécologie.

Après la lecture de ce cours et du cours technique, vous voudrez bien sûr démarrer votre propre jardin agroécologique. Dans ces cours, nous exposons de nombreuses méthodes tant intellectuelles que pratiques, et nous montrons la place centrale qu'y tiennent les connaissances scientifiques. Cependant, seuls les objectifs et les principes agroécologiques ont prétention à l'universalité ! Vous ne devez pas compromettre les objectifs, sinon vous quittez le champ de l'agroécologie. Les techniques, elles, doivent toujours résulter d'une interprétation des principes agroécologiques selon les conditions de votre jardin *et* selon vos aspirations. Par exemple, le non travail du sol est un principe directeur de l'agroécologie. Ce qui ne veut pas dire que pour chaque type de sol, pour chaque type de culture, le non travail du sol signifie strictement jeter une graine sur le sol : le jardinier doit adapter le principe en une technique appropriée à son jardin. Cela tranche d'avec l'agriculture conventionnelle, qui du Nord au Sud de la terre prône des techniques identiques (retournement du sol, pesticides, machinisme...) La diversité des pratiques possibles est en fait une garantie de la qualité des principes.

Vous allez trouver dans ces cours de nombreuses théories, des techniques, des sources de motivation, et intuitivement vous allez retenir celles qui vous sembleront les plus essentielles. Quand vous démarrerez votre jardin, elles seront comme des guides. Suivez-les et accomplissez-les : vous pourrez soit être satisfait du résultat, soit non et envisager comment s'adapter pour recommencer, soit constater qu'elles ne sont pas, en fait, si essentielles que ça. Nous parlons par expérience. Mettre en pratique une théorie dépend toujours d'un grand nombre de conditions. Voyez ce qui marche et ce qui ne marche pas : aucune connaissance livresque ne peut remplacer l'expérience. Dans ces premières années du jardin, il ne peut pas y avoir d'échec, il faut accepter avec patience les ignorances, les erreurs comme les découvertes, simplement pour connaître votre jardin, connaître vos talents de jardiniers et connaître les attentes que vous et votre entourage avez du jardin. Ne soyez pas trop dur envers vous-même. L'agroécologie étant une orientation agricole récente, elle se trouvera renforcée si chacun fait l'effort de bien distinguer sa structure intellectuelle à quatre niveaux : objectifs, connaissances scientifiques, principes et techniques. Chaque nouveau jardinier agroécologiste, s'il fait cet effort, peut être un co-créateur de l'agroécologie, en tant qu'alternative fiable à l'agriculture conventionnelle. Ce cours pourra être exigeant, mais c'est pour ne pas répéter l'erreur de nombre d'ouvrages grand public : qui mélangent tous les niveaux de sa structure intellectuelle. C'est la porte ouverte à la compromission des objectifs et donc tout simplement à la fin programmée de l'agroécologie.

Afin de profiter pleinement de ce cours, dans le fond, nous vous invitons à avoir l'esprit tout à la fois ouvert, créatif et critique. C'est l'attitude clé pour obtenir un jardin agroécologique productif. C'est aussi cette attitude qui donne, en plus de la qualité des récoltes, toute sa valeur ajoutée à l'agroécologie. Pour vous motiver si ce n'était déjà le cas, sachez que l'agroécologie s'invente en permanence dans les petits jardins privatifs comme dans les entreprises agricoles, au Sud comme au Nord de l'équateur, entre amis comme en famille ou dans des instituts de recherche. En vous intéressant à l'agroécologie, c'est donc vers une grande famille de jardiniers et jardinières inventeurs et humanistes que vous vous tournez.

2 LES QUESTIONS-CLÉ DE L'AGRICULTURE

Pour le profane, par manque de connaissances du milieu, évaluer le travail agricole est une entreprise à priori délicate. Elle se décline cependant rapidement en plusieurs questions spontanées :

1. Qu'est-ce qu'une **bonne récolte ?**
2. Qu'est-ce qu'une **plante vigoureuse ?**
3. Qu'est-ce qu'un **sol fertile ?**
4. Quels sont les **apports de la science** pour l'agriculture ?
5. Le travail avec les plantes est-il **épanouissant ?**

C'est en général par ces questions qu'on vient à s'intéresser à l'agriculture : considérations culinaires et de santé question 1, considérations d'écologie et de rendement questions 2 et 3, considérations progressistes et sociales questions 4 et 5. Une fois la ou les questions émises, on va s'intéresser aux différentes réponses que chaque forme d'agriculture entend apporter. Ici vous avez choisi de découvrir l'agroécologie et ses réponses. Vous pourriez penser que, en bon débutant, ces premières interrogations sont naïves et ont peu d'importance pour celui qui maîtrise pleinement les théories et pratiques culturales de l'agroécologie.

En général nous avons tous ce réflexe de pensée, justifié, qui nous amène à aller chercher une parole d'expert du domaine en question. C'est d'autant plus vrai pour le domaine des rapports entre société et technique, appelé sociologie des sciences. Pour ce qui est des sciences naturelles par exemple, l' « homme de la rue » n'a aucune chance de poser une question qui puisse intéresser un scientifique chevronné. Car ce que le badaud peut lire dans les revues de vulgarisation scientifique, ne sont que des théories simplifiées et imagées. À partir d'elles ne se laisse concevoir aucune question scientifiquement pertinente. On est scientifique (c'est-à-dire qu'on maîtrise une somme colossale de connaissances et que l'on peut s'y hisser à la toute pointe) ou on ne l'est pas : la vulgarisation scientifique n'abolit pas cette frontière.

En agroécologie, on aime faire les choses différemment. Donc on va donc se distancier du culte de l'expert. Pour ce qui est de pouvoir faire pousser des plantes, posséder une somme colossale de connaissances n'est pas indispensable. Tandis que les questions des scientifiques actuels sont très éloignées de celles posées par les scientifiques du XVIIIe siècle par exemple (qui ignoraient tout de la mécanique quantique ou de la génétique), les questions que se posent actuellement les jardiniers, les agriculteurs, les agronomes sont les mêmes que celles posées par les inventeurs de l'agriculture sédentaire il y a 10 000 ans (c'est-à-dire les questions 1 à 3). Tout tourne autour du sol fertile, de la plante vigoureuse et de la bonne récolte. C'est comme les questions de philosophie et de société que se posaient les Grecs anciens il y a 2500 ans : ces questions demeurent pertinentes pour l'individu d'aujourd'hui, car elles ont trait à la nature humaine profonde. L'agriculture semble bien aussi avoir trait à notre nature profonde. « Dis-moi comment tu cultives, et je te dirai qui tu es. »

Ces questions ne sont donc ni naïves ni superflues. Et l'agroécologie y apporte des réponses. Toutefois il faut garder à l'esprit que ces réponses ne sont pas figées, car l'agroécologie est dans une première phase de confirmation. Certains principes et certaines techniques sont en passe d'être largement confirmés, et à cela s'ajoutent des principes et des techniques en cours d'élaboration. Vous allez découvrir que l'agroécologie inclut en son cœur le désir d'inventer de nouvelles façons de penser, afin d'une part de cultiver différemment de l'agriculture industrielle mécanisée et chimique conventionnelle, et d'autre part parce que la personne qui veut pratiquer l'agroécologie, pour laquelle nous choisissons la dénomination de *jardinier agroécologiste*, ne veut absolument pas ressembler à un triste technicien agricole employé de l'industrie agroalimentaire. Tout au long de ce cours, retenez les réponses aux questions et imprégnez-vous de ces nouvelles façons de penser. C'est le premier pas à faire pour devenir un jardinier agroécologiste. Le second est de comprendre que *vous aussi* pouvez être créatif. Le troisième est de passer à l'action, d'être créatif en décidant de suivre une technique que vous-même aurez conçu à partir des principes directeurs.

3 LES OBJECTIFS DE L'AGROÉCOLOGIE

Premier objectif : On laisse les plantes se débrouiller seules avec leur santé et leur croissance, mais on s'assure de mettre un maximum de moyens à leur disposition : sol de qualité, plantes compagnes, successions de cultures... On veut intervenir le moins possible directement sur la santé de la plante. Cela implique de renoncer à tous les pesticides, les engrais de synthèse, les hormones de croissances ainsi qu'aux conditions artificielles de culture (hydroponie, serres chauffées, chambres à semis chauffées). C'est la même façon de penser qu'en médecine alternative, comme l'exprime Jean-Pierre CALLOC'H par l'expression suivante, « le corps est notre meilleur médecin ». La maladie n'est pas soignée directement (par exemple par l'absorption d'un antibiotique qui ira tuer les germes) : on nourrit le corps correctement, et il se soigne lui-même par son système immunitaire. C'est un principe directeur fondamental, simple mais pas simpliste, qu'il est essentiel de respecter pour notre corps comme pour les plantes.

Deuxième objectif : On vise une certaine productivité, comme toute démarche agricole. Il ne s'agit pas de produire autant que possible, laissons ce privilège à l'agriculture conventionnelle (qui pour cela utilise toute une gamme de techniques, de produits et de semences tous conçus dans ce seul objectif). On vise avant tout la qualité et la régularité, par actions indirectes : soin du sol, dates appropriées de semis, arrosages avisés. Seules certaines méthodes traditionnelles directes sont utilisables : enlèvement des fruits surnuméraires et tailles. On privilégie l'apport d'extraits fermentés (d'ortie, de consoude, de prêle), l'apport de tonte et bien-sûr le paillage, qui vont activer la vie microscopique du sol. C'est cette vie microscopique qui elle se chargera de produire les minéraux que les plantes prélèveront selon leur besoin. Présentée ainsi, l'agroécologie semble être une agriculture pour fainéants, mais prendre soin du sol réclame son dû en énergie et en temps de travail : on prend en effet beaucoup plus soin du sol, de façon systématique. Dans la suite du cours, nous donnerons des chiffres indicateurs sur les rendements par culture.

Troisième objectif : On veut retrouver une qualité des sols, des plantes, de l'humain (la santé par l'alimentation), de l'air. On sait à quel point les sols agricoles sont saturés en nitrates : les marées vertes sur les côtes de l'Ouest de la France en témoignent. On sait aussi que les récoltes et les eaux contiennent des résidus de pesticides qui ne sont pas biodégradables, donc qui s'accumulent... n'en rajoutons pas ! L'air est tout aussi important, mais on tend à oublier sa dégradation par une agriculture trop intensive. L'air n'est pas un matériau inerte – comme on le pensait du sol autrefois : il est la résultante des processus atmosphériques, de l'activité volcanique, humaine et biologique. L'air contient en plus des gaz bien connus (O_2, CO_2, N_2) des poussières, des bactéries, des spores et pollens, des phéromones, des composés organiques volatiles (odeurs de toutes sortes). Ces éléments et le taux d'O_2 dépendent directement de l'activité biologique du sol et des plantes. Déséquilibrons massivement les écosystèmes[1] terrestres et aquatiques, et l'air ne peut s'en trouver que pareillement bouleversé – d'où le changement climatique. On parle souvent du climat, que l'on différencie de cette façon de la météo : le climat est global, la météo est locale. Vu ainsi, le climat semble être quelque chose de lointain. Or, très concrètement, il est tout d'abord les caractéristiques locales de l'air, c'est-à-dire les processus, dans un lieu donné, de synthèse et de consommation des éléments qui constituent l'air (éléments cités ci-dessus). Quand une

---

1 Un écosystème est un espace où les espèces qui y vivent entretiennent des relations d'interdépendance et ce faisant elles s'influencent les unes les autres au point que, si une espèce devait être enlevée de l'écosystème, ou si une partie de l'écosystème devait être détruite, c'est chacune des espèces de l'écosystème qui serait affectée. Certains écosystèmes sont plus fragiles que d'autres, c'est-à-dire plus enclin à se déstructurer complètement si un des événements ci-dessus devait advenir. Un écosystème est dit résilient (propriété de résilience, cf. détails chapitre 2.6 p. 37) s'il peut reconstituer sa partie endommagée ou si une espèce peut venir suppléer à celle qui a disparu.

espèce décline ou quand une espèce pullule, son écosystème aérien s'en trouve modifié, et la vie des autres espèces dans l'écosystème est influencée. Par exemple, nous avons une théorie à propos de la disparition massive des ormes, causée par une maladie fongique dénommée graphiose. La propagation de cette maladie coïncide avec le remembrement massif du bocage normand dans les années 1960-1990. Notre théorie est que l'arrachage subventionné et généralisé des haies – qui étaient constituée d'une forte proportion d'ormes – a conduit à la diminution du taux de certaines substances volatiles émises par les ormes dans l'air. Ces substances pouvaient avoir un effet dépréciatif sur le champignon parasite. Les ormes restant étaient trop peu nombreux pour maintenir la concentration aérienne de cette substance à un niveau nocif pour le champignon. Ils auront alors succombé au champignon. La destruction du bocage aurait brisé un mécanisme aérien de rétrocontrôle.

Rappelons aussi avec simplicité que les grandes régions agricoles ont systématiquement une eau calcaire impropre à la consommation humaine (épidémies de calculs rénaux), à cause du calcaire relargué par les sols dans les eaux de par la destruction de l'humus (l'acidification des sols va de pair avec l'alcalinisation des eaux) et qu'au XIXe siècle les stations sanitaires où l'on pouvait respirer un air d'une grande pureté étaient en forêt ou en montagne, jamais dans les plaines agricoles.

Quant à la qualité des aliments, leur valeur nutritive, c'est aujourd'hui une évidence que les produits sans goût ni texture de l'agriculture conventionnelle ne peuvent pas répondre adéquatement aux besoins des corps, et donc encore moins aux besoins des esprits et des cœurs. Peut-on vraiment être sain de corps et d'esprit en mangeant une vie durant des tomates, des concombres, des poivrons, des salades, des céréales, qui n'ont aucun goût propre ? D'où les innombrables sauces que l'on nous vend pour accommoder les plats. Nous ne doutons pas non plus qu'une telle nourriture rende acceptable par la majorité de la population des programmes télévisuels ou radiophoniques débilitants et, ceci avec cela, que la majorité de la population ne soit plus capable de lire des livres[2].

Quatrième objectif : On veut cultiver de petites unités de surface (0,1 à 1 ha) afin de s'adapter le plus précisément possible aux conditions locales voire micro-locales. À titre d'exemple, notre terrain d'un demi-hectare est sur un sous-sol argileux. Mais de par les façons dont il a été traité auparavant (prairie, verger, pâturage, jardin, cour, chemins) au cours de son histoire, il comporte en surface sept sols différents avec plus ou moins d'humus, il est plus ou moins tassé, plus ou moins humides, plus ou moins caillouteux. Donc nous ne pouvons pas cultiver des légumes racine partout. Là aussi, on se démarque de l'agriculture conventionnelle qui instaure le labour profond sur tous les types de sol, au Nord comme au Sud de l'équateur. Sans aller si loin, je vous invite à voir aux environs de Romorantin les terres argileuses de Sologne rendues stériles par des années de labour profond.

Cinquième objectif : On cherche l'autonomie, au niveau du matériel, des ressources énergétiques, des semences et des moyens de vente. Il y a deux raisons à cela. C'est pour être autant que possible maître dans son jardin et maître de son chiffre d'affaires. C'est aussi pour mettre en pratique le concept de sobriété énergétique, et donc se différencier de l'agriculture conventionnelle qui est une extension de l'industrie pétrolière (on peut dire avec justesse que pour cette agriculture, il s'agit de transformer des calories de combustible fossile en calories végétales ou animales).

Ces cinq objectifs répondent d'une part au souhait d'amélioration la qualité biologique de notre environnement, et d'autre part à un désir social de liberté des pratiques. Pratiquer l'agroécologie

---

2 Notez, cher lecteur, que si vous lisez ce cours et ces lignes, vous êtes donc quelqu'un qui « sort du lot ». C'est tout à votre honneur. En fait, malgré la démocratisation de la culture internet, nous parions sur le retour des connaissances ésotériques dans quelques années, c'est-à-dire les connaissances qui ne sont transmises que par un guide ou un savant qui préalablement vous aura fait passer quelques épreuves pour savoir si vous êtes aptes à les recevoir et si vous pouvez les faire vivre. Une de ces épreuves peut être, par exemple, d'oser acheter un livre qui n'est pas en ventre sur dans une librairie virtuelle…

est un choix qui doit être possible. Certains agriculteurs, entraînés par toute la filière agrochimique et agroalimentaire, choisissent de produire autant que possible, car le pétrole et ses produits dérivés sont très abondants. Mais à côté, le choix de produire avec très peu de pétrole est tout aussi légitime. Certains pensent qu'une goutte d'essence dans les mains d'un jardinier agroécologiste est une goutte gaspillée, car le rendement par goutte est plus faible que leur rendement en conventionnel. Ce faisant, ils renversent l'argument pro-climatique de l'agroécologie, en disant que celle-ci avec son faible rendement n'est pas « écolo ». Ils disent qu'elle est une invention des « bobos », qui ignorent tout de la réalité des chiffres. Que chacun décide pour soi si le risque du changement climatique est utopique ! Par contre, nous verrons dans ce cours que ces contradicteurs négligent à dessein plusieurs aspects de l'agriculture sacrifiés sur l'autel du rendement. L'agriculture se résume-t-elle à faire pousser un légume le plus vite possible ? À faire pousser autant que possible ? Pas nécessairement. L'agriculture industrielle est un choix, et il n'y a pas de raison pour qu'il soit imposé à tous, même sous couvert de l' « autorité de la science » qui a soutenu la révolution verte et soutient aujourd'hui l'utilisation généralisée des OGM[3].

En ces temps d'attaques terroristes ciblant les principes nationaux d'égalité et de liberté, si l'émergence des agricultures biologiques alternatives venait à être bloquée par des entreprises multinationales qui défendent leurs intérêts commerciaux, on pourrait à juste titre dire qu'une certaine forme d'économie, qui accorde la primauté au monde de la finance, s'active aussi à miner les principes de la France. La relativisation des principes nationaux ne s'opère pas que par les extrémismes religieux : les extrémismes économiques en sont tout autant capables si l'on n'y prend pas garde.

4 POURQUOI INVENTER L'AGROÉCOLOGIE ?

4.1 L'agroécologie consolide l'agriculture biologique

L'agroécologie est une sous-branche de l'agriculture biologique (AB). La définition la plus consensuelle de l'agriculture biologique est celle-ci : « culture ou élevage sans utilisation de produits de synthèse ni d'OGM[4] ». Aujourd'hui, deux raisons principalement incitent à manger « bio » :

Première raison : On ne veut pas de pesticides ni de résidus de pesticides dans notre corps. C'est un droit légitime, évident. Et comme il est tout aussi évident que les pesticides ne sont pas des gaz qui circuleraient dans l'atmosphère et que l'on respirerait tous les jours, ils ne rentrent dans notre corps que suite à un contact cutané (par le tissu des vêtements) ou, surtout, par les muqueuses du système digestif. Bref on a le droit légitime de refuser de consommer des fruits et légumes qui contiennent des pesticides ou leurs résidus. Le problème est que les agriculteurs qui pulvérisent leurs cultures ne sont eux-mêmes pas en mesure de garantir l'absence de pesticides ou de résidus de pesticide au moment de la récolte. Cela force le consommateur à accepter l'incertitude de la présence de pesticides. Autrement dit, cette chaîne de pratiques (pulvérisation, taux de résidus incertains et absence d'information sur l'étal du marchand) n'est pas digne de notre démocratie, point ! Seule l'AB peut éviter la prise de risque.

---

3 C'est une science qui, en fait, n'en est plus une. L'utilisation des OGM est avant tout une décision commerciale, et les commerciaux des grandes firmes semencières s'empressent d'insister sur la nécessité *scientifique* de cette technique. Un argument pour démonter ce discours : La science est l'étude la Nature, et depuis quand la Nature nous dicte-t-elle quoi faire ? La Nature est neutre. Nous possédons un libre arbitre : nous ne pouvons pas nous en départir en le faisant porter par la Nature. Autre argument : c'est n'est pas parce que c'est possible qu'il faut nécessairement le faire. Mais si l'on est gavé de télé et de malbouffe, ces arguments ne peuvent pas « percuter ». Les grandes firmes semencières jouent à maintenir en mouvement ce cercle vicieux.

4 OGM : organisme génétiquement modifié

Le risque vous semble minime ? Voyons donc comment les pesticides influencent notre corps, plus précisément le fonctionnement de nos cellules, notre *physiologie cellulaire*. Cette expression désigne les cinétiques (c'est-à-dire les dynamiques) d'action

- des enzymes, pour la réplication de l'ADN (la molécule support de notre patrimoine génétique), pour la synthèse de protéines (qui forment la « charpente » des cellules) et d'ATP (la molécule qui sert de « combustible » énergétique des cellules) ;
- des neuromédiateurs, c'est-à-dire des molécules qui assurent la communication entre neurones et permettent donc les actions réflexes ainsi que les capacités intellectuelles ;
- des cellules immunitaires (responsables de l'apparition ou non de cancers, d'allergies et des maladies auto-immunes) ;
- et des hormones (assurant croissance et homéostasie de l'organisme ainsi que la sexualité).

En interférant avec ces cinétiques, les pesticides bloquent les fonctions des cellules et ils sont donc toxiques pour l'organisme.

De plus, on ignore quels peuvent être leurs effets synergiques, c'est-à-dire leurs effets lorsque différents pesticides sont présents simultanément dans l'organisme. Les effets sur la santé s'additionnent-ils ou bien se combinent-ils (un pesticide facilitant l'action d'un autre pesticide par exemple) ? La question est complexe, au point de rendre difficile la conception d'études scientifiques dans l'objectif d'en savoir plus. En particulier, qu'en est-il des effets synergiques à long terme chez l'être humain ? Il serait éthiquement impensable de réaliser une telle étude, cela va de soi. À défaut donc de pouvoir évaluer un danger, il faut privilégier le principe de précaution (éviter la prise de risque)[5].

Les pesticides sont aussi des molécules xénobiotiques : elles sont synthétisées par un processus industriel issu de l'imagination humaine, un processus qui n'existe donc pas dans la Nature. Une des particularités de la Vie sur Terre, est d'avoir évolué selon les molécules en présence. Aucun être vivant n'est donc adapté à la présence, dans son milieu de vie, des molécules d'origine anthropique. Ces molécules peuvent avoir un effet plus ou moins dévitalisant, ou être sans effet, quand un être vivant vient à leur contact ou les ingère. Dans les deux cas, quand la molécule entre dans l'organisme, elle peut s'y accumuler, car il n'existe pas de processus physiologique pour la dégrader ou l'évacuer. Ce phénomène est appelé bioaccumulation. Les molécules s'accumulent dans les organismes, ce d'autant plus que l'organisme est haut placé dans les chaînes trophiques. Prenons le cas du DDT (dichlorodiphenyltrichloroéthane), un pesticide qui n'est plus utilisé depuis une vingtaine d'années. Il ne se désagrège pas au cours du temps, et les organismes ne l'évacuent pas. Aujourd'hui, nous avons tous dans notre sang un peu de DDT, car nous sommes, comme les grands prédateurs et les rapaces, tout en haut des chaînes trophiques. Et cela nuit un peu à notre santé.

Donc le refus des pesticides n'est pas une lubie : les arguments existent. L'agroécologie, comme toutes les sous-branches de l'AB participe de cette prise de conscience et de la mise en place de solutions alternatives.

---

5   Les scientistes (les tenants de l'idéologie selon laquelle tous les problèmes de la société et l'évolution de la société doivent se résoudre et se faire par la science) s'arrachent les cheveux face à ce principe de précaution. Pour eux les risques sont sans commune mesures avec les bénéfices. Mais leur erreur est, souvent, de penser en termes de statistique des populations : ils n'hésitent pas à considérer par exemple qu'un vaccin est bénéfique s'il permet de sauver 90 personnes sur 100, mais par ses effets secondaires en tue 10. Pour l'individu qui prend le vaccin, la probabilité n'est pas 90 % de chances de survie et 10 % de mort, elle est 50 % vie et 50 % mort (deux issues possibles). Certes, si la maladie en question tue 80 personnes sur cent, prendre le vaccin semble avantageux, mais cela n'enlève en rien au dilemme vital auquel chaque individu est confronté, qu'un vaccin existe ou non. Il en va de même pour les OGM : s'ils sont censés pouvoir nourrir 10 milliards d'individus sur terre, mais que leur ingestion en tue 1 milliard, c'est toujours mieux que d'avoir 5 milliards de personne nourries sans OGM et 5 mourant de faim. Bref, si l'on reste dans la logique scientiste, on n'en sort plus, elle se justifie elle-même, alors que l'action intelligente à faire est de prendre de recul et de chercher d'autres approches au problème (surpopulation, dictatures locales, guerres locales...) Il faut chercher à résoudre les problèmes de société d'abord par des considérations sociales, et ensuite user de la science comme fournisseuse de moyens pour atteindre l'objectif. L'agriculture est une fondation de notre société : n'acceptons pas qu'elle soit réduite à ses seuls aspects scientifiques et commerciaux !

Deuxième raison : On veut manger des légumes et des fruits naturels, « non trafiqués ». Par non trafiqués nous entendons les fruits et légumes qui n'ont reçu ni pesticides, ni hormones de croissance, ni engrais de synthèse, qui ont poussé dans un sol et non dans un sac de terreau artificiel ou dans une solution artificielle, qui sont arrosées avec l'eau du ciel et pas avec des fluides nutritifs abiotiques (car désinfectés au chlore), et qui ne sont pas le résultat de créations artificielles, telles que les plantes hybrides (plantes stériles issues du croisement de deux variétés) et les OGM.

Cette deuxième raison est à l'origine d'un vaste débat de société autour de la « malbouffe ». Il y a d'importants enjeux d'argent pour l'industrie agroalimentaire, des enjeux pour la respectabilité de la science (cette alimentation est conçue et promue par de nombreux scientifiques) et des enjeux de civilisation (le mythe de l'Homme ayant tout droit pour modifier à sa guise la Nature).

Cette deuxième raison est, comme la première, une revendication très simple. Elle est beaucoup plus simple par exemple que les cahiers des charges de la grande distribution et des normes européennes : le fruit doit peser tant, il doit avoir telle taille, il doit être conservable tant de jours, il doit résister aux chocs, il doit avoir telle apparence, il doit être disponible de telle à telle date... Pourtant le législateur demande à cette simple revendication de se justifier afin de pouvoir être reconnue comme un droit fondamental de tout être humain. C'est très curieux, quand on constate que le législateur autorise un système agro-industriel où le gaspillage est incessant à tous les niveaux et où l'opacité est reine (la France n'est-elle pas championne des scandales alimentaires ?) Souvent ce droit de manger un produit naturel est confondu avec la façon de s'alimenter (combinaison des aliments, mode de cuisson, temps disponible pour manger ...) Celle-ci est de la responsabilité de chacun. Mais quand une personne se voit proposer un légume ou un fruit, une tomate par exemple, elle est en droit d'attendre de cet aliment qu'il contienne tous les éléments nutritifs qu'il est censé contenir (sucres rapides ou glucides, saveurs ...) Or quand une personne achète une tomate ou une fraise en hiver, ces aliments n'ont aucun goût. Ce ne sont que des enveloppes gorgées d'eau. Il y a donc selon nous, fraude, tromperie, mensonge, usurpation, des qualités naturelles des fruits et légumes par nombre de commerçants. Il y a bien quelques personnes qui s'indignent de cette situation, mais force est – hélas – de constater que ce genre de fruits et de légumes est ce qui se vend le mieux... (c'est le cercle vicieux absence d'esprit critique de la population / alimentation médiocre). Peut-on croire un ministre qui dit que les légumes produits hors-sols sont sans danger pour la santé ? Ils sont peut-être exempts de pathogènes dangereux, mais la personne qui en mangerait tous les jours en lieu et place de légumes et fruits « vrais » se mettrait sans aucun doute en danger de maladie chronique. Donc pratiquer l'agroécologie, c'est prendre part au combat pour voir ce droit fondamental respecté.

4.2 L'agroécologie contribue à recréer une interdépendance positive entre l'environnement, l'alimentation et la santé

L'interdépendance entre notre environnement, notre alimentation et notre santé est une évidence oubliée de nos jours : êtres devenus majoritairement « hors-sol » comme l'exprime Pierre RABHI, nous avons oublié nos origines. Comment cela ? Considérons les aliments qui ont permis à notre espèce *Homo sapiens sapiens* (et *H. s. neandertalis*) d'émerger et d'évoluer : ce sont exclusivement des plantes et des animaux sauvages. Pourquoi rompre cette confiance plurimillénaire entre les plantes sauvages et notre espèce, pour aduler à la place une alimentation artificielle à base de plantes modifiées, de produits raffinés et d'adjuvants issus de synthèse chimique ? Ces aliments peuvent-ils seulement nous apporter plus que les plantes sauvages ne nous ont apporté, elles qui nous ont permis de développer (entre autre) notre bipédie et notre gros cerveau ? On doit en douter. Pourquoi alors ne plus avoir confiance, aujourd'hui, dans les plantes sauvages ? Par croyance en un monde propre et simple, grâce à la fée technologie, par désir de modernité et de progrès, par peur de la nature, par soumission à la mode donc par abandon de l'esprit critique ?

Beaucoup de plantes sauvages peuvent être cultivées. Est-ce honteux d'imaginer la crème de la crème de l'Homme moderne, un informaticien ou un député par exemple, se nourrissant de plantes sauvages ? L'agroécologie est la culture de plantes les plus naturelles possibles. C'est ce que nous pouvons donner de mieux à notre corps, pour qu'il puisse être en bonne santé, et pour que notre espèce puisse continuer à évoluer. Si, pour notre alimentation quotidienne, nous estimons que des fruits et légumes industriels suffisent, nous faisons peut-être courir un risque à notre espèce. Et oui : et si les plantes trafiquées génétiquement et produites hors-sol venaient interférer avec notre évolution[6] ? Sans aller jusqu'à parler de dégénérescence physique et intellectuelle (et certains courants de pensée vont jusque-là, estimant que l'Homme du XXIe siècle est moins intelligent et moins vif que son ancêtre du XIXe siècle), il est inévitable que des aliments moins nourrissants entraînent une modification de notre biologie à l'échelle des populations. Les maladies des pays développés (cancers, diabètes, maladies cardiaques et neurologiques) tendent à confirmer cette thèse. S'alimenter est un acte très simple, mais aussi très basique, très fondamental. Comme tout ce qui est à la base, un petit changement a de grandes répercussions sur les étages supérieurs de l'édifice.

L'agriculture conventionnelle, associée à une certaine forme de diététique, n'envisage les aliments que du point de vue quantitatif et calorique. Cette pensée est tout simplement... trop simple. Pour pallier à l'absence de goût des aliments industriels, la chimie vient à la rescousse proposer une large palette d'arômes et d'additifs, dont l'indication de présence sur les emballages n'est pas crédible (sont indiquées uniquement les molécules restant dans l'aliment après sa préparation ; ainsi pour le pain les activateurs, détruits lors de la cuisson, ne sont pas indiqués). Donc d'un point de vue biologique, nous ne voyons pas quelle utilité cela peut avoir de manger des fruits et légumes certes disponibles en très grandes quantités mais au goût médiocre et peu nourrissants. Mieux vaut moins d'aliments, mais des aliments tout à fait nourrissants. Pourquoi hypothéquer, mépriser, ce merveilleux corps humain, qui est le cadeau que l'évolution nous a fait ? Pour pouvoir s'acheter des gadgets à la mode, une voiture qui « en jette », pour avoir un compte bancaire bien garni ? « Dis-moi comment tu manges, et je te dirais qui tu es », selon l'expression de BRILLAT-SAVARIN. Questionner son alimentation, c'est questionner le sens que l'on veut donner à sa vie. Une vie épanouissante s'accompagne nécessairement d'un environnement, d'une alimentation et d'une santé qui vont en s'améliorant. Bref, l'agroécologie propose une qualité de vie qui ne se laisse pas synthétiser dans une ligne d'un bilan comptable.

4.3 L'agroécologie est une référence en matière de techniques respectueuses de la Nature

Grâce à la science écologique, on peut expliquer maintenant en quoi certaines techniques culturales conventionnelles ne respectent pas les cycles naturels de la matière minérale et de la matière organique. Considérons par exemple la succession des pratiques culturales suivantes :
- le retournement profond (< -30 cm) du sol lors du labour par tracteur,
- puis l'enfouissement profond des adventices (les « mauvaises herbes », ces plantes sauvages qui poussent spontanément dès qu'un coin de terre est laissé à nu),
- puis l'émiettement du sol. La terre est soulevée, retournée, puis les mottes de terre sont battues et cassées.

Le labour semble donc décompacter la terre (surtout que les outils de travail du sol sont accrochés derrière le tracteur, bref qu'ils décompactent la terre que le tracteur, par son poids et ses vibrations aura pu tasser). Mais année après année de telles pratiques, la terre devient tout de même de plus en plus compacte. Cela se voit lors des pluies : des flaques se forment en surface, car l'eau ne pénètre plus dans le sol. Après les pluies, se forme une « croûte de battance » : ce sont de très fines particules de terre qui s'agrègent les unes et autres, et donnent ainsi un aspect

---

6 Nous développons cette thèse dans notre texte « science, spiritualité et société ».

« lisse » au sol. Si les pluies sont fortes, ces fines particules sont emportées, et c'est l'érosion. La terre devient aussi de plus en plus acide. Surtout, la fertilité du sol baisse inexorablement. Quant aux végétaux enfouis, alors qu'on espère qu'ils vont ainsi se décomposer, on constate au contraire qu'ils se momifient plutôt, telles ces momies humaines remarquablement conservées, que l'on a pu extraire d'anciens marais (d'après BOURGUIGNON).

On peut aborder cette stérilisation du sol de deux façons. La première est d'ordre plutôt scientifique. En retournant le sol, d'une part on expose à la lumière et à la chaleur des micro-organismes adaptés à l'obscurité et à la fraîcheur, et inversement on enfouit en profondeur les micro-organismes de la surface. Tous ces micro-organismes participent à l'élaboration de l'humus ; en procédant ainsi on en tue une bonne partie. D'autre part, en émiettant avec force la terre, on casse les grumeaux d'humus qui sont responsables de la structure fertile du sol (présence en quantité idéale de porosités permettant à l'air et à l'eau de circuler dans le sol). Pour bien croître, les racines ont besoin d'une telle structure, autrement le sol est trop compact, donc appauvri en oxygène, d'où la momification des végétaux enfouis. L'acidification résulte de la dégradation de l'humus en acides et en calcaires, calcaires qui sont évacués par les eaux de pluie dans les rivières et dans les nappes phréatiques. La quasi-absence d'humus, qui correspond à un taux de matière organique de 1-2 % du sol, explique la faible fertilité. Une terre fertile contient 10 fois plus de matière organique.

La seconde façon d'aborder cette stérilisation est de penser en termes d'avantages et d'inconvénients, qui est la façon adoptée par l'agriculture industrielle. Elle consiste à considérer que le compactage, l'érosion, la déstructuration, l'acidification et la momification sont des processus normaux, auxquels il convient de remédier par des « contre-mesures ». Pour contrer l'acidification du sol, l'agriculteur peut amender le sol avec des roches calcaires, voire de la chaux agricole. Pour contrer la baisse de fertilité, il peut épandre du fumier, voire du lisier ou des engrais de synthèse. Pour contrer le compactage, il va utiliser des outils plus performants pour décompacter. Est-ce là mal agir, pourriez-vous me demander ? Mal agir envers qui, ou envers quoi ? Où est l'erreur de pensée que nous supputons, car ces contre-mesures semblent s'avérer efficaces (force est de constater que dans les plaines pourtant surexploitées de Beauce, de Caen, du bassin parisien, on produit toujours d'abondantes récoltes, et ce depuis l'avènement de l'agriculture industrielle) ?

En fait, ce n'est que depuis que l'on a cherché à utiliser la science écologique pour l'agriculture, depuis que l'on a cherché une autre conception du sol et des plantes que celle majoritairement acceptée *et* que celle utilisée par les générations passées, que l'on a pu mettre en évidence l'erreur. Face à la tradition agricole d'avant-guerre, baignée des us et coutumes locales, des anciennes croyances et de religiosité, la conception agro-industrielle du sol et des plantes semblait très rationnelle, et elle s'est justement imposée grâce à la raison (scientifique, technique, commerciale, politique). Que pouvaient répondre les « petits paysans » à la remarque des scientifiques qu'ils ne savaient pas expliquer pourquoi telle culture avait tel rendement ou ne pouvaient pas prédire les récoltes ? L'écologie n'existait pas encore, les paysans ne pouvaient répondre que par leur expérience personnelle, elle-même issue de la tradition par la transmission de père à fils. Mais quand l'écologie est advenue, avec ses critères objectifs, ses critères de la raison, on a pu questionner sur des bases objectives la conception agro-industrielle.

Voici donc cette conception : en agriculture conventionnelle, on considère les processus évoqués plus haut de dégradation des sols comme des inconvénients au même titre que, par exemple, l'usure normale d'un outil par l'usage. Si usure il y a, on peut compenser en entretenant et en réparant l'outil. *Ainsi on répare le sol en le chaulant, en le labourant très profondément et en pulvérisant des engrais et autres éléments nutritifs. Le sol est conçu comme un outil.* C'est dans l'ère du temps : notre société est une société de la technique et de l'outil. Il n'est pas facile de prendre conscience que cette pensée nous guide tous plus ou moins[7]. D'où la force potentielle de

---

7 Évoquons SPINOZA, qui expliquait que l'Homme se croit libre parce qu'il ignore les causes qui le déterminent.

la science écologique : elle nous propose de concevoir le sol non plus comme un simple support physique pour la croissance des plantes, que l'on peut réparer à volonté, mais comme un milieu de vie, résultant de l'activité des racines et de très nombreux petits êtres vivants. Surtout, elle nous fait voir que la fertilité du sol dépend de ces petits êtres. Un être vivant ne se répare pas : au mieux il se protège et il se soigne. Quand un être vivant est sous notre responsabilité, il nous incombe de le protéger (de *prévenir* qu'il lui arrive du mal). Que penserait-on d'un maître-chien qui laisse ses animaux dormir sous la neige et mal nourris, tout en exigeant d'eux une bonne performance ? Pour les micro-organismes du sol, notre attitude doit être la même qu'envers nos gros animaux de compagnie ! La science écologique nous explique que ces petits êtres sont fragiles. Les pratiques culturales évoquées plus haut détruisent leurs conditions de vie : en retournant, en cassant, en émiettant le sol, les organismes du sol meurent. Ces morts, par centaines de milliards dans une pelletée de terre, ont pour conséquence les processus de compactage, d'érosion, d'acidification, de non-décomposition de la matière organique (due à l'absence d'oxygène) et in fine de stérilisation du sol. La science écologique nous dit donc que les pratiques culturales conventionnelles de labour, d'émiettage et d'enfouissement profond ne sont intéressantes qu'à court terme.

En agroécologie on utilise évidemment la conception écologique du sol. Cela ne signifie pas qu'on s'interdit d'influencer le sol : on cherche à reproduire, à notre avantage, les cycles naturels qui s'y déroulent. Cela permet à court comme à long terme de maintenir la fertilité du sol. On s'autorise à concentrer les processus dans l'espace ou à les réduire dans le temps. Ainsi par exemple, on accélère et on concentre les processus de décomposition de la matière organique : le compostage avec augmentation de la température du tas jusqu'à 60°C, la fabrication d'extraits fermentés, le BRF « bois raméal fragmenté » pour faire d'épais mulch, le fauchage des engrais verts[8] montés en graine. On comprend alors mieux les pratiques conventionnelles (sol travaillé, création d'hybrides, d'OGM, pulvérisation d'engrais de synthèse, de pesticides...) : ce sont des pratiques qui *remplacent* les processus naturels. En agroécologie on préfère *guider* ces processus : c'est un principe directeur fondamental, que le jardinier agroécologiste doit toujours avoir en tête. Le jardinier n'exploite pas la Nature : il la guide, il la soutient, il est « écophore » pourrions-nous dire (de éco- environnement et -phore : porter). Olivier DE SERRES, considéré comme le premier agronome de France, écrivait dans son théâtre d'agriculture au XVIe siècle que « pour contrôler la Nature, il faut lui obéir ». Alors, laquelle des deux stratégies vous semble être la plus durable : remplacer ou guider ? Faites vos paris !

5 PLUSIEURS DÉFINITIONS DE L'AGROÉCOLOGIE

5.1 Définition académique

L'agroécologie *stricto sensu* est une science appliquée, qui comporte d'une part l'étude des processus écologiques qui se déroulent dans les espaces agricoles tels qu'ils sont cultivés selon des techniques *existantes*, d'autre part la recherche de processus écologiques qui pourraient servir à créer des techniques agricoles *nouvelles*. Dans cette acceptation du terme (qui est la plus restrictive), l'objet d'étude et de recherche est l'agroécosystème : l'ensemble des relations qui existent entre le sol, les plantes (cultivées ou adventices), les animaux (élevés ou sauvages) et les pratiques culturales de l'agriculteur. Ainsi entendue, l'agroécologie est donc une activité exercée dans les universités et les instituts de recherche. Par extension, est appelée agroécologique tout système de culture élaboré grâce à des recherches agroécologiques. Les techniques de semis sous

---

8   Engrais vert : culture non alimentaire produisant beaucoup de matière végétale. Ce faisant, elle couvre le sol. Une fois poussée, en agroécologie, elle est fauchée (à la faux) avant la floraison, et laissée à se décomposer sur le sol. Sinon les engrais verts sont broyés puis incorporés au sol, mais cela exige des machines adaptées, ce qui est en contradiction avec l'esprit de l'agroécologie. C'est une pratique commune en AB et de plus en plus aussi en agriculture conventionnelle, en Bretagne notamment, pour réduire le lessivage hivernal des sols et donc la pollution des cours d'eaux et des côtes.

couvert et le système « push-pull » développé au Kenya par le docteur Zeyaur R. Khan et ses collaborateurs au International Centre of Insect Physiology and Ecology (ICIPE) en sont les meilleures illustrations.

5.2 Définition du ministère de l'agriculture

Dans l'analyse n°59 du centre d'étude et de prospective du ministère de l'agriculture, de l'agroalimentaire et de la forêt, le ministère reprend la définition plurielle de l'INRA (Institut National de la Recherche Agronomique) :

L'agroécologie est l'application de l'écologie à l'étude, la conception et la gestion des systèmes agro-alimentaires.

Elle n'est définie ni exclusivement par des disciplines scientifiques, ni exclusivement par des mouvements sociaux, ni exclusivement par des pratiques. Elle est appelée à devenir un concept fédérateur d'actions, intermédiaire entre ces trois niveaux.

À partir du grenelle de l'environnement en 2008, le ministère conçoit l'intérêt de l'agroécologie au niveau des paysages et des bassins-versants, une échelle plus petite ne permettant pas, selon lui, d'actions efficaces dans le contrôle des ravageurs de culture et pour la gestion de l'eau. C'est à ce niveau qu'il est possible, si nécessaire, de coordonner les actions de plusieurs exploitations agricoles.

Au niveau d'une exploitation agricole, le ministère appelle « agriculture écologiquement intensive » (AEI) les pratiques respectueuses de l'écologie des sols et des plantes (cf. p. 201) et en même temps économiquement performantes (objectif de la « double performance »).

Pourquoi se placer au niveau du paysage et du bassin versant, et non au niveau du champ et du jardin ? Car effectivement une exploitation agricole agroécologique sera d'autant plus pérenne qu'elle est entourée d'autres exploitations agroécologiques (les ravageurs des cultures seront maîtrisés non plus à l'échelle d'une exploitation mais sur un territoire entier).

Précisons tout de suite que les ministères français ont pour mission d'*administrer* les activités sous leur tutelle. C'est une évidence qu'il ne faut jamais perdre de vue. Les ministères disent aux administrés quoi faire, quand le faire, comment le faire, et quelles sanctions ils recevront si leurs actions ne sont pas conformes. L'agriculture est administrée, ou inversement, le ministère de l'agriculture ne sert qu'à produire des documents ayant pour gérer l'activité et la population agricoles. Cette volonté n'est pas sans conséquence pour le développement de l'agroécologie, nous allons le voir.

Le niveau du paysage est celui retenu par le ministère, car ce niveau permettra d' « harmoniser » les pratiques agroécologiques à l'échelle d'un territoire. La langue de bois en moins, cela veut dire que le ministère se prépare dès aujourd'hui à l'administration de l'agroécologie. L'agroécologie telle que définie par le ministère sera une agroécologie gérée et planifiée, tout comme le ministère (porté par les lobbies de l'industrie agrochimique et le syndicat agricole majoritaire) aujourd'hui administre l'agriculture conventionnelle avec un objectif affiché de productivisme et de prime à l'export. Cela ne peut qu'aller à l'encontre de la créativité des jardiniers agroécologistes : d'une part parce que chaque jardinier devra se conformer à un maître plan pour chaque bassin-versant, et d'autre part parce qu'on connaît les dérives de notre administration et de nos législateurs (clientélisme, entre-soi, corruption) qui contraindront le jardinier agroécologiste à réduire autant que possible son chiffre d'affaires. Notre position par rapport au projet ministériel est donc celle-ci : un accueil sceptique de toutes ses propositions et particulièrement de ses définitions. Car l'administration de l'agroécologie est inutile : chaque jardin agroécologique étant par définition respectueux de la biodiversité de la faune et de la flore sauvages, de l'eau et du sol, l'ensemble des jardins ne peut que l'être lui aussi. En ces temps de dette publique colossale, s'épargner une administration inutile est une preuve de maturité sociale et démocratique.

5.3 Définition des Nations Unies

Partie 3 du rapport d'Olivier DE SCHÜTTER, Contribution de l'agroécologie à la mise en œuvre du droit à l'alimentation :

L'agroécologie est à la fois une science et un ensemble de pratiques. Elle résulte de la fusion de deux disciplines scientifiques, l'agronomie et l'écologie. En tant que science, l'agroécologie est l'« application de la science écologique à l'étude, à la conception et à la gestion d'agroécosystèmes durables ». En tant qu'ensemble de pratiques agricoles, l'agroécologie recherche des moyens d'améliorer les systèmes agricoles en imitant les processus naturels, créant ainsi des interactions et synergies biologiques bénéfiques entre les composantes de l'agroécosystème. [qui remplacent le travail physique ou mécanisé de l'agriculteur et/ou augmente son efficacité]. Elle permet d'obtenir les conditions les plus favorables pour la croissance des végétaux, notamment en gérant la matière organique et en augmentant l'activité biotique du sol. Les principes fondamentaux de l'agroécologie sont notamment les suivants : le recyclage des éléments nutritifs et de l'énergie sur place plutôt que l'introduction d'intrants extérieurs ; l'intégration des cultures et du bétail ; la diversification des espèces et des ressources génétiques des agroécosystèmes dans l'espace et le temps ; et l'accent mis sur les interactions et la productivité à l'échelle de l'ensemble du système agricole plutôt que sur des variétés individuelles. L'agroécologie utilise une forte intensité de connaissances et elle repose sur des techniques qui ne sont pas fournies du sommet à la base mais mises au point à partir des connaissances et de l'expérience des agriculteurs.*

En tant qu'outil pour améliorer la résilience et la durabilité des systèmes alimentaires, l'agroécologie est aujourd'hui appuyée par un éventail de plus en plus large d'experts de la communauté scientifique ainsi que par des organisations et organismes internationaux comme l'Organisation des Nations Unies pour l'alimentation et l'agriculture (FAO), le Programme des Nations Unies pour l'environnement (PNUE) et Biodiversity International. Elle gagne par ailleurs du terrain dans des pays aussi différents que les États-Unis, le Brésil, l'Allemagne et la France. L'agroécologie est une notion cohérente pour la mise au point de systèmes d'exploitation agricole, car elle est solidement ancrée dans la science comme dans la pratique et étroitement liée aux principes du droit à une alimentation suffisante (chap. III). Elle peut être considérée comme englobant des approches telles que l'« écoagriculture » et l'« agriculture persistante » ou étant très proche d'elles – tandis qu'à l'inverse les notions d'« intensification écologique » et d'« agriculture de conservation » s'inspirent fréquemment de certains principes d'agroécologie. L'agroécologie est également liée à l'approche écosystémique visant l'intensification durable de la production agricole récemment appuyée par le Comité de l'agriculture de la FAO. L'examen détaillé des différences que présentent ces notions n'entre pas dans le champ du présent rapport.

La sélection des cultures [de semences dites paysannes, ne requérant ni engrais ni pesticide bien sûr] et l'agroécologie sont complémentaires. Par exemple, la sélection permet d'obtenir de nouvelles variétés ayant des cycles de croissance plus courts, ce qui donne aux agriculteurs la possibilité de continuer à cultiver la terre dans les régions où la saison des récoltes a déjà raccourci. Elle peut aussi accroître la résistance à la sécheresse de certaines variétés, un atout pour les pays où le manque d'eau est un facteur limitatif. Le réinvestissement dans la recherche agricole doit donc aller de pair avec la poursuite des efforts en matière de sélection. Cependant, l'agroécologie est une solution plus globale puisqu'elle préconise la mise en place de systèmes agricoles entiers résistants à la sécheresse (sols, plantes, biodiversité, etc.), et non uniquement de plantes résistantes.

Notre définition de l'agroécologie (cf. plus bas) est pleinement compatible avec celles des Nations Unies. La phrase marquée d'une * ne doit cependant pas être interprétée trop strictement, car ce serait se priver d'une source de créativité. Par exemple, la technique « push-pull » développée par Zeyaur KHAN et ses collaborateurs (scientifiques et agriculteurs) est issue des échanges entre scientifique entomologistes et agriculteurs. La science peut aussi servir l'agroécologie ; il n'y a pas de raison qu'elle ne soit qu'au service de l'agriculture industrielle ! Nous expliciterons cela par la suite. Il existe certains discours où plantes hybrides ou OGM et stratégies écologiques sont réunies selon le motto « le meilleur des deux mondes ». Ils doivent être dénoncés pour ce qu'ils sont, à savoir des tentatives de manipulation mentale à des fins mercantiles de la part de l'industrie agrochimique. Hybrides et OGM sont de facto contraires à la pensée agroécologiste.

À ceux qui nous reprocheraient de faire trop de politique dans ce cours, anti-industrielle ou anti-administrative, nous répondrions avec la force de la réalité : que dans la société rien ne se produit au hasard, tout est le résultat de décisions qui sont prises par certains individus, de décisions qui s'imposent à d'autres sur la base de critères qui ne sont pas toujours démocratiques. Ce sont des luttes permanentes de pouvoir. Si nous ne voulons pas l'agroécologie, si nous ne faisons pas tout en notre pouvoir pour qu'elle se généralise, soyons certains qu'elle ne se généralisera pas. Elle sera à moyen terme oubliée au profit d'une agriculture industrielle qui prétend « nourrir les gens » tout en conservant le « potentiel écologique » des sols. Aucun progrès humaniste – et l'agroécologie en est un – ne se justifie et ne se généralise à toute une société par sa simple valeur intrinsèque. Les droits de penser librement, de s'exprimer librement, de ne pas être tenu en esclavage, et bientôt le droit de cultiver en respectant la Nature, ne se généralisent pas sans contestation ou sans lutte sociale à l'encontre de ceux qui monopolisent les rênes de la société. L'agroécologie représente, pour de nombreuses coopératives agricoles, pour de nombreuses grandes surfaces, pour de nombreux producteurs de pesticides, d'hormones végétales, d'engrais, de plantes hybrides et OGM, un manque à gagner. Ces structures font donc tout ce qui est en leur moyen pour bloquer, freiner, minimiser, décrédibiliser, modifier l'agroécologie. C'est de bonne guerre pourrait-on dire, tant qu'elles n'influencent pas le législateur pour faire modifier les lois à leur avantage. Hélas, elles ne se gênent pas pour le faire, nous verrons cela lorsque nous étudierons l'évolution du label de l'agriculture biologique.

5.4 Notre définition de l'agroécologie

L'agroécologie est un « tour de force » considérable : elle rend les pesticides, les OGM, les plantes hybrides et les engrais inutiles. Elle repose sur l'*adéquation optimale des techniques aux conditions locales naturelles* (le climat, la faune, la flore, le sol) et sociales (marché, consommateurs, réseau de distribution). Ces techniques permettent surtout pour l'agriculteur :
1. l'autonomie et l'indépendance quant aux moyens de production ;
2. de recréer et maintenir la fertilité du sol ;
3. d'avoir en plus des plantes pour la consommation et la vente, des plantes utilitaires (bois de chauffage, fourrage pour animaux…) ;
4. de nouer des contacts honnêtes avec les intermédiaires (au cas où ils seraient indispensables) et les consommateurs ;
5. et enfin, de prodiguer de la sérénité.

Ce dernier critère est pour nous très important : nous avons tous vu trop de personnes effectuant un travail qui ne leur plaisait pas. Et nous voyons comment le « stress » économique actuel démotive beaucoup d'entrepreneurs. Interrogez un agriculteur sur son métier. Les premières choses qu'il vous dira seront toutes des difficultés qu'il rencontre. Ce n'est que bien plus tard –

ou peut-être même pas du tout – qu'il vous parlera de son amour pour les plantes, la terre, les animaux. C'est une triste réalité qu'il convient de ne pas prolonger.

Cela se fait par la recherche d'un juste milieu entre le mode de vie archaïque du chasseur-cueilleur et le mode de vie de l'agriculteur conventionnel, tel que promu depuis la « révolution verte[9] » des années 1950 et jusqu'à aujourd'hui :

Mode de vie social	Agriculteur conventionnel, technique, mécanisé, sédentaire	Agroécologiste sédentaire, guide la Nature tout en la respectant	Chasseur – cueilleur nomade
Techniques utilisées	OGM, hybrides, hormones de synthèse : le contrôle total du génome des plantes est visé	Plantes cultivées en symbiose avec l'Homme : plantes sélectionnées à chaque génération d'agriculteur	Cueillette de plantes sauvages comestibles : plantes « libres et indépendantes » de l'Homme
Valeur nutritive des plantes à usage alimentaire, selon Dr. F. COUPLAN (ethnobotaniste des plantes sauvages comestibles)	+	++	+++
Degré de contrôle de l'environnement où poussent les plantes	+++	+	0

Tableau 1 : De l'agriculteur au chasseur – cueilleur

La mécanisation en agroécologie est par définition limitée au minimum. La taille du terrain cultivée est donc proportionnelle aux nombre de jardiniers. *Un hectare pour un jardinier, à temps plein,* est la règle, car plus de surface oblige à la mécanisation lourde (motofaucheuses, mini-tracteur…). Même réduite au minimum, il faut avoir conscience que la mécanisation rend dépendant. Par exemple dans notre jardin, nous utilisons une tondeuse avec fonction mulching pour entretenir les allées. Cette technique a pour avantage, entre autres, d'être rapide et de requérir peu d'énergie, par rapport aux conventionnelles allées en terre nue qu'il faut sarcler. Nous utilisons aussi un

---

9 La révolution verte est la concrétisation de la volonté politique d'augmenter fortement la productivité agricole, une fois la paix revenue après la seconde guerre mondiale. Elle consistait à agrandir la taille des champs et à les aplanir, drainer les terres engorgées et assécher les marais encore humides, mécaniser au maximum les gestes agricoles, améliorer la productivité par plant et augmenter l'homogénéité des plants, utiliser forces engrais de synthèse (des sous-produits du raffinage du pétrole), forces pesticides et hormones, créer un marché mondial des fruits et légumes, industrialiser le stockage, la distribution et la vente, professionnaliser la production de semences. Durant les premières années, les récoltes furent miraculeuses, l'humus des sol se trouvant transformé au maximum en plantes et fruits. Ensuite, malgré l'utilisation des engrais et des pesticides, les rendements allèrent en diminuant. Les pesticides et l'arasement des haies ont détruit les prédateurs naturels des ravageurs. L'énorme effort publicitaire pour les graines hybrides éduqua les paysans à acheter chaque année les semences. De même la publicité pour les machines les poussa à s'endetter durablement, dès les années 1960. Ce schéma révolutionnaire fut appliqué partout sur le globe. Bien-sûr, il ne profita qu'à quelques entreprises qui, avec des stratégies agressives de rachat, devinrent les multinationales actuelles, productrices à la fois des semences et des pesticides. En fait une minable stratégie capitaliste pourrait-on dire, qui aboutit à la paupérisation des peuples par la privatisation des biens communs qu'étaient les semences, les savoir-faire traditionnels et la fertilité des sols. Certaines de ces multinationales essaient même de breveter des variétés traditionnelles pour s'approprier le droit de faire payer toute personne les utilisant ! Ce rien moins que du vandalisme, et ces multinationales sont tolérées dans les démocraties, enfin dans ce passe pour être une démocratie.

petit motoculteur de 190 cm^3 pour préparer le lit de semence, pour des raisons d'effort physique. Sans essence, c'est tout notre petit système de production qui serait à repenser. Il suffit aussi qu'un câble ou qu'une courroie casse, qu'un filtre se bouche, et tout le travail prévu ne peut plus être réalisé. À l'avenir nous pourrions peut-être utiliser une tondeuse hélicoïdale adaptée, et nous passer de motoculteur lorsque nous maîtriserons mieux le paillage et les engrais verts. Dans tous les cas, la mécanisation doit être minime, car les machines requièrent aussi de l'entretien et de l'espace de stockage, soit autant de temps et de place qui ne peut pas être consacré aux tâches de semis, de paillage... Et, bien-sûr, une mécanisation minime fait que les processus naturels de structuration et de fertilisation du sol sont dérangés aussi peu que possible.

Dans ce cours nous ne traiterons donc pas des formes d'agricultures alternatives qui se font sur des surfaces supérieures à 1 ha par personne. Pour nous, elles ne relèvent plus de l'agroécologie.

L'agroécologie telle qu'on veut la pratiquer en Europe est une entreprise récente, intimement liée au contexte social actuel post-industriel. Beaucoup de professions, les enseignants, les artisans et bien sûr les agriculteurs, n'ont plus le pouvoir de décider par elles-mêmes de la façon dont elles travaillent. Elles sont régies par des normes, normes conçues par des administrateurs, des technocrates ou directement des lobbies. Pour l'agriculture, le bon sens voudrait que les pratiques culturales soient définies en priorité selon les caractéristiques biologiques locales du sol et des plantes, non en fonction des normes économiques pour les spéculations boursières, pour l'attribution de subventions, pour la consommation de masse et pour l'exportation à l'international. Nous expliquerons par la suite en détail comment l'agriculteur en est venu à perdre ce simple pouvoir de décider par lui-même quoi et comment cultiver. *Si l'on accorde la priorité à une autre instance que le sol et les plantes, l'agriculture ne peut pas être durable, la stérilité des terres est* in fine *inévitable.* Ce n'est pas négociable. L'agroécologie veut réaffirmer cette liberté de cultiver la Nature en la respectant. C'est une revendication simple et fondamentale : on ne doit pas produire des êtres vivants (des plantes et des animaux) comme on produit des vis et des boulons (afin de les vendre toujours au prix le plus bas possible). On n'exploite pas la terre comme on exploite un gisement de minerai, et en cela le terme d'*exploitant* agricole est regrettable pour l'image de la profession (tout comme le terme de *ressources* humaines en industrie est regrettable).

L'agroécologie se base sur l'utilisation judicieuse des processus naturels, en particuliers ceux dits écogènes (cf. sous-chapitre p 40 L'écogénicité). Quantitativement, la production n'est pas maximisée par « Unité de Travail Humain ou UTH » comme en agriculture conventionnelle. Mais si celle-ci est totalement dépendante des apports externes (machines, carburants, semences, techniciens...) au point que certain la qualifient de « transformation du pétrole en fruits et légumes », le jardinier agroécologiste est bien plus autonome. Ses machines et ses outils sont plutôt semblables à des catalyseurs des processus naturels, tandis qu'en conventionnel les machines fournissent plutôt l'énergie pour la croissance du légume, tant le rapport entre l'énergie mise dans le système de production et l'énergie alimentaire des légumes se rapproche de un.

Ne laissons pas passer sans faire de remarque cette expression regrettable de l'administration, « Unité de Travail Humain » pour désigner le travailleur agricole, qui n'est pas mieux que *ressources* humaines. Ces expressions dépersonnalisent le travailleur agricole, en font un objet administré, et il faut absolument les bannir en agroécologie.

L'agroécologie, afin donc d'utiliser judicieusement les processus naturels tout en les respectant, se base sur les connaissances élaborées grâce à la science écologique. Elle incorpore les savoirs anciens du XIXe siècle et de la première moitié du XXe siècle s'ils sont compatibles avec ses objectifs et avec les connaissances écologiques. Elle n'exclut pas non plus, à priori, les techniques culturales basées sur des connaissances controversées sur le plan scientifique (géobiologie, bioradiesthésie, biodynamie, influence supposée de la musique...) : les façons nouvelles de concevoir la Nature et de travailler avec elle *en la respectant* ont leur place dans l'agroécologie. Il ne faut pas les rejeter en bloc, mais les considérer comme des candidats à tester.

Nous insistons à nouveau, pour clore notre définition, sur le fait que l'agroécologie est une agriculture en cours d'élaboration. Chaque acteur de l'agroécologie est un inventeur. Au fil d'échanges informels entre jardiniers, au fil des livres publiés, émergent des principes directeurs. Par exemple le compostage horizontal, le sol vivant, le jardin forêt... que chacun reprend à son compte et adapte en une pratique culturale spécifique à son jardin. Face à ce foisonnement de pratiques et de principes, des voix s'élèvent pour clamer l'amateurisme et la faiblesse du rendement. Nous verrons plus loin en détail que la créativité faisait autrefois partie intégrante de l'agriculture conventionnelle (c'est difficile à imaginer, quand on sait qu'aujourd'hui nombre d'agriculteurs se contentent d'utiliser les variétés que leur dicte leur coopérative). Quant à la question du rendement, même en agriculture conventionnelle aucune pratique culturale ne peut garantir 100 % de réussite. Cette façon de penser, là encore issue de la pensée industrielle, ne peut en aucun cas s'appliquer à la production agricole. Si l'on vise à l'horizon 2050 une agriculture durable, il faut que les bilans de matière[10] et d'énergie[11] deviennent positifs sinon nuls. Aujourd'hui en conventionnel ils sont négatifs, en agroécologie un jardin bien géré a un bilan de matière nul et un bilan d'énergie négatif. Il y a encore de nombreux efforts à faire...

Le foisonnement de pratiques et de principes est au contraire une triple force pour l'agroécologie. Tout d'abord c'est une *assurance* pour la pérennité de l'agriculture : face à des changements majeurs qui commencent à se manifester (changement climatique, paupérisation et chômage de masse de la population d'Europe de l'Ouest, destruction des terres agricoles par l'urbanisation incontrôlée), l'agriculture doit adapter ses pratiques. Ensuite, cet esprit de créativité rend le travail agricole de nouveau *attractif* pour les jeunes ainsi que les trentenaires et quarantenaires qui, nombreux, quittent leur métier d'origine pour s'y engager avec entrain. Enfin, cet esprit de créativité doit à court et moyen terme se saisir aussi de la production de semences et de la création variétale. La production *locale* de semences, adaptées au sol et au climat local, doit se généraliser. Aujourd'hui la production des semences est accaparée par une poignée d'entreprises agrochimiques aux intentions impénétrables voire esclavagistes dirions-nous. Ses semences sont sélectionnées pour leur adéquation avec une production industrielle, pour la vente dans un système industriel (les grandes surfaces et l'industrie agroalimentaire). L'agroécologie a besoin de semences adéquates à ses objectifs, c'est-à-dire qui poussent bien dans un sol non ou peu travaillé et qui ont un maximum de goût pour pouvoir être vendues en direct.

Voie à explorer : De plus, la *création de nouvelles espèces comestibles* (à ne pas confondre avec la production de semences locales ou la création variétale) doit advenir à moyen terme. Il existe une grande diversité de plantes sauvages comestibles qu'il est possible de transformer en plantes domestiques plus prodigues et plus digestes. C'est ce qu'ont fait sans relâche les agriculteurs depuis l'origine de l'agriculture. C'est une évidence que nous oublions – encore une ! Il faut rendre honneur au Dr. COUPLAN pour nous rappeler cela. Sa grande expérience dans l'alimentation à base de plantes sauvages pourrait être décisive pour remettre en marche cette sélection, qui ne se pratique plus depuis plusieurs siècles. Toutes les espèces récentes cultivées en Europe proviennent de spécimens exotiques ramenés en France par les colonisateurs (maïs, pomme de terre, tomate, coqueret ...) En ce qui nous

---

10 Cette expression désigne la différence entre la masse de matière végétale exportée (la récolte vendue sinon distribuée tout le moins) et la masse totale de matière végétale produite (ce qui inclut les parties non comestibles des plantes, le foin, la tonte, les engrais verts ... produits dans le jardin et qui sont retournés au sol pour le « nourrir »). Si la différence est négative, le stock d'humus va se réduire à néant, il faut importer de la matière (compost, fumier, BRF...). Si elle est positive ou nulle, le jardin est durable, autonome.

11 Un jardin au bilan énergétique nul serait un jardin qui ne requiert aucune machine électrique ou à essence. Le bilan est négatif dès que de l'essence est utilisée, à moins de produire sur place du biocarburant.

concerne, habitant près des grands marais du Cotentin, il y aurait un travail exploratoire à entreprendre pour trouver les plantes aquatiques candidates à cette sélection. Les zones humides ont été évitées par l'Homme pour des raisons de santé (notamment le risque de malaria, avéré jusque dans les années 1960 en Bretagne et Basse-Normandie). Elles ont été détruites pour ces mêmes raisons, et leur destruction se poursuit aujourd'hui encore (par exemple avec le projet autoroutier de Canapville en Haute-Normandie). Si on pouvait cultiver dans ces zones humides de nouvelles espèces comestibles, tout en respectant leur fonction écologique et sans nécessairement cultiver du riz, leur existence serait mieux acceptée par la population (et par les administrateurs qui aujourd'hui ne pensent qu'à les combler).

5.5 Cette dénomination est-elle nécessaire ?

Le terme d'agriculture biologique ne suffit-il pas ? Pourquoi rajouter le sous-terme d'agriculture biologique agroécologique ? Question simple mais essentielle. Le premier paragraphe que nous avons reproduit de la définition des Nations Unies s'applique aussi tout à fait à l'agriculture biologique. Ne peut-on pas atteindre les cinq objectifs agroécologiques (autonomie des plantes, productivité, qualité des sols et des récoltes, petite surface, autonomie) en faisant tout simplement de l'agriculture biologique ? Comment les acheteurs vont-ils encore pouvoir faire le choix sur une même étale qui proposerait des légumes AB, de l'agroécologie, de la permaculture, de l'agriculture naturelle, de l'agriculture de conservation, de l'agroforesterie ? N'est-ce pas du pédantisme que d'introduire un nouveau sous-terme ? Ou bien n'est-ce que commercial (le terme bio commencerait à passer de mode...) ?

Nous admettons volontiers que l'agroécologie telle que nous l'envisageons ne se démarque pas fortement de la permaculture[12]. Pour nous, l'agencement du jardin est un peu moins important, et nous excluons les pratiques qui requièrent trop de force physique ou trop de main d'œuvre (selon notre règle d'une personne – un hectare). Ainsi la culture sur butte, la création de mares pour générer un micro-climat, l'utilisation de BRF, ne rentrent pas dans notre définition de l'agroécologie. L'agroécologie est surtout un ensemble de pratiques qui vient des pays du Sud. Certes les pratiques ne sont pas directement transposables au Nord à cause des hivers rigoureux, mais le principe, la direction, reste valable : *on veut cultiver, intelligemment, avec le minimum de moyens matériels. On peut dire que l'agroécologie est une recherche de parcimonie : on s'évertue à mettre en pratique des techniques simples, efficaces et élégantes.* L'agroécologie est la réponse du Sud à l'agriculture biologique du Nord. Le Nord dispose d'importants moyens matériels, le Sud quasiment pas.

En fait, on peut donner à l'agriculture autant de noms qu'il existe de pratiques culturales, de façons d'agencer l'espace cultivé, de façons de s'organiser, d'aspirations commerciales, éthiques ou philosophiques. Connaissez-vous par exemple l'agriculture de conservation, le jardinage en sol vivant, le maraîchage éthique, la culture sur butte, le jardin solidaire, le jardin en mouvement ? Notre tendance personnelle à rationaliser nous invite à tenter d'harmoniser tous ces noms, pour éviter les redondances entre les définitions, pour « appeler un chat un chat ». Peut-on se contenter d'admettre que tous ces noms ne soient pas exclusifs, que toutes ces formes d'agricultures se recouvrent plus ou moins ? Il le faut bien, car on cherchera en vain une règle pour la nomenclature des formes d'agriculture. Pour ceux qui privilégient le concret, les faits, on dira que pour l'agriculteur comme pour le consommateur, « il faut savoir ce que l'on veut » :

---

12 Nous analysons les nuances entre les différentes formes d'agricultures biologiques alternatives dans le chapitre Situer l'agroécologie dans l'agriculture p. 195.

- La récolte est-elle forcée ou les légumes poussent-ils à leur rythme et conformément aux saisons ?
- Y a-t-il des intrants (terreaux, semences, extraits fermentés, matériaux de couverture du sol, composts...) produits en dehors de la ferme ou bien tout est-il fait sur place ?
- Le travail est-il mécanisé ou manuel ?
- Le travail est-il répétitif ou créatif ?
- Le travail est-il asservissant ou rémunérateur ?

Les références à la durabilité, à l'éthique, au respect de la Nature ou à la spiritualité peuvent venir se superposer à ces considérations de base.

Le chapitre Situer l'agroécologie dans l'agriculture p. 195 est consacré aux comparaisons entre les diverses formes d'agriculture, biologiques ou non, mais la question de l'utilité du terme d'agroécologie est en arrière-fond de tous les chapitres de ce cours.

BASES SCIENTIFIQUES DE L'AGROÉCOLOGIE

Nous allons dans ce chapitre parcourir les connaissances et les théories scientifiques sur lesquelles repose l'agroécologie. Voici comment nous comprenons ces deux termes :

- Une connaissance est la *description* d'un phénomène naturel. Par exemple une fleur est un ensemble organisé de pétales, de sépales, avec des carpelles et des étamines. La description met en avant l'organisation, la structure.
- Une théorie est un *énoncé qui explique* l'organisation, la structure, du phénomène observé. Considérons par exemple la théorie alimentaire de la fécondation des fleurs par les insectes, énoncée ainsi : « Les insectes sont attirés par le nectar nourrissant que contient la fleur ». Cette théorie permet d'expliquer l'organisation spatiale des organes d'une fleur. Une théorie sexuelle de la fécondation par les insectes est également correcte : « Les insectes sont attirés par telle couleur ou telle forme, dans lesquelles ils croient reconnaître un partenaire sexuel ». Une théorie est un énoncé important, car il permet de faire des *prévisions*. Par exemple, en absence d'insecte, une fleur sans nectar peut produire des fruits.

Le fait que l'agroécologie repose sur des connaissances et des théories scientifiques éprouvées est selon nous un gage de son sérieux.

1 DE LA SCIENCE ÉCOLOGIQUE À L'AGROÉCOLOGIE

Pourquoi la science écologique est-elle à la base des agricultures alternatives, et en particulier de l'agroécologie ? Pourquoi ce rôle n'est-il pas occupé par la botanique (la science de l'étude des plantes) ou par la pédologie (la science de l'étude du sol) ? L'écologie est une science de l'étude des *relations* : elle a pour objet d'étude les relations entre les êtres vivants, et les relations entre le vivant et le minéral. Tout objet d'étude écologique est défini par le nombre et la nature des relations qu'il entretient avec son milieu. Les sciences plus « classiques » telles que la botanique et la pédologie définissent leurs objets par leurs caractéristiques internes : telle plante est différente de telle autre, car *intérieurement* elle est organisée différemment. Telle roche se différencie de telle autre par les minéraux qui la composent.

Avec l'écologie, on quitte la façon de penser réductionniste : on ne cherche pas à savoir quels éléments composent un objet, quels sous-éléments composent ces éléments, quels sous-sous-éléments composent les sous-éléments, etc. On prend en compte divers objets, à une échelle d'étude que l'on fixe au préalable, et on cherche les relations qui existent entre eux. L'échelle choisie est ce qu'on appelle l'*écosystème*. Ainsi un champ peut être un écosystème : on cherche alors à connaître toutes les relations qui se déroulent dans ce milieu et qui lui confèrent sa particularité. L'ensemble des champs d'une vallée peut être pris comme écosystème, mais aussi un fossé avec son talus, une route avec la végétation qui la borde, ou bien un espace cultivé (que l'on nomme alors agroécosystème).

Bien sûr, l'écologie ne renie en aucune façon les connaissances des sciences classiques : elle fournit une perspective complémentaire. Ce qui ne veut pas dire qu'elle est optionnelle, comme aiment à le faire croire certains détracteurs des agricultures biologiques. Au contraire elle est indispensable pour pouvoir appréhender tout ce qui passe dans un milieu donné. Refuser la perspective écologique, c'est aujourd'hui faire preuve de stupidité.

L'apparition de l'écologie a procuré de nouveaux « pouvoirs » sur la Nature. Tout d'abord elle a permis de construire une image dynamique des espaces naturels. Avec l'œil de la pensée on peut « voir » comment un écosystème se maintient année après année grâce à la complémentarité de certaines relations, comment un écosystème se reconstruit après un bouleversement majeur, ou comment il évolue suite à l'introduction minime mais constante d'éléments étrangers. Ensuite, l'écologie a permis de nouvelles actions humaines : des actions ciblant non plus les êtres vivants, par une coercition ou une modification de leur être, mais des actions influençant les relations qu'ils entretiennent. C'est ce qu'expriment les scientifiques suivantes :

« L'écologie rend *intelligible* l'agroécosystème ». Dr. Marc DUFUMIER, enseignant-chercheur de 1977 à 2011 de la chaire d'agriculture comparée et de développement agricole à l'école Agro-ParisTech.

« L'écologie permet de *concevoir des techniques* culturales respectueuses de la vie du sol ». Dr. Claude BOURGUIGNON, directeur du Laboratoire d'Analyses Microbiologiques du Sol.

L'écologie, *avec* les sciences classiques telles que la botanique et la pédologie, permet d'atteindre une connaissance globale du jardin et des champs. Prendre en compte toutes ces connaissances pour élaborer des pratiques culturales, c'est respecter la dynamique de la Nature.

Dans les années 1960, tandis que l'écologie est en train d'émerger, on se demande comment les connaissances sur la dynamique des écosystèmes naturels peuvent être utilisées en agriculture. Les sceptiques de l'époque posent une question fondamentale et légitime : Ces connaissances, même si elles sont concrétisables dans certaines pratiques agricoles, peuvent-elles « garantir » la croissance, la vigueur et la productivité des plantes ? Bref, ces connaissances sont-elles aussi *fiables* que les connaissances classiques de botanique ? Depuis ces années-là, nous savons que les connaissances écologiques sont fiables, il n'y a plus de raison de les contester. Elles font partie de l'enseignement général au collège et au lycée. Donc il n'y a plus de raison de douter que les formes d'agriculture qui s'en revendiquent ne soient pas fiables.

Alors, comment passe-t-on des connaissances à la pratique ? Nous proposons le schéma suivant :

1. La somme des connaissances écologiques, espèce par espèce, milieu par milieu, est trop vaste pour qu'une personne seule puisse la connaître (cf. Éléments d'écologie théorique p. 234).
2. On la réduit donc à des théories. Les scientifiques se chargent de faire cela : déterminer les théories fiables et les exprimer de la façon la plus simple possible.
3. De ces théories on déduit des principes valables pour l'agriculture. Les scientifiques et les agronomes se chargent en général de faire cela, mais nous pensons que toute personne suffisamment éduquée et ayant le goût à la fois de la pratique et de la théorie est en mesure de concevoir ces principes. *Pour l'agroécologie, ces grands principes agroécologiques sont le retour de la matière organique au sol, la couverture du sol, le non-retournement du sol, la diversité des cultures, la diversité des milieux.*
4. Pour chaque terrain cultivé, la combinaison des conditions locales est bien souvent unique : nature du sous-sol, météo, faune et flore sauvages, milieux environnants le terrain…
5. En combinant les principes avec les conditions locales, on déduit des techniques adaptées au terrain.

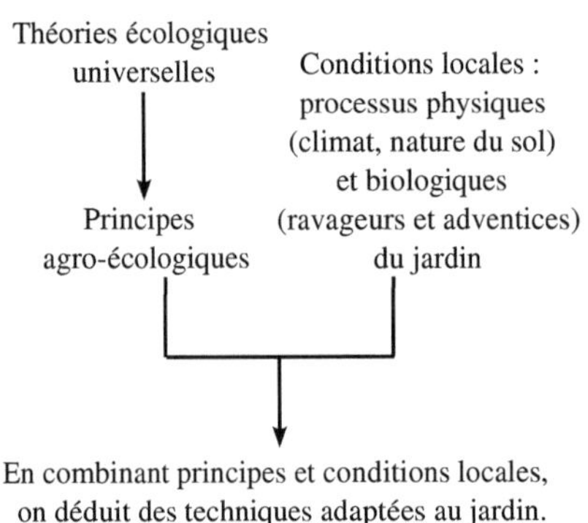

Illustration 1 : Comment passer des connaissances à la pratique

La mise en pratique d'une théorie écologique doit toujours être adaptée. Les principes agroécologiques sont *universellement* valables, les pratiques culturales sont *localement* valables. Expliquons cela avec l'exemple du principe de la couverture du sol. Comme tout outil, comme toute technique, comme tout *moyen*, ce principe a :

Une fonction :	ce à quoi il peut servir
Une limite d'usage :	ce qu'il ne permet pas de faire
Des avantages :	facilité de mise en pratique, entretien facile, rapidité ...
Des inconvénients :	prix, lenteur...

Tableau 2 : Les quatre dimensions de tout outil, technique, moyen

Le principe de couverture du sol a deux fonctions principales :
- Permettre la vie des micro-organismes du sol, des insectes du sol et des vers de terre, en couvrant la terre en été. Ainsi elle ne se réchauffe pas trop, ce qui nuirait à la vie du sol.
- Apporter de la matière organique au sol, pour que les organismes du sol la transforment en humus, humus qui assure la fertilité du sol.

Sa limite d'usage : ce principe est sans lien avec la lutte contre les ravageurs. Ses avantages : il est simple d'application, son coût est faible voire nul. Ses inconvénients : il favorise les limaces au printemps, il faut savoir ajuster son épaisseur. La fonction et la limite d'usage ne varient pas : elles sont fixées par les théories dont le principe agricole est déduit. Les avantages et les inconvénients varient eux *toujours* selon les conditions locales. Pour notre terrain, situé en Basse-Normandie, au sous-sol argileux, avec une phase de pullulation de limaces au printemps, avec des campagnols très actifs à partir d'août, voici les techniques de couverture de sol adaptées à notre terrain :
- Enlèvement de la couverture du sol en avril/mai pour éviter la pullulation des limaces.
- Mise en place de la couverture du sol à partir de juin voire juillet si le printemps est très pluvieux.
- Mulch et non paillage pour les légumes nécessitant un travail du sol. Le paillage ne permet pas de passer un outil dans le sol afin de casser les galeries des campagnols. Le mulch est une couche de matière *particulaire* : tontes, copeaux de bois, BRF (bois raméal fragmenté), qui elle permet de passer un outil (une binette ou une gibinette) dans le sol.
- Nous faisons un paillage du sol avec du foin, car nous n'avons pas de paille disponible sur place.

Cette façon de passer du principe à la pratique vaut pour toute forme d'agriculture, et depuis l'avènement de l'écologie, on se demande avec raison pourquoi le labour profond a été maintenu dans toute la France. Ainsi en Sologne on peut observer de nos jours des sols morts, qui autrefois étaient fertiles. Ces sols ne sont plus cultivés, il n'y pousse que de l'herbe et des genêts, car depuis la fin de la seconde guerre mondiale ils ont été labourés en profondeur (< -40 cm). Ceci a fait remonter de l'argile pure en surface. La terre est donc devenue de moins en moins aérée, car l'argile fait « colmater » la terre. De plus on a arrêté d'épandre du compost de fumier pour n'utiliser que des engrais de synthèse. Privés d'air et de matière organique, les vers de terre et les micro-organismes du sol meurent et ne peuvent plus élaborer d'humus, donc la fertilité du sol baisse lentement mais inexorablement.

Pour un même jardin ou un même champ, il faut adapter les principes aux trois échelles suivantes :

- Pour l'ensemble du jardin : gestion de l'eau, fertilité du sol, gestion des insectes ravageurs.
- Pour chaque culture : adapter les techniques de semis, de couverture du sol, de gestion des ravageurs.
- Pour chaque phase de culture : adapter les techniques de couverture du sol, voire de gestion des ravageurs.

Cela fait donc beaucoup d'éléments à prendre en compte et, de but en blanc, l'adaptation des techniques peut sembler compliquée. Dans la pratique, trouver les techniques adaptées s'acquière par un mélange de lectures et par l'expérience, par l'observation, par essais et erreurs, par les échanges avec d'autres jardiniers. Cela se fait progressivement. Pour commencer, on choisit évidemment les techniques qui nous semblent les plus claires, c'est-à-dire dont on comprend bien la fonction, la limite d'usage, les avantages et les inconvénients et que l'on se sent capable de mettre en œuvre avec de bonnes chances de succès. À moins d'être un virtuose, l'adaptation fine se fait sur un laps de temps compris entre trois et huit ans. Cela peut sembler très long, très lent, et voila, il nous faut maintenant vous souhaiter la bienvenue dans le monde de l'agriculture ! Contrairement au menuisier qui fait un meuble par jour, à l'ouvrier qui fait cent pièces par jour, le jardiner et l'agriculteur n'ont qu'une seule possibilité par an de faire leur œuvre. Chaque jour est unique avec sa durée d'ensoleillement, l'évolution de cette durée, sa température. Pour recommencer un semis raté en juin, il faut attendre juin de l'année suivante. On comprend alors la difficile acquisition du savoir-faire agricole, d'autant plus qu'une année ne fait pas l'autre. D'où l'importance des traditions agricoles et des transmissions entre agriculteurs et de parent à enfant, pour transmettre un savoir-faire accumulé depuis plusieurs générations et qu'une personne seule n'aurait pas assez que toute sa vie pour retrouver.

C'est aussi parce que, à première vue, l'agroécologie semble vouloir faire fi de ces traditions que les gens de la campagne peuvent la trouver prétentieuse. L'agroécologie n'en fait pas fi, elle se doit simplement, avant de les utiliser, de les réinterpréter à la lumière de l'écologie. Et ce faisant, ne s'inscrit-elle pas quand même, bien qu'étant une forme très récente d'agriculture, dans la tradition ? En la réinterprétant, ne fait-elle pas vivre cette tradition ? La tradition n'est pas tant une pratique qui doit se transmettre inchangée de génération en génération, elle est aussi comme une chaîne dont chaque nouvelle génération forge un nouvel anneau, imbriqué dans le précédent...

Pour clore ce premier point, posons la question suivante : « Est-il possible de faire le chemin inverse, c'est-à-dire de remonter de la pratique à la théorie ? » Un jardinier agroécologiste pourrait-il un jour participer à la découverte de nouvelles théories écologiques ? C'est tout à fait possible, car en agroécologie les connaissances ne doivent pas circuler que dans un sens (du scientifique vers le praticien), sinon ce serait reproduire une des erreurs de l'agriculture conventionnelle. Nous aborderons cela dans le point Connaissances scientifiques issues du ... jardinage p.48.

2 ÉCOLOGIE

Voici maintenant toutes les connaissances et les théories issues de la science écologique, qui devraient être utilisées dans un jardin agroécologique.

2.1 La chaîne trophique

C'est une théorie incontestée scientifiquement, que l'on représente communément ainsi :
- La plante est le producteur primaire.
- Elle est consommée par un animal, le consommateur primaire.
- Celui-ci est consommé par un animal plus gros, le consommateur secondaire.

Les ravageurs de culture sont des consommateurs primaires. Il faut donc que dans le jardin soient présents des consommateurs secondaires, qui vont se nourrir de ces ravageurs. On peut aussi penser que doivent être présents dans le jardin des organismes qui engendrent des maladies du ravageur, bref des organismes qui gênent d'une façon ou d'une autre la vie du ravageur. On appelle ces organismes des *antagonistes*. La mise en application directe de cette connaissance est délicate, c'est ce qu'on nomme la lutte biologique. Même si elle est d'usage en agriculture biologique, elle n'a pas sa place en agroécologie. Il y a plusieurs stratégies de lutte :

- On génère des maladies mortelles chez le ravageur avec des bactéries pathogènes Bt[13]. Les plantes ravagées sont pulvérisées avec une solution de bactéries.
- On introduit des prédateurs du ravageur, par exemple des coccinelles ou des chrysopes pour manger des pucerons.
- On introduit un parasite mortel des ravageurs, par exemple des micro-guêpes parasites des pucerons ou des larves de mouches ravageuses des crucifères.
- On lâche dans la parcelle où l'infestation est susceptible de démarrer des ravageurs stériles. Ceux-ci vont s'accoupler et leur descendance sera aussi stérile, ce qui fait que la population du ravageur ne pourra pas augmenter.

Ces stratégies sont des utilisations intelligentes des processus naturels, de l'éco-ingénierie fine, mais nous pensons qu'elles sont inutiles. Tous ces antagonistes que l'on introduit dans le champ ou le jardin vont interférer avec ceux présents naturellement. Même si ces derniers sont peu nombreux, notamment dans les premières années d'un jardin ou dans un jardin conventionnel sur-exploité, si on leur ménage dans le jardin même des espaces de croissance et de reproduction, leur nombre va évoluer en fonction du nombre des ravageurs et in fine un équilibre dynamique se créera. On nomme aussi ces antagonistes naturels, parce qu'ils sont utiles aux jardiniers, les « auxiliaires » du jardinier. Pour mieux les connaître et profiter de leur action, on consultera l'abondante littérature disponible à ce sujet.

> Principe agroécologique que l'on déduit de cette théorie : il faut veiller à ne pas interrompre les chaînes trophiques. La seule exception autorisée est le jardinier bien sûr, qui consomme les fruits et légumes au lieu de les laisser aux oiseaux et aux insectes.

2.2 La coévolution proie / prédateur

C'est un des piliers de la théorie de l'évolution selon DARWIN. Schématiquement, cette théorie se présente ainsi : imaginons une population de consommateurs primaires aux couleurs plus ou moins vives. Les individus les plus visibles de cette population seront consommés en premier par les prédateurs. Avec le temps ne subsistent que des individus aux couleurs ternes peu remarquables. Et avec plus de temps, les prédateurs utilisant comme critère de reconnaissance uniquement la couleur sont de moins en moins nombreux car leurs proies de moins en moins nombreuses. Mais ceux utilisant par exemple l'odeur sont de plus en plus nombreux parce qu'ils ont plein de proies ternes à leur disposition. Sur le long terme s'établit donc un équilibre évolutif dynamique. Sur le court terme, il y a équilibrage du nombre de consommateurs primaires avec le nombre de prédateurs. Par exemple pour le couple puceron/coccinelle : ne survivent que les pucerons qui ne sont pas mangés par les coccinelles, et ne survivent que les coccinelles qui mangent des pucerons. L'un ne va pas sans l'autre : la pire chose à faire serait d'éliminer totalement les pucerons par des méthodes chimiques. L'année suivante, en l'absence de coccinelle dès le printemps, les pucerons pulluleront en été.

---

13 *Bacillus thuringiensis* : bactérie en forme de bâtonnet, qui peut excréter des cristaux protéiques (formés de l'association de plusieurs protéines). Ces cristaux sont toxiques pour les lépidoptères, les coléoptères et les diptères. Source : wikipedia.fr

Principe agroécologique : Il faut tolérer la présence de quelques ravageurs, tout en s'assurant que leurs prédateurs ont les moyens d'hiverner (et donc d'accomplir leur cycle complet de développement) sur place, afin d'enrayer une pullulation de ravageur l'année suivante.

2.3 Les cycles biogéochimiques des principaux éléments

L'étude de ces cycles de l'eau, de l'azote, du carbone et du phosphore, à l'échelle du globe terrestre fait désormais partie de tout les cursus scolaires. Ils sont illustrés dans les pages qui suivent.

Principe agroécologique : le jardinier agroécologiste n'est pas un démiurge ! Il ne peut pas guider les éléments à une telle échelle. Dans son jardin, il doit simplement veiller à ce que ces cycles ne soient pas interrompus, ce qui concrètement signifie, entre autre ne pas bétonner les allées entre les planches cultivées, ne pas drainer artificiellement avec des buses mais préférer des fossés ouverts (où une végétation hydrophile spontanée et épuratrice pourra s'installer), ne pas importer d'engrais de synthèse NPK (N : azote, P : phosphore, K : potassium) issus du pétrole, ni de marne (ce qui se faisait par le passé pour remédier à l'acidité des sols, acidité qui on le sait maintenant indique un mauvais traitement du sol) et ne pas couvrir durant toute une année une planche cultivée. On voit très souvent des maraîchers bio qui recouvrent le sol d'une bâche noire, qu'ils trouent ensuite pour y planter les légumes afin de ne pas devoir désherber. Cette technique n'est pas compatible avec la pensée agroécologiste.

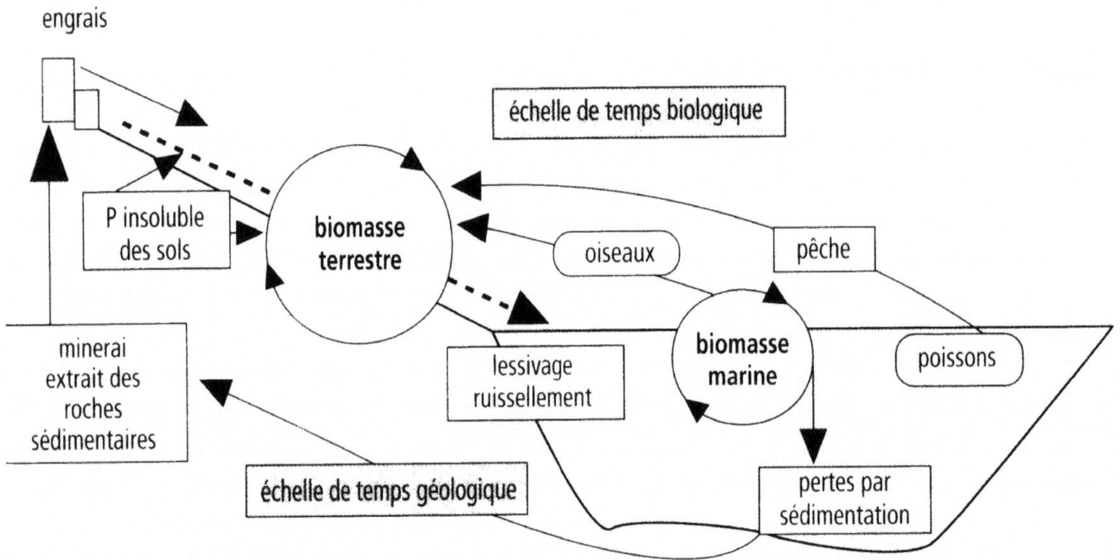

Illustration 2 : Cycle du phosphore schématisé. LÉVÊQUE 2001

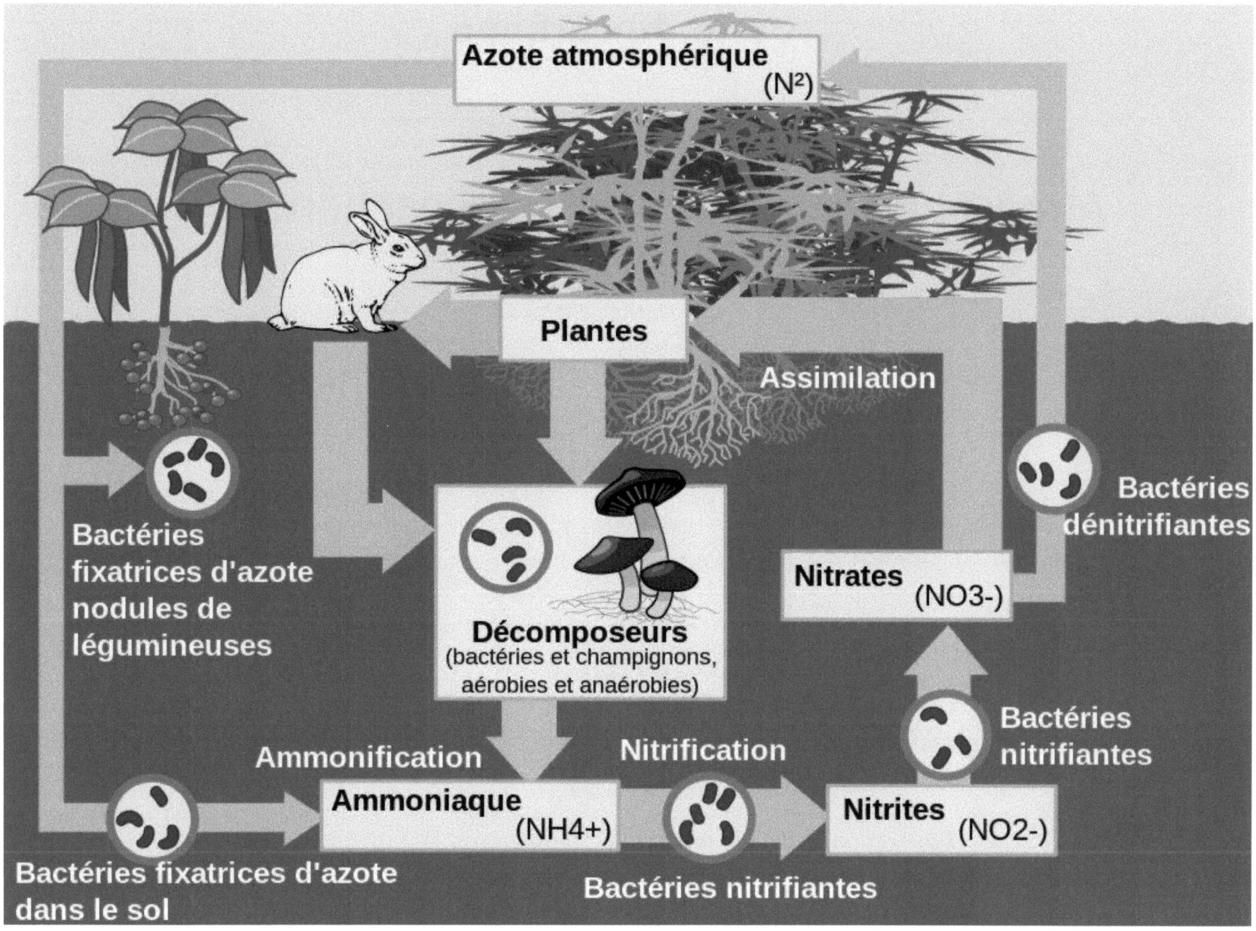

Illustration 3 : Cycle de l'azote schématisé. Wikipédia 2014

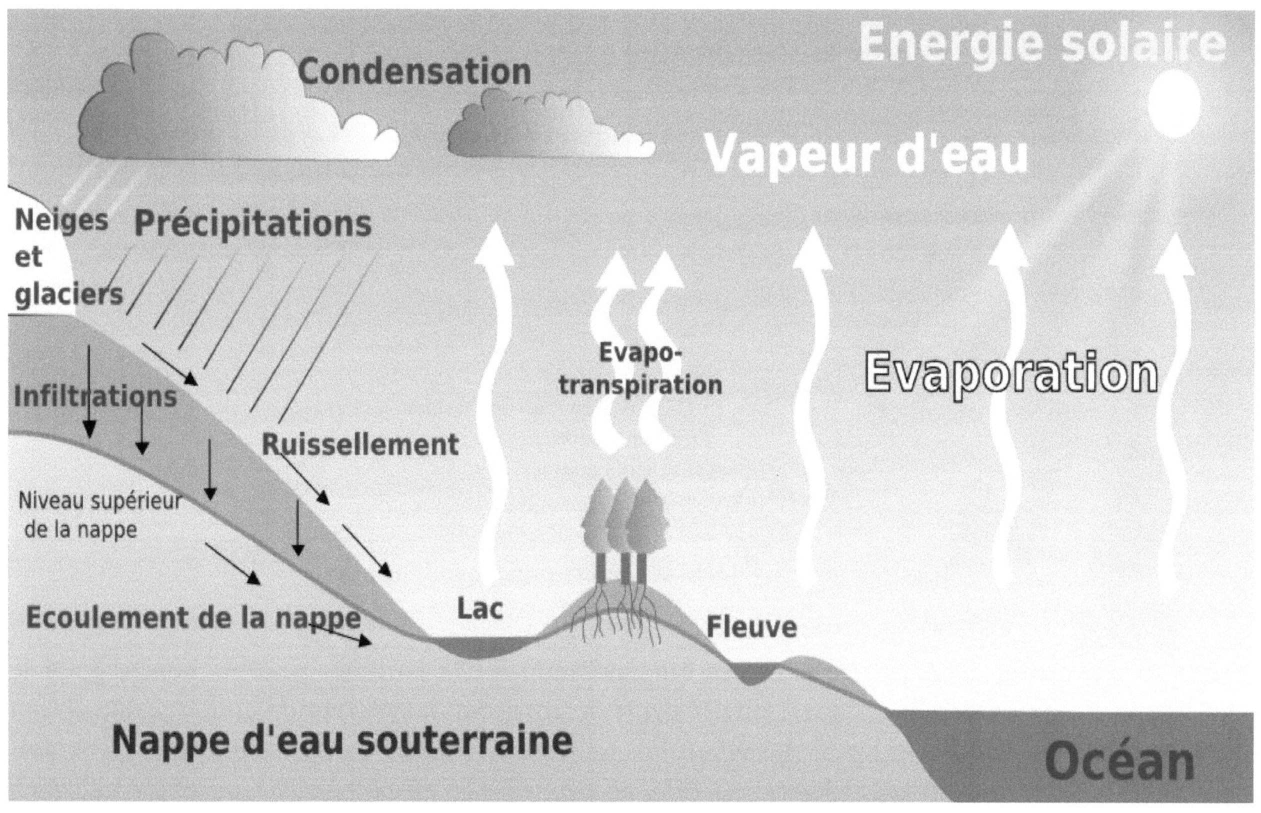

Illustration 4 : Cycle de l'eau schématisé. Wikipédia, 2014

Cycle du carbone

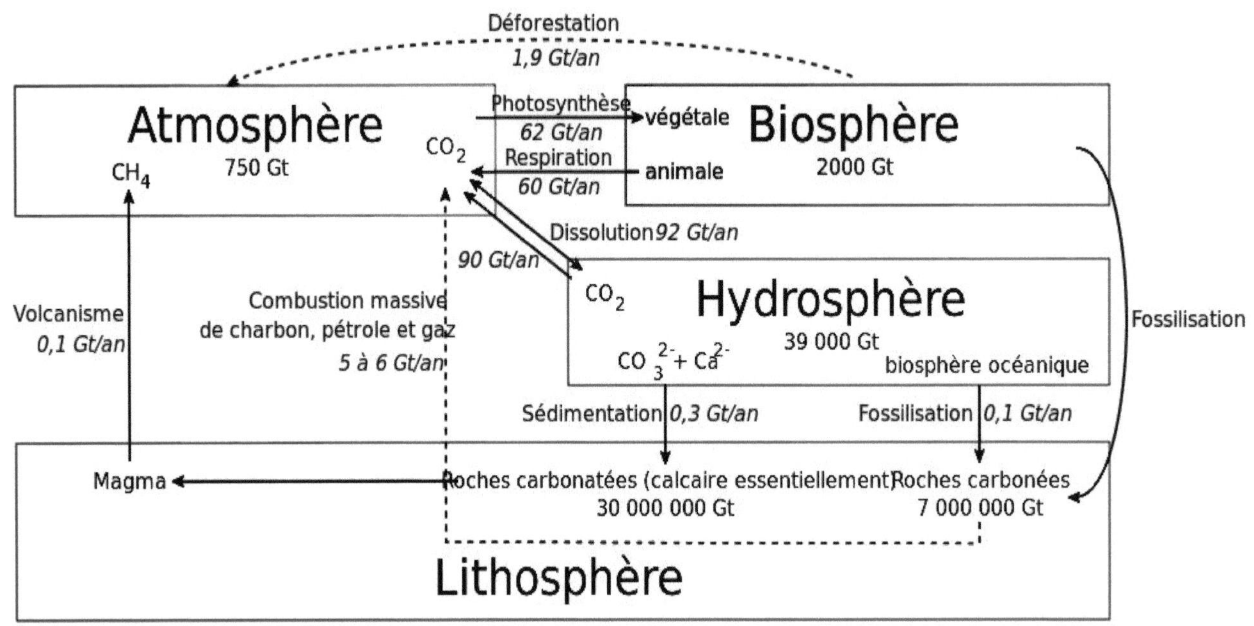

Illustration 5 : Cycle du carbone schématisé. Wikipédia 2014

2.4 Le cycle de la matière organique

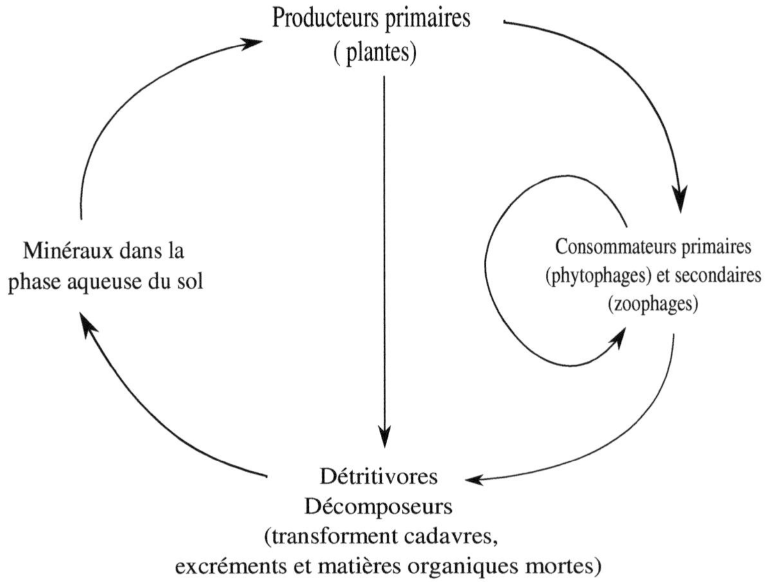

Illustration 6 : Cycle de la matière organique schématisé

  S'il ne peut influencer les grands cycles biogéochimiques, le jardinier peut par contre gérer le cycle de la matière organique, c'est-à-dire le cycle de création, de destruction et de recomposition de la matière végétale et animale dans son jardin. Ceci est tout à fait à fait à sa portée et il se doit de le faire.

Considérons d'abord ce cycle dans sa forme naturelle (Illustration 6), à partir de l'automne. Le feuillage meure et commence à tomber. Il s'accumule progressivement pour former la litière, très visible sur les sols des forêts (tapis de feuilles mortes), moins évidente à observer dans les prairies parce que les feuilles d'herbe se décomposent vite. À la face inférieure de la litière, humide, cette matière morte est consommée par des champignons, des bactéries et des petits animaux détritivores, en particulier les collemboles (arthropodes sauteurs, anciennement sous-classe des insectes aptérygotes). Les collemboles produisent des excréments, à leur tour consommés par les champignons et bactéries. Les collemboles meurent eux aussi et les bactéries les décomposent en les consommant. Les vers de terre ingèrent en même temps cet ensemble de matières fécales, de bactéries et de matière minérale. Dans leur tract digestif s'élabore le complexe argilo-humique (CAH), qui est un mélange de matière minérale et organique. Il est rejeté par les vers de terre dans et sur la litière : ce sont les turicules de vers de terre, que l'on peut observer à l'automne et en hiver. Le CAH est relativement stable : il se décompose lentement en minéraux, que les plantes assimileront. In fine la matière organique est donc décomposée en ses éléments constitutifs de base, des molécules simples qui appartiennent au règne minéral : nitrates, phosphates, potasses... illustrant ainsi l'expression de LAVOISIER « rien ne se perd, rien ne se crée, tout se transforme ». On appelle donc humus l'ensemble {matière organique décomposée prête à être transformée en CAH et CAH}. Notre ouvrage de référence sur l'humus est celui de JABIOL et coll.

De ces connaissances, on décline deux principes.

> Principe agroécologique : Le jardinier effectuant un prélèvement de matière organique lors de la récolte, il doit avant ou après les cultures faire une restitution de matière organique au sol. On prend donc soin d'apporter du compost, de la tonte, des copeaux de bois (brut), du BRF et/ou pendant les cultures on recouvre le sol entre les rangs et entre les plants avec du foin, de la paille, du mulch de tonte[14].

Et un sous-principe : Il est inutile d'apporter plus de matière organique que le sol ne peut incorporer. Rappelons que le compostage en tas, le paillage, le BRF ne sont pas des processus naturels mais plutôt des « concentrés » de processus naturels. Il ne faut donc pas en abuser si l'on désire équilibrer le sol et ne pas nuire à l'écogénicité (cf. p 40). Sur les sols suivants, le paillage se décompose lentement, dessèche ou pourrit par manque de faune du sol pour le décomposer :
- Sols trop sableux
- Sols trop argileux
- Sols épuisés par les cultures et le travail du sol
- Sols compactés

Il faut donc progressivement augmenter l'épaisseur du paillage au fur et à mesure que le sol devient de plus en plus vivant. D'une certaine façon, le jardinier devient aussi un éleveur : il doit s'assurer de « nourrir » correctement la microfaune du sol avec de la matière organique sous différentes formes (paillages, compost, tontes, BRF, copeaux de bois...), afin qu'elle puisse être décomposée en minéraux que les plantes assimileront.

Trop de paillage peut aussi inhiber complètement le développement des adventices. À long terme, cela diminue la vie du sol. En effet, hormis les racines des cultures, le sol se trouve vidé de toute racine. Les racines des adventices participent à la création du sol vivant et de la structure grumeleuse qui en résulte (cf. p. 40 L'écogénicité et p. 164 La complexité du jardinage). En particulier après la récolte, et ce jusqu'en février, il faut laisser les adventices se développer à travers

---

14 Du fait que le paillage ou le mulch se décomposent et nourrissent ainsi le sol, certains auteurs regroupent ces pratiques sous le terme de compostage horizontal.

le paillage (à cette époque elles ne vont pas monter en graine). Les exsudats que leurs racines sécrètent alimentent d'importantes communautés bactériennes, dont elles servent d'aliment pour les vers de terre : les racines d'adventices jouent le rôle d'attracteurs à vers de terre. En cours de saison, idéalement, on doit donc pouvoir constater que le paillage disparaît progressivement avec des adventices qui « percent » ici ou là mais sans excès (ce qui signifierait que le paillage est trop mince). Ni trop, ni trop peu d'adventices : c'est l'objectif à atteindre.

> Voie à explorer : Les fonctions intéressantes des adventices. Certaines adventices et leurs racines sont peut-être particulièrement bénéfiques pour la formation d'humus et donc pour la croissance des cultures. Quelles adventices et en quelle quantité peut-on laisser entre les rangs ? Peut-on considérer les adventices comme des plantes compagnes ?

> Principe agroécologique : La matière organique retournée à la terre est simplement déposée *sur* le sol. Elle n'a pas à être enfouie, dans la nature la litière se forme par accumulation sur le sol de matière morte. Le paillage est décomposé par en dessous grâce à l'action des collemboles, des bactéries et des champignons. Les vers de terre se chargent de l'enfouissement des déjections de ces petits organismes.

Dans le point S'assurer de la fertilité du sol p. 126 nous apporterons de plus amples réflexions sur la juste utilisation de ces connaissances écologiques en agroécologie.

2.5 L'évolution des écosystèmes

S'il fallait ne choisir qu'un seul mot pour exprimer ce qu'est la vie, avec toute sa diversité, il faudrait choisir le mot « évolution ». L'émergence de la vie dans les océans, sa dispersion et sa complexification, la colonisation du milieu terrestre par les plantes, puis par les animaux, les disparitions et les apparitions des espèces au rythme des bouleversements géologiques (séparations des continents, élévation des chaînes montagneuses, ouverture ou fermeture des océans) ou des cataclysmes d'origine célestes (les chutes de météorites), les premiers hominidés puis leur influence majeure sur toute la biosphère[15]... Rien n'est figé, tous les écosystèmes terrestres que nous pouvons observer aujourd'hui ont une histoire dynamique et non statique. Pour le sujet qui est le nôtre, l'agriculture, l'évolution sur une très longue période (100 000 ans et plus) nous concerne peu, même s'il est intéressant de savoir que les argiles et nombres de minéraux sont non pas des créations par processus physico-chimiques du règne minéral, mais des créations biologiques, en général ce sont des excréments ou des squelettes cellulaires accumulés sur de très longues périodes et remaniés par les forces géologiques (glaciations, plissements de terrains...) À l'échelle du siècle se déroulent des processus évolutifs qui, eux, vont nous intéresser. Sur un espace minéral donné, la succession de l'établissement des êtres vivants en milieu terrestre peut être observée sur une période d'une cinquantaine d'années, par exemple sur les terres les plus récentes formées de coulées de lave refroidie à Hawaï ou à l'île de la Réunion.

Nous allons présenter à l'aide de l'illustration suivante la succession qui mène d'un sol minéral à une forêt, ou cycle sylvigénétique, en considérant trois niveaux d'interprétation : la succession

---

15 La biosphère est le terme qui regroupe tous les espaces où la vie est présente, ce qui va des sources chaudes sous-marines sur les planchers océaniques avec leurs populations d'organismes thermophiles jusqu'aux plus hautes altitudes où se déplacent les oiseaux et le « plancton » aérien, en passant par tous les milieux océaniques et terrestres qui nous sont plus familiers.

des groupes d'espèces (a), la structure de la végétation (b) et l'évolution de la biodiversité, de la biomasse et de l'épaisseur de la couche de sol (c).

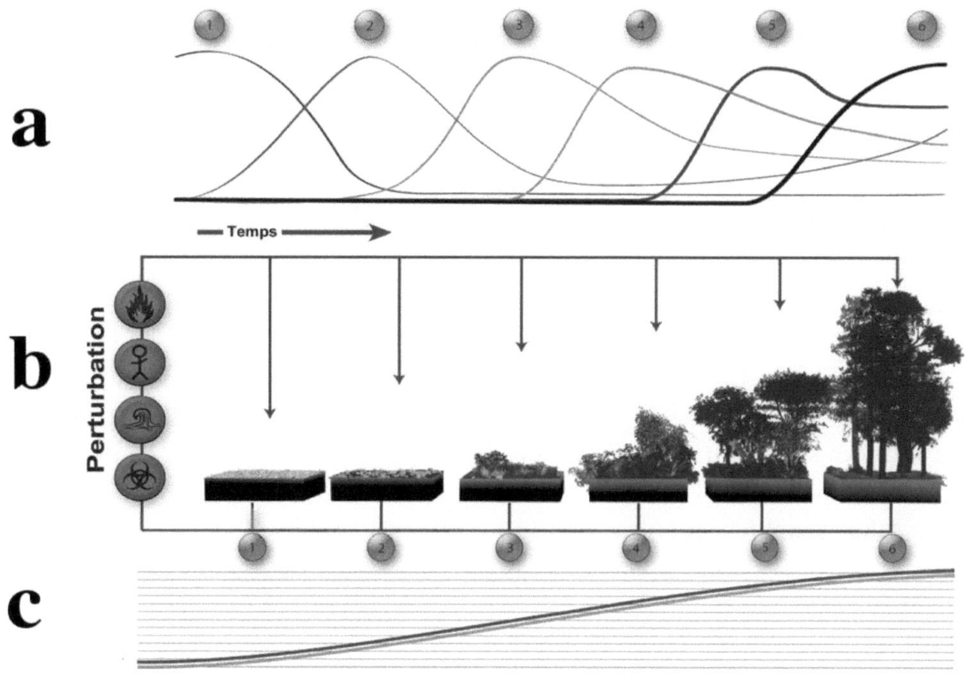

Illustration 7 : Naissance et évolution d'un écosystème. Wikipédia 2014

Après un stade initial de sol nu, il y a d'abord établissement des espèces généralistes : robustes, sobres et à fort potentiel de reproduction. Elles colonisent rapidement l'espace. C'est le stade muscinal (des mousses et des lichens) et puis le stade 2 des herbacées. Le stade 3 consiste en l'établissement d'une prairie pérenne qui n'est plus rase mais prend de la hauteur (stade des graminées vivaces). Ensuite s'établissent les espèces spécialisées, une fois que les pionnières ont créé une certaine diversité de conditions microlocales. Ces espèces ont des exigences relativement strictes quant à leur substrat minéral, à leurs éléments nutritifs et aux espèces qui les entourent. C'est le stade 4 buissons et boisements pionniers, puis stade 5 arbres à croissance rapide. In fine il y a établissement d'un « apex évolutifs » : la forêt à chêne et houx à nos latitudes et longitudes. Cet écosystème est la culmination de la succession naturelle de la végétation de France : à moins que des perturbations (par des événements météorologiques, par le feu, par l'Homme ou par la géologie) ne se produisent et ramènent la végétation à un stade inférieur, la forêt se perpétue à priori telle quelle sans limite de temps. Suite à une perturbation, la succession redémarre en « direction » de l'apex. Au fur et à mesure que la végétation évolue vers l'apex, la biodiversité, la biomasse et l'épaisseur de sol augmentent conjointement.

Parfois, il arrive qu'un apex évolutif ne possède pas une forte biodiversité. Une espèce généraliste peut se répandre massivement et ainsi « figer » l'écosystème : c'est le cas des espèces dites envahissantes. Ainsi les mousses peuvent recouvrir de façon homogène les sols de forêts de résineux. Les fourrés de ronces ou de *Rhumex* peuvent également figer une parcelle.

Mais avec le temps, à l'échelle d'au moins trois générations humaines, la biodiversité tend à s'accroître. Ainsi les forêts tropicales sont un apex évolutif à très forte biodiversité, au point qu'il est plus facile sur un espace donné de compter dix espèces de papillons différentes, que dix papillons de la même espèce (REICHHOLF).

Sous nos latitudes, quand on décide de créer un jardin, ce n'est que très rarement dans des espaces au stade 3 ou 4 : ces espaces sont rares et donc en général protégés par diverses lois. De nos jours plus personne ne défriche une forêt mature pour cultiver, donc aujourd'hui nous continuons de profiter du déboisement massif qui a eu lieu au XIXe siècle. On profite alors d'une importante épaisseur de sol arable, sans les arbres, rien que pour nos plantes domestiques ! Mais il y a un prix à payer, double, voire triple :

1. Le stade a été ramené par l'Homme du niveau 6 au niveau 3. Donc si on n'agit pas pour contrer l'évolution naturelle, tout espace cultivé redevient nécessairement un espace de fourrés, puis une forêt.

2. Les espèces d'un espace déboisé sont surtout des espèces généralistes à croissance vigoureuse et à forte reproduction, typique des stades inférieurs. Pour ce qui est des plantes, on les appellera communément « mauvaises herbes », pour les animaux « ravageurs », car ils sont bien sûr plus vigoureux que nos plantes et animaux domestiqués.

3. L'épaisseur de sol, naturellement, ne peut pas continuer à augmenter. Plus on exporte de récoltes, de matière végétale donc qui n'est rien d'autre que du sol transformé, plus l'épaisseur du sol arable va diminuer. On imagine mal comment un modeste jardin pourrait faire que le sol se réduise à une peau de chagrin, mais, pensez aux nombreuses générations qui vous ont précédé et qui ont exigé du sol tout ce qu'il pouvait leur donner ! À moins d'utiliser des techniques culturales adaptées pour maintenir le sol, son épaisseur va nécessairement diminuer. Claude BOURGUIGNON estime que les champs de France ont perdu deux mètres d'épaisseur depuis le début du XXe siècle.

Comprendre qu'une prairie évolue naturellement vers une forêt nous permet de pratiquer une agriculture – et un jardinage – de façon intelligente, car ces activités peuvent se résumer à résoudre un dilemme : comment profiter à la fois des avantages de la prairie (terrain ouvert, chaud, ensoleillé) et de la forêt (sol épais, humide et frais) sans les inconvénients de la prairie (terre peu profonde et sèche) et de la forêt (milieu sombre et froid) ? On pourrait exprimer cela d'une façon plus dynamique, dans le mouvement : l'agriculture ou le jardinage consistent à « capter », à transformer, l'énergie naturelle d'évolution de la prairie pour la mettre au profit des cultures. L'herbe pousse : faisons-en de la tonte ou du foin pour couvrir le sol entre les cultures, pour qu'il reste frais et humide. Les feuilles s'accumulent aux pieds des arbres environnants ? Prenons-les et étalons-les entre les cultures. Les adventices envahissent les cultures malgré le paillage ? Enlevons-les, ramenons toute la végétation à une hauteur de quelques dizaines de centimètres pour profiter pleinement du soleil, et utilisons ces adventices pour pailler. Tout ce que le sol produit pour aller vers la forêt, utilisons-le pour obtenir un sol de forêt, sans la végétation de la forêt[16].

Le processus évolutif naturel nous amène aussi à réfléchir sur les relations qui peuvent exister entre un milieu à faible biodiversité (premiers stades) et un milieu à forte biodiversité (derniers stades). Que se passe-t-il quand un milieu biologiquement diversifié est entouré de milieux pauvres biologiquement et donc homogènes ? Considérons par exemple un lit de semence (la couche superficielle du sol qui aura été finement travaillé afin de recevoir les graines et leur assurer un bon contact avec la terre, pour aider à leur germination). Ce lit doit être sans grumeaux, bien à niveau, exempt d'adventices et de racines. Ou considérons les espaces bien binés entre les rangs des légumes, dans les jardins traditionnels. Ces deux espaces sont des espaces vierges et homogènes. Le lit de semence et l'inter-rang correspondent à des écosystèmes de premiers stades, dans lesquels les plantes généralistes, à croissance vigoureuse et besoins très modestes peuvent sans entrave se développer s'y on les laisse faire. « La nature a horreur du vide », selon l'expression consacrée. Effectivement, sans action de notre part, on constate que les adventices se développent, et plus rapidement qu'on ne le prévoyait ! D'où le nécessaire désherbage, à moins

---

16 Vous comprenez donc que, même si l'agroécologie et toutes les autres agricultures alternatives revendiquent un sol naturel, il ne peut pas exister de sol cultivé qui soit naturel. Un sol naturel est nécessairement non cultivé. Même en voulant être au plus près de la Nature grâce à des techniques adaptées, ces techniques créent toujours une séparation entre nous et Elle. Cette réflexion est à relier aux autres que nous développons dans le chapitre Philosophie de l'agroécologie.

d'avoir fait des faux-semis[17]. Pour empêcher ou freiner leur croissance, il faut créer et conserver un sol qui a les caractéristiques des sols d'écosystèmes évolués, c'est-à-dire un sol diversifié et non homogène. Cela s'obtient en recouvrant le sol par une couche de matière organique : cette couche sera l'équivalent de la litière des sols naturels. Constituée – naturellement – de feuilles mortes tombées au sol, la litière est la source naturelle de matière organique pour les processus de création d'humus. Elle a un effet *tempérant* : elle tempère ce qui vient d'en haut (précipitations, rayons du soleil) comme ce qui vient d'en bas (germination des graines). C'est comme si ce ralentissement des éléments physique ralentissait aussi la pousse des adventices.

De même, considérons le contraste qui existe entre des allées sarclées, à la terre tassée (un milieu minéral et homogène donc), et des planches cultivées à la terre aérée et riche en humus et en racines. La vie n'est quasiment pas possible dans le sol des allées : les insectes, bactéries et champignons vont donc de préférence se développer dans le sol des planches, ce qui peut avoir des effets négatifs sur les légumes. Si on fait le choix d'allées enherbées (qui seront entretenues avec une tondeuse à la fonction mulching), la faune du sol qui vit autour des racines des graminées (en particulier les vers fil de fer ou taupins) restera dans les allées et n'aura pas de raison de migrer dans les planches cultivées.

> Principe agroécologique : un jardin agroécologique doit ressembler autant que possible à un écosystème en voie d'évolution vers une forêt, mais dont le potentiel de croissance est réservé aux seules cultures. Un sol nu et sans humus est à proscrire car, ressemblant à un sol primaire, il rend les cultures vulnérables aux espèces animales et végétales à forte reproduction, donc envahissantes et/ou ravageuses.

2.6 La résilience

La résilience est la capacité pour un écosystème à retrouver la configuration qu'il avait avant une perturbation. Ainsi une forêt qui renaît après un incendie, ou une prairie qui repousse après un surpâturage. Plus le nombre d'espèces composant un écosystème est élevé, plus celui-ci est résilient : une perturbation peut affecter beaucoup certaines espèces et d'autres moins. Celles-ci vont alors croître dans les espaces libérés par la perturbation. Après quelque temps, leur taille et leur densité recréent des conditions de vie favorables aux espèces affectées par la perturbation, qui vont alors pouvoir se réimplanter dans le milieu.

Dans le jardin, on souhaite éviter que des excès de pluie ou de sécheresse ne réduisent à long terme la fertilité du sol, et qu'à court terme les récoltes ne soient compromises par des variations rapides de la météo. Il faut donc s'assurer que la fertilité et les récoltes dépendent non pas d'un seul, mais de plusieurs facteurs, ce qui minimisera l'effet des perturbations. Par exemple : si la structure grumeleuse du sol dépend uniquement de son travail mécanique, une pluie forte va le déstructurer (la terre va se compacter et une croûte de battance va se former). Par contre si la structure grumeleuse du sol est due à une bonne teneur en humus, qui elle-même résulte de l'activité des micro-organismes et des vers de terre, et que le sol est protégé par un paillage, alors une pluie forte ne va pas le déstructurer.

La résilience d'un écosystème dépend donc de sa biodiversité, mais aussi de son pouvoir d'auto-organisation. Par là nous entendons la capacité d'un écosystème à se constituer par lui-même.

---

17 Un faux-semis consiste à travailler la terre superficiellement, comme pour faire le lit de semence, mais sans rien y semer par la suite. 7 à 10 jours après on répète l'opération, et encore une fois 7 à 10 jours après. Alors seulement on sèmera. Cela « casse » toutes les adventices qui lèvent, ainsi on obtient une terre « propre ». C'est indispensable pour faire des carottes et de la mâche.

Pour un sol agricole, ce pouvoir d'auto-organisation est assuré par la présence simultanée de litière, d'humus, de racines et de la faune du sol. L'humus a un pouvoir structurant : il évite le lessivage du sol, c'est-à-dire sa désagrégation en fines particules qui sont alors emportées par les eaux de ruissellement vers les cours d'eau. Les racines abritent la faune du sol. Leurs exsudats nourrissent les bactéries et les champignons. Elles émiettent également le sol et le retiennent en même temps. La microfaune, par ses activités de locomotion, d'ingestion de la litière en décomposition et d'excrétion, crée des particules mêlant argiles, limons et humus (les CAH), ce qui donne au sol une structure grumeleuse. Cette structure est caractéristique des sols fertiles. Un sol fertile est donc créé en permanence, grâce aux organismes décomposeurs de la matière organique (collemboles, bactéries, champignons) et aux vers de terre.

Principe agroécologique : le sol doit toujours être complexe. Il ne doit surtout pas être uniquement minéral, sinon il sera trop sensible aux conditions climatiques : il séchera excessivement ou il s'engorgera trop souvent. Ces variations nuisent à la croissance des plantes.

2.7 Les communautés végétales

La phytosociologie est l'étude des *communautés* de végétaux qui, dans un milieu naturel, poussent spontanément ensemble. On a découvert que ce n'est jamais une espèce seule qui occupe un espace donné, mais le plus souvent un couple ou un triplet d'espèces. Si deux milieux se distinguent par de légères différences physico-chimiques (sol, climat), dans ces deux milieux l'espèce principale est la même, mais l'espèce partenaire change. Par exemple, la forêt du bassin parisien est typiquement une chênaie à houx. En remontant vers le Nord-Est, ce couple change : en Russie l'espèce dominante demeure le chêne, mais il est associé à l'épicéa. Du fait que ces associations d'espèces ne se produisent pas au hasard, et qu'elles ne soient pas non plus des symbioses[18] on en conclut que les espèces en questions doivent acquérir un avantage évolutif grâce aux associations.

Voie à explorer : utiliser des plantes compagnes des cultures. Celles-ci favorisent la croissance (complémentarité dans l'utilisation des minéraux), la santé (répulsion des parasites et prédateurs), le goût et la fructification (car la santé et la nutrition de la plante sont meilleures) des cultures. La méthode push-pull en est une parfaite illustration.

La culture des plantes compagnes en contexte professionnel reste à imaginer. En effet, ces plantes doivent être cultivées tout comme les légumes. Cela requière un effort de travail supplémentaire : toutes les étapes de culture (semis, préparation du sol, entretien, après-culture) doivent être pensées. L'idéal serait au contraire de ne pas avoir à se soucier des plantes compagnes, qui donc devraient être aussi sauvages que possible. Ainsi, entre les rangs des cultures, pourquoi ne pas envisager de sélectionner les adventices qui poussent naturellement : en arracher certaines pour en laisser d'autres, dont on présume qu'elles ont un effet positif pour la culture. C'est à notre connaissance une voie inexplorée, qui pourrait permettre de transformer certaines adventices parfois gênantes (*Rhumex*, chien-dent, renon-

---

18 La symbiose est un mode de vie qui caractérise deux individus, appartenant à deux espèces différentes, qui vivent nécessairement ensemble. Par exemple l'un fournit à l'autre un abri et l'autre fournit en retour un élément nutritif que le premier ne peut pas synthétiser.

cule ...) en plantes utiles. Le temps passé à les sélectionner sur place pourrait donc être rentabilisé sous forme de meilleure santé ou de meilleure fructification des cultures.

Précisons que si, théoriquement, les associations de culture doivent prodiguer des avantages (synergie entre les cultures et les compagnes), à notre connaissance cela n'est pas démontré scientifiquement. On évoque souvent l'association fraise-ail ou poireau-carotte, mais il y a tellement de facteurs qui peuvent influencer la survenue de la pourriture des fraises ou la survenue des mouches de la carotte ou du poireau, qu'établir un lien de cause à effet entre l'association et la bonne santé des plants nous semble être une gageure.

2.8 L'effet interface

Considérons deux écosystèmes contigus, où règnent des conditions favorables à la vie, par exemple une forêt bordant un fleuve d'Europe. La production de biomasse sous forme végétale ou animale est la plus abondante non pas au centre de la forêt ni au milieu de la rivière, mais à l'interface entre eux, c'est-à-dire au niveau de la rive. Pourquoi cela ? Car au niveau de la rive, les processus de création et de décomposition de biomasse de la forêt et du fleuve s'additionnent. Les arbres profitent des minéraux issus de la décomposition des feuilles ainsi que de la décomposition des sédiments. Les poissons et les crustacés ont comme nourriture non seulement les algues et les biofilms (colonies bactériennes à la surface des pierres immergées) du fleuve, mais aussi les feuilles qui tombent des arbres dans l'eau et s'y décomposent. On retrouve des conditions similaires dans les clairières, les lisières entre champ et forêt, les lisières entre prairie et fourrés.

La biodiversité est aussi plus élevée au niveau de l'interface qu'au « centre » de l'écosystème, car on trouve dans l'interface les espèces des écosystèmes attenants ainsi que des espèces inféodées à l'interface.

Voie à explorer : décliner l'effet interface en principe agroécologique. L'effet interface n'a pas encore, à notre connaissance, de traduction en principe agroécologique. On pourrait imaginer qu'un jardin, situé entre une forêt et une prairie, ou entre une rivière et une prairie pourrait être une interface intéressante : en effet il y aurait une grande diversité de prédateurs naturels. Mais aussi de ravageurs naturels... Les feuilles des arbres couvriraient le jardin en hiver, et la crue de la rivière amènerait des sédiments. Si l'utilisation du premier processus est encore timide (c'est un des éléments de l'agroforesterie naissante[19]), le second processus est à l'origine des cultures le long du Nil et n'est plus à démontrer.

À plus petite échelle, on pourrait imaginer que certaines plantes seraient mieux adaptées à pousser sur le pourtour des planches cultivées, surtout si les allées sont enherbées. Car de telles plantes pourraient tirer profit d'une certaine façon du contact avec l'herbe et avec le sol riche des allées.

2.9 La pause hivernale

Les racines des plantes annuelles meurent à l'automne, et sont décomposées en hiver et durant l'année suivante par les micro-organismes du sol. Les racines des plantes vivaces ainsi que des plantes non gélives demeurent vivantes en hiver.

---

19 Agroforesterie : mode d'exploitation des terres agricoles associant des plantations d'arbres dans des cultures ou des pâturages. Pour plus d'explications, nous renvoyons le lecteur vers les nombreux ouvrages dédiés à ce sujet.

Voie à explorer : essayer de contourner la pause hivernale, en décliner un principe agroéco-logique. Aujourd'hui, c'est une technique biologique de plus en plus utilisée, même en agriculture conventionnelle, que de semer en automne des engrais verts non gélifs afin d'occuper l'espace en hiver. Si l'on n'a pas les moyens de couvrir le sol pour l'hiver (avec de la paille, du foin, des feuilles, des cartons, du BRF...) les engrais verts non gélifs vont d'une part éviter de laisser le sol nu, donc réduire son érosion, et d'autre part ils vont préparer les cultures de printemps. En effet, leurs racines ameublissent la terre (tout en la retenant), et les parties aériennes (en général sélectionnées pour leur densité) entravent le développement des adventices. Ils peuvent aussi faire fuir la faune du sol potentiellement ravageuse : ainsi la moutarde a la réputation d'assainir les sols. De plus, au printemps ils sont fauchés et enfouis, et servent ainsi à reconstituer de l'humus.

Ces trois fonctions sont très intéressantes, et nous voudrions en proposer une quatrième, à trouver. Durant l'hiver le sol « dort » : les faibles températures ralentissent voire stoppent l'activité de la faune du sol. Donc l'humification (la transformation de la matière organique en humus) est stoppée, ainsi que l'aération du sol. Peut-on imaginer que certaines vivaces ou que certains engrais verts non gélifs permettraient à la faune de demeurer active dans l'espace racinaire ? Ainsi l'humification continuerait tout l'hiver durant. Au printemps le sol, aéré, se réchaufferait aussi plus vite.

2.10 L'écogénicité

C'est une théorie personnelle, qui s'introduit ainsi :

Les êtres vivants croissent (augmentation de la biomasse des individus) et se multiplient (augmentation du nombre d'individus). Les êtres vivants se maintiennent (survivent) s'ils sont adaptés à leur environnement : au cours des millions d'années passées, des espèces ont disparu, car elles n'étaient plus adaptées à leur environnement. Celui-ci avait changé depuis le moment où l'espèce en question était apparue.

Bien sûr, une espèce qui détruit son milieu de vie est aussi condamnée à disparaître (d'où les réflexions passionnantes au sujet des virus et des parasites qui « ménagent » leur hôte au lieu de le tuer).

Que signifie exactement l'expression « adaptée au milieu de vie »? Les espèces adaptées sont celles qui

- ne sont pas détruites physiquement par leur environnement et donc ont une descendance,
- savent extraire de cet environnement les éléments dont elles ont besoin,
- *peuvent influencer en leur faveur l'environnement*. C'est en développant ce point que nous arriverons à la théorie de l'écogénicité.

Ainsi toute plante crée autour de ses racines (rhizosphère) un milieu de vie favorable aux champignons et aux bactéries. Ceux-ci se nourrissent de ses exsudats racinaires, et en retour la plante absorbe les éléments rejetés par ces « partenaires ».

Ainsi le ver de terre qui, en amalgamant des débris de matière organique, des bactéries et des argiles, crée le complexe argilo-humique. Ce complexe est ce qui assure la structure grumeleuse du sol. Le sol grumeleux n'est pas compact. Il permet donc aux vers de terre de remonter en surface plus facilement pour répandre leurs déjections (les turicules) et absorber la matière organique en décomposition de la litière.

Ainsi toute plante par l'ombre qu'elle dispense rend possible la vie de la microfaune dans les couches superficielles du sol, en évitant la dessiccation du sol et l'élévation de sa température.

Ainsi les arbres aux racines profondes qui remontent des minéraux. Les minéraux, sous la forme de feuilles tombant à l'automne, sont incorporés dans les couches superficielles du sol et profitent à la végétation de surface.

La vie crée donc et entretient les conditions propices à son existence. Nous avons choisi d'appeler ce phénomène l'écogénicité, de éco- environnement et -gène création. La vie est écogène, *elle crée des conditions qui lui sont favorables.*

C'est pour cela qu'il faut avoir en confiance dans le principe d'intervenir le moins possible directement sur les plantes cultivées : elles savent se débrouiller seules, elles ont juste besoin d'un « coup de pouce » pour se créer un environnement favorable. En intervenant directement dans le sol (en le travaillant trop), on casse les galeries verticales et horizontales laissés par les racines mortes décomposées ainsi que les galeries des vers de terre. On gêne donc la circulation de l'air et de l'eau, ce qui nuit aux racines qui ont poussé justement dans les zones où la circulation de l'air et de l'eau leur convenait le mieux.

On peut dire d'une espèce, ou d'une variété, qu'elle est écogène si, semée année après année toujours au même endroit, elle reste vigoureuse. Par exemple, Masanobu FUKUOKA travaillait avec une variété de riz qui pouvait être resemée au même endroit six mois après la récolte, après de l'orge et bien que la paille de riz soit laissée sur place. Il ne constatait aucune baisse de vigueur, année après année. La sélection massale, pratiquée traditionnellement par les paysans, ainsi que la création traditionnelle de variétés, prennent en compte indirectement cet effet écogène : l'agriculteur, semencier par la force des choses, était constamment sur le lieu de croissance des plantes et il pouvait constater, sur plusieurs années, si une variété se « supporte bien elle-même » ou non.

Voie à explorer : décliner l'écogénicité en principe agroécologique. Le plus évident serait de sélectionner des variétés ainsi que Masanobu FUKUOKA le faisait. L'écogénicité a selon nous un rôle à jouer en permaculture stricto sensu, c'est-à-dire une agriculture privilégiant les espèces se resemant d'elles-mêmes (cf. La permaculture p. 208).

---

3 BIOLOGIE

Pour toute forme d'agriculture, des connaissances biologiques générales sur la croissance et la reproduction des plantes sont nécessaires. En conventionnel et en AB on utilise ces connaissances afin de forcer (accélérer la croissance), guider (butter les poireaux pour obtenir du blanc ou tailler par exemple), conforter (utiliser des engrais ciblés pour la croissance, pour la floraison, pour la fructification), modifier (sélection des cultivars), conserver (chambres froides, à gaz) les plantes. Bien sûr en agroécologie on s'astreint à ne pas forcer les plantes, sinon on reproduit insidieusement la pensée de l'agriculture industrielle. C'est une tentation à laquelle il est difficile d'échapper, tant la culture sous serre chauffée ainsi que la culture hors-sol se sont généralisées en AB (ce qui est éthiquement questionnable...)

Nous présentons ici quelques connaissances *supplémentaires* de biologie générale, c'est-à-dire qui ne remplacent pas les connaissances générales relatives à la physiologie des plantes cultivées que l'on pourra trouver dans de nombreux ouvrages d'agronomie, mais qui sont pertinentes dans le cadre de l'agroécologie.

3.1 Phyllotaxie

La phyllotaxie est l'étude du positionnement naturel des feuilles et branches les unes par rapport aux autres. Selon l'espèce, quand on considère la tige vue de dessus, les feuilles ou les branches peuvent être insérées les unes au-dessus des autres, décalées à 90°, ou décalées à angle variable (spirale). Ce mécanisme de positionnement est guidé par des hormones et par l'orientation vis-à-vis de la lumière.

Les conséquences sont :

1. Un port caractéristique pour chaque espèce.
2. L'absence de feuilles dans les parties non illuminées de la plante, des feuilles plus grandes en bas et plus petites en haut.

Ce qui engendre pour chaque espèce, selon les conditions de lumière et de vent, une forme naturelle, grâce à laquelle la plante utilise la lumière de façon optimale.

Masanobu FUKUOKA a expliqué ce qui se produit lorsque l'on taille un arbre : le développement des branches n'est plus harmonieux, l'arbre a moins de surface de feuille, car il perd sa capacité à faire croître ses branches et ses feuilles à l'endroit optimal. Il en résulte un affaiblissement général, et donc des récoltes moindres en quantité et en qualité. Mais pourquoi taille-t-on, demande FUKUOKA ? On taille pour pouvoir récolter plus facilement les fruits, ainsi que pour faire augmenter le nombre de fruits. Mais alors, chacun peut l'observer soi-même, on obtient des arbres ou des vignes croulant de fruit, tandis que leur tronc est maigre et que la surface foliaire est très réduite. C'est tout à fait contre-nature. D'ailleurs les arbres ou les vignes forcés ainsi sont arrachés après trois décennies seulement. Nous invitons les futurs jardiniers agroécologistes à bien réfléchir sur le comment et le pourquoi de la taille : est-ce parce que tout le monde la pratique qu'il faut aussi la pratiquer ? Il est difficile de ne pas tailler quand un vieux monsieur du village, qui paraît si sage et si expérimenté, dit qu'il faut tailler ceci et cela… La taille, et sa pratique complémentaire la greffe, sont reconnus comme des arts en jardinage et arboriculture traditionnels. Dur de le décliner sans paraître prétentieux, comme l'explique FUKUOKA par le récit de son expérience personnelle. Sur notre terrain, nous avons planté une trentaine d'arbres fruitiers (pommiers, poiriers, mirabelliers, pruniers, pêchers) issus de pépins. Certes la qualité et la quantité des fruits est à ce jour une inconnue. Mais sur la trentaine, il y en aura bien une dizaine qui auront de beaux fruits ! Les plants issus de pépins sont aussi plus vigoureux que plants avec greffons. Le patrimoine génétique des greffons est très âgé : ce sont des boutures de boutures de boutures. Or les fruitiers sont des espèces qui se reproduisent sexuellement et non végétativement. Sur le long terme, ce qui est le cas aujourd'hui, la vigueur va donc en diminuant, car c'est une caractéristique essentielle de l'espèce qui n'est pas respectée. Et puis, quel risque y a-t-il à avoir une trentaine de fruitiers issus de pépins ? Tous les autres sur le territoire national sont des greffons. Même si mille jardiniers plantaient des fruitiers issus de pépins, cela ne mettrait pas en danger la production française de fruits (qui d'ailleurs est sur le déclin, car nos concitoyens préfèrent les productions du Sud de l'Europe).

Considérant maintenant la taille des légumes. Pour les légumes, couper des tiges et des bourgeons sert l'objectif de concentrer la sève dans certaines parties que l'on souhaite voir grossir. Mais cela a toujours une conséquence négative, cela entraîne un risque : par exemple couper les gourmands de tomate, en milieu humide, se traduit par des départs de mildiou au niveau des coupures.

Principe agroécologique : On prendra soin de s'informer sur la forme naturelle des plantes et des arbres, et si l'on doit tailler, on essaiera de respecter l'ordre naturel (par exemple ne pas couper toutes les branches basses ou hautes, ne pas supprimer tous les fruits à un endroit, mais de façon homogène).

3.2 Nutrition

Chaque espèce végétale est plus ou moins spécialisée dans l'absorption de certains minéraux, à certaines profondeurs, et durant une certaine période de l'année. Cela se voit par la forme du système racinaire de la plante (superficiel s'étalant sous la surface du sol ou pivotant s'enfonçant vers les profondeurs), par sa présence spontanée liée aux caractéristiques minérales du sol (sol sableux, argileux, calcaire, acide) et par sa période de croissance (printanière, d'été, automnale). Peut-on déduire de ces connaissances un principe agroécologique ? Voilà une question qui va nous permettre de mettre en évidence une particularité de la pensée agroécologique.

Nous venons d'écrire que chaque espèce a des besoins spécifiques en minéraux. Un pied de tomate n'a pas les mêmes besoins qu'un pied d'artichaut. On pense alors : « Mon sol contient-il assez de phosphore pour les fraisiers, assez de nitrates pour les citrouilles ? » En pensant ainsi, on pense en termes de chimie. On envisage donc de faire « mesurer » son sol, en prélevant des échantillons et en les envoyant dans un laboratoire (la très révérée « analyse de sol », le « saint verdict »). Une fois le résultat connu, il faut envisager d'acheter des poudres riches en minéraux qui feraient défaut au sol. Puis à la fin de chaque année, il faudrait revérifier quels sont les taux de minéraux dans le sol, pour s'assurer qu'il n'y a aucun manque ou pour savoir quelle quantité de poudres il faudrait épandre au printemps suivant, afin de s'assurer de bonnes récoltes. Cette succession de considérations est acceptable en agriculture conventionnelle, mais pas en agroécologie. C'est pour nous rien moins qu'une erreur, un « hors-sujet » : l'*échelle* d'analyse ne convient pas. Oui, tout est constitué d'atomes et de molécules, mais nous sommes des êtres humains qui agissons avec nos mains. Laissons aux bactéries et aux champignons microscopiques le privilège d'agir à l'échelle des molécules. Un des objectifs agroécologiques est de laisser les plantes se débrouiller seules. L'Homme nourrit la terre, qui nourrit les plantes, et c'est tout. L'action de nourrir la terre (par l'épandage de compost, de paillage, de BRF ...) est à *notre* échelle. Donc on doit s'interdire d'apporter des minéraux directement aux plantes (par exemple du zinc, du phosphore ...).

Ah ! Ah ! Vous me direz : « Mais, alors doit-on renoncer à conforter la croissance des plantes ? Doit-on accepter sans rien faire de voir les plantes dépérir par manque de minéraux en quantité adéquates pour chaque espèce ? Le compost, le paillage, le BRF, la tonte suffisent-ils vraiment ? » Cela peut sembler paradoxal, mais il est bel et bien possible d'agir sur la présence des minéraux dans le sol, sans les titrer en laboratoire ni épandre de poudres de minéraux purs (qui a dit qu'en agriculture il n'y a pas de suspense ?) Oui, la pensée chimique (discriminante dirait Masanobu FUKUOKA, cf. L'agriculture naturelle p.204) est un paradigme de notre époque, et il est bien difficile de la relativiser. Car nous ne la nions pas : c'est juste qu'en ce qui concerne l'agriculture on ne peut pas manipuler les taux de minéraux comme on le fait dans un laboratoire. Il faut remplacer les béchers, les centrifugeuses, les chromatographies à haute précision, par des bactéries et des champignons !

Parmi tous les minéraux qu'un plante absorbe, selon son espèce, on peut penser que certains sont pour elle plus difficiles à obtenir que d'autres. Donc, pour s'assurer qu'une plante a à sa disposition tous les minéraux que son espèce nécessite, en plus du compost, du paillage, de la tonte, du BRF ... on pourrait arroser ou pulvériser avec des extraits fermentés dont la composition est adaptée aux besoins de la plante :

1. Extraire de plantes précoces des minéraux, pour les donner à des plantes qui à la même époque sont moins avancées dans leur croissance. Ainsi en mars on réalise des extraits fermentés ou des infusions d'ortie et de *Rhumex*, plantes en pleine croissance à cette date, et on arrose ou on pulvérise (pour décider s'il faut arroser ou pulvériser se reporter aux explications en annexe p. 237) les cultures les plus précoces (fèves, radis, roquette...) qui lèvent seulement à cette date.
2. Extraire de plantes à racines pivotantes des minéraux pour les donner à des plantes avec des racines superficielles (extraits de consoude) et inversement. Ainsi les solanacées (tomates et

Cie) apprécieront les extraits de *Rhumex*, plante à forte racine pivotante, et les légumes-racine au contraire apprécieront les extraits d'ortie, dont les racines sont superficielles.

3. Extraire des minéraux de plantes d'ombre pour les donner à des plantes de soleil et vice-versa.

4. Extraire des minéraux de plantes de milieu aride pour les donner à des plantes de milieu humide et vice-versa.

5. Extraire de certaines plantes des molécules à effet sanitaire ou répulsif (extraits de prêle, rhubarbe).

Bien sûr, on pourrait aussi arroser avec des extraits de plantes sauvages qui ont des caractéristiques similaires. Serait-ce suffisant pour *garantir* les récoltes ? Notre expérience personnelle est limitée dans le temps, mais les sœurs de l'abbaye de Fulda ont un jardin qui depuis une trentaine d'années n'a reçu aucun complément chimique en zinc, manganèse, phosphore ... Les trois piliers de leur jardinage sont : compostage, extraits fermentés et associations de culture (WEINRICH). Et ça marche. Alors comme toute technique, l'utilisation d'extraits fermentés a peut-être quelques inconvénients et limites d'usages. Ils restent à déterminer (cf. notre exposé sur l'état de la connaissance vis-à-vis des extraits fermentés p. 237). Sur un plan théorique, on peut imaginer que trop de minéraux extraits de plantes différentes peuvent au contraire gêner la croissance de la plante cible (les tomates ne sont pas faites pour pousser au printemps par exemple). Peut-être que certaines plantes souffriraient d'un arrosage quotidien aux extraits, un telle fréquence d'arrosage ne respecterait pas les règles de l'art (une pulvérisation ou un arrosage tous les quinze jours).

Le lecteur attentif aura noté notre emploi du conditionnel. En effet, en pensant ainsi on dérive sournoisement vers l'intervention directe, donc on sort de l'agroécologie ! Notre utilisation des extraits fermentés est celle-ci : nous les considérons comme des cultures de bactéries, et nous en arrosons les paillages et mulch pour faciliter leur transformation en humus. Ainsi on nourrit le sol, et donc on donne aux plantes un sol fertile avec lequel elles se débrouillent.

Pour ceux qui voudraient une certitude à 100 % avant d'abandonner le réflexe d'analyse de sol, nous ne pouvons que leur dire que les générations précédentes savaient obtenir des terres fertiles même sans mesure chimique : elles savaient apprécier la légèreté, l'acidité, la fertilité en touchant et en humant la terre (voire en la goûtant, avons-nous entendu dire...) En Allemagne les jardiniers du XIXe siècle disaient qu'une bonne terre est une terre qui lève, comme un pain lève avec du bon levain (Janson). Et considérez le jardin de Fulda, qui nourrit les sieurs depuis les années 1950 sans fumier ! Certes, les sœurs n'ont pas les mêmes attentes qu'un maraîcher professionnel ayant de lourdes charges sociales à payer, d'importantes livraisons à assurer, des gens à nourrir copieusement... Et l'agroécologie est aussi un pari, rappelez-vous. Les premiers pas sont bel et bien faits, mais la suite du chemin reste à ouvrir. Il ne faut pas dire que l'agroécologie n'est pas fiable, il faut dire que c'est aussi un choix personnel. Elle réclame une part de prise de risque, ce qui en fait une mauvaise élève pour la mutualité sociale agricole. Les jardiniers agroécologistes devraient demander des aides publiques au titre de l'innovation !

3.3 Plantes primitives

Un jardin est en général créé dans un écosystème au sol évolué : on ne fait pas de jardin dans des dunes, dans une lande, dans une tourbière, dans un marais acide, en haute montagne, dans une steppe aride... Ce sont des milieux difficiles par les conditions physico-climatiques qui y règnent. Elles empêchent le sol de devenir fertile, car elles limitent la microfaune du sol. Le sol ne se structure donc pas en horizon superficiel (litière), en horizon intermédiaire constitué de terre végétale à forte teneur en humus, puis en horizon de lessivage où les minéraux s'accumulent. On ne trouve pas de ver de terre dans ces sols, qui sont très acides, très calcaires, très froids, engorgés d'eau ou au contraire trop secs.

Ce qui ne veut pas dire qu'il n'y a pas de végétation dans ces milieux hostiles. Au contraire on y trouve des espèces adaptées : au froid, à la sécheresse, à la salinité, à l'engorgement du sol, aux

saisons clémentes très courtes, aux variations extrêmes de températures, aux vents puissants...
Que peut-il donc se passer si l'on amène dans un jardin ces plantes rustiques issues de ces milieux
stériles ou très peu fertiles : conifères des hautes altitudes ou hautes latitudes, fougères des sols
acides, prêles, genêt, ajonc et mousses des sols engorgés... ? Ces plantes vont dénoter, elles ne
vont pas s'intégrer au jardin. Le sol fertile va entraver leur croissance, car elles n'y sont pas adaptées. Si elles viennent tout de même à prendre racine et croître, leurs branches et leurs feuilles
vont s'étaler sur le sol sans se décomposer, et vont l'acidifier. Claude et Lydia BOURGUIGNON
nous rappellent que les épines des conifères rendent le sol toxique pour les vers de terre. C'est un
fait commun que les plantations de conifères à grande échelle, décidées par l'office national des
forêts, ont engendré une acidification et une stérilisation des sols forestiers auparavant riches en
humus.

Voie à explorer : quelles peuvent être les fonctions intéressantes des plantes rustiques ? En
bon jardiner agroécologiste créatif, peut-on imaginer un contexte dans lequel cette incompa-
tibilité de fond entre les plantes cultivées et les plantes rustiques puissent être mise à profit ? Il existe déjà deux mises en pratique plus ou moins confirmées. La première est de placer dans les planches cultivées des frondes de fougères[20] qui éloigneront les insectes et les
limaces et préviendront les maladies fongiques (usage en automne donc). La seconde est de
planter des branches de genêt fleuri, dont l'odeur désagréable éloigne les limaces (usage au
printemps donc). La prêle aussi peut être utilisée en décoction pour prévenir les maladies
fongiques.

Mieux connaître les possibles fonctions des plantes rustiques a toute son importance pour
les jardins agroécologiques situés à proximité de ces milieux difficiles. En effet pour de tels
jardins, on ne peut pas prendre comme point de départ l'archétype de la prairie. Il faut partir
de ce milieu difficile, identifier et comprendre son dynamisme pour le canaliser et faire aller
le sol et les conditions vers les besoins fondamentaux de tout jardin : eau, chaleur et soleil.

---

4 PÉDOLOGIE

La pédologie est la science dévolue à l'étude des sols (les sous-sols étant l'objet de la science
géologique). La description et l'explication de la formation de l'humus et de ses différentes
formes relèvent de cette science.

4.1 Les différentes formes d'humus

L'humus est de la matière organique végétale morte qui, après fragmentation et digestion par la
méso- et la microfaune du sol, se trouve incorporée à la matière minérale sous forme de complexe
argilo-humique. En fonction des espèces qui composent le couvert végétal, de l'âge de ce couvert,
en fonction de la variabilité climatique saisonnière, annuelle et pluriannuelle, les caractéristiques
de l'humus formé varient.

Principe agroécologique : En agroécologie, il n'est pas nécessaire de connaître toutes ces
formes d'humus, sauf si l'on désire faire un jardin dans un milieu difficile tels que ceux
évoqués au point 3.3. On se référera alors avec profit à l'ouvrage de JABIOL et coll. afin de

---

20 Pour plus de détails sur les utilisations possibles de la fougère, voir annexe p. 239

comprendre l'histoire du sol que l'on veut cultiver, de connaître sa forme actuelle d'humus, pour envisager les méthodes les plus aptes à l'orienter vers un humus agricole, qui est assez proche d'un humus de forêt de chêne.

4.2 Les horizons d'un sol naturel

Un sol naturel est constitué de différentes strates ou « horizons ». Sans entrer dans les détails, que l'on trouvera dans JABIOL et coll., nous allons réduire le nombre des horizons à quatre. Le premier est celui de la litière : une couche de végétaux morts tombés au sol à l'automne. En dessous se trouve un second horizon de décomposition et de mélange avec la terre. C'est l'horizon avec la plus forte activité de la micro-faune du sol : bactéries, champignons, collemboles, acariens, larves d'insectes réduisent en morceaux, ingèrent et rejettent la matière organique morte. On y trouve les vers de terre, qui « remontent » des profondeurs pour se nourrir de cette matière organique rendue appétissante par tous les micro-organismes qui s'y sont agglutinés pour la consommer. C'est l'horizon de formation de l'humus. Cet horizon est toujours frais et humide, protégé des fortes chaleurs et de la sécheresse par la litière. C'est là que se forme l'humus. En dessous, d'épaisseur variable, on trouve un horizon de terre noire/brune, grumeleuse, formée par accumulation des grumeaux d'humus, traversé par les vers de terre qui le mélangent en permanence. On y trouve les premières racines. Enfin, on trouve un horizon plus minéral, plus tassé et avec moins d'humus, avec les racines des arbres et autres plantes de grande taille. En dessous se trouve la roche-mère (granits, calcaires, grès, schistes... mais certains sous-sols sont constitués d'importantes épaisseurs d'argiles ou de sables).

Principe agroécologique : on prendra soin de reproduire dans le jardin le premier horizon, la litière, avec du mulch ou du paillage. Même si dans les premières années d'un jardin les horizons inférieurs peuvent sembler inexistant, ils se formeront progressivement, naturellement, si année après année on s'assure que le sol est toujours couvert. Le troisième horizon en particulier, celui où se développe les racines des légumes, se formera par le travail superficiel du sol (0-25 cm) qui suffit à homogénéiser l'humus. Il faut garder à l'esprit que c'est en fait le travail des vers de terre : laissons-les agir autant que possible à notre place !

4.3 Le sol stérile

Nous allons terminer cette partie sur les connaissances et théories scientifiques utilisées en agroécologie par la pédologie. C'est par choix et non par hasard : les choses les plus simples sont parfois les plus évidentes, et les choses les plus évidentes sont parfois celles qu'on ne voit pas. Quoi de plus évident que le sol ? Une des questions les plus évidentes que l'on peut poser est celle-ci : Où trouve-t-on, naturellement, des sols stériles ? On en trouve, typiquement, dans les déserts d'Afrique, de Chine, d'Amérique du Sud et du Nord. Les lacs de sel sont stériles. Les pourtours des zones volcaniques actives sont stériles. En cherchant bien, même dans ces déserts on trouvera de la vie à l'abri des pierres, là où quelque humidité aura été retenue et où quelques poussières se seront coincées. Cela ne suffit pas pour affirmer que les sols ont quelque fertilité : en général on s'accorde pour considérer comme stérile (naturellement) un sol sans couvert végétal.

> Principe agroécologique : le sol doit toujours être couvert, hormis au printemps quand le paillage d'hiver est décomposé et qu'il faut attendre le fauchage en mai/juin pour avoir du foin. Les avantages de facto de cette période à nu sont, d'une part, que le sol peut se réchauffer mieux que s'il n'était encore couvert, et d'autre part que les limaces, en pleine phase de pullulation à cette période l'année, seront moins enclines à demeurer sur ce sol nu, où l'on fait les premières plantations (juste après la mi-mai, les « saintes glaces »).

4.4 Sols de jardin traditionnel et de jardin agroécologique

Il est opportun de faire ici un aparté sur la fertilité du sol, plus précisément de comparer l'approche agroécologique du sol à l'approche traditionnelle (qui est aussi celle de l'AB). Nous n'épuiserons pas ici le sujet : nous présentons les inévitables considérations de productivité dans S'assurer de la fertilité du sol p. 126.

Il est de tradition dans le jardinage traditionnel (français en tous cas) de sarcler et de biner afin d'avoir une terre propre et nue entre les rangs de légumes, et avant cela, de labourer et d'incorporer du fumier. Depuis des siècles on récolte ainsi des légumes sains, nourrissants, en bonne quantité. La raison en est que, quand on apporte du fumier et qu'on travaille souvent le sol notamment par des binages répétés, le fumier ne se transforme pas en humus mais se minéralise directement.[21] Les plantes profitent alors des minéraux rendus disponibles. Le jardinage traditionnel forme un tout : on ne peut pas séparer le labour, l'incorporation du fumier et le binage. Mais en agroécologie, permaculture et agriculture naturelle, il faut se démarquer de jardinage traditionnel, de ce « jardin-fumier », car on veut un sol qui se rapproche d'un sol naturel. On apporte donc simplement au sol, afin de compenser l'exportation de la récolte, de la tonte, de la cendre de bois, du compost, mais surtout on paille et on mulche en été, on fait des engrais verts à l'automne. Ainsi il y a en permanence dans le sol des processus d'humification *et* de minéralisation. Paillage, mulch et engrais vert entraînent autre effet bénéfique : on favorise la diversification des espèces de la microfaune du sol, ce qui va réduire les dégâts causés par les ravageurs du sol. Par exemple tous les œufs et larves de mouches pondus sur les collets des légumes, ainsi que les limaces, auront d'autant plus de chance d'être consommés quand leurs prédateurs naturels sont variés.

La tradition du jardin-fumier est l' « adversaire » le plus sérieux de l'agroécologie. Ce type de jardinage/maraîchage, qui a nourri la France depuis le XIXe siècle, sinon depuis toujours peut-être, pcut tout à fait être mené de façon biologique aujourd'hui encore. Alors une question, gorgée de bon sens paysan, ne peut pas être évitée : Pourquoi vouloir faire faire plus si ça marche ? Pourquoi vouloir réinventer la roue ? Notez bien que cette question n'implique pas que ceux qui la posent soient des réfractaires au progrès ou des sceptiques.

Par le paillage, par les engrais verts, par le travail du sol réduit au minimum, le jardin agroécologique n'est pas le jardin de grand-mère (n'en déplaise aux nostalgiques). Nous sommes convaincus que l'agroécologie est plus aboutie. Nous n'avons plus de grand-parents, alors certes nous ne prenons pas le risque d'éventuelles représailles ! Mais pour ceux qui en ont encore, l'agroécologie doit être un passionnant sujet autour duquel débattre, discuter et échanger. En été, le paillage permet de réduire l'évaporation de l'eau du sol, il évite son réchauffement excessif et sa dessiccation. À partir de 22°C et exposée au soleil, la microfaune du sol migre vers les profondeurs, et les

---

21 En général le fumier est laissé en tas avant d'être utilisé. Par exemple, le fumier sorti des étables au printemps sera amené dans le jardin au plus tôt à l'automne, généralement au printemps suivant. Durant ces mois en tas, il y a donc un compostage qui s'effectue et le fumier se transforme partiellement en humus. Mais la minéralisation de cet humus sera accélérée par les binages répétés. À la fin de l'année tout l'humus aura été minéralisé, et les minéraux auront été consommés par les plantes. D'où les beaux et gros légumes des jardins traditionnels et d'où, pour les légumes gourmands, un nécessaire apport de fumier au printemps suivant.

processus d'humification et de minéralisation s'arrêtent. Par exemple avec du paillage, on trouve encore des vers de terre dans les premiers centimètres du sol en juillet et en août, tandis que dans le jardin-fumier à cette date ils auront disparus dans les profondeurs. Aussi quand le sol garde sa fraîcheur en été, les plantes continuent de croître sans risque de monter en graine. Plus simplement, le paillage évite les baisses et montées brusques de la température du sol, et la croissance des plantes est plus régulière. Les plantes à croissance lente en profitent pleinement (choux, bette-raves, rutabaga...)

Autre preuve de la supériorité de l'agroécologie : elle apporte des réponses aux « problèmes » de texture du sol. La texture du sol est sa composition relative en sables, limons et argiles. Prenons le cas d'une terre lourde, car riche en argiles. Il peut être intéressant de l'alléger, pour que les graines lèvent mieux et que la terre se réchauffe plus vite au printemps. Les jardiniers traditionnels amendaient ces terres avec du sable. Pour une terre légère, car trop sableuse, ils amendaient avec de la tangue ou de la marne. Bref, les jardiniers voulaient une terre optimalement légère, c'est-à-dire avec une porosité ni trop importante ni trop faible, pour retenir juste assez d'eau et laisser circuler juste assez d'air, pour profiter à la germination et aux plantes. Pour ce faire, ils modifiaient donc la texture de la terre en y rajoutant soit du sable soit des limons. Le jardinier agroécologiste apporte une seule et même réponse pour les terres trop riches en argiles ou en sable : (vous devinez ?) l'humus ! Pour une même texture, selon le taux d'humus, la structure n'est pas la même. La structure d'un sol est sa porosité : faible pour les sols compacts, idéale pour les sols avec humus, trop forte pour les sols sableux. L'humus donne à un sol une structure grumeleuse à souhait. La réponse agroécologique vaut pour tout type de sol et elle est plus facile à mettre en œuvre (épandre du compost, de la paille ou de la tonte est bien plus facile que d'incorporer du sable ou des limons ! Précisons, pour être équitable, que nos ancêtres ignoraient l'écologie du sol et l'existence de l'humus.

Nous terminerons le cours justement par une comparaison détaillée de l'agroécologie avec le maraîchage du XIXe siècle, en prolongement de la présente comparaison avec le jardinage traditionnel. C'est un maraîchage qui était par définition biologique, qui était inventif et productif, et surtout qui maintenait efficacement la fertilité du sol. Ce sera une comparaison cruciale, car si l'agroécologie doit se généraliser, elle doit supplanter ce type de maraîchage en termes de bilan de matière et de bilan d'énergie.

5 CONNAISSANCES SCIENTIFIQUES ISSUES DU ... JARDINAGE

Si l'agroécologie repose sur des connaissances et théories d'origine scientifique, nous pensons que le processus inverse peut aussi se produire : que des découvertes fondamentales en écologie puissent être faites grâce à certaines pratiques culturales inventées par les jardiniers agroécologistes. L'histoire des techniques et des sciences nous apprend que la pratique précède souvent la théorie ! Une telle découverte se produirait le plus vraisemblablement grâce aux pratiques dont on constate des effets, mais qui ne sont pas prévisibles avec fiabilité. On attribuerait tout d'abord cette imprévisibilité à la complexité de l'agriculture où se rencontrent le sol, les plantes, les animaux, le climat, la météo, et l'Homme. Puis on remarquerait que d'autres pratiques ont une similaire imprévisibilité. On chercherait alors en laboratoire ce qu'elles ont en commun, et on découvrirait peut-être un nouveau niveau d'organisation du vivant, ou une nouvelle loi de la Nature, qui nous permettraient d'expliquer le pourquoi des succès et des échecs passés. Raisonnablement, on ne peut pas exclure cette possibilité : on ne sait pas tout de la biologie et de l'écologie des plantes et du sol.

L'étude de la productivité de la ferme du Bec Hellouin par l'INRA (Institut National de la Recherche Agronomique) (cf. www.fermedubec.com), l'étude de l'IRSTEA (Institut National de recherche en Sciences et Technologies pour l'Environnement et l'Agriculture) sur le compostage en habitat collectif, en sont deux exemples : on développe un questionnement théorique pour étudier des pratiques existantes. Ainsi des études scientifiques ont été menées sur les purins d'ortie. Apparemment, il n'a pas été possible d'en déduire certaines théories, mais il n'est pas exclu qu'on y revienne dans le futur, avec une autre approche (cf. Extraits fermentés : science ou croyance ? p. 237).

Le principal argument en faveur d'une impulsion à la science donnée par les jardiniers/maraîchers est que la première étape de ce processus est déjà réalisée : les jardiniers/maraîchers/paysans sont en mesure de dialoguer d'égal à égal avec les scientifiques. La technique globale « push-pull » développée au Kenya par Zeyaur KHAN en collaboration avec des paysans en est une belle illustration. Le dialogue respectueux est possible, et le profane doit savoir que cela n'a rien d'une évidence. La révolution verte a instauré tacitement dans les esprits une toute autre forme de rapport entre scientifiques et agriculteurs. Elle est si fortement ancrée dans l'agriculture qu'elle en est devenue un paradigme, qu'il n'est pas politiquement correct de critiquer (plus de détails dans L'innovation sous contrôle p. 75 et dans Tirer leçon du dialogue exploitant agricole – scientifique p. 108).

LES THÉORIES AGROÉCOLOGIQUES

Définissons tout d'abord ce qu'est une théorie agroécologique : C'est une théorie qui ne relève ni de la biologie ni de l'écologie, mais qui relève de la façon de penser propre, intime, à l'agroécologie. Une théorie agroécologique inclut des éléments de biologie et d'écologie, mais aussi d'autres connaissances qui sont pertinentes dans le cadre d'un jardin agroécologique. Une théorie agroécologique est l'équivalent de ce qu'est une théorie écologique pour une théorie biologique, c'est-à-dire que la perspective est plus large, et permet des actions à plus grande portée, avec une plus grande « force » que ne permettent pas, seules, des théories biologiques ou écologiques.

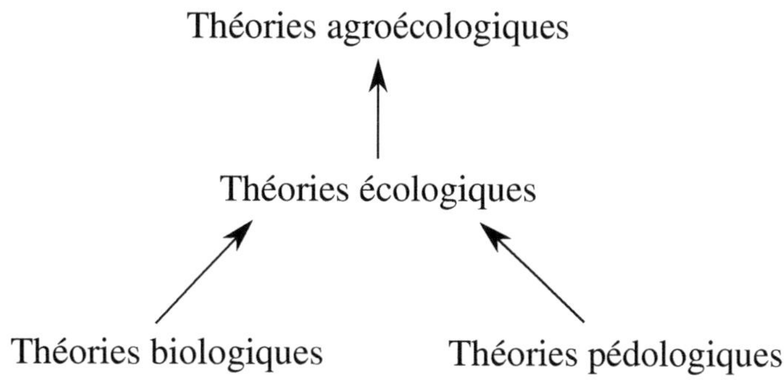

Illustration 8 : Hiérarchie des théories

Existe-t-il des théories agroécologiques ? Des principes existent déjà, et c'est l'étape suivante que d'imaginer des théories. Rappelons qu'une théorie doit posséder deux capacités : pouvoir expliquer l'état des choses, et pouvoir faire des prédictions

L'identité du jardin

À ce jour, notre modeste expérience de jardinier et nos réflexions nous ont amené à concevoir une seule théorie proprement agroécologique : la théorie de « l'identité du jardin ». Cette théorie doit bien sûr être mise à l'épreuve sur le terrain, avec le matériel végétal dont on dispose sur place.

Comprenons l'identité d'un jardin de la même façon que nous la comprenons pour un individu, un bâtiment, une ville... Qu'est-ce qui créé l'identité d'un jardin ? C'est certainement son aménagement, son orientation cardinale, son sous-sol, la biomasse produite à sa surface. Importer dans le jardin beaucoup de terreau, de compost, de paillage en provenance de lieux *éloignés* du jardin gêne l'acquisition d'une identité propre. Les raisons en sont celles-ci : Même si toutes les plantes sont écogènes, le sol qu'elles participent à créer n'est pas absolument identique d'un lieu à l'autre. Les terreaux, composts et paillages étrangers modifient d'une part le sol naturel local, d'autre part le processus naturel d'évolution du sol local. Rappelons-nous que le sol est un milieu complexe, qui fait toujours l'objet d'études scientifiques. Nous n'en connaissons pas tous les aspects. Une simple variation d'un facteur peut avoir d'importantes répercussions (cf. systèmes complexes p. 164). Plus on utilise dans un jardin la matière produite dans ce même jardin, plus l'identité du jardin s'affermit, s'accroît, estimons-nous.

Bien sûr, les espèces adaptées au climat local participent à la création de l'identité du jardin. Pour s'assurer que le jardin développe une identité, il faut privilégier ces plantes plutôt que de vouloir produire toute une variété de plantes plus ou moins adaptées (plus ou moins exotiques). Certaines ne peuvent pousser que médiocrement, et donc leurs fruits, feuilles ou racines seront sans goût (et proportionnellement ces productions exigeront plus d'effort pour chaque kilo produit que des plantes adaptées). Pour accroître encore l'identité, pour une famille ou une espèce de légumes adaptés, le jardinier cultivera une diversité de variétés. Enfin, l'identité du jardin sera maximale si l'on est en mesure de produire les semences dans le jardin même.

Identité ne signifie pas fixité : il faut, si nécessaire (par exemple quand on décide de transformer une prairie en jardin), faire évoluer l'identité du jardin en utilisant uniquement, de façon judicieuse, la biomasse produite *sur place*.

Un jardin avec une identité forte produira des légumes de caractère dont on se souviendra longtemps après les avoir mangés. Un jardin à forte identité est à lui seul un « micro-terroir ».

Une forte identité signifie aussi une forte cohérence entre tous les éléments qui composent le jardin. Les légumes sont en meilleure santé, car ils profitent des autres plantes non productives : c'est tout le jardin qui réagit pour tempérer la venue d'un animal étranger (bien souvent on pense à tort que les invasions d'insectes concernent uniquement la plante affectée – et le jardinier). Car les intrus ne font pas que manger : ils se déplacent, dorment, se reproduisent. Ce sont autant d'étapes que le jardin, dans son ensemble, peut entraver. Plus l'identité du jardin est affirmée, plus il est facile pour le jardinier de distinguer les éléments qui le perturbent : ils ne vont pas au rythme du jardin.

Qui dit identité dit différenciation. Progressivement le jardin se différencie des écosystèmes environnants et acquiert des caractéristiques de résilience. Celles-ci font que le jardin modère les effets des perturbations, par exemple des phénomènes météorologiques intenses, mais aussi les erreurs du jardinier !

Donc la théorie de l'identité du jardin s'exprime ainsi : un jardin a une identité lorsqu'il se produit lui-même (avec l'aide du jardinier tout de même), et qu'il est ouvert sur l'extérieur sans pour autant risquer de se déstructurer à la moindre invasion.

On peut réunir sous cette théorie quasiment tous les principes agroécologiques : cycle de la matière organique, évolution, résilience, chaîne trophique… Inversement, quand on visite des jardins et que l'on constate tel ou tel dysfonctionnement dans un jardin, le bon réflexe serait d'évaluer l'identité du jardin. Non pas en se demandant immédiatement si les principes agroécologiques sont respectés, mais en estimant si le jardin est harmonieux, s'il n'est pas trop ouvert ou trop fermé sur l'extérieur, s'il se différencie ou non des milieux adjacents, si les proportions entre la végétation à ras de terre et la végétation plus haute sont harmonieuses. Nous devons admettre que cette estimation relève presque d'une perception intuitive, en effet, mais cela n'est pas surprenant parce que cette théorie est toute récente. Nous n'avons pas encore pu échanger à cet égard avec d'autres jardiniers, encore moins avec des maraîchers pour qui cette théorie serait tout à fait superflue : la beauté est le parent pauvre de l'agriculture, alors la notion d'harmonie… Pourtant cette notion elle aussi gagnerait à être précisée et pourrait alors servir pour évaluer l'identité d'un jardin. Nous reviendrons en détail sur cette notion dans L'harmonie naturelle p. 187 (oui, c'est dans le chapitre Spiritualité et agroécologie, confirmation s'il en est du stade originelle de cette théorie de l'identité).

Et les théories essentielles de l'agriculture biologique ?

Prenons par exemple la théorie du cycle de la matière organique. Elle est indispensable pour l'agroécologie, cependant elle n'est pas une théorie proprement agroécologique. Qu'en est-il de la théorie du sol naturel ? Elle nous dit qu'un sol est structuré en différents horizons (litière, horizon humique, horizon arable) et que s'y déroulent simultanément quatre types de processus : dégradation de la matière organique, humification, minéralisation et création de matière organique (par les racines, par la rhizosphère, par la reproduction de la faune du sol). Elle est tout aussi indispensable, mais elle aussi n'est pas proprement agroécologique.

Vouloir créer des théories proprement agroécologiques revient donc à essayer d'intégrer les théories essentielles de l'agriculture biologique, non pas simplement les additionner, mais de les regrouper dans une (ou plusieurs) métathéories. Cela peut sembler aujourd'hui trivial, inutile, mais sur le long terme, l'agroécologie ne peut exister que si elle possède des théories qui lui sont propres. Sinon, pourquoi vouloir se démarquer de l'agriculture biologique ou des autres agricultures alternatives ?

Faire émerger ces théories est un pari : nous ne pouvons pas garantir qu'elles existent véritablement, nous ne pouvons pas garantir que dans un système biologique semi-naturel qu'est le jardin agroécologique, de tels méta-processus existent vraiment. Nous faisons le pari qu'il y a des processus généraux que nous ne connaissons pas encore, que nous ne distinguons pas encore.

Pour avoir une chance, un jour, de les saisir et de les intellectualiser avec clarté, il faut s'astreindre à respecter les objectifs agroécologiques. Pourquoi est-ce si important ? Le lecteur connaît-il la série télévisée Star Trek The Next Generation, créée par Gene RODDENBERRY ? Dans cette série de Star Trek, les héros doivent respecter scrupuleusement la « première directive » : ne pas intervenir dans l'évolution des peuples extraterrestres moins évolués qu'eux. De nombreux épisodes ont pour sujet les dilemmes liés à cette obligation. Les héros, et la majorité des spectateurs, y voient une obligation morale, un devoir de ne pas influencer la liberté d'autrui. Nous y voyons, en plus, une formidable leçon humaniste : s'il faut respecter scrupuleusement cette directive, c'est pour *se forcer à s'adapter et à être créatif*. Il s'agit de ne pas retomber dans les vices de l'humanité auto-proclamée maître de la Nature (et de l'Univers) qui, lorsqu'elle rencontrait quelque chose qui ne lui plaisait pas ou l'entravait, le détruisait ou le modifiait radicalement. Le comportement de notre société occidentale, avec ses guerres, ses colonisations, son esclavage, son désir de contrôle total de la Nature depuis les années 1950, est illustrée dans la première série des Star Trek télédiffusée dans les années 1970, où les héros étaient toujours prêts à dégainer leur « pistolet-laser ». Bref, l'agroécologie et Star Trek The Next Generation relève du même état d'esprit humaniste et du même désir d'explorer, d'aller vers l'inconnu, dans une attitude de respect de la Nature. Cette expédition vers l'inconnu passe par la formulation et la confirmation de théories agroécologiques.

FONDEMENTS HISTORIQUES DE L'AGROÉCOLOGIE

L'agroécologie est récente, on peut situer sa naissance dans les années 1980. Elle est la réunion de deux mouvements. D'une part le mouvement des pionniers de l'agriculture biologique, qui voulaient abandonner les pesticides et les engrais de synthèse et renouer avec la tradition. D'autre part la contre-réaction, dans les pays du Sud, à la révolution verte. En effet il devenait de plus en plus évident et impératif de mettre en place – ou de ré-utiliser – des pratiques respectueuses du sol pour remédier aux fausses promesses de cette « révolution » (dépendance financière des paysans pour l'achat des semences hybrides stériles, des engrais et des pesticides, pertes considérables de récolte dues à la non-adaptation des semences aux conditions locales, salinisation et baisse de la fertilité des terres, disparition des semences locales gratuites, en fait disparition de tout le pan agricole des cultures de ces pays). Ces deux mouvements sont des événements historiques à eux-seuls, et le premier chapitre est consacré aux grandes figures de ces mouvements.

Il est intéressant de porter un regard plus loin dans le passé, avant l'émergence de l'agroécologie. En effet, peut-on expliquer l'engouement pour l'agroécologie seulement par la capacité de celle-ci à répondre à des problématiques actuelles ? Nous pensons que son succès tient aussi dans sa capacité à questionner les grandes étapes de l'émergence de l'agriculture conventionnelle : l'utilisation de la science chimique, l'utilisation de techniques provenant de l'industrie et l'utilisation de « stratégies » sociales, entre autres. Elle incite à leur porter à nouveau considération, à les questionner. Ainsi elle fait surgir, elle fait sortir de l'ombre, les non-dits et les évidences que soixante années d'agriculture productivistes ont tacitement instaurés et qui aujourd'hui sont encore actifs. L'agroécologie est aussi l'occasion de remonter plus loin dans le temps, pour considérer ce mouvement précurseur de l'écologie, le romantisme du XIXe siècle. Pour clore cette partie, nous remonterons encore plus loin dans le temps, à une époque et à une civilisation inattendue.

1 PERCÉE DE L'AGRICULTURE BIOLOGIQUE

Eh oui, c'était il n'y a pas si longtemps (1960-1980) que l'agriculture biologique commençait à faire parler d'elle. Un véritable « chemin de croix » a été parcouru : reconnaissance officielle par les administrations, reconnaissance par la société civile, labellisation, certification indépendante. Après l'ascension vint, hélas, le début de la décadence. Le succès corrompt, comme on sait : le bio business a pris le dessus, les commerçants y voient un moyen de s'enrichir rapidement. Ils incitent à l'industrialisation des techniques puis au laxisme des labels. Celui-ci autorise aujourd'hui même la présence d'OGM pour des raisons techniques ! En Allemagne le label bio Naturland a fait l'objet d'enquêtes pour corruption et laxisme. Nous pensons que depuis que la certification n'est plus dans les mains des agriculteurs et des consommateurs réunis dans une association commune, que depuis qu'elle est donc une entreprise comme les autres qui cherche le profit, l'AB a signé sa fin programmée. L' « union sacrée » entre le producteur et le consommateur n'aura pas tenu longtemps face à l'économie de marché, sous prétexte de la réglementation européenne qui ne tolère aucune entrave à la liberté de faire du commerce. Le chemin parcouru par l'agriculture biologique fut tumultueux, et son avenir le sera donc aussi.

Retraçons les principales étapes du chemin parcouru. En 1978, Yves LE PAPE, chercheur à l'INRA-IREP de Grenoble, pose la question de la crédibilité de l'AB. Selon lui, l'AB permet de

valoriser la petite agriculture paysanne en lui offrant la possibilité de réduire certains coûts de production, de mieux utiliser la force de travail disponible dans ce type d'exploitation et de compenser parfois la baisse des rendements par un prix plus élevé.

Cet objectif est toujours d'actualité : faire du bio ne signifie pas faire grand, mais faire de la qualité, et donc accepter une certaine baisse de rendement par unité de surface et par personne. Cela se traduit par un surcoût pour le consommateur. Le consommateur instruit est en mesure de comprendre cela, et d'accepter ce surcoût. Dans les années 1980, cet objectif fut raillé par certains agriculteurs, en disant que la bio était pour ceux qui avaient raté le train du progrès dans les années 1950 – 1970. Les prix plus élevés sont prévus par LE PAPE dès 1978. Entre temps, la meilleure qualité des produits bio s'est confirmée : la différence de prix est justifiée et acceptée unanimement.

LE PAPE avait aussi indiqué que la bio ne donnait pas encore la pleine mesure de ses possibilités, par manque de connaissances sur l'agroécosystème. Aujourd'hui, les groupements régionaux d'agriculture biologique (GRAB) et l'institut technique d'agriculture biologique (ITAB) mènent des programmes de recherche et mettent à la disposition des agriculteurs les connaissances les plus récentes sous forme de fiches pratiques. Donc aujourd'hui trente ans après le prognostique de LE PAPE, l'AB a toutes les cartes pour aller de l'avant. Le danger est toutefois de tomber dans une nouvelle forme d'industrialisation, c'est-à-dire d'augmenter toujours plus la taille des exploitations et des rendements. Si l'agriculteur n'a pas une solide éducation de base, il tombe aisément dans ce piège, qui le mène à renouer avec la spirale des endettements qui est typique des agriculteurs conventionnels.

Enfin, LE PAPE avait également noté que les partisans de la bio portaient un projet de société. Celui-ci s'est effectivement développé et a acquis aujourd'hui une identité bien définie (que nous étudierons dans le chapitre Aspects socio-économiques p. 79). Cependant, sa généralisation à l'ensemble de la société est aujourd'hui encore hypothétique, et si elle doit se faire elle s'étalera sur plusieurs décennies. L'industrialisation de la bio et son administration croissante ont contribué à faire oublier ce projet de société au lieu d'aider à son extension. Les gens les plus engagés dans ce projet se trouvent actuellement, majoritairement, dans les autres formes non encore administrée de la bio : l'agroécologie, la permaculture, l'agriculture naturelle. En devenant administrée et industrialisée, l'AB a été modifiée afin de se fondre dans les habitudes de consommation des Français. Or notre bon peuple fait majoritairement les courses une ou deux fois par semaine en grande surface, et veut beaucoup pour pas cher. Le français est pingre, c'est ainsi (et curieusement, c'est uniquement parce que la France est le deuxième ou troisième pays au monde en termes d'épargne que nous siégeons encore au conseil de sécurité de l'ONU). L'AB que l'on trouve en grande surface est conformée aux principes d'uniformité, de bas coût, de vente en masse, de publicité de la grande distribution. Or dans l'esprit des pionniers de la bio, diversité et qualité sont ce qui caractérise le produit bio, non pas la quantité et les bas prix.

Le trait actuel le plus marquant du chemin parcouru par l'AB est donc sa scission entre la bio labellisée et la bio non labellisée : en effet beaucoup d'agriculteurs, aujourd'hui, ne voient plus la nécessité de payer au bas mot six-cents euros annuels à Écocert (l'unique et obligatoire organisme certificateur...), car leurs pratiques artisanales n'ont rien en commun avec celles des nouveaux exploitants bio industriels. Est-ce regrettable d'en être arrivé là ? L'inconvénient de la bio industrielle est qu'elle n'apporte pas au consommateur des produits diversifiés (ce qui pour l'alimentation est tout de même très important) et que les plants hybrides et le forçage des cultures sont autorisés (réduisant ainsi la qualité organoleptique du légume ou du fruit au profit de son apparence, ce qui est un vice notable de l'agriculture conventionnelle). L'avantage est que les produits bio industriels sont dépourvus de pesticides, réduisant ainsi le risque de cancer par accumulation de pesticides dans l'organisme. Certains pionniers de la bio, tel Philippe DESBROSSES qui a participé à la mise en place des labels bio, ont eu le désir de mettre la bio à disposition du plus grand nombre possible de consommateurs. Ce qui a pour résultat qu'aujourd'hui on trouve trois catégories de consommateurs :

- les consommateurs de produits conventionnels (nécessairement industriels) ;
- les consommateurs de produits bio industriels ;

• les consommateurs de produits bio locaux et artisanaux.

Les pionniers de la bio n'ont pas eu la tâche facile, car ils devaient se battre sur trois fronts à la fois : Ils devaient affirmer leurs nouveaux principes d'agronomie en face de l'agriculture conventionnelle soutenue par l'INRA et l'industrie agrochimique. Ils devaient tenir pied face à une majorité sceptique de la société qui voyait en eux des hippies drogués et rêveurs. Enfin ils devaient garder une ouverture d'esprit pour accepter certains inconvénients de leur agronomie, car ils savaient qu'elle n'en n'était qu'à ses débuts (ils devaient attendre qu'un soutien scientifique se développe, cf. plus haut). Aujourd'hui la bio n'est pas devenue une secte malgré les critiques en ce sens qu'on a pu lui faire. En 1978, la bio naissait et elle devait s'affirmer. On ne pouvait pas imaginer une dissociation entre d'une part les techniques agricoles nouvelles et d'autre part le projet de société : ç'aurait été prendre le risque de l'affaiblir. Le projet de société lui donnait du poids, et il se trouva d'ailleurs conforté dans les années 1990 avec les crises successives de la « malbouffe » (fast-food de Mc Donalds et Cie, vache folle, contamination aux dioxines), crises dont José BOVÉ notamment s'est fait le dénonciateur.

2 LES FONDATEURS DE L'AGROÉCOLOGIE

Les définitions des agricultures alternatives ne sont pas strictes. Dans la pratique elles cohabitent dans une même ferme, dans un même jardin. Certains principes de culture pour les grandes surfaces sont valables pour les petites surfaces et inversement. Les fondateurs de l'agroécologie sont donc aussi ceux de l'agriculture biologique, c'est-à-dire des personnes qui ont *contesté l'industrialisation de l'agriculture*. Cette industrialisation ne fût pas spontanée mais progressive. La production industrielle des machines agricoles en marque le début selon nous. Cela se situe aux environs de 1850, époque à laquelle ont lieu les premières contestations des méfaits écologiques des industries lourdes (MUMFORD). Ces pionniers ont dénoncé le labour profond élevé au rang de solution universelle, l'usage des engrais et des pesticides, ainsi que de la déshumanisation du travail agricole (abandon des traditions et perte de la signification spirituelle), du commerce et de la transformation artificielle des produits agricoles (arômes de synthèse, additifs). Voici quelques noms (d'après BESSON) : Albert HOWARD (1873-1924), Hans et Maria MÜLLER (1891-1969), Rudolf STEINER (1861-1921). On peut considérer ces personnes comme des préparateurs, des indicateurs de la direction à prendre.

Plus proches de nous on citera Masanobu FUKUOKA (1913-1998), Miguel ALTIERI, Pierre RABHI, Robert MOREZ, Marc DUFUMIER, Dominique SOLTNER, Claude et Lydia BOURGUIGNON, Gertrud FRANCK ainsi que tous les chercheurs de la section agroécologique du CIRAD (Centre International de Recherche Agronomique pour le Développement). On aura une pensée pour les maraîchers français et allemands du XIXe siècle, qui avaient une grande expérience pour produire beaucoup sur de petites surfaces sans dégrader la fertilité du sol (WEINRICH, MOREAU ET DAVERNE, JANSON), et dont Eliot Coleman nous transmet le savoir-faire (qui peut être en partie seulement utilisé en agroécologie, nous expliciterons cela dans la partie Situer l'agroécologie dans l'agriculture). On lira avec profit l'historique de la fédération nationale d'agriculture biologique sur www.fnab.org

On pourra différencier les pionniers selon qu'ils ont voulu, dans les pays industrialisés, proposer une alternative à l'agriculture industrielle (SOLTNER, BOURGUIGNON, DESBROSSES, FRANCK), ou dans les pays « en développement », remédier à la misère en aidant les paysans locaux à retrouver leur autonomie tout en préservant ou recréant la fertilité de leurs terres (ALTIERI). Nous avons grandi, pour partie, en Nouvelle-Calédonie, et nous avons une pensée pour le jardin kanak traditionnel où chaque plante trouve sa place par rapport aux autres plantes, pour utiliser le soleil ou s'en protéger. Ce raffinement de l'organisation des cultures résulte du sens de l'observation et de l'ingéniosité des agriculteurs kanaks, depuis les temps où ce peuple est arrivé en Nouvelle-Calédonie. La tradition étant plus forte dans les pays du Sud que du Nord, le respect de la végétation y est plus important et donc la contribution de ces pays à la pensée agroécologique est essentielle. On pourrait dire que ces pays amènent les aspects de respect du sol et des plantes, l'aspect de nécessité de produire, les pays du Nord amenant la science écologique et les moyens d'universaliser (par les médias, par internet) la pensée agroécologique.

L'agroécologie a émergé par nécessité dans les pays du Sud, peut-être comme alternative aux essais de propagation de l'agriculture de conservation[22], trop mécanisée pour nombre de paysans. La connaissance de son existence fût alors amenée dans les pays du Nord par les travaux des membres du CIRAD et de Miguel ALTIERI par exemple. Là elle apparaît progressivement comme la porteuse future du flambeau de l'esprit originel de l'agriculture biologique, qui comme on l'a vu s'est mis à vaciller après avoir son premier succès. Dans les années 1970-1990, ce premier succès de l'AB a été de faire reconnaître au grand public les théories les plus importantes de l'agriculture respectueuse de la vie, à savoir le respect, et l'utilité, du cycle de la matière organique et de la biodiversité naturelle (qui est malmenée par les pesticides). C'était le plus pressant face à l'essor de l'utilisation des pesticides et des pratiques agricoles non respectueuses du sol qui entraînaient (et entraînent toujours) l'érosion des terres arables, l'eutrophisation des cours d'eau et la pollution des nappes phréatiques. Puis dans les années 2000 l'agriculture biologique se scinde en trois :
- l'agriculture biologique industrielle,
- l'agriculture biologique non industrielle (mais les deux sont soumises à l'obligation de la même certification)
- et les agricultures alternatives ; permaculture, agriculture de conservation, agroécologie, agriculture naturelle, sans labels.

Cette scission était peut-être inévitable, car on peut voir un schéma général d'évolution : une fois les théories les plus importantes reconnues et admises, les théories plus subtiles disposent d'un environnement intellectuel favorable pour éclore et pour se construire. Et pour se construire, jusqu'à ce que des théories centrales émergent, elles se déclinent en une myriade de principes agricoles testés en tous lieux du globe. Nous en sommes là aujourd'hui en 2015.

3 ÉTABLISSEMENT DE L'AGRICULTURE CONVENTIONNELLE

Voyons maintenant toutes les étapes-clé de l'émergence de l'agriculture conventionnelle. Même si l'agroécologie ne s'est pas constituée en parallèle de ces évolutions, même si elle est une enfant du XXIe siècle, elle nous incite à plonger dans le passé pour chercher et pour questionner les non-dits et les évidences d'aujourd'hui.

Cette plongée dans le passé est aussi l'occasion de se « rapprocher » des agriculteurs conventionnels et de leurs familles. En effet, cette plongée doit nous inciter à chercher à comprendre comment ces évolutions furent vécues de l'intérieur, avec toutes leurs implications émotionnelles, familiales et sociales, avec toutes les redéfinitions de la valeur du travail agricole qu'elles ont engendrées. Ainsi nous serons mieux en mesure de comprendre les réactions actuelles des agriculteurs conventionnels vis-à-vis des agricultures alternatives.

Nous allons prendre comme événement repère la seconde guerre mondiale. Après elle, l'agriculture subit d'importants changements : machinisme, intrants à base de pétrole, sélection variétale scientifique en laboratoire (« optimisation génétique ») et l'exode rural programmé par l'administration. Avant elle s'accumulent depuis le XVIIIe siècle des connaissances scientifiques qui rendent possible ces grands changements d'après-guerre. Les deux premiers sous-chapitres sont consacrés à l'avant, les autres à l'après-guerre. Le lecteur trouvera les sources utilisées par nom

---

22 La description en est donnée p. 216.

d'auteur indiquées dans la bibliographie. Presque toutes les sources sont libres d'accès sur internet.

3.1 LAVOISIER

D'après l'article de Wikipédia, *loi de conservation de la matière*, juin 2014 :

> *... car rien ne se crée, ni dans les opérations de l'art, ni dans celles de la nature, et l'on peut poser en principe que, dans toute opération, il y a une égale quantité de matière avant et après l'opération ; que la qualité et la quantité des principes est la même, et qu'il n'y a que des changements, des modifications.*

Lavoisier, Traité élémentaire de chimie (1789), p. 101

Dit plus simplement : « Rien ne se perd, rien ne se crée, tout se transforme ». Cette devise est un principe de bon sens, en agriculture biologique, pour la gestion cyclique de la matière organique : on rapporte régulièrement à la terre de la matière organique, en général du fumier, pour compenser les exportations de la récolte. L'agriculture industrielle tend à négliger ce cycle, ou elle croît le respecter, ou elle estime ne pas en avoir besoin, en remplaçant la matière organique (fumier, paille, restes de culture) par les engrais minéraux, puis les engrais de synthèse après-guerre.

Cette pensée du cycle, du bilan neutre de matière, est si logique, si évidente, qu'elle en est presque restrictive. Nous estimons qu'en agroécologie il ne faut pas s'y conformer aveuglément, il ne faut pas la considérer comme l'alpha et l'oméga : il faut la prendre en compte tout en essayant d'aller plus loin. Aujourd'hui on sait que le cycle de la matière n'est pas complètement fermé :

* le jardin ou le champ ne sont pas des espaces clos, ils sont ouverts aux vents et à ses poussières minérales, aux particules de matière minérale que l'érosion transporte des cultures hautes vers les cultures basses, aux animaux qui transfèrent graines et œufs, consomment et déposent leurs excréments ;
* le sol est en continuité avec le sous-sol, d'où les plantes peuvent « remonter » des minéraux, en particulier les arbres ;
* si d'un espace cultivé on n'exporte pas toute la matière organique, il peut perdurer très très longtemps. C'est une évidence pour les forêts et pour les prairies.

Un jardin agroécologique doit donc être associé à une prairie ou à une forêt, qui seront alors la source durable de matière organique, et en plus il faut composter et/ou pailler avec les restes des cultures. Nous expliquons comment gérer une prairie pour qu'elle soit toujours productive dans La productivité du jardin p. 125 et dans le cours technique.

Chercher à dépasser la formule de LAVOISIER peut sembler être une quête impossible : cela ne revient pas à chercher à créer de la matière ? Une quête équivalente à essayer de résoudre la quadrature du cercle. En fait, dans le jardin agroécologique on ne va pas créer ex-nihilo de la matière bien sûr : avec l'ensemble des pratiques agroécologique progressivement on augmente l'épaisseur de sol utilisable par les plantes, donc on augmente la quantité de matière à leur disposition.

3.2 La chimie populaire

Le XIXe siècle voit les produits de la chimie se répandre dans toute la société : cosmétiques, produits de nettoyage, produits de traitement des métaux, des tissus, additifs alimentaires. La chimie est populaire : tout un chacun peut acheter du matériel et des poudres et expérimenter, tout un chacun peut consulter des ouvrages sur le sujet alors qu'auparavant la manipulation des forces subtiles de la Nature, l'alchimie, était une pratique secrète et initiatique. Surtout, la chime offre bien plus de chances de succès au néophyte que l'alchimie, c'est une science « exacte ». C'est le siècle où apparaissent aussi en masse les charlatans vendeurs de potions miraculeuses, profitant justement de cette fascination populaire. En agriculture on découvre les engrais, et à partir de ce moment et jusque dans les années 1960, dans les livres agricoles on trouvera des recettes pour fabriquer soi-même ses engrais ! Les excès et l'absence de scrupules conduiront d'ailleurs la profession viticole à la grave crise que l'on sait, due à des pratiques agricoles contestables et aussi à la perte des critères naturels de qualité du vin, tant l'utilisation de produits chimiques de toute sorte au cours de la maturation est pratique courante (le gouvernement de Clémenceau incitera la profession à faire le ménage dans ses rangs et à créer une charte de qualité).

3.3 JEAN-LOUIS DUMAS – le rôle de LIEBIG

Jean-Louis DUMAS, 1923-, agrégé de philosophie, docteur ès lettres, fit en 1965 une étude sur Justus von LIEBIG, 1803-1873. On considère LIEBIG comme l'inventeur de la théorie des engrais NPK (azote, phosphore, potassium) et donc comme celui qui généralisa l'usage des engrais minéraux. On ne peut pas ne pas le citer, d'une part car l'agroécologie se définit comme l'opposée de la culture avec engrais. Nous allons voir ce que suppose cette forme de culture en 1850. D'autre part, si on avait suivi jusqu'au bout les recommandations de LIEBIG, l'agriculture conventionnelle aurait peut-être évité les errements que l'on sait, en particulier l'abandon de la fumure qui conduit à l'absence actuelle d'humus dans les sols agricoles des monocultures.

Selon DUMAS, avant la théorie des engrais de LIEBIG, on expliquait l'action des engrais par rapport aux quatre éléments (air, terre, feu, eau). Par rapport à ces explications, celles de LIEBIG s'imposèrent par leur rationalité, car basée sur la chimie de LAVOISIER :

> *En précisant les principales données de l'alimentation minérale des plantes, et en les présentant sous formes de lois permettant dans la pratique le développement des engrais, LIEBIG a rompu le circuit fermé dans lequel évoluait les matières minérales entre la terre, les plantes, les animaux, le fumier et la terre. LIEBIG a permis à l'usine plante d'utiliser des matières minérales d'origine industrielle, et l'a libérée d'une servitude naturelle. C'est une dimension nouvelle dans le phénomène agricole.*

p. 78

Cette citation de l'auteur en faveur de l'industrie agrochimique nous montre comment le travail de LIEBIG fait forte impression encore en 1965. LIEBIG est vu comme le libérateur de la plante. Mais les plantes sont-elles vraiment heureuses de recevoir des engrais ?

LIEBIG considérait l'agriculture de son temps comme spoliatrice, car ne rendant pas au sol ce qu'on en prélevait. C'est ce que les agricultures alternatives reprochent aujourd'hui à l'agriculture conventionnelle. Voici le point de vue de LIEBIG :

> *On ignorait complètement en agriculture la cause de la fertilité des terres, ainsi que celles de leur épuisement. On croyait que le fumier d'étable devait ses effets à une propriété particulière, incompréhensible, communiquée aux aliments de l'homme et des animaux*

durant leur passage à travers l'organisme. On restait persuadé que les rendements élevés dépendaient de la volonté de l'homme, et qu'il suffisait d'être intelligent et habile dans les travaux des champs pour transformer des plaines de sables stériles en plaines fertiles.

On supposait que dans les semences et dans les champs existait une force qui produisait les fruits de la terre, et que les champs avaient besoin de se reposer et de se restaurer comme l'homme et les animaux fatigués par le travail. La force que la terre avait dépensée pour la production du fruit pouvait, supposait-on, lui être restituée par le repos et le fumier.

Mais ce que cette force propre du sol était en réalité, on l'ignorait totalement. On enseignait que seules les céréales et certaines plantes industrielles appauvrissaient et épuisaient le sol, et que les plantes fourragères au contraire le ménagent et l'améliorent. Quant à force d'être cultivées successivement dans le même champ, les céréales ne donnaient plus de récolte rémunératrice, on disait que le champ était épuisé. Mais quand d'autres plantes, par exemple le trèfle et les racines, ne voulaient pas prospérer, on disait que le champ était malade. On se faisait d'un seul et même phénomène deux idées toutes différentes. Dans un cas, l'infertilité était attribuée au défaut de certaines substances, dans l'autre à une perversion de l'activité ou de la force normale du sol. L'épuisement des champs de céréales se corrigeait par les fumiers, mais pour les cultures fourragères il fallait avoir recours à un stimulant, de même qu'on se sert du fouet pour les chevaux paresseux.

Liebig, Lois naturelles, t. I, pp. 14-15

L'auteur nous indique qu'en 1850, BOUSSINGAULT avait prouvé par sa « nitrière » (une mise en tas des déchets végétaux et de fumier), que ces déchets avaient des effets équivalents à la fumure avec fumier et au chaulage (épandage de chaux dans le but d'assainir un sol, pour que les cultures ne soient pas malades). Bref, le XIX^e^{e}siècle est une période d'innovations et d'excellence pour l'agriculture. Cette recherche de finesse paraît de façon évidente par exemple dans le livre des maraîchers de Paris MOREAU ET DAVERNE.

DUMAS montre que LIEBIG ignorait la notion d'humus. Il nous montre aussi qu'il percevait nettement les limites de l'utilisation des engrais :

La Grande-Bretagne ravit aux autres pays les conditions de leur fertilité. Elle a fouillé, pour en extraire les os, les champs de bataille de Leipzig, de Waterloo, et de la Crimée, déjà elle a consommé les ossements d'un grand nombre de générations accumulées dans les Catacombes de la Sicile, et annuellement elle détruit encore de quoi subvenir aux besoins de trois millions d'hommes. Semblable à un vampire, elle est suspendue à la gorge de l'Europe, on pourrait même dire du monde entier, suçant son meilleur sang, sans y être obligée par un besoin impérieux, et sans utilité durable pour elle.

Lois naturelles, chap. VI, p. 150

La violence de Liebig s'explique : il sait que les gisements connus de guano seront épuisés en quelques années, et il considère les exportations d'os bavarois comme un crime contre son pays :

Un concours de circonstances a dans tous les pays d'Europe augmenté la population dans une proportion qui n'est pas en rapport avec les produits du sol, et qui, par conséquent, n'est pas naturelle. Elle est arrivée à un point où, si l'agriculture ne change pas de système, elle ne peut se maintenir que dans deux hypothèses. Il faut :

Ou que par un miracle les champs récupèrent la force productive que le défaut d'intelligence et les préjugés leur ont ravie.

Ou bien que l'on découvre des gisements de fumier ou de guano d'une richesse à peu près égale à celle des gisements houillers d'Angleterre.

Mais jamais un homme sensé n'admettra que ces suppositions puissent se réaliser. Dans peu d'années les provisions de guano seront épuisées.

Ibid, p. 142

Et Liebig prédit la catastrophe :

Les peuples seront forcés dans l'intérêt de leur conservation de se déchirer et de se détruire mutuellement pour rétablir l'équilibre rompu et si, ce qu'à Dieu ne plaise, les deux années néfastes de 1816 et de 1817 venaient à se reproduire, on verrait des centaines de milliers de personnes mourir dans les rues...

Ce ne sont pas de vaines prophéties, ni les rêves d'une imagination malade, car la science ne prophétise pas, elle calcule. Ce n'est pas le si, c'est le quand qui est incertain.

Ibid, p. 143

Il ne faut pas oublier qu'à l'époque où ces lignes ont été écrites, la peur de la disette restait lancinante dans tous les esprits.

Guano et os étaient les matières premières pour fabriquer l'engrais ! Les engrais de synthèse n'existaient pas encore.

Voici ce qui selon nous, sans nier les conséquences néfastes de l'utilisation massive d'engrais, remonte notre estime pour LIEBIG : l'auteur nous montre comment il considérait l'utilisation d'engrais comme un gaspillage *si* les champs ne demeuraient pas au préalable fumés traditionnellement. Les engrais doivent servir à augmenter la réserve minérale du sol, pas à compenser l'absence de fumures. Et ceci : LIEBIG vantait l'Asie pour le... retour aux terres des excréments humains, condition indispensable du maintien de la fertilité. L'auteur indique que l'agriculture aurait un tout autre visage si cette préconisation avait été massivement suivie...

Notons au passage l'éblouissement engendré par la découverte des engrais NPK : LIEBIG pense que la disponibilité en minéraux peut tout expliquer : pourquoi le blé ne pousse plus et pourquoi les plantes fourragères ne poussent plus, le trèfle notamment. Cet éblouissement est caractéristique de l'attitude scientiste, qui est une double affirmation : on peut tout expliquer par la science (la preuve est produite par la démonstration scientifique en laboratoire, l'expérimentation) ; une seule loi suffit pour expliquer toute la diversité des phénomènes.

Liebig était donc certes un scientiste, mais par la suite sa théorie NPK seule fut prise en compte et tout le reste fut abandonné. Ses contemporains et successeurs ont sur-simplifié le rôle des minéraux pour les plantes, ont pensé que les engrais peuvent remplacer la fumure. C'est cela qui a engendré les crises que l'on sait (disparition de l'humus dans les sols des grandes plaines céréalières, avec la stérilité, les maladies végétales et l'érosion qui en découlent). Cette pensée simpliste est peut-être due, en France, à son vulgarisateur Georges VILLE.

3.4 Henri MENDRAS – le rôle de la sociologie agricole

Henri MENDRAS, 1927 – 2003, sociologue, docteur, directeur de recherche au CNRS. En 1967 il publie *La Fin des paysans* où il constate la disparition du mode de production paysan caractérisé par une économie de subsistance accompagnée d'une grande autonomie dans l'organisation du processus de production et du travail, bien que le paysan soit assujetti. Il montre en outre que la paysannerie française est progressivement remplacée par des professionnels de l'agriculture qui organisent leur production selon un mode capitaliste. C'est précisément l'intégration du travail de la terre et de la production paysanne dans la société capitaliste globale qui suscite la déstructuration des fondements de l'économie paysanne – phénomène qu'il nomme « intégration capitaliste ». Dans une France très attachée aux valeurs rurales, ce livre provoqua la polémique à sa publication.

Considéré comme le fondateur de la sociologie agricole, MENDRAS nous dit en 1962 la chose suivante : « Nous sommes mieux renseignés sur les classes rurales au Moyen Âge que sur celles d'aujourd'hui. » Nous devons en déduire qu'après-guerre, l'administration a organisé la « modernisation » de l'agriculture française sans se préoccuper de vraiment connaître le monde agricole. Pouvait-elle donc alors seulement le respecter ? Voulait-elle seulement le respecter ? L'affaire est grave.

MENDRAS était un scientifique reconnu, objectif, sans parti-pris. Mais est-il vraiment resté neutre ? « Il faut montrer aux agriculteurs les exigences nouvelles que leur impose un marché de masse et l'on peut être assuré qu'ayant mieux compris le système économique dans lequel ils sont entraînés, ils en tireront les conclusions qui s'imposent ». Malgré l'objectivité scientifique, MENDRAS incarne le paradigme de son temps, le « progrès ». En tant qu'universitaire neutre, il soutient bel et bien à sa façon l'industrialisation de l'agriculture[23].

Il nous dit aussi que « l'endettement actuel des agriculteurs est un grave sujet de préoccupation ». Tiens, il y a 40 ans déjà, l'endettement des agriculteurs était un fait commun ? Le progrès passe par l'endettement. Voila un progrès bien curieux donc, en tout cas littéralement hypothécable. Qui dit dette, dit privation de liberté...

Le jardinier agroécologiste prendra bien soin de ne pas s'endetter, sous peine de reproduire les tristesses de l'agriculture conventionnelle (car combien de paysans se sont suicidés pour cause de dettes ?)

MENDRAS esquissa un scénario pour le futur : « Quelques agriculteurs dans un désert rural, d'autres voient l'avenir en une sorte de frange urbaine généralisée à tout le territoire ». Il n'avait pas tout à fait tort ; en fait ces deux visions se sont réalisées. Il n'y a d'une part plus beaucoup d'agriculteurs, chacun exploite entre 100 et 400 ha. Et par l'artificialisation croissante (étalement urbain, autoroutes, ZI, ZA, aéroports...) du sol, la France se transforme lentement en une immense banlieue. La DATAR (Délégation interministérielle à l'Aménagement du Territoire et à l'Attractivité Régionale) estimait en 2008 que 95 % de la population vit sous influence urbaine.

Après avoir lu le texte de MENDRAS, la sociologie agricole nous apparaît surtout comme une science sociale ayant pour but d'aider à administrer (dire quoi faire, comment le faire) la population agricole. Il convient de se demander si les études actuelles, par exemple celle menée sur les micro-fermes (dont fait partie la ferme du Bec-Hellouin) par François LÉGER et Kevin Morel à l'INRA/AgroParisTech, comportent toujours – en trame de fond bien sûr, non pas de façon évidente – cet objectif qui est contraire à l'humanisme inhérent l'agroécologie[24].

---

23 Nous avons fait des études de sociologie des sciences, discipline dévolue à l'étude de l'inextricabilité des aspirations sociales et des découvertes scientifiques. Bien sûr, les scientifiques sont peu enclins à admettre qu'ils ne peuvent jamais se soustraire à l'influence de l'ère du temps...

24 Nous verrons plus loin en détail l'importance de l'administration. Mais précisons déjà ici que par refus de l'administration, nous ne prêchons pas l'anarchie populaire : nous voulons une organisation des agriculteurs agroécologistes, mais une organisation conçue par les agriculteurs eux-mêmes. Si l'administration était politiquement et commercialement neutre, nous n'aurions rien contre elle, cependant elle ne possède pas, aujourd'hui, cette double neutralité. Elle est entièrement un outil de la volonté des politiciens, eux-mêmes outils de la volonté des multinationales de l'agro-alimentaire...

3.5 Michel CÉPÈDE – la création du technicien agricole

Michel CÉPÈDE, 1908 – 1988, professeur d'économie et de sociologie rurale à l'INA (Institut National d'Agriculture) de 1947 à 1979, directeur des études économiques et du plan au ministère de l'Agriculture de 1957 à 1959, secrétaire général puis président du Comité interministériel de l'alimentation et de l'agriculture de 1957 à 1984, a été président de la FAO de 1969 à 1973 et président du Comité français de la campagne mondiale contre la faim de 1970 à 1985.

Dans son texte « Réflexions sur la réforme agraire. Le rôle du technicien » de 1962, il nous présente le rôle du technicien dans la mise en place et la conduite de réformes agraires à l'échelle d'un pays. Il débute par la responsabilité des scientifiques et des techniciens : « [ils] ne sauraient éviter la responsabilité des choix qui résulteraient de l'ignorance du [décideur politique] ». Scientifiques et techniciens disposent d'un savoir, et ils doivent donc impérativement informer les décideurs politiques de l'existence et de la nature de ce savoir. Si les décideurs prennent une décision en ignorant par exemple les effets de telle ou telle technologie, la responsabilité des conséquences va non pas au décideur mais au savant, selon CÉPÈDE. Les décideurs doivent décider en toute connaissance de cause. L'auteur insiste sur cela. Il faut éviter « l'excuse de tous les échecs de tous les pouvoirs [politiques] : « nous n'avons pas voulu cela » ». Comme pour le scientifique de plus haut rang (ingénieur, chercheur), une responsabilité inaliénable est portée par le technicien, qui possède et *doit transmettre* des connaissances.

C'est le rôle du technicien que d'assurer concrètement la diffusion des connaissances vers les décideurs politiques. Le technicien détermine « éventuellement, ce que les divers groupes intéressés attendent de la réforme ». Il s'assure aussi du« maintien de la capacité productive du sol et du capital d'exploitation » et de la mise en place des structures qui distribuent le matériel nécessaire, entre autres.

En conclusion de son texte, l'auteur précise que les missions du technicien sont « parfaitement indépendantes des solutions choisies sur le plan politique par les promoteurs de la réforme » : le technicien est un élément objectif de la réforme agraire.

Si cet exposé des fonctions du technicien agricole témoigne d'un esprit pratique, le reste du texte, composé de réflexions sur la réforme agraire, est tout à fait subjectif. N'ayons pas peur des mots : c'est un traité de manipulation de la population agricole. CÉPÈDE nous explique que le paysan est gaspilleur, qu'il faut le maintenir dans la servitude par les dettes et la dépossession des fruits de son travail. Nous ne pouvons que vous conseiller de lire ce texte, dont voici quelques courts extraits :

Même dans le système où le nouvel exploitant se considérerait comme bénéficiaire, l'indispensable aide technique et financière de la collectivité peut avoir des conséquences dommageables. Un peuple longtemps opprimé par une structure féodale a tendance à considérer qu'être bien traité par le pouvoir c'est être entretenu par lui, parce que cette charité paternaliste est ce que, dans un système féodal, le peuple peut espérer de mieux.

Il faut éviter que la collectivité n'apparaisse comme une providence dont la bonté et la richesse sont inépuisables. C'est pourquoi, même si le fardeau en doit être allégé, il serait imprudent d'annuler purement et simplement les dettes, redevances et impôts, singulièrement quand ils sont dus à des collectivités. Dans une première période, il vaudra mieux faire d'un organisme proche des paysans et si possible coopératif, le collecteur, responsable vis-à-vis de l'autorité, des prestations exigibles des paysans, quitte à employer ces recettes à faire face à des charges collectives d'amélioration foncière et d'équipement économique et social.

p.4

« Abandonner au paysan le prélèvement du propriétaire », écrit fort courageusement le Dr Hossein MALEK, *« surtout dans une économie pauvre, entraînera sa consommation intégrale par les paysans qui ne contribueront pas à l'économie nationale. » Bien plus, le paysan, s'il est pauvre, a tendance à consommer l'intégralité de la production brute. Dans le système traditionnel, « du fait que la période de production est annuelle, le paysan consomme toute celle-ci avant la récolte prochaine, espérant pouvoir « s'arranger d'une façon quelconque pour la campagne prochaine. Ce qui encourage cette attitude, c'est la variabilité annuelle de la production due aux conditions naturelles. Les récoltes des années défavorables entraînent une adaptation du paysan aux conditions minima de vie matérielle et, durant les années prospères, il gaspille ce qui lui paraît être un surplus par rapport à la production des années de pénurie. Si on lui prélève, de façon quelconque, une partie de sa production, on peut s'en servir au moins partiellement pour des investissements ultérieurs dans les divers secteurs sans que, dans la pratique, la consommation du paysan soit affectée, parce qu'il produira en tous cas autant et qu'il lui reste, après tous les prélèvements effectués, sa consommation propre. ». Pour éviter que, libre de sa production, le petit paysan ne se limite à ce qui est strictement nécessaire pour satisfaire une autoconsommation minimale, il peut donc paraître nécessaire, au moins dans une période transitoire, de maintenir les stimuli antérieurs.*

p.5

Voici des paroles caractéristiques d'un certain autoritarisme d'avant 1968, dans un langage qui se veut très posé, rationnel, objectif. Cette façon d'administrer ne se rencontre plus de nos jours (du moins nous l'espérons, mais elle peut être toujours présente et s'exprimer différemment). Certes, nous ignorons si ces paroles étaient destinées à la population française. Elles étaient plus vraisemblablement destinées aux populations colonisées. Pour s'assurer que les populations agricoles cèdent plus volontiers les surplus de production, les auteurs encouragent les organisations qui ont acquis une mauvaise réputation auprès du peuple à changer de nom – prélude au green-washing actuel :

Aussi, s'il faut soutenir, maintenir, rénover ce qui est utile dans les institutions existantes – au besoin en changeant les noms qui risqueraient de faire détruire les institutions, même les meilleures, car ces noms ont été compromis – il faut prévoir ailleurs les structures d'encadrement qui seules éviteront que la réforme ne soit sanctionnée par une trop longue et trop profonde phase négative en ce qui concerne la production.

Dans les pages suivantes, l'auteur prétend gérer un politique agricole à la manière d'une entreprise ou d'une armée, c'est-à-dire que dans ses propositions on ne trouve aucune référence au libre-arbitre des administrés. Le danger, selon l'auteur, est qu'une baisse de la production ne se produise lors de la mise en place de la réforme agricole. Les possibles attitudes de refus, laxisme, sabotage de la part de la population doivent être prises en compte et gérées préventivement !

La première leçon pour l'agroécologie que nous tirons de ce texte est heureuse : l'agroécologie (et les agricultures alternatives) doit se propager « par le bas » et non par le haut. Elle ne doit pas être imposée par une structure supérieure (gouvernementale, économique, administrative) ; nous faisons le choix de l'agroécologie, il ne nous est pas imposé, nous ne dévalorisons pas notre dignité d'être humain et notre droit à l'épanouissement, nous gérons nous-même les récoltes. La deuxième leçon est celle-ci. Les bases scientifiques de l'agroécologie sont larges et peu contestables, ce qui est bien. Mais l'agroécologie ne doit pas être imposée sous couvert de rationalité scientifique ! Car c'est sous couvert de rationalité scientifique, d'objectivité scientifique, que furent conduites les grandes réformes agraires du XXe siècle. Un glissement peut s'opérer très facilement, car la production industrielle est elle aussi rationnelle... d'où des objectifs communs, n'hésiteront pas à dire certains politiciens ou certains porte-paroles de l'industrie agro-alimentaire. À l'avenir, il faut rester attentif à cela.

Il est essentiel de ne pas perdre de vue que l'agroécologie est certes scientifique, mais aussi humaniste, respectueuse des plantes, éthique. Elle est pluridimensionnelle, et si on la réduit à un seul aspect, c'est la porte ouverte à la récupération par les puissances en place. C'est ce qui s'est produit pour l'agriculture biologique. Les agricultures biologiques alternatives prônent l'équilibre entre la Nature, la société, et l'épanouissement humain. L'agriculture conventionnelle privilégie toujours la société (en fait le profit pécuniaire) au détriment de la Nature et de l'humain[25].

3.6 Plan régional – le paradigme industriel

D'après le *Plan régional de développement et d'aménagement de Basse Normandie*, Journal officiel de la République, 1965.

Ce qui frappe en lisant aujourd'hui ce plan, c'est l'absence totale de l'opinion de la population rurale locale : l'administrateur décide pour elle. Et c'est cela, la décision administrative dépersonnalisée, qui est au cœur de l'histoire de l'agriculture conventionnelle d'après guerre. Les articles 91 à 99 du plan contiennent noir sur blanc les objectifs de développement que l'administration doit faire atteindre aux habitants de Basse-Normandie. Ces articles regorgent de parti-pris en faveur de la compétition agro-industrielle à l'échelle internationale, c'est-à-dire que l'agriculteur doit devenir un entrepreneur comme un autre, qu'il doit entrer en compétition avec ses voisins à l'échelle locale ainsi que sur les marchés internationaux. Le choix des mots et le style d'écriture participent à établir comme allant de soi un marché supranational pour la vente des récoltes et autres produits alimentaires. Bref nous y décernons de la manipulation mentale. Voici quelques extraits :

« Réaliser des productions de qualité risquerait de s'avérer inutile si dans la compétition prévue du marché commun agricole, les produits ne pouvaient trouver des débouchés convenables, faute d'une rentabilité satisfaisante ». Il n'est donc pas question de faire de la qualité si on ne peut pas en exporter ou si la concurrence étrangère peut fournir mieux.

« La présence de nombreuses haies séparant ces parcelles exiguës, l'enclavement de celles-ci et leur dispersion sont autant de causes de perte de temps ». L'administrateur administre également le temps. Il oublie aussi que le bocage dense favorise la pousse de l'herbe, cette herbe dense et prolifique qui a fait la renommée des produits laitiers normands, cet « or vert » qui rendait inutile le labour et qui a permis aux paysans normands de transformer leurs chaumières en respectables et parfois imposantes fermes-manoir. Quelle simple et courte phrase, mais si lourde de conséquences. La volonté de détruire le bocage était en fait un masque pour cacher l'intention d'appauvrir les paysans d'une part (pour que les bourgeois de l'industrie soient les seuls à pouvoir se construire des manoirs), d'autre part pour faire produire des céréales par les paysans et ainsi les rendre dépendants de l'industrie des machines agricoles. Bref de saper l'autonomie des paysans et faire aller l'argent à l'industrie et à la ville.

« On peut prévoir une réduction de l'ordre de 15 à 20 % du nombre d'exploitations dans la prochaine quinzaine d'années ». On comprend donc que si depuis 1980 notre pays souffre de chômage structurel, ce n'est pas un hasard : c'était voulu. On notera que la baisse du nombre des exploitations se poursuit aujourd'hui, comme si ce plan était encore à l'œuvre. Cela peut-il ne pas avoir de conséquences sociales dramatiques ?

---

25 À plusieurs endroits de ce cours, nous évoquons la réaliste perméabilité des délimitations entre les différentes formes (ou disciplines) d'agriculture. Il y a inspiration mutuelle entre toutes les disciplines agricoles, c'est un fait. Que le lecteur ne se méprenne pas : à la périphérie des disciplines il peut y avoir des points de contact, mais dans le cœur opératif d'une discipline il faut des distinctions franches.

« La réforme profonde des structures agraires aura comme conséquence d'accélérer le mouvement naturel de dégagement de population active agricole et de rendre par conséquent très opportune la création d'emplois dans d'autres secteurs... 20 000 emplois ». L'exode rural est donc un phénomène programmé. Les campagnards ont quitté leur campagne, car l'administration l'encourageait – fort peu subtilement – en les privant d'emploi[26].

« 24 et 26 travailleurs pour 100 hectares dans le Mortainais et l'Avranchin, 20 à 22 dans le bocage de Saint-Lô et de Coutances : c'est donc là qu'est le plus manifeste le sous-emploi agricole[27]. Des analyses ont été effectuées par les centres de gestion et ont permis de tracer les esquisses d'un optimum de surface (des exploitations) et des peuplements ». Partons du principe que ces personnes avaient un niveau de vie « normal » pour l'époque, et faisons deux calculs pour comparer avec aujourd'hui. En France 26 millions d'hectares de surface agricole, 770 000 employés par l'agriculture, soit 3 personnes pour 100 hectares. Édifiant ! Si l'agriculture employait aujourd'hui autant qu'en 1965, 5 720 000 personnes travailleraient dans l'agriculture. Les partis politiques de gauche comme de droite rappellent volontiers que le niveau de vie des agriculteurs devait s'améliorer. Ce vœu pieux est d'un cynisme intolérable, et c'est un mensonge : pour atteindre cet objectif, on réduisit simplement le nombre d'agriculteurs, concentrant ainsi toute la richesse agricole dans les mains de quelques-uns (et cela est toujours à l'œuvre à l'intérieur même de l'agriculture, les subventions de la PAC (politique agricole commune) allant uniquement à 20 % des agriculteurs). Et cette politique de débauche, voulue afin d'instaurer le marché agricole commun, a eu pour conséquence le chômage de masse, durable. L'industrie, censée employer toute cette main-d'œuvre libérée, a progressivement cessé d'employer par force de mécanisation, nous acculant dans le cul-de-sac actuel[28].

« L'orientation vers les productions animales demeurera si forte en Basse-Normandie que l'amélioration nécessaire des productions végétales sera conçue pour concourir avant tout à l'accroissement des productions animales ». Les normands n'ont-ils plus le droit de manger des légumes produits localement ? C'est la politique de régionalisation des productions : céréales dans le bassin parisien, porcs et bovins dans l'Ouest, vignobles à l'Est et au Sud-Ouest...

Le remembrement, c'est la destruction massive des haies pour agrandir les parcelles, élargir les chemins de desserte, réorganiser rationnellement les réseaux de chemins, mais aussi dans le même temps assécher toutes les zones humides pour pouvoir les cultiver. C'est plus réellement un démembrement, car rarement on plante de nouvelles haies pour marquer les nouvelles délimitations des parcelles. Tout cela est planifié par l'administration – on ne laisse pas les agriculteurs concevoir eux-mêmes la forme du remembrement de leurs terres – car d'une part les politiciens n'escomptent pas que les agriculteurs prennent eux-mêmes l'initiative du remembrement et d'autre part parce que c'est l'élément central pour augmenter la rentabilité des exploitations (car cela permet d'accroître la mécanisation), donc pour réduire l'emploi agricole. L'administrateur donne les chiffres à atteindre et subventionne le remembrement à 90 %! D'où vient cet argent ? Du plan Marshall bien sûr (nous aborderons ce plan plus loin en détail). On ne s'étonnera donc pas que ce démembrement serve aussi à lever les réticences des paysans envers l'achat de tracteurs, américains bien sûr...

Bref, l'agriculture conventionnelle d'aujourd'hui résulte d'objectifs administratifs d'hier. Mais, normand de souche, nous pensons à nos parents qui depuis leur jeunesse ont vu les haies se

---

26 C'est la reproduction, volontaire, du processus social de la révolution industrielle : les paysans journaliers furent débauchés, le chômage augmentait. On se plaint alors de l'augmentation de l'insécurité. On crée donc des centres pour les errants. Ces centres se transforment en prison puis, avec quelques aménagements, deviennent – par hasard – les premières usines. Rappelons-nous qu'à l'époque, après-guerre, le bagne était encore très présent dans les mémoires.

27 L'économiste Louis MALLASIS constatait en 1962 que ce chiffre monte à 37 en Bretagne.

28 Les grands gagnants de ces manipulations socio-agricoles sont les financiers : après avoir asséché la richesse agricole, ils ont tari celle de l'industrie. La misérable industrie française, qui aujourd'hui ne sait plus fabriquer ni vêtement ni chaussure pour son peuple, ni produire ses moyens de communication. Elle aussi s'est fait berner par les financiers, qui aujourd'hui résident en sûreté dans les paradis fiscaux.

faire araser. Et cette destruction continue aujourd'hui avec les nombreux routes et autoroutes, les lotissements pavillonnaires et les zones industrielles, ainsi que par l'agrandissement des parcelles. Avant 1965, les haies larges et nombreuses fournissaient en plus des baies communes, des champignons comestibles. Aujourd'hui on cherchera en vain des champignons et même des baies. Depuis 1965 on casse les haies. Est-ce un signe de progrès ? L'agriculture normande conventionnelle actuelle, basée sur la culture du maïs-ensilage et l'élevage hors-sol des ruminants, est le fruit de l'administration. Par sa volonté, les vaches broutant dans les champs sous les pommiers sont devenues des souvenirs. Elles sont par remplacées des mamelles sur pattes qui ne sortent plus dans les champs, qui ne voient plus l'herbe, qui mangent du maïs fermenté toute l'année, toujours dans des étables. Mais elles ont droit à un revêtement en matière synthétique sur le sol en ciment, pour éviter que l'acidité du ciment ne détruise leurs sabots... Oui, c'est là encore un miracle de la technique, que d'apporter une réponse à un problème que l'on a créé ! Et second miracle : cela crée des emplois ... dit-on dans les cercles politiciens, pourtant l'INSEE confirme qu'il y a de moins en moins d'agriculteurs et de moins en moins d'emplois dans l'agriculture... Mystères et miracles vont ensemble, n'est-ce pas ?

Doit-on être fier de cet état des lieux ? Considérons les paroles de René TOUSTAIN DE BILLY (1643-1709) retranscrites en 1864, à propos des marais du Cotentin :

> *Les terres de ces larges marais sont communément bonnes, et les plus élevées produisent du bon grain, lorsqu'on veut se donner la peine de les labourer ; mais on a tant de croyance aux herbes qu'elles produisent naturellement et au beurre qu'on en retire, qu'a peine veut-on se donner la peine de les labourer.*

p. 159

Pas la peine de labourer, tant on gagnait bien sa vie avec le beurre ! Voilà où nous a mené le progrès : les agriculteurs vivaient mieux au XVIIᵉ siècle qu'aujourd'hui, eux qui doivent maintenant labourer des centaines d'hectares et importer des tourteaux de soja d'Amérique du Sud pour nourrir leurs vaches hautes performances et vendre du lait à 38 centimes du litre. Et en plus ils sont nombreux à mettre la clé sous la porte...

3.7 Bruno RIBON – l'ingénieur agronome

Bruno RIBON était chef du département Équipement agricole à la SERI – Renault Engineering. Voyons avec lui l'introduction du métier d'ingénieur dans l'agriculture.

Les ingénieurs agronomes ont aujourd'hui une certaine renommée (plutôt négative) de par les méthodes à échelle industrielle qu'ils ont développées pour manipuler les plantes et les animaux (hybrides, clones, OGM). Ils jouèrent un rôle clé dans le développement de l'agriculture industrielle d'après-guerre en développant des méthodes d' « optimisation génétique » des cheptels et des plantes. Il s'agit de sélectionner des géniteurs ou des plantes mères dont la descendance est à la fois très productive et la plus homogène possible, pour maximiser la production par animal / par unité de surface cultivée. Auparavant les agriculteurs et les semenciers faisaient de la sélection massale : on conservait une grande quantité de graines sans trop les trier, et bien sûr ces graines donnaient des plants de vigueur et de production variables[29]. L'avantage de cette façon de faire est que la diversité des plantes permettait de résister aux maladies et aux conditions climatiques défavorables, c'est-à-dire que dans ces situations, ce n'était jamais qu'une partie des plants qui étaient affectés. Par contre avec des plants issus de semences conventionnelles actuelles – dont l'homogénéité est un critère obligatoire pour obtenir l'autorisation d'être vendues – dans ces situations c'est toute la culture qui est affectée. Au cours d'une saison adviennent inévitablement

---

29 On appelle aussi « semences paysannes » les semences ainsi produites.

une ou plusieurs situations défavorables ; il faut donc nécessairement pulvériser des engrais et des pesticides pour que les plantes survivent... Pour les animaux, l'optimisation génétique consiste à sélectionner les étalons, taureaux, boucs, avec la descendance la plus productrice de lait ou de viande. En France aujourd'hui tous les troupeaux d'animaux sont issus d'une dizaine de géniteurs mâles seulement. Et cette homogénéité génétique a, comme pour les plantes, l'inconvénient de rendre les troupeaux plus faibles face aux maladies... d'où les antibiotiques en permanence. L'objectif de ces optimisations est d'augmenter les productions et, surtout, de permettre d'augmenter le rendement des machines de récolte ou de traite, car la matière vivante à traiter est homogène ; auparavant sa diversité réduisait la vitesse des machines. Avec l'invention des plantes hybrides et des OGM, les ingénieurs acquièrent le statut d'apprentis sorciers : on insère ou on enlève des gènes pour faire produire par la plante un pesticide ou pour la rendre résistante à un pesticide qu'on appliquera sans discernement (OGM). On fait des autofécondations successives jusqu'à obtenir des plantes monstrueuses, on croise deux lignées de monstres et le résultat est une descendance prodigieusement productive (c'est l'effet hétérosis qui explique la vigueur des plantes hybrides). Mais ces hybrides de deux lignées sont stériles : il faut nécessairement les racheter chaque année, quand avant les agriculteurs gardaient leurs graines d'une année sur l'autre, et ces graines étaient un héritage qui se transmettait et se donnait aux bons amis. L'ingénieur agronome, un apprenti-sorcier au service des industriels, pour déposséder autant que possible les agriculteurs.

Nous avons donné là notre opinion sur les actuels ingénieurs agronomes, mais quel était à l'origine, selon ses promoteurs, le rôle de l'ingénieur ? Autre question : l'ingénieur ne peut-il servir que l'agriculture industrielle ? Est-il possible que des ingénieurs soutiennent le développement de l'agriculture artisanale, telle que l'agroécologie ? Dans un texte de 1967, que nous conseillons au lecteur de lire entièrement, RIBON nous présente l'utilité selon lui de l'engineering (ou science de l'ingénieur) pour l'agriculture :

> *[L'engineering est] la conception, la mise au point et la réalisation d'outils de travail...*
> *Une société d'engineering ne peut trouver de place que pour aider les entreprises à être*
> *plus concurrentes sur le marché... Certains marchés sont peu compétitifs, soit que par leur*
> *organisation la compétition en est bannie, soit que les entrepreneurs se complaisent dans la*
> *routine.*

Selon RIBON, introduire l'ingénieur en agriculture suppose donc à priori de créer une économie agricole qui engendre en permanence la concurrence et la compétition entre les agriculteurs. Cela suppose aussi que la routine du travail agricole soit cassée. Pour parvenir à cet objectif, nous pensons que la stratégie utilisée par les administrations était de susciter chez les jeunes de la campagne, futurs agriculteurs, la fascination pour la puissance des machines agricoles. Puissance que l'industrie des machines agricoles fera évoluer régulièrement selon un calendrier pré-établi. Aussi, des concours de labour seront organisés régulièrement. Les gagnants seront ceux aux machines les plus puissantes, car il s'agira de labourer le plus vite et le plus profond possible. La stratégie a bien fonctionné et fonctionne encore ! Les ingénieurs agronomes ont eu et ont encore de beaux jours devant eux pour imaginer des machines toujours plus rutilantes.

Sous ces formes, l'ingénieur n'a aucune utilité pour l'agroécologie, car elle ne se pratique pas dans un esprit de compétition, elle valorise la créativité individuelle du jardinier et elle s'inscrit au contraire dans le rythme cyclique de la Nature.

> *L'engineering aide le chef d'entreprise à augmenter le prix de vente... d'un produit en*
> *lui faisant une image... parce que l'emballage est meilleur... aide à réduire les coûts de*
> *production par la mécanisation... et l'industrialisation générale...*

C'est étonnant de clarté ! Selon RIBON le devoir d'un chef d'entreprise n'est pas de savoir comment on produit, mais plutôt de savoir où il va, ce qu'il produit, pourquoi il le produit, ce qu'il produira dans X années. Bref, agriculteurs, ne vous cassez pas la tête, laisser les détails des méthodes de production aux ingénieurs ! Cette attitude est incompatible avec l'agroécologie : l'art de produire est une des vertus les plus épanouissantes qui soit. Et l'idée de spécialisation des tâches, indissociable de la fonction de l'ingénieur, n'a aucune place en agroécologie.

Il y aura des transpositions à faire, car de nombreuses méthodes utilisées dans l'industrie sont adaptables à l'agriculture. Par exemple l'approvisionnement de l'alimentation dans les porcheries, les poulaillers et les étables.

Avec cette phrase, on comprend comment l'ingénieur participe à produire des plantes et des animaux comme on produit des vis et des boulons...

La structure coopérative est, par essence, handicapée par rapport aux entreprises privées.

Cette dernière phrase est la preuve s'il en est que l'engineering n'a rien d'une activité objective : l'auteur gagnant sa vie en faisant la promotion de l'engineering, il a tout intérêt à dénigrer les formes d'organisation sociale qui ne sont pas orientées vers la compétition et le profit.

La push-pull technology est la preuve que la *science* peut servir l'agriculture artisanale (nous reviendrons en détail sur cette problématique par la suite). Mais l'ingénieur peut-il avoir une place dans l'agroécologie ? Ne leur en déplaise, il semble que non, il semble au contraire qu'il faille s'en éloigner autant que possible.

3.8 Jean-Pierre DARRÉ – le groupe professionnel local

Docteur en ethnologie, fondateur du GERDAL (Groupe d'Expérimentation et de Recherche : Développement et Action Localisées). Jean-Pierre DARRÉ a étudié chez les agriculteurs la création des *connaissances pour l'action*. Dans ses ouvrages il nous rappelle comment on faisait avant l' « ère moderne » de l'agriculture :

Gestion de la pénurie :

Les anciens faisaient avec ce qu'ils avaient à disposition. L'objectif de production était de « faire du mieux qu'on peut avec ce qu'on a ». L'arrivée des techniciens signe l'arrivée d'une nouvelle façon de penser : l'objectif de production doit désormais être fixé *a priori*, et il faut faire tout ce qui est nécessaire pour l'atteindre (acheter des machines, des intrants, remembrer, contracter des emprunts...). L'objectif est calculé *théoriquement*, a priori en tenant compte de la surface cultivable à disposition et du nombre d'animaux, du potentiel de rendement des plantes et des animaux, du personnel disponible.

Utilisation des intrants :

Les anciens paysans étaient responsables de la quantité et de la qualité des aliments produits sur leur ferme. À part les apports de marne et de fumier, aucun matériaux élaborés n'entraient dans la ferme. Lorsque les engrais NPK et les rations protéiques pour les animaux furent disponibles à l'achat, le paysan perdit la responsabilité entière de la qualité et de la quantité de ses produits. Il pouvait faire mieux, mais cela ne dépendait plus de ses efforts : il remettait sa confiance dans les mains du producteur des intrants. Ce fut un choc psychologique non négligeable : la fierté du travail rondement mené était *de facto* refusée.

Origine du savoir-faire

L'auteur nous apprend ce qu'est le schéma diffusionniste des connaissances, adopté par les administrations agricoles après la seconde guerre mondiale :

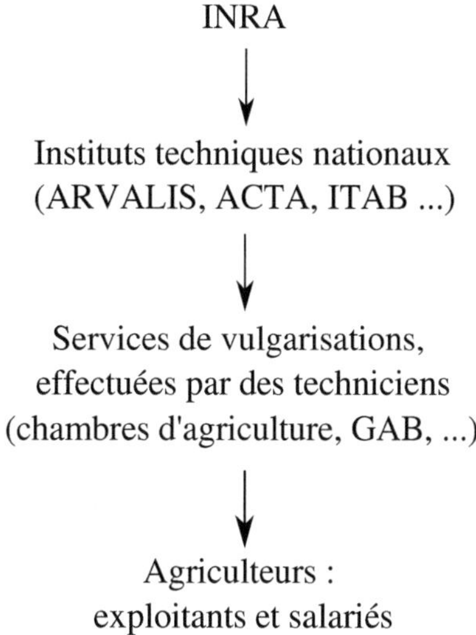

Illustration 9 : Schéma diffusionniste

Cette diffusion des connaissances est « top – down », du haut vers le bas. C'est aussi une division taylorienne du travail en conception / exécution[30].

Alors que les agriculteurs avaient depuis toujours par eux-mêmes inventé des pratiques culturales et sélectionné les semences, dans ce schéma l'agriculteur n'est plus qu'un exécutant. Comme l'écrit Pierre RABHI, on a répandu l'image d'agriculteurs attardés, à qui l'on vient enseigner les méthodes modernes. Cette image (de propagande, disons-le ouvertement) servait à légitimer le schéma diffusionniste. De par la désorganisation sociale qu'il engendra parmi les agriculteurs, on peut attribuer à ce schéma une part importante de responsabilité dans la baisse de fertilité des terres. Le développement de l'agriculture moderne passe par la dépossession des savoir-faire des paysans (et donc de la légitime fierté qu'ils en avaient, qui contribuait à la respectabilité du métier).

Pour faciliter la « vulgarisation » des connaissances produites par les ingénieurs de l'INRA, l'administration décida de créer des fermes modèles : des noyaux d'innovation dont on supposait qu'ils éclaireraient les agriculteurs ayant peu de contact avec le discours officiel des services de vulgarisation. Jean-Pierre DARRÉ nous confirme que cela n'a pas fonctionné : cela a créé au contraire des laissés-pour-compte, comme à l'école où lorsque l'enseignant vante sans arrêt les qualité de certains élèves, d'autres intègrent petit à petit qu'ils sont des bons à rien.

La persistance du mythe du noyau dynamique témoigne du fait que ce qu'on attend en général des agriculteurs, ce n'est pas des idées pour diriger leurs affaires, mais qu'ils appliquent sagement celles qu'on leur prépare.

---

30 Exemples d'instituts techniques : ARVALIS institut du végétal, ACTA réseau des instituts des filières animales et végétales, ITIA instituts techniques agro-industriels, GEVES, Groupe d'étude et de contrôle des variétés et des semences...

En agriculture alternative, on voit aussi des fermes « phares » (Sainte-Marthe, Bec Hellouin, Mas de Beaulieu…). La différence est que ces fermes n'ont pas été programmées par les administrations. Il faudrait tout de même éviter qu'un effet dépréciateur similaire s'installe, car il rappellerait trop la compétition entre agriculteurs industriels (nous reviendrons sur cela par la suite).

3.9 HERVIEU et PURSEIGLE – l'homogénéité des agriculteurs

Bertrand HERVIEU, 1948-, est un sociologue français, spécialiste des questions rurales et agricoles. Président de l'INRA de 1999 à 2003, ancien directeur de recherche au CNRS au Centre d'études de la vie politique française (CEVIPOF), professeur de classe exceptionnelle à l'École nationale de génie rural, des eaux et des forêts (ENGREF), il est actuellement secrétaire général du Centre international des hautes études agronomiques méditerranéennes (CIHEAM). Depuis 2002, il est membre du Conseil de prospective européenne et internationale pour l'agriculture et l'alimentation.

François PURSEIGLE, 1973-, ingénieur en agriculture, est maître de conférence à l'école nationale polytechnique de Toulouse.

HERVIEU et PURSEIGLE nous indiquent dans leur ouvrage à propos des agriculteurs qu'aujourd'hui

> *« aucune catégorie socio-professionnelle ne manifeste une telle homogénéité idéologique... fruit d'une histoire politique séculaire, cette homogénéité est le résultat d'un encadrement institutionnel dont la densité n'a pas d'équivalent dans la société française »*

L'agriculture, un métier à l'idéologie contrôlée par l'administration ? À l'évidence oui. Ces auteurs rejoignent DARRÉ, en cela que l'homogénéité des points de vue est néfaste pour la création de connaissances pour l'action. C'est un cercle vicieux, car les agriculteurs perdant l'initiative de faire évoluer leurs techniques, ils deviennent dépendants des conseils des instituts techniques agricoles. C'est donc un bon point pour les agricultures alternatives qu'elles soient très variées (cf. Classifications des agricultures p. 217). Qu'elles le restent !

3.10 LELORRAIN – les valeurs transmises par la formation agricole

Anne-Marie LELORRAIN est chercheuse associée à l'institut français de l'éducation, équipe histoire de l'éducation. Dans son étude de 1995 sur le rôle de l'école laïque et des instituteurs dans la formation agricole, elle nous apprend que l'enseignement laïque agricole post-scolaire est mis en place à partir de 1943, sous forme itinérante (les instituteurs se rendent dans une ville différente chaque jour). Il perdurera jusqu'en 1975. Le point de départ de sa réflexion est Albert VINCENT, le « chantre des valeurs terriennes », avec son livre *Pour l'école rurale*, dans l'entre deux guerres, dans un contexte de dépeuplement rural. En 1955, le ministère de l'agriculture prend la direction de l'enseignement agricole. Progressivement l'enseignement itinérant est arrêté.

La question qui émerge de cette étude est la suivante : pourquoi n'est-ce pas, aujourd'hui, l'éducation nationale qui administre l'enseignement agricole ? Pourquoi dépend-il du ministère de l'agriculture ? Aux environs de 1950, il existait encore une opposition entre l'enseignement agricole publique (les instituteurs étant jugés socialistes, les « hussards de la République ») et confessionnel (les Maisons Familiales Rurales jugées de droite et catholiques conservatrices). Les agriculteurs préféraient y envoyer leurs enfants, mais cet enseignement catholique se voit reprocher un manque de rigueur et d'homogénéité de ses enseignements[31]. La décision sera donc prise de

---

31 D'où des efforts notables pour le professionnaliser et enseigner une agriculture où christianisme et productivisme vont de pair. Cf. le sous-chapitre Spiritualité et agriculture conventionnelle p. 188

créer une alternative. L'auteur cite FRAISE, 1955 : « La population agricole se défie de l'éducation nationale qui ignorerait ses problèmes et détournerait les jeunes de la terre... [d'où par la volonté des élus paysans]... un enseignement assuré par le ministère de l'agriculture ».

Y a-t-il donc eu une manœuvre politique ? Nous avons vu que le détournement de la terre faisait partie du plan de développement des régions : il ne relevait pas de programmes politiques socialistes mais gaullistes, donc de personnes de droite comme les agriculteurs. Le programme de déconstruction de l'agriculture française a été mis en place et mené par la droite gaulliste, celle-là même pour laquelle les agriculteurs votaient massivement. Après la seconde guerre mondiale, les élus paysans voulaient pour leurs enfants d'autres valeurs que celles transmises aux enfants des villes. Mais rappelons-nous les résultats de HERVIEU ET PURSEIGLE : la population agricole actuelle présente une forte homogénéité de pensée (envers l'accomplissement d'une agriculture industrielle et exportatrice rajoutons-nous). Nul doute donc que les programmes d'enseignement mis en place par le ministère de l'agriculture allaient de pair avec les plans de développement (diminuer la population agricole tout en la rendant plus productive) et l'encadrement administratif associé. Sous couvert de l'espoir de maintenir les jeunes à la terre ainsi que les valeurs agricoles d'avant-guerre, la population agricole s'est fait guider par les autorités nationales vers une forme spécifique d'agriculture. *La conséquence en fut le maintien de la discrimination de la population agricole, nécessaire pour mieux la contrôler, malgré les messages officiels qui affichaient la modernité de l'agriculteur sur un tracteur neuf et rutilant.*

Personne n'est complètement blanc ou complètement noir. Sans aller plus loin dans l'émission d'hypothétiques explications, nous retiendrons de l'étude de l'auteur que l'enseignement agricole officiel n'est pas exempt de valeurs, et donc qu'un enseignement humaniste tel que celui des agricultures alternatives a toute sa place légitime dans la société française.

3.11 Le plan MARSHALL – un nouveau départ

D'où vient cet engouement pour la production agricole intensive et industrielle ? On trouvera une réponse dans le plan MARSHALL et dans la convention de 1947 pour la création de la coopération économique européenne (CEE) : l'agriculture est la priorité. Il y est écrit qu'elle doit retrouver et dépasser les niveaux de production d'avant-guerre, afin de pouvoir permettre le développement de l'extraction des ressources minérales (charbon, acier) et de l'industrie. Elle doit rétablir *la distinction ville-campagne, qui selon MARSHALL est le symbole de la modernité.* Cela n'est possible que si les agriculteurs peuvent produire (ce qui suppose de leur faire acheter des machines) et peuvent vendre leur production dans et hors de France. Le plan MARSHALL et la CEE édictent clairement que, si les États-Unis peuvent aider la France, ils doivent néanmoins en tirer un bénéfice en retour. L'Europe doit « payer sa dette » en exportant vers les USA, afin que les objectifs après-guerre de ceux-ci (la lutte contre le communisme en particulier) ne soient pas gênés par un quelconque manque de ressources[32].

On consultera avec profit le site internet de la fondation MARSHALL : www.marshallfoundation.org

Par respect pour les personnes qui ont connu les affres de la guerre, en particulier la famine, et par respect pour les valeurs humanistes en vigueur aujourd'hui en Europe – celles-là même qui font que l'agroécologie est possible – nous pensons que ce plan a *eu* des effets positifs.

---

32 Le lecteur a peut-être connaissance d'une autre explication du plan Marshall, plus cynique : Il est présumé que les troupes américaines ont fait main-basse sur les stocks d'or allemands au fur et à mesure qu'elles progressaient vers Berlin. Dans cet trésor de guerre se trouvait l'or que l'Allemagne avait pris à la France. Les États-Unis, au lieu de nous restituer honnêtement cet or, nous le restituent uniquement à la condition que nous adoptions leur mode de vie et que nous achetions leurs productions. Bref, le plan Marshall ne leur a pas coûté un centime, et il leur a assuré notre soumission ! D'où la défiance du général DE GAULLE envers les États-Unis...

Le plan se termine en 1952. L'effort de production est poursuivi mais curieusement, on constate en 1967 (MENDRAS) que les agriculteurs sont endettés, eux qui les premiers pourtant devaient profiter du redressement économique de l'Europe. Endettés, donc sans marge de manœuvre dans le choix de leurs pratiques. Cet endettement, chronique en 1967 déjà, démontre l'existence d'une volonté politique de reléguer l'agriculture au second plan. Aussi, revenons au texte de M. CÉPÈDE. Cet endettement ne fait-il pas partie des moyens pour « maintenir les stimuli antérieurs » comme l'exprime l'auteur ? L'administrateur s'assure que l'agriculteur, ainsi plongé dans une spirale prévisible de dettes, sera enclin à atteindre les objectifs de production nationale et n'aura d'autre choix que d'utiliser les techniques recommandées par l'administration. Car l'administration lui promet que ce sont *telles* cultures, avec *telles* techniques, qui sont les plus rentables. Nul doute que l'administrateur manie à la fois la carotte et le bâton...

D'une certaine façon, cette volonté figurait dans le plan MARSHALL : l'agriculture était conçue comme un moyen et non comme une fin en soi. Cette façon de penser semble avoir perduré jusqu'à aujourd'hui : le plan a agi comme une garantie morale pour l'industrialisation massive de l'agriculture. Et l'agriculture aujourd'hui demeure au second plan : la politique d'artificialisation des sols est activement promue par les élus à tous niveaux (en particulier autour des villes de plus de 2000 habitants), afin de construire des zones pavillonnaires et industrielles. Dans le même temps, l'industrie des supermarchés et de la transformation agroalimentaire demande aux agriculteurs de produire de façon encore plus intense, pour faire encore et toujours baisser les coûts. Certains syndicats agricoles majoritaires mènent un double jeu, en promouvant eux-mêmes la nécessité d'intensifier la production agricole et en dénonçant les prix bas à la vente.

Au regard de ces événements, la différence avec l'agroécologie est nette : l'agroécologie porte en elle des valeurs d'équilibre sociale : respect de l'agriculteur, respect du jardinier, politique d'économie locale, économie non pas de l'emprunt mais donc de l'épargne.

3.12 La politique agricole commune : confirmation de l'agriculture industrielle et tutorée

En 1962, par le traité de Rome est fondée la CEE, dont un des objectifs premiers est la libre circulation des personnes et des marchandises. L'article 39 définit le premier objectif de la politique agricole commune : « *accroître la productivité* de l'agriculture en développant le *progrès technique*, en assurant le *développement rationnel* de la production agricole ainsi qu'un *emploi optimum* des facteurs de production, notamment de la main-d'œuvre » (les italiques sont de nous). Dans ces conditions politiques explicites, l'artisanat des outils, le savoir-faire cultural empirique, la sensibilité humaine à la terre et aux plantes sont déclarés inutiles, et condamnés à se voir réduit au strict minimum (dans les musées ou pour le folklore local nostalgique). Notons que cet article 39 précise que la main-d'œuvre doit être employée de façon optimale. C'est-à-dire que les administrations et les défenseurs du progrès considéraient que les campagnes étaient peuplées de fainéants et d'inutiles ! Cette façon de voir le monde, en forçant la réduction du nombre de paysans, est responsable de la perte d'un important savoir-faire concernant la fertilité et la subtilité du travail du sol, savoir-faire qui était détenu par les paysans depuis le début de l'agriculture en Europe.

La situation a-t-elle évolué entre-temps ? Comment les acteurs eux-mêmes de l'agriculture voient-ils la chose ? Philippe LEGRAIN, de la chambre d'agriculture de la Manche, écrit en 2011 :

> *Des fermes moins nombreuses. C'est le chiffre qui choque le plus les commentateurs en dehors du monde agricole : De 2000 à 2010, l'effectif des exploitations professionnelles manchoises a baissé de 28 %.*
>
> *Le nombre de fermes recule depuis des siècles et dans tous les pays ; ce processus allant de pair avec l'urbanisation. C'est la contrepartie de la mécanisation et de la modernisation*

de l'économie : l'adoption de machines de plus en plus performantes libère de la main d'œuvre qui va s'employer dans le reste de l'économie.

Le rythme de ce recul peut être modulé : toutes les politiques agricoles interviennent pour freiner ou accélérer le nombre d'emplois agricoles. On constate que dans tous les pays au monde le nombre de fermes diminue. Que l'on se rassure, l'agriculture ne disparaîtra pas de la Manche : si le nombre d'exploitants continue de reculer, c'est aussi pour le développement de l'agriculture sociétaire (GAEC, EARL) qui permet de préserver les emplois.

L'auteur navigue entre les constats et le fatalisme. Il se contredit, car le nombre d'exploitations ne fait que diminuer, malgré la constitution des GAEC (Groupements Agricoles d'Exploitation en Commun). Il n'est pas cohérent, car la mécanisation réduit l'emploi dans *tous* les domaines de l'économie. Les licenciés de l'agriculture ne trouveront donc pas d'emploi dans l'industrie, car celle-ci débauche à tour de bras. Les effets des politiques agricoles sont décrits de manière assez floue, certains diraient que c'est de la « langue de bois ». Impuissance donc des chambres d'agriculture à maintenir l'emploi, ou bien exécution efficace de la stratégie voulue par l'administration de l'agriculture ?

Revenons à l'essentiel : ces conditions socio-politiques peuvent-elles vraiment donner envie à quelqu'un de devenir agriculteur ? Ceux qui ne sont pas obligés de déclarer leur exploitation en faillite sont les heureux élus de l'agriculture. Pour chaque élu, combien de laissés pour compte ? Heureusement, les agricultures biologiques alternatives proposent d'autres conditions socio-politiques bien plus réjouissantes pour l'emploi agricole.

3.13 L'innovation sous contrôle

L'avènement de l'agriculture conventionnelle se caractérise entre autre par le transfert de l'innovation technique et variétale du paysan vers le scientifique. Les biologistes et les agronomes étudient en laboratoire, puis en champs de test, la plante et imaginent diverses façons de la faire pousser le plus vite possible et de lui faire produire autant que possible. Les agriculteurs ne sont plus que des exécutants : ils sèment les variétés produites en laboratoire et validées dans les champs de test par les agronomes. Les principaux arguments pour justifier la création du monopole de l'innovation sont :

* que les agriculteurs n'y connaissent rien aux causes des maladies des plantes (comment pourraient-ils, sans disposer de microscopes) et ne peuvent donc pas inventer de variétés résistantes aux maladies ;
* que les agriculteurs doivent se consacrer à la production afin d'être plus efficaces, comme le préconise la division taylorienne du travail.

Révolution verte, mécanisation et industrialisation de la production agricole sont les désirs matérialisés des ingénieurs et des administrateurs, tous deux soucieux de gérer l'agriculture par un nombre de leviers réduits au minimum (production maximale à l'hectare, exportations maximales).

Bien sûr, être agroécologiste implique d'abandonner ces façons de penser. Mais curieusement, les innovations positives récentes de l'agriculture biologique, en particulier le respect des processus naturels, ne viennent pas nécessairement des agriculteurs.

* Il existe un institut technique d'agriculture biologique, sur le même modèle que les instituts techniques pour l'agriculture conventionnelle ;
* L'école d'ingénieur INRA/AgroParisTech a de multiples programmes de recherche pour faire évoluer l'agriculture biologique (l'étude de la productivité de la Ferme du Bec Hellouin en fait partie) ;

- Dans la littérature sur l'agriculture biologique, force est de constater que les auteurs sont souvent des jardiniers et des philosophes : Gertrud FRANCK (jardinière) pour les plantes compagnes, Rudolf STEINER (spiritualiste) pour la biodynamie, Masanobu FUKUOKA (ex-scientifique bouddhiste) pour l'agriculture naturelle, Pierre RABHI (jardinier philosophe) pour l'agroécologie.

Alors hier comme aujourd'hui, les agriculteurs continuent d'avoir une place en « bas », ou en marge, de la société, car d'autres personnes s'attribuent leurs capacités d'innovation. L'agriculteur, par tradition, est modeste et préfère l'action aux mots. C'est peut-être une particularité française que d'avoir la parole facile, et donc les agriculteurs laissent parler les autres, en général des citadins formés dans de grandes écoles... mais ignorant parfois tout des conditions de terrain, et produisant alors une littérature assez peu explicite et trop généraliste pour pouvoir être utilisée.

Cela est peut-être plus simplement un signe des temps : Internet permet justement de tout interconnecter. Et des gens qui évoluent dans des domaines plus ou moins proches du travail agricole peuvent alors exprimer leur point de vue sur l'agriculture et dire comment eux, avec leur expérience propre, feraient la chose. C'est un processus générateur d'innovations. Effectivement il y a un foisonnement de techniques en agriculture biologique. Mais elles doivent passer la phase de validation sur le terrain : démontrer que leur rendement est correct. Et elles doivent passer le test de la logique : peut-on expliquer rationnellement pourquoi elles fonctionnent ou ne fonctionnent pas selon les conditions de culture ? C'est notre modeste opinion, suite à nos études d'histoire et de sociologie des sciences, que nombre des techniques présentée dans les ouvrages grand publique pêchent par leur logique interne. Par exemple, après avoir lu une dizaine d'ouvrages présentant les bienfaits des purins, nous constations qu'aucun ne proposait une théorie – même hypothétique – du mode d'action des purins. Ainsi avons-nous fait le point sur les possibles théories (cf. p 237). Nous avons les méthodes pour comparer les techniques agricoles aux techniques scientifiques, et sachant les facteurs qui favorisent l'établissement ou l'abandon d'une technique scientifique, nous nous essayons à pronostiquer le futur des techniques agricoles. Toute technique scientifique doit reposer sur une hypothèse ou une théorie logiquement fondée. Nous en attendons de même pour les techniques agricoles.

Certains lecteurs pourraient nous trouver trop « rationaliste ». Étant donné que nous sommes qui nous sommes, avec notre expérience de vie, c'est uniquement de cette façon-ci que nous pouvons faire notre part, notre « travail de colibri », même au risque de heurter certaines âmes romantiques qui voient le jardin comme un lieu où la rationalité est inutile. Qui ont peur que nous fassions de l'agroécologie une pratique hyper-rationnelle et donc peu épanouissante humainement. Pour nous, la rationalité au jardin est essentielle, et elle n'exclut ni l'esthétique ni la spiritualité, ni l'intuition et la créativité. C'est un tout. Nous avons une devise : observe, imagine, réfléchis et agis.

Pour que l'innovation soit de nouveau un fait quotidien des agriculteurs, la société doit évoluer :
- abandon du tout-scientifique (le scientisme),
- abandon de la politique d'administration nationale de l'agriculture qui muselle la créativité,
- et abandon des lois entravant l'emploi, afin qu'il y ait à nouveau de la main-d'œuvre dans les campagnes. Surtout : que les agriculteurs puissent employer. Le maître légumier ou le maître d'élevage ne sera alors plus obligé de consacrer tout son temps à l'action dans ses champs et dans sa ferme. Il retrouvera du temps disponible pour juste réfléchir. Et n'étant pas à court de bras, il pourra se permettre à nouveau de faire des essais sur ses terres. Aujourd'hui, l'agriculteur se contente de planter ce que le conseiller de la coopérative lui dit. Il a tout juste le temps nécessaire pour faire ça, et encore doit-il parfois travailler la nuit...

4 ÉCOLOGIE, ROMANTISME ET ÉCOLOGISME

Le XIXe siècle voit DARWIN formuler la théorie de l'évolution des espèces et HAECKEL introduire l'écologie dans la pensée biologique. Il voit aussi la pensée industrielle capitaliste et productiviste (apparue progressivement à partir du XVIIe siècle) engendrer une dégradation importante du cadre de vie (nourriture, eau, rivière, air). Par réaction, le courant artistique romantique émerge. Il prône la richesse du monde de la sensibilité. Les couleurs vives des peintures tentent de contrecarrer le gris et le noir omniprésents de l'usine et de la mine (MUMFORD). C'est un mouvement social réservé à une élite, mais il est le précurseur de l'écologisme des années 1960.

La recherche scientifique n'est pas indépendante des préoccupations de la société, et inversement. Dans les mines et dans les aciéries, la vie se réduisait à la sueur, à la souffrance et à la misère. Ces efforts avaient pour but de construire des infrastructures techniques et sociales (notamment l'économie de l'acier et de l'énergie), dont on espérait qu'elles permettraient sans cesse de transformer en techniques les récentes découvertes scientifiques, tel un tapis roulant allant de la science au cœur de la société. L'industrie et le capitalisme s'alliaient pour rendre nécessaire la soumission implicite à la science, et *le rythme d'évolution technique des machines devenait la seule mesure du temps et de l'évolution de la vie.* Dans une direction opposée, DARWIN et HAECKEL voulait certainement montrer à leurs contemporains la vie dans toute sa majesté, la vie telle qu'elle peut être quand on lui permet de demeurer libre : une vie où certes il y a de la compétition, mais aussi de la coopération, du hasard, de la complexité. La théorie de l'évolution devait déranger l'esprit capitaliste, qui ne voit que la compétition (la sacro-sainte concurrence) et banni la coopération. Elle dérangeait aussi les églises, qui enseignaient à l'Homme ses devoirs : soumettre la Nature et se soumettre au progrès. Il ne se répandit donc qu'un seul pan de la théorie de l'évolution : celui de la survie du plus apte. Cette vulgarisation erronée, qui a omis (on le reconnaît maintenant pleinement) l'importance de la coopération, de la symbiose, pour le maintien et l'évolution des espèces, n'a pas servi que les églises et le capitalisme. Était-elle une erreur innocente ? Nous savons aujourd'hui qu'Émile GAUTIER et Herbert SPENCER ont interprété sur ce seul pan de la survie du plus apte les découvertes de DARWIN, cela afin de mettre sur pied le darwinisme social. Cette entreprise eut les suites néfastes que nous savons (théories des races, eugénisme). Ils ont choisi ce pan, car ils pensaient l'utiliser à l'avantage de la race blanche.

La fin du XIXe siècle voit l'essor massif de la chimie, grâce aux distances qu'elle prend par rapport à l'alchimie. Et l'agriculture se voit progressivement mise sous la loupe des chimistes : en particulier le rôle des minéraux du sol est découvert (cf. p. 60), et la lutte chimique contre les ennemis des cultures peut démarrer. Durant ce siècle, la science et la technique prennent leur essor sur la Nature, et donc inévitablement sur l'agriculture. Le courant romantique est la première expression d'un regret du temps d'avant. Pour le jardinage plus précisément, en Angleterre ce courant est porté par des jardiniers tels que William ROBINSON (1838 – 1935), auteur du The Wild Garden et initiateur des « jardins sauvages », Gertrude JEKYLL (1843 – 1932) et Jorn DE PRÉCY, auteur du Jardin Perdu (nous reviendrons sur la position de ce jardinier remarquable dans le chapitre Sécheresse de l'âme et poésie p. 191).

5 LE MODE DE VIE ABORIGÈNE

Eh oui ! D'une certaine façon la pensée agroécologiste renoue avec la pensée aborigène de la place de l'Homme dans la Nature. Expliquons cela.

On estime à environ -50 000 ans l'époque de la première colonisation de l'Australie par *Homo sapiens*. Les ancêtres des aborigènes actuels réalisèrent des peintures et des gravures parfaitement discernables aujourd'hui encore. On ne peut pas en déduire s'ils étaient sédentaires ou nomades, s'ils inventèrent une agriculture semblable à celle inventée en Mésopotamie il y a 10 000 ans ou s'ils étaient éleveurs. Il faut attendre l'arrivée des colons blancs pour que l'occident prenne connaissance des aborigènes et de leur mode de vie. Ils étaient alors chasseurs cueilleurs, se déplaçant constamment le long des voies de l'eau. Leurs déplacements n'étaient pas erratiques. Pour assurer la présence de certaines plantes comestibles ainsi que des kangourous, ils maintenaient à dessein un paysage semi-ouvert de prairie arborée sur de très grands espaces. Pour faire cela, ils mettaient successivement le feu aux espaces composant le territoire sur lequel ils se déplaçaient. Leur territoire se composait donc d'espaces à différents stades d'évolution écologique, de la prairie rase à la plaine à arbuste jusqu'à la forêt. Quand un espace était mis à feu, la faune se réfugiait dans les espaces avoisinants. Les aborigènes chassaient et cueillaient la nourriture différente et disponible dans chacun de ces espaces. Ils utilisaient en particulier les espaces aux arbres espacés, qui permettaient une chasse optimale des kangourous, au contraire des plaines ouvertes et des forêts fermées. Dans ces espaces et dans les plaines, les arbustes à petits fruits comestibles étaient abondants, tandis que dans les forêts se trouvaient des arbres aux fruits plus généreux. La rotation des mises à feu assurait une régénération régulière de tous ces sous-espaces, et assurait ainsi la présence permanente de fruits, de légumes et de kangourous sur le territoire.

Nous retenons deux leçons du savoir-faire des aborigènes :

1. Les aborigènes pratiquaient ainsi la forme la plus simple de *guidage* des écosystèmes. Ils ne brûlaient pas juste une ou quelques plantes, ce qui aurait été une simplification de l'écosystème (réduction du nombre d'espèces). Le feu brûlait tout, mais c'est une diversité qui renaissait ensuite. Et quand cette diversité n'était plus profitable aux aborigènes (la forêt fermée ne leur livrait pas assez pour se nourrir), ils la modifiaient dans son ensemble.

2. Ce qui nous amène à la deuxième leçon. Par le feu, les aborigènes mettaient en pratique un principe agricole essentiel : la *régénération* de la nature. Le feu était l'outil le plus simple de la régénération. Ses effets sont importants, mais utilisé avec parcimonie (rotations longues des espaces brûlés), il faisait que la végétation puisse toujours pousser avec vigueur. La vigueur et la croissance de toutes les espèces animales comme végétales profitait directement aux aborigènes sous forme de chasses et de cueillettes faciles et prodigues.

Par une seule action, ils prenaient en main de grands écosystèmes, sans pour autant anéantir la diversité naturelle.

> Régénérer sans détruire la biodiversité est un principe dont le jardinier agroécologiste doit s'inspirer.

Pour faire de l'agroécologie la forme la plus durable comme la plus fertile d'agriculture, nous voyons donc qu'il ne faut pas hésiter à voyager au bout du monde et dans le temps !

Précisons que le labour ne plairait pas aux aborigènes. Le labour est une forme de régénération, car le sol se trouve « remis à zéro » avant chaque nouveau semis, tout comme après un brûlis il y a remise à zéro : l'espace est vidé de ses plantes. Mais la biodiversité naturelle qui succède à un labour est pauvre par rapport à celle qui succède à un brûlis. Durant le labour le sol est déstructuré : il y a homogénéisation des différentes strates du sol. On constate ensuite une pullulation de quelques mauvaises herbes, car elles seules savent croître dans un sol homogène. Un brûlis ne déstructure pas le sol : le sol reste hétérogène, avec ses différents horizons, et donc c'est une diversité de plantes qui s'installe tout de suite après.

Le principe du labour est sensé : régénérer pour permettre la croissance vigoureuse des plantes. Mais la régénération est *trop* forte. Faire en sorte qu'elle profite uniquement à la culture implantée après le labour se révèle alors être un exercice de grande difficulté. Afin de le rendre tout à fait satisfaisant, on a inventé les pesticides, les herbicides, le sarclage et le binage.

ASPECTS SOCIO-ÉCONOMIQUES

L'agroécologie ne se résume pas au seul désir d'utiliser des techniques agricoles respectueuses des processus naturels : elle est le désir de faire converger de façon équilibrée, la Nature, la Société et l'épanouissement humain. Tout comme il entend respecter la Nature plus que l'agriculteur conventionnel ne le fait, le jardinier agroécologiste entend donc contribuer à l'émergence d'une économie et d'une société qui respectent plus les valeurs humaines que ne le fait l'industrie agroalimentaire ou agrochimique.

Dans le premier chapitre, nous allons voir les stratégies essentielles du modèle économique de l'agroécologie.

Dans le second chapitre, nous allons imaginer, pour la France, à quoi ressemblerait la société si toute l'agriculture était convertie à l'agroécologie faiblement mécanisée. Nous allons esquisser un projet de société sans concession, entièrement basé sur l'agroécologie. L'exercice est délicat, voire provocateur, car qui peut parier sur le futur ? Les critiques vont pleuvoir. C'est bien : il ne s'agit pas de fixer un programme politique ou un idéal à atteindre, mais simplement d'inciter à la réflexion sur ce que pourrait être une société du futur basée sur l'agriculture. Oui, sur l'agriculture, tout simplement. En général on imagine toujours les sociétés du futur basées sur des techniques ultra-sophistiquées et où l'agriculture n'est qu'un problème réglé depuis longtemps, « mis au placard » depuis longtemps (alimentation à base de pilules, synthétiseurs de repas, machines agricoles autonomes et ultra-performantes...) Mais l'agriculture est si essentielle pour l'Homme, que nous doutons fort qu'elle puisse occuper longtemps une position anecdotique dans aucune société.

Dans le chapitre suivant, nous reviendrons à la réalité des chiffres de production et de vente en ce qui concerne notre propre jardin. Nous tenterons de tirer des indications concrètes et constructives du décalage qui existe entre le projet de société, et la réalité de terrain, aujourd'hui, dans laquelle nous devons agir (en ce qui nous concerne, en évaluant le bien-fondé de créer une entreprise agricole).

Ensuite, nous verrons si la communication par et envers l'agroécologie tient bien compte de cette réalité. En France on parle mieux qu'on agit, et on parle beaucoup mais on agit peu...

Enfin, nous étudierons les moyens dont disposent les jardiniers agroécologistes pour innover et pour se constituer en groupe. Il s'agit de montrer que l'agroécologie a les moyens d'être une agriculture durable. Par durabilité, on entend en général le maintien de la fertilité des sols, mais il faut aussi entendre le maintien de la fertilité des *esprits*. Ceci est tout à fait important pour que l'agroécologie puisse s'adapter à de futures évolutions socio-économiques sans renier ses principes.

1 LE MODÈLE ÉCONOMIQUE DE L'AGROÉCOLOGIE

1.1 Stratégie de la valeur ajoutée

En agroécologie « on fait avec ce qu'on a », comme les anciens, ce qui pour autant ne signifie pas qu'on produit de mauvais légumes et qu'on se serre toujours la ceinture. L'adage des anciens signifie pour nous que moins on utilise d'intrants et de machines, plus la valeur ajoutée par légume produit augmente, car le nombre de variables, de la semence à l'étale de vente, diminue. En agroécologie, la valeur ajoutée est créée par :
1. le principe de vie écogène ;
2. l'utilisation judicieuse des processus naturels : paillages pour couvrir le sol mais aussi le nourrir, semis d'engrais verts pour couvrir le sol, le nourrir et le travailler...) ;
3. la créativité humaine pour

1. inventer ces techniques qui permettent d'encadrer la Nature (maintenir son potentiel de croissance, cf. 34 L'évolution des écosystèmes);
2. et organiser le travail sur une journée comme sur une saison (on assigne plusieurs fonctions à chaque acte de travail et on fait chaque action au moment opportun).

Moins on s'occupe directement du légume, plus sa valeur ajoutée augmente. Dit autrement : plus on laisse la Nature travailler, plus la valeur ajoutée augmente. En agriculture conventionnelle, on transforme de l'énergie fossile pour travailler le sol, pulvériser des engrais et des pesticides, on construit et on utilise d'énormes machines pour semer, récolter, stocker, transporter, vendre. Tout ceci rend nécessairement le légume plus cher, alors l'agriculteur espère se rattraper (faire un bénéfice) grâce aux économies d'échelles : augmentation des surfaces cultivées, augmentation de la taille des engins, augmentation de la durée des cultures, augmentation de la taille des commerces... Espoirs souvent vains car l'agriculteur ne maîtrise plus la vente de ses produits.

Le légume ou le fruit qui a la plus haute valeur ajoutée est le fruit sauvage : le seul effort que l'on fournit est la cueillette. À part les vergers conduits selon les préceptes de Masanobu FUKUOKA, qui ne nécessitent pas de taille, l'agriculteur doit toujours semer ou planter et replanter avant de faire quelque récolte. Riche serait l'agriculteur qui n'aurait qu'à semer et récolter ! D'où la propagation, massive ces dernières années, de l'idée de non-travail du sol. Pour les grandes cultures, les techniques dites de « semis sous-couvert » en sont une concrétisation. Elles se démocratisent en AB, en agriculture écologiquement intensive et même en agriculture conventionnelle. Progressivement les esprits s'habituent à l'idée que le labour n'est pas la technique miracle.

1.2 Stratégie de la vente en « circuits courts »

Lewis MUMFORD nous dit que « les négociants et les intermédiaires gagnent à allonger la distance, dans l'espace et dans le temps, entre la production et la consommation ». Et c'est une évidence : c'est ainsi que les intermédiaires et les commerçants justifient leur travail et leurs prix. Il est impossible pour l'acheteur, surtout pour des raisons de temps, de vérifier par lui-même si l'agriculteur est correctement payé, si la récolte est de bonne qualité, si elle est correctement transportée, etc. Les marchands ont donc en général peu de scrupule à faire payer au prix fort ce que l'acheteur ne peut pas lui-même vérifier. Et l'acheteur s'en accommode la plupart du temps : nous sommes majoritaires à penser qu'il est raisonnable de payer plus pour un produit dont la qualité et la provenance sont certifiées par un label. C'est le prix de la confiance. L'acheteur paie souvent en plus un second surcoût : en effet la grande distribution pratique des marges d'autant plus hautes que le produit est de qualité et labellisé ! Et un troisième surcoût est toujours possible, celui de la confiance galvaudée. Les systèmes de certifications sont dérivés des systèmes de gestion de qualité (par exemple la standard de qualité ISO 9001), mais quelque que soit la qualité de leur conception une fraude est toujours possible. Le lecteur pourra consulter à ce sujet par exemple l'enquête de Donatien LEMAÎTRE sur les abus de la certification commerce équitable.

Nous avons déjà évoqué l'écueil que représente la vente en masse de produits bio. Était-ce inévitable d'en arriver là ? La vente en masse est surtout un phénomène de société : il faut acheter les aliments rapidement afin de se consacrer soit au travail, soit aux loisirs. Aujourd'hui il est malvenu de consacrer une heure par jour aux achats de nourriture, et une heure de plus pour la préparation des repas. On se fait vite reprocher le manque d'organisation et, surtout, la pénibilité. Ne nous voilons pas la face : la grande distribution a développé à l'extrême les méthodes pour flatter la fainéantise du consommateur, et le consommateur apprécie cela. Les instituts de sondage n'indiquent-ils pas que 98 % de la population s'approvisionne en grande surface ? Et pour acheter plus vite, il faut vendre plus vite, il faut donc transporter plus vite et enfin produire plus vite.

L'agroécologie veut se démarquer en refusant catégoriquement cette forme de distribution des récoltes. Le *circuit court*, c'est l'achat direct au jardinier sans aucun intermédiaire. D'une part cela procure une meilleure rémunération du jardinier et d'autre part cela garantit aussi en général un trajet très court entre le jardin et le lieu de vente, donc la fraîcheur des produits. Par exemple, nous vendons au marché hebdomadaire du village. N'ayant qu'une minute de temps de transport, nous faisons une partie de la récolte le matin même, en été quand le soleil se lève vers 6 heures (en automne il nous fait récolter surtout durant l'après-midi précédent). Comme nous vendons très frais, nous n'avons pas besoin de cultiver des variétés qui peuvent se tenir en rayon une semaine. Les variétés industrielles peuvent certes se tenir très bien et être esthétiquement parfaite, mais elles n'ont pas de goût, donc ne nourrissent pas. Le jardinier qui n'a pas l'obligation de faire de telles variétés peut récolter au fur et à mesure. Les fruits et légumes n'auront pas été forcés à pousser le plus rapidement possible pour satisfaire à la date de livraison. Manger un légume qui a bien vécu, qui a pris le temps de vivre, qui a grossi au rythme de la météo, est plus nourrissant que de manger un légume gros *comme* à maturité, mais qui n'aura pas profité du soleil et de la pluie, contraint tous les jours de grossir à cause des engrais de synthèse, des hormones de synthèse et de l'irrigation artificielle. Manger un légume qui pousse à son rythme rend aussi peut-être plus calme. Ce n'est pas sans importance, dans notre société où l'on pratique le culte de la vitesse.

L'agroécologie comporte aussi la volonté de faire évoluer l'approvisionnement des villes. La taille des marchés centraux (Rungis par exemple), des hyper- et supermarchés (grandes surfaces) doit diminuer. In fine ils doivent être remplacés par des marchés de quartier, nombreux et fréquents. Les centrales d'achat doivent aussi disparaître. L'objectif est que sur chaque marché on ne trouve plus de revendeurs de fruits et légumes ou très peu : les jardiniers devront y être légion, à vendre chacun leur récolte. Dans les années 1990, nous avons vécu et voyagé en Asie, et nous avons constaté que l'approvisionnement des grandes villes se fait par des marchés nombreux et quotidiens, c'est-à-dire permanents ! Pour chaque marché il y a un très grand nombre de vendeurs, qui sont souvent les membres de la famille des producteurs agricoles, comme cela se faisait dans toutes les grandes villes d'Europe, dans les halles, jusqu'au début du XXe siècle.

Bien sûr, cela suppose que la place du travail dans la société évolue, et surtout que la mentalité productiviste perde en reconnaissance. Aujourd'hui en 2014, en France, tout le monde pleure à chaudes larmes sur les trente glorieuses d'après-guerre, où les chaînes de production tournaient à plein régime. L'agroécologie, au contraire, se joint pleinement aux mouvements de mondialisation alternative, car il faut arrêter de se voiler la face : on ne peut pas toujours produire toujours plus. Ceux qui participent à répandre cet état d'esprit, cette illusion, sont des profiteurs, des égoïstes. Après la crise des subprimes en 2008, qui a plongé l'occident dans la récession qu'aujourd'hui nous vivons encore, l'idéal capitaliste du progrès social grâce à la liberté de marché est désavoué. Mais on hésite à le remplacer, à le mettre au placard tout simplement. On croît toujours que c'est un vêtement resplendissant, alors qu'il est usé jusqu'à la trame. L'agroécologie participe de cet embryon d'une nouvelle forme d'économie.

Le circuit court, si simple dans sa conception, est comme David qui fera chuter Goliath. La force n'est pas une garantie, et la force n'est pas éternelle. Le capitalisme fut fort tel un taureau, mais le taureau a brouté toute la prairie aujourd'hui. Les regrets ne changent rien à la situation. L'agroécologie s'adosse pleinement à toutes ces actions, modestes, petites, simples, telles que celles promues par l'association Colibris, pour s'engager progressivement mais sûrement dans une nouvelle société[33].

---

33 Nous présentons ce que pourraient être les nouveaux idéaux à même de guider cette société nouvelle dans notre texte « Science, spiritualité et société », dans notre livre Où va le monde ?.

2 UN PROJET DE SOCIÉTÉ BASÉE SUR L'AGROÉCOLOGIE

2.1 L'emploi agricole

Pour imaginer un scénario de l'emploi agricole dans une France totalement convertie à l'agroécologie, nous partons des chiffres de l'INSEE de décembre 2012 (en milliers) :

Emploi salarié	Agriculture, sylviculture et pêche	229,3
	Fabrication de denrées alimentaires, de boissons et de produits à base de tabac	550,1
Emploi non salarié	Agriculture	424,9

Tableau 3 : L'emploi agricole en 2012

Soit environ 653 000 personnes actives dans l'agriculture. Selon les données 2007 de la MSA (Mutualité Sociale Agricole), ce chiffre monte jusqu'à 900 000. Cependant, ces deux chiffres ne sont pas assez précis, car ils incluent les sylviculteurs et les pêcheurs. Franceagricole.fr (2010) donne le chiffre de 770 000 personnes travaillant dans les exploitations agricoles de France, pour 436 000 exploitations. En 2010, la population active en France est d'environ 26 millions de personne. L'emploi agricole en constitue donc 2,9 %.

La surface agricole utile en France est estimée à 29,3 millions d'hectares, dont 28 % de boisements pour la sylviculture et 14 % pour les infrastructures (routes notamment, lacs). Les terres arables, cultivées, représentent donc environ 17 millions d'hectares (pour information, ce chiffre était de 31 millions en 1941, d'après CAHUET).

Chaque personne travaillant dans l'agriculture gère donc une surface moyenne d'environ 22 hectares. C'est un ratio d'environ 5 personnes pour 100 hectares, à mettre en relation avec les chiffres d'avant-guerre (environ 25 personnes pour 100 hectares, cf. p. 66 Plan régional – le paradigme industriel). C'est une moyenne : en polyculture, ce chiffre est d'environ 3 pour 100 hectares, et en grande culture, il tombe à 0,5.

Pour pratiquer correctement l'agroécologie faiblement mécanisée, une personne peut au mieux, à plein temps, s'occuper d'un hectare. Ce sont donc *17 millions* de personnes (65 % de la population active, quatre fois plus qu'avant-guerre) qui seraient nécessaire pour entretenir la campagne française en suivant les principes agroécologiques.

Selon le rapport des Nations Unies, l'agroécologie peut nourrir l'humanité. Nous partageons ce constat, mais précisons que c'est un constat *dans l'absolu.* Que faudrait-il pour que 65 % de la population active en vienne à travailler dans les jardins ?

- Un *changement du paradigme alimentaire,* dans le modèle social promu par les sociétés industrielles, ferait augmenter l'emploi agricole : manger moins de viande, moins de laitages, moins de céréales, et plus de légumes et de fruits. À cela s'ajouterait la consommation exclusive de produits du terroir, de saison, de haute qualité et très frais. Pour cela il faudrait interdire le transport des récoltes au-delà de 30 km du lieu de production.
- Le *rééquilibrage Nord – Sud* de l'agriculture ferait aussi augmenter l'emploi agricole. Dans un monde où la consommation locale serait partout érigée au rang de standard, les exportations et importations massives entre pays du Nord et du Sud cesseraient. Dans les pays du Sud, les paysans produiraient plus grâce aux techniques agroécologiques. Dans les pays du Nord, les exploitants agricoles produiraient chacun moins, mais ils seraient plus nombreux.

Cela impliquerait l'abandon d'un mythe : celui de l'Occident nourricier au chevet des pauvres maigres du Sud, ainsi que l'abandon du marché mondial des récoltes. Nous considérons ce marché comme une ineptie pour des raisons logiques[34] et déontologiques : la compétition alimentaire entre pays ne fait pas de sens. Pourquoi la France devrait-elle produire plus et moins cher que l'Allemagne ? Cela ne peut qu'attiser les haines entre les pays. Arrêter le marché mondial des récoltes ferait grincer des dents les coopératives agricoles, le ministère de l'agriculture et les syndicats d'agriculture productiviste. Mais après tout, il n'y a pas de raison pour que ce soient toujours les mêmes personnes qui imposent leurs désirs à l'ensemble d'une nation. Cela peut changer, n'est-ce pas ?

Le pourcentage de personnes actives qui devraient faire un « retour à la terre » (65 %) peut paraître utopique. Si l'on pose qu'il résulte de décisions politiques, alors oui il est tout à fait utopique. Il faudrait que le parti écologiste ré-acquière une identité et gagne les élections présidentielles, ce qui serait un miracle. On imagine mal aussi comment la société civile pourrait acquérir assez de poids pour influer en ce sens le législateur, même si le nombre des « colibris » atteignait les 10 – 15 % de la population française. Mais si ce nombre montait à 20 %, cela pourrait-il faire pencher la balance subitement (effet de seuil) ? Cela n'est pas plus vraisemblable. Par contre moins utopique seraient des changements drastiques à l'échelle de la société française, voire de l'Europe ou du Monde qui pourraient mettre en branle un tel phénomène. Quelles grandes catastrophes pourraient ainsi forcer à l'exode urbain ? Il se peut qu'un événement planétaire majeur se produise, qui oblige à l'abandon de l'économie basée sur le pétrole ou sur l'énergie nucléaire. Un désastre écologique planétaire, un changement climatique exponentiel, mais aussi une idiote crise boursière comme il s'en produit de façon cyclique tous les sept ans, pourraient saper les bases de l'actuel système économique. Sans tracteur ou sans camion fonctionnels tout simplement, une famine mondiale se produirait quelques semaines seulement après la catastrophe, et les gens iraient massivement à la campagne dans l'espoir d'y trouver de la nourriture. Enfin, il est tout autant possible que le changement soit progressif, à l'échelle d'un ou deux siècles. S'il y a un enseignement à tirer de l'Histoire, à l'échelle des siècles et des continents, c'est que l'imprévisible se produit régulièrement ! S'il doit se produire, nous espérons qu'un tel retour massif à la Terre sera volontaire et non contraint. Car si le retour à la terre doit être vécu comme une contrainte, cela renouerait avec l'image négative e fataliste (voir p. 170 La fatalité de l'agriculture) que l'agriculture a porté jusqu'à il y a peu. C'est là le seul avantage durable que nous concédons à la « révolution verte » d'après-guerre : l'agriculteur semble ne plus souffrir physiquement de son travail (même si aujourd'hui nombre d'agriculteurs sont contraints de travailler de nuit pour labourer ou récolter !) Cependant, les techniques agroécologiques (cf. p. 139 Les catégories de techniques) démontrent que même sans tracteur, le travail agricole n'est pas nécessairement pénible. L'agroécologie peut donc reprendre à son compte ce (seul) point de la révolution verte ! Cette constatation peut paraître anecdotique, mais c'est un argument important pour montrer que l'agroécologie n'est pas un retour en arrière comme le clament ses ennemis. Et si une crise majeure devait se produire qui forcerait moult personnes à travailler la terre, l'agroécologie serait en mesure de faciliter l'adaptation des citadins au travail de la terre (quand le jardinage traditionnel avec son labour et ses binages intempestifs en déprimerait plus d'un).

---

34 Pourquoi vouloir augmenter la taille d'un marché ? Plus un marché est grand, à priori plus il y a de compétition entre les vendeurs. Et dans une compétition, qu'il y ait 10 ou qu'il y ait 10 000 participants, il n'y a toujours que trois gagnants. Bref plus le marché est grand, plus il y a de perdants, c'est-à-dire que les rares gagnants, eux, augmentent considérablement leurs bénéfices au détriment de tous les autres.

2.2 La répartition de la population

Une nouvelle campagne

Dix-sept millions de jardiniers implique la fin de la division entre la ville et la campagne telle que nous la connaissons aujourd'hui : campagnes vides de monde, villes denses aux loyers exagérés et entourées de banlieues pavillonnaires. Partons des chiffres de l'INSEE (Tableau 4 : Répartition de la population en 2006).

Posons pour notre scénario de société tout-agroécologique une population nationale de 80 millions d'habitants, soit 133 % environ de la population en 2006. Sans changement de répartition, les espaces urbains compteraient alors 66 millions d'habitants, les espaces ruraux 14 millions. L'emploi agricole serait d'environ 1 million de personnes. Dans notre scénario, 17 millions de jardiniers assurent l'approvisionnement de la France. Mais un jardinier (homme ou femme) ne vit pas seul. Donnons-lui un conjoint et deux enfants : ce sont donc au bas mot 68 millions de personnes qui vivraient à la campagne, sur 17 millions d'hectares de terre arable plus précisément, et la population de l'espace à dominante urbaine chuterait drastiquement. Les citadins seraient, à l'inverse d'aujourd'hui, une minorité.

68 millions de personnes sur 17 millions d'hectares, soit 400 personnes par km². Cette nouvelle campagne aura une densité d'habitants moindre que celle des banlieues actuelles, tout en étant environ 10 fois plus élevée que celle de la campagne actuelle. Cette nouvelle campagne ressemblerait à un mélange de banlieue et d'espace périurbain. Ce ne serait pas la campagne d'avant-guerre, car elle serait bien plus peuplée : la campagne française compta au maximum 27 millions d'habitants, au milieu du XIXᵉ siècle (avant le début de l'exode rural de la révolution industrielle).

	Population 2006	Part de la population (en %)	Part de la superficie (en %)	Densité (habitants au km²)
Pôles urbains	36 947 569	60,2	8,1	840
dont villes-centres	*17 035 009*	*27,7*	*2,7*	*1154*
dont banlieues	*19 912 560*	*32,5*	*5,4*	*681*
Périurbain	13 389 108	21,8	33,0	74
Total espace à dominante urbaine	50 336 677	82,0	41,1	225
Total espace à dominante rurale	11 062 864	18,0	58,9	35
France métropolitaine	61 399 541	100,0	100,0	113

Tableau 4 : Répartition de la population en 2006

Comment seraient les relations entre gens de la nouvelle campagne et les citadins ? On peut penser qu'avec la généralisation d'une alimentation plus saine qu'aujourd'hui, la population serait plus intelligente, plus empathique et plus calme. C'est un tabou qu'il faut briser : ceux qui mangent trop de viandes, trop de sucres rapides, trop de graisses, trop de produits raffinés, s'emportent facilement, ont le tempérament sanguin. On pourrait donc s'attendre à ce que les rapports entre citadins et campagnards deviennent plus fraternels. Cela contrasterait avec l'époque actuelle, où l'agriculteur doit toujours « manger dans la main » du banquier et du commerçant, citadins par définition.

Le recensement de 1954 indique que 31 % de la population vivait du travail de la terre. En 1906 c'était 43,8 % et bien sûr plus on remonte dans le temps plus ce chiffre est élevé. Dans notre scénario, 21 % (17 millions de jardiniers) de la population vivrait de la terre.

Une France entièrement nourrie par l'agroécologie ne serait donc pas tout à fait une répétition du passé. Sur 80 millions d'habitants, en posant que la part de la population active n'évolue pas, on compterait alors 34 millions d'actifs (ce qui est très peu). Donc la part de la population active travaillant la terre serait d'environ 50 %. Les voix réunies de tous ces nouveaux travailleurs de la terre auraient donc une influence très important sur la politique du pays.

Une théorie historique des retours à la terre

Apportons ici une précision d'ordre historique sur les scénarios de retour à la terre, et tirons-en quelques spéculations d'ordre politique. Ces scénarios ne sont l'apanage des tenants des défenseurs des agricultures biologiques artisanales. CAHUET, en 1941, nous explique qu'en 1934 le gouvernement français de DOUMERGUE envisage un tel scénario, selon la logique suivante : À des années de prospérité économique liées à un fort pourcentage de la population travaillant hors de l'agriculture, succèdent des années de pauvreté engendrées par la hausse des prix et une crise de la production agricole. Ainsi, le mercantilisme du XVIe siècle aurait dépeuplé les campagnes, et l'administration de SULLY, de RICHELIEU et toute celle du grand siècle aurait au contraire ramené de nombreuses familles à la campagne. En 1934, le gouvernement pensait que la prospérité initiée au milieu du siècle précédent, avec les progrès de l'industrie, touchait peut-être à sa fin. Nous supposons que la crise agricole que le gouvernement redoute provient de la baisse de la main-d'œuvre conjuguée à la hausse de la demande des citadins, ce qui fait en ville monter les prix des aliments de façon considérable. À cela s'ajoute, comme l'explique CAHUET, une surproduction industrielle de biens de luxe orientée vers l'exportation. Mais les états se protégeant par des mesures douanières, le commerce s'amenuise, et l'on se retrouve avec un surplus de bien de luxe à exporter et un manque de marchandises de qualité courante, pour les besoins intérieurs (quelle similitude avec les constats actuels que font les ONG altermondialistes !) Il faut alors que la population se consacre à nouveau à la Terre.

Cette logique fut utilisée par le régime de Vichy. Il prit soin de développer l'institution rurale et de reforger le mythe du travailleur agricole par tout un travail de propagande (l'agriculture à la France, l'industrie à l'Allemagne). Notons que ce mythe avait été malmené par le sacrifice des paysans lors de la première guerre mondiale. Et CAHUET d'expliquer que l'industrie, les artisans et les artistes n'ont rien à craindre d'une économie agrarienne qui peut

> *étayer une civilisation aussi fleurie, aussi variée, aussi humaine qu'un système industria-*
> *liste. Il fera plus doux d'y vivre. La beauté, l'esprit, l'intelligence y trouveront une place*
> *que ne leur mesurera plus avec tant de parcimonie le lucre jusqu'à présent souverain.*

Quelle similitude avec les mots de Pierre RABHI, n'est-ce pas ? Mais CAHUET écrit ces lignes dans la revue L'illustration, sous le régime de Vichy. Cette revue était alors collaborationniste, les autres articles du numéro en question ne laissent aucun doute à ce sujet[35]. Les mots de CAHUET sont en faits des outils de propagande.

Prenons un peu de recul : Ainsi présenté, tout en ayant conscience de la stratégie de propagande qui le soutient, ce scénario de retour à la terre de CAHUET semble à la fois fondé historiquement et économiquement, et être bon pour les individus. Nous savons que le régime qui l'a utilisé était dans un contexte de guerre civilisationnelle. À la différence du scénario que nous présentons, aucune considération sur la fertilité des sols n'entrait en compte. Cependant, si l'on fait abstrac-

---

35 Collaboration volontaire ou main-mise du régime de Vichy, ici n'est pas le lieu pour trancher la question.

tion du projet de société voulue par le maréchal PÉTAIN, certains tenants et aboutissants de ce scénario semblent pouvoirs être transposés aujourd'hui en 2015[36]. Les phrases de CAHUET relatives à l'épanouissement de la vie dans une société agricole relèvent d'une stratégie de propagande. Mais ne les retrouve-t-on pas dans les mots des pionniers de l'agriculture biologique ? Et l'idée de la fin d'une période industrielle dorée, aujourd'hui, n'est pas fantaisiste : la production française de biens est à son plus bas, presque tout est importé, le chômage est massif, nous croulons sous les déchets. Cela semble soutenir la logique historique des scénarios de retour à la terre de succession cyclique des phases industrielles et agraires.

Retour à la terre et politique actuelle

D'un point de vue politique, le scénario de retour à la terre porté par les agricultures biologiques artisanales est placé à gauche, dans la gauche verte (pour ne pas utiliser le terme de parti écologique, tant ses représentants brillent par la divergence de leurs objectifs et par leur absence sur le terrain). Aujourd'hui, la majorité des opinions s'accorde à dire que ce scénario relève plus du socialisme que du libéralisme. Or il pourrait tout aussi bien, par ses très forts aspects de vie locale, d'autonomie, être mis à l'extrême droite. Le scénario n'est pas nationaliste par volonté politique, il est nationaliste de fait : production locale, commerce local, vie locale.

Nous pensons donc qu'il faut demeurer attentif, car la gauche et la gauche verte pourraient se retourner contre ce scénario, de par leur phobie et leur bien-pensance contre toute thèse nationaliste. Et la droite, libérale, pourrait aussi le dénoncer comme un projet nationaliste, elle qui ne jure que par le libéralisme et l'ouverture totale des frontières. Bien souvent, la politique n'est pas de l'ordre du rationnel, et les stratégies électorales semblent par définition obscures. À notre connaissance, une telle assimilation du scénario de retour à la terre à une thèse nationaliste n'est pas en circulation dans les médias de masse (internet). Mais, si cela devait se produire, si tous les militants écologistes – qui soutiennent tous ce scénario pour « vivre autrement et plus proche de la Nature », étaient du jour au lendemain étiquetés front national par les socialistes comme par les libéraux... Comment réagiraient-ils ? Comment le front national gérerait-il cette « récupération » qui lui serait imposée par la gauche comme par la droite ? Ou bien le front national prendrait-il l'initiative de cette récupération ? Peut-on imaginer comme slogan pour ce parti, non plus « France Bleu Marine », mais « France Verte » ? Car peut-on imaginer meilleur substrat pour le nationalisme que le travail agricole, le travail de la Terre de France ? Comment concilier le nationalisme de fait et l'ouverture intrinsèque de l'agroécologie envers le savoir des paysans de tous les autres pays du monde ? On peut faire intervenir le modèle de la cellule : une cellule est ouverte sur son environnement, sans se dissoudre en lui grâce à une frontière stable (sa paroi lipidique). Elle laisse rentrer les influences étrangères, les assimile, les transforme pour en faire les briques de sa propre identité. Une cellule a une économie intérieure forte (la synthèse de protéines), elle fait du recyclage (dans ses lysosomes), elle utilise les exsudats des autres cellules et ses propres exsudats sont utilisés par les autres cellules. Et toutes les cellules ont des points communs : les composants de leur ADN, leurs protéines, leur énergie, leur sensibilité aux messages nerveux et hormonaux, que l'on pourrait assimiler aux valeurs des Lumières, à la démocratie, aux Droits de l'Homme... Le modèle de la cellule permet selon de nous de consolider le nationalisme sans pour autant tomber dans la xénophobie et l'isolement. Sans appartenir à aucun parti politique, notre opinion est effectivement nationaliste, mais pas xénophobe.

---

36 À ceux qu'une telle transposition choquerait, nous disons que les pires régimes se sont toujours parés des meilleurs intentions pour faire le pire. Aujourd'hui, on peut utiliser ces mêmes intentions, mais bien sûr sans en reprendre les justifications erronées.

Prérequis pour un retour massif à la terre

Revenons à notre scénario de France agroécologique. Il ne fait nul doute que pour beaucoup de nos concitoyens, et en particulier de nos élus, un tel scénario de retour à la terre est choquant. Nous ne voulons pas nier le bouleversement que représenterait sa réalisation. Un bouleversement bien sûr matériel et organisationnel, car la campagne actuelle est sous-peuplée. Y faire revenir la population sera certainement plus compliqué que de la faire partir (comme lors des exodes ruraux). Mais surtout, ce serait un bouleversement idéologique, car notre scénario va à l'encontre du modèle standard d'organisation du territoire. Quel est ce modèle ? Il est très simple : la majorité de la population est incitée à se regrouper dans des villes. Reste une campagne sous-peuplée assignée à deux seules fonctions : une fonction de production (végétale et animale) et une fonction de tourisme. On le voit clairement en ce moment dans notre pays : là où existe un cadre de vie de qualité (bord de mer, montagne, lacs...) les élus font tout pour développer le tourisme et surtout les résidences secondaires. La campagne à vocation agricole est mal aimée : les haies sont supprimées, les routes se transforment en pistes pour les engins agricoles, les mares sont comblées, les zones humides sont drainées, les cours des rivières sont modifiés... L'absence d'esthétique de la campagne agricole productive contraste avec le cadre de vie bucolique des stations balnéaires (quand ce cadre n'a pas succombé sous le béton...). On voit facilement l'objectif de rationalité de ce modèle : à chaque lieu sa fonction. Ce modèle fut fortement encouragé après la seconde guerre mondiale, pour participer à l'industrialisation de l'agriculture et déplacer la main-d'œuvre vers les usines. Et il continue d'être utilisé par nos élus aujourd'hui en 2015. D'où les manifestations de la population, aux issues parfois tragiques (drame du projet de barrage de Sivens), pour rappeler aux élus qu'un autre modèle est possible. Car pourquoi ce modèle serait-il le seul possible, même si c'est celui qui est maintenant appliqué à l'échelle mondiale ? L'agroécologie incite à concrétiser un autre modèle.

Si le scénario venait à se réaliser, non pas à cause d'une catastrophe mais par une volonté politique raisonnée, cela impliquerait qu'un autre bouleversement idéologique se produise : la remise en cause du rôle de l'innovation technique. Aujourd'hui, l'innovation technique guide notre société. Des chercheurs font telle découverte dans un laboratoire. La découverte est confirmée par d'autres chercheurs. Dans une entreprise, un équipe de recherche et développement utilise la découverte pour concevoir de nouveaux objets. L'entreprise commercialise les nouveaux objets. La population, émue par l'absence de caractérisation et de réglementation de ces objets, incite les élus à mettre en place le principe de précaution, à faire faire des études de toxicité, à demander des tests préalables à la commercialisation... *Cette ligne qui relie la science au citoyen, où viennent s'attacher les considérations législatives, toxicologiques, démocratiques est aujourd'hui ce qui se fait de mieux.* On s'y est habitué, surtout ici en France où l'on n'accepte pas de laisser aux seules entreprises l'évaluation de leurs nouveaux produits (agricoles ou non). Mais l'impulsion initiale de cette ligne est scientifico-technique. Et cette impulsion engendre à l'autre bout de la ligne des changements dans la société. Cela est devenu si banal, tacite, qu'on assimile l'innovation sociale à l'innovation technique. C'est la thèse développée, entre autre, par Michel BLAY. Par exemple les nouveaux réseaux sociaux, qui n'existent qu'à travers des sites internets et des machines telles qu'ordinateurs ou smartphones. L'un ne va pas sans l'autre : la technique détermine le social. Rajoutons à cela que dans notre société les considérations religieuses ne se déroulent plus sur la place publique, que les considérations de vie politique sont réservées aux élus, que l'étude la nature est monopolisée par la science[37]. Quelle place reste-t-il alors à l'innovation sociale *stricto sensu* ? C'est-à-dire pouvons-nous prendre la décision de changer notre organisation sociale avec le seul argument que ce changement est profitable pour l'épanouissement de l'être humain ? Sommes-nous capables de prendre une telle décision quand aucune inno-

---

37 Cf. notre essai L'*appareillage en pseudo-sciences, vecteur du désir d'exploration,* dans notre livre Où va le monde ?

vation technique ne nous y pousse ? Si non, alors nous devons en tirer certaines conclusions attristantes sur l'état de notre société, n'est-ce pas ? Et là, revenons à l'agroécologie : l'agroécologie implique la décision de ne pas se laisser guider par la technique. Elle n'est pas un choix contre la technique, comme veulent le faire croire ses détracteurs. Elle est un choix en toute indépendance de la technique, un choix noblement humain donc. Donc une France basée sur l'agroécologie serait une France qui, dans ses rapports avec la technique, serait très différente de ce que nous connaissons aujourd'hui : elle serait nécessairement moins matérialiste et beaucoup plus humaniste, sans pour autant renoncer à la technique. Une excellente réalisation trinitaire.

2.3 La production agricole

Imaginons les 17 millions de jardiniers agroécologistes bien installés dans la nouvelle campagne. Pourront-ils vraiment nourrir une France de 80 millions d'habitants ? Nous allons apporter ici une réponse tout à fait théorique, et dans le sous-chapitre suivant, nous irons nous confronter à la réalité.

Posons que pour un jardin agroécologique d'un hectare
- la surface cultivée en légumes et petits fruits ne saurait en excéder le dixième, soit 1000 m². Ce chiffre de surface cultivée correspond au ratio de la ferme du Bec Hellouin de la famille HERVÉ-GRUYER, ainsi qu'au ratio de la ferme de la Grelinette (3500 m² pour 3,5 personnes) de la famille FORTIER ;
- la surface dédiée à la production de foin et de tonte (pour couvrir le sol et le nourrir) doit être au moins le triple de la surface cultivée, soit 3000 m² ;
- un verger d'une dizaine d'arbres peut être implanté sur ces 3000 m² sans nuire à la production de foin et de tonte ;
- 1000 m² peuvent être affectés aux haies pour le bois de chauffage et aux fossés ;
- posons 1000 m² de chemins ;
- posons 2000 m² d'agroforesterie ;
- restent 2000 m² que l'on peut affecter à l'élevage.

Arthur JANSON estimait que pour nourrir huit personnes de petits fruits et légumes (hormis les pommes de terre) à l'année, une surface de 600 m² suffit si elle est bien gérée (rotation des cultures, successions judicieuses et intercultures). Comptons 300 m² de pommes de terre et 100 m² supplémentaires comme marge de sécurité. 1000 m² devraient donc pouvoir sustenter annuellement huit personnes en légumes et petits fruits.

L'espace agroforesterie sera planté de céréales et d'arbres selon les règles de l'art, avec 3 céréales en rotation sur trois ans. Si l'on pose un rendement moyen de 50 quintaux à l'hectare, il produira donc 1 tonne de grains par an. Cela pourrait suffire à satisfaire les besoins de 8 personnes à l'année (environ 340 g par personne par jour). Comparons : D'après les chiffres de passioncéréales.fr, la production française de céréales en 2011 était de 64 millions de tonnes pour 9 millions d'hectares cultivés, soit environ 70 quintaux à l'hectare. 9 % seulement de la production sont utilisés pour l'alimentation humaine, soit 5,76 millions de tonnes. Dans le scénario, la production nationale de céréales pour l'alimentation humaine serait de 17 millions de tonnes.

Un hectare devrait donc suffire pour nourrir 8 personnes par an, en petits fruits, légumes et céréales. 17 millions d'hectares devraient alors suffire pour nourrir 136 millions de personnes. Bon an mal, la sécurité et la souveraineté alimentaire de la France seraient donc assurées. Nous rejoignons là le concept de micro-ferme, vulgarisé entre autres par Charles HERVÉ-GRUYER.

Mais qu'en est-il de la viande me direz-vous ? 2000 m² ne peuvent suffire à l'alimentation d'une vache à l'année. On peut donc envisager que de petits troupeaux passeront de jardin en jardin régulièrement. Sur 17 millions d'hectares, la surface dédiée à l'élevage correspond à 3,4 millions d'hectares. Considérons que l'espace vital est de 0,8 ha pour un bovin. L'élevage bovin de France comporterait alors environ 4,25 millions de têtes. C'est peu comparé aux 19 millions de têtes actuelles (source : Franceagrimer.fr), mais nous savons tous que ce cheptel n'est pas durable, car la France doit importer du soja pour nourrir toutes ces têtes. Comparons le cheptel à celui de 1830 (d'après MONTMEAS) : 11 millions de têtes. Un cheptel de 4,25 millions de tête renvoie donc à l'agriculture d'avant 1830 :

> *Malgré les progrès réalisés au cours du XVIIIe siècle, l'agriculture française reste marquée jusqu'en 1830, par une polyculture à dominante céréalière n'accordant au bétail qu'une place mesurée. Les animaux de ferme sont omniprésents, mais en troupeaux disparates et de faible effectif. Chaque paysan, avec les moyens dont il dispose, s'attache à entretenir quelques animaux pour en exploiter toutes les ressources : force de traction, déjections, viande, lait, laine, cuir...*

Posons qu'un tiers du cheptel est dédié à son renouvellement, et que les vaches laitières terminent à la boucherie. 2,8 millions de bêtes à viande seraient donc disponibles. Considérant qu'un bovin de boucherie de 700 kg produit environ 400 kg de carcasse et 300 kg de viande à manger, cela représenterait 840 millions de kg de viande. Pour 80 millions de français, cela fait 10,5 kilos de viande bovine par personne et par an. À comparer aux 19 kg par personne et par an en 2003, d'après CHATELLIER et coll. Donc l'agroécologie peut nourrir soit environ 42 millions de français au régime alimentaire inchangé ou 80 millions de français qui auront divisé par 2 environ leur consommation de viande bovine. Ils feront par an 47 repas avec de la viande bovine, au lieu de 95 actuellement (pour une portion de viande de 200 g). La viande bovine en agroécologie sera donc la viande des plats de fête.

Les ovins, les caprins, les porcins et les grandes volailles ne nécessitent pas de terres arables : ils peuvent être élevés en dehors des 17 millions d'hectares, sur des terres ingrates. Nous ne saurions proposer de chiffre de production pour ces élevages, qui devraient se passer totalement d'aliments composés, mais qui disposeraient de très grandes surfaces : ils peuvent être élevés en forêt, en troupeaux guidés par des pasteurs ou en enclos temporaires, de façon mi-sauvage donc. Nous ne saurions estimer la taille possible du cheptel, mais ce qui est certain est que leur valeur nutritive serait supérieure à celle d'aujourd'hui, notamment pour le porc qui parce qu'il est majoritairement élevé hors-sol !

À ces viandes mi-sauvages s'ajouterait la production de viande de basse-cour (poules, canards et lapins), qui peuvent profitent des rebuts du jardin et des rebuts de céréales. Posons que 3 à 5 poules peuvent être élevées sur un hectare, par le seul picorage qu'elles font (sans apport de grain). Elles donneraient environ 7-8 œufs par semaine, et donc chaque Français devrait pouvoir manger un œuf par semaine. À cette date, nous manquons totalement de données chiffrées sur la production intégrée de viande dans un jardin agroécologique (nous disposons tout juste de chiffre sur la production végétale par l'étude INRA AgroParisTech à la ferme du Bec Hellouin).

Indéniablement, une France agroécologique aurait un tout autre régime alimentaire, beaucoup moins carné. L'agroécologie n'obligerait pas au végétarisme, mais l'apport principal de protéines devrait se faire par la consommation de légumineuses (légumes riches en protéines tels que pois, fèves, lentilles...) et non plus par la viande. Cela pourrait-il être vécu comme un choc psychologique par les Français ? Cela serait-il refusé, car trop honteux ? En effet, manger de la viande bovine chaque jour est considéré comme un signe de statut social élevé. Cela ferait grincer des dents de se priver de steak, cela ferait trop pauvre. On sait comment les Français furent par le passé prêt à tout pour manger de la viande bovine au prix le plus bas, même à nourrir les vaches avec des farines de viande... de vache ! Mais si les Français pensent vraiment que la viande bovine est la plus noble des viandes, alors ils devraient la manger comme telle et donc la réserver pour les grandes occasions.

3 LA PRODUCTION DE NOTRE JARDIN AGROÉCOLOGIQUE

Si l'on considère l'agroécologie par ses aspects théoriques – que nous recensons ici dans ce cours – et s'il s'agit pour le lecteur d'un premier contact avec l'agroécologie, cette discipline peut sembler attirante. En y regardant de plus prés, on voit que sa généralisation exigerait des changements fondamentaux au niveau de l'emploi agricole et de la répartition de la population, et qu'elle impliquerait le changement (et peut-être aussi la perte de renommée) des habitudes culinaires françaises. Aujourd'hui il faut admettre que de telles évolutions sont utopiques. Il est plus vraisemblable que si l'agroécologie se démocratise, elle demeurera une activité de niche (ce que nous préciserons dans la conclusion).

Maintenant que nous savons que l'agroécologie ne nourrira pas la France demain, posons-nous une question plus simple. Les principes agroécologiques permettent-ils, aujourd'hui, à un jardinier seul, de vivre d'un jardin agroécologique mené à plein temps, et dont les seuls machines sont une tondeuse et un petit motoculteur ? Les prix à la vente ne dépendent bien sûr pas du jardinier, et le système politico-économique peut défavoriser les petites entreprises au profit des grandes. Ces considérations générales ont leur importance, mais laissons-les de côté pour le moment. Voyons quels sont les éléments qui déterminent la production d'un jardin agroécologique, en nous basant sur l'exemple de notre jardin : un jardin où les seuls intrants sont deux tonnes de copeaux de bois brut par an, 200 litres de cendres de bois de chauffage et 50 litres d'essence pour la tondeuse et le motoculteur.

3.1 Taille du jardin

Pour définir la taille de notre jardin, nous nous sommes appuyés sur le ratio surface / personne en vigueur en agriculture biologique intensive sur petite surface (cf. p. 212), telle qu'elle est pratiquée à la ferme de la Grelinette et à la ferme du Bec Hellouin : 1000 m² sont cultivés par une personne.

Arthur JANSON estimait que pour nourrir quatre personnes en légumes (hormis les pommes de terre) à l'année, une surface de 300 m² suffit si elle est bien gérée (rotation des cultures, successions judicieuses et intercultures). Le rendement en agroécologie étant moindre qu'en AB intensive, nous posons que 500 m² peuvent fournir quatre personnes en légumes (hors pomme de terre) tout au long de l'année.

Est-ce une estimation raisonnable ? Utilisons les chiffres de notre modeste expérience acquises au cours de l'année 2014, avec uniquement 120 m² cultivés :

Culture	Production au m² en kg
Radis noir	7
Betterave, céleri rave, chou rave, pomme de terre	3
Chou rouge, chou cabus	4
Artichaut	2
Fraises	1
Haricots nains mange-tout	3
Fèves (sèches)	1
Haricot maïs (sec)	1
Salade	4

Tableau 5 : Notre production en 2014

Soit une moyenne d'environ 3 kg par m² (pertes de récolte incluses). Avec plus d'expérience, nous espérons dans quelques années raisonnablement parvenir à faire deux récoltes par unité de surface par an, soit 6 kg par m² (pertes de récolte incluses). 500 m² devraient donc produire 3000 kg (hors pommes de terre). Posons que chaque personne consomme 1,5 kilos par jour de fruits et légumes. Quatre personnes consomment alors 2190 kilos au cours d'une année. La production du jardin suffirait donc. Pour les pommes de terre : Estimons que chaque personne consomme 2 kilos de pomme de terre par semaine, soit 104 kilos par an. Quatre personnes consommeront 416 kilos par an. Posons un rendement agroécologique de 3 kilos au m² de pomme de terre. La surface nécessaire à cultiver en pomme de terre serait alors d'environ 150 m² pour quatre personnes.

Nous avons donc défini les surface suivantes pour notre jardin[38] :

Affectation	Surface (m²)
Potager (fraise et rhubarbe inclus)	513
Pommes de terre	158
Petits fruits (mûres, cassis, groseilles)	179
Sous-total surfaces productives	**749**
Engrais verts (en rotation annuelle)	78
Sous-total surfaces cultivées	**928**
Prairie et allées tondues	2500
Total	**3428**

Tableau 6 : Affectation des surfaces cultivées dans notre jardin agroécologique

Concrètement, les planches de notre jardin ont pour dimension 1,6 × 16,5 m (26,4 m²) et 1,2 × 13 (15,6 m²). Pour faire du foin et du mulch afin de couvrir ces surfaces, nous disposons de 2500 m². Précisions que nous ne disposerons de toute la surface cultivée qu'au printemps 2016. Pour l'année 2015, nous avons 692 m² cultivables. Au cours de cette année 2015, nous allons préparer la surface restante, selon la technique présentée dans le Cours Technique.

3.2 Prévisions de production et de chiffre d'affaires

Voici nos prévisions de production, pertes de récoltes incluses :

Affectation	Surface (m²)	Production au m² (kg)	Production totale (kg)	Consommation personnelle (kg)
Potager	513	6	3078	547
P.d.t.	158	3	474	104
Petits fruits	179	1	179	40
Total	**850**		**3731**	**691**

Tableau 7 : Production estimée du jardin en 2016

Nous avons aussi 30 arbres fruitiers (pommes, poires, mirabelles, pêches, quetsches), qui feront leurs premiers fruits en 2020 environ. Nous pouvons estimer un chiffre d'affaires (CA) bas, calculé à partir de la production totale moins la consommation personnelle moins 30 % d'invendus :

---

38 Nous disposons d'un terrain dont la superficie totale est 5500 m².

Affectation	Production totale (kg)	Consommation personnelle (kg)	Disponible à la vente (kg)	Moins 30 % invendus (kg)	Prix moyen au kg (€)	CA bas (€)	Revenu au m² (€)
Potager	3078	547	2531	1771	2	3542	6,9
P.d.t.	474	104	370	259	1,5	388	2,4
Petits fruits	179	40	139	97	6	582	3,25
Total	**3731**	**691**	**3040**	**2128**	-	**4512**	**6,02*** **1,31****

Tableau 8 : Estimation du CA bas pour 2016

* : Surface productive. ** : surface totale

Nous pouvons estimer un CA haut, calculé à partir de la production totale moins 30 % d'invendus, qui englobe alors la consommation personnelle :

Affectation	Production totale	Moins 30 % invendus (kg)	Prix moyen au kg (€)	C.A. haut (€)	Revenu au m² (€)
Potager	3078	2154	2	4308	8,3
P.d.t.	474	331	1,5	662	4,2
Petits fruits	179	125	6	750	4,2
Total	**3731**	**2611**	-	**5720**	**7,63*** **1,66****

Tableau 9 : Estimation du CA haut pour 2016

* : Surface productive. ** : surface totale

Donc nous nous fixons sur un CA moyen de 5116€, soit un revenu de 6,8€ au m² de surface productive, ou 1,5€ au m² de surface totale.

3.3 Analyse

Il faut noter que le revenu au m² de surface totale sera un revenu presque net : nous n'importons aucun intrants hormis les semences, l'essence pour le motoculteur et la tondeuse, copeaux et cendre ne nous coûtent rien. Nous faisons nous-même le terreau pour les semis. Rien que de pouvoir calculer ce revenu est un exploit, car à partir du moment où une agriculture utilise des intrants (engrais de synthèse, terreaux, fumiers...), il faudrait inclure dans le calcul de revenu la surface de terre nécessaire pour produire ceux-ci. Excepté les intrants cités, notre jardin est donc presque autonome. C'est plus précisément une autonomie de surface, car nous ne sommes pas autonomes d'un point de vue énergétique (notre jardin repose toujours sur l'utilisation d'essence pour les machines). Rares sont les agricultures pouvant prétendre à cela, et hormis le jardinage totalement manuel, l'autonomie énergétique est aujourd'hui une rareté.

Sachant cela, il est possible de comparer le revenu au m² par surface productive. La ferme du Bec-Hellouin génère 32 000€ de CA pour 1000 m² de surface productive, soit environ quatre fois plus que notre jardin. Cette différence s'explique par :
- l'import de fumier (en AB intensive au moins 10 kg au m² par an) ;
- notre expérience limitée ;
- nos prix peut-être fixés trop bas. Nous n'avons pas encore fait de ventes en 2014.

Venons-en au contexte social. Tout d'abord, existe-t-il un statut d'entreprise agricole qui soit adapté à notre CA estimé ? C'est ce que nous allons chercher. Ensuite, quelle clientèle est susceptible d'acheter nos récoltes ? Nos prix ne peuvent pas concurrencer ceux de l'agriculture conventionnelle : ils doivent être plus élevés, sinon ce serait produire à perte. In fine, certaines questions ne peuvent pas être évitées :

- L'agroécologie, ou toute autre agriculture alternative, doit-elle cibler uniquement les classes sociales les plus aisées ?
- Les classes populaire doivent-elles se contenter de consommer des légumes produits au moindre coût, et donc nécessairement de moindre qualité ?

Réaffirmons ici notre opinion : un légume produit à l'aide d'engrais de synthèse, de pesticides, qui est en plus un OGM ou un hybride, ne peut qu'être moins nourrissant qu'un légume non OGM, non hybride, non pulvérisé, ayant poussé à son rythme dans une terre riche en humus. Toutes variations dans la maîtrise de l'art et toutes variations météorologiques par ailleurs, cette affirmation n'est pas négociable.

3.4 Déductions

Peut-on vivre avec un tel CA ? Car il faut déduire les cotisations sociales (maladie, santé...), les impôts sur le revenu, les impôts fonciers et locaux, les dépenses en essence, en électricité, sans oublier les assurances... Assurément, ce CA ne peut convenir qu'à des personnes très sobres. L'agroécologie est comme l'agriculture naturelle : elle a prétention à assurer les besoins essentiels, aucunement le superflu. Pour cette raison, les diverses structures administratives actuelles pourraient ne pas l'autoriser, car, ne nous voilons pas la face, beaucoup de nos élus n'aiment pas les activités professionnelles de petite taille. Ce sont elles qui emploient le plus, mais les élus demeurent plus sensibles aux sirènes de l'industrie, industrie qui pourtant débauche sans arrêt à cause de la mécanisation toujours plus poussée et de la concurrence au niveau mondiale qui favorise les pays aux bas salaires.

Il nous faut donc avoir des revenus complémentaires. Nous ne cachons pas que ce cours, ainsi que quelques conférences ou formations pourraient être une source annexe de revenu. Nous n'excluons pas un autre livre dans le futur. C'est surtout la forte différence de revenu avec l'AB intensive qui nous incite à réfléchir. Comment générer plus de CA, sans compromettre les principes agroécologiques ? Nous pensons qu'une production complémentaire très rentable, non agroécologique, peut être une bonne stratégie. Nous décidons de procéder ainsi : nous achèterons une serre de 40 m², nous irons nous approvisionner en fumier, et nous cultiverons dans ce fumier composté des légumes très gourmands et très productifs. En particulier des tomates et des cucurbitacées.

À ce jour, nous n'avons pas encore installé la serre ni défini l'emplacement des tas. Posons un rendement de 10 kg de tomates au m², à 2,5 €/kg, 30 % d'invendus. Cela générera un revenu supplémentaire de 700€. Nous ne pouvons pas encore estimer le revenu généré par les autres cultures.

Cette décision a deux avantages. D'une part nous définissons clairement deux systèmes de culture sur notre terrain :

1. un système cultural agroécologique, sans intrants, dont la fertilité est assurée par des apports d'herbe sous forme de tonte et de foin (système herbe) ;
2. un système biologique intensif, à base de fumier (système fumier).

Nous décidons de ne pas mélanger les deux systèmes, ce qui se produirait si nous entrions du fumier dans le système herbe. Nous serions alors dans un système hybride entre l'AB intensive et l'agroécologie. Cela nuirait à la crédibilité de l'agroécologie, car nous ne pourrions pas savoir s'il est possible de parvenir à un bilan de matière nul voire positif pour le système herbe, condition indispensable pour qu'on puisse le qualifier de durable. L'agroécologie est récente, il faut respecter ses principes et explorer tout leur potentiel. Ce n'est que de cette façon qu'on peut produire des connaissances et des techniques fiables.

D'autre part, nous pallions à une donnée inconnue de l'agroécologie : la croissance des espèces très gourmandes. Ces espèces furent sélectionnées de par leur capacité à pousser très bien sur des terres riches, bien fumées. Une théorie stipule que les ancêtres de ces plantes, originellement, poussaient à proximité immédiate des lieux d'aisance. Or en agroécologie, les terres sont moins riches, mieux équilibrées mais moins riches en azote notamment. Tant que nous n'aurons pas de semences de tomates ou de courges tout à fait adaptées à l'agroécologie, c'est-à-dire des semences produites dans le jardin même ou tout au moins dans un autre jardin agroécologique géographiquement très proche, il faut garder à l'esprit que pour toutes les semences actuelles, le système herbe est nouveau. Tandis que le système fumier leur est familier.

3.5 Réflexions en 2015 après une première année de vente

En 2015 nous avons fait nos premières ventes en tant que particulier. Avec la serre, les tas de fumier pour les courges et avec bien sûr 650 m² de planches cultivées de façon agroécologique, nous avons fait environ 1300 € de ventes. L'objectif de cette première année était de nous faire connaître, et il est atteint. Les gens apprécient la qualité des produits. Le « bouche à oreille » fonctionne.

Les ventes sont très faibles et les invendus réduits (une agréable constatation). On ne peut pas généraliser cette première année : nous avons au départ fixé nos prix trop bas (2,20 € le kg de haricots par exemple), nous n'avions pas encore de clientèle, nous cultivions sous serre pour la première fois et les plants de tomate ont souffert d'un manque d'aération, la récolte de petits fruits est quasi-nulle (mûriers, cassissiers, groseilliers sont encore trop jeunes), nous avons fait de grosses erreurs dans le choix des cultures (les choux d'été, les navets, les physalis, la poirée... ne sont pas des produits appréciés – mais il fallait cette première année pour savoir cela). En 2016, atteindre 2000 € de ventes semble possible.

Pourquoi un tel écart avec la prévision de CA haut ? D'une part nous avons décidé de ne pas vendre de pommes de terre ni de poireaux : notre surface cultivable est trop petite pour ces légumes qui sont consommés en grandes quantité. Nous en cultivons seulement pour notre besoin personnel. Ensuite, les légumes racine, lourds ne se vendent pas bien : choux, navets, rutabaga, betterave. Si leur poids dépasse 500 g par unité, ils perdent encore de leur attractivité[39]. Et ceux qui poussent facilement (poirée, arroche) ne se vendent pas bien non plus. Haricots, laitues, tomates et carottes ont constitué à eux seuls les quatre cinquièmes des ventes. Courges, potimarrons, roquette, physalis, chou-rave sont des cultures jolies, qui attirent l'œil, mais qui ne sont pas consommées régulièrement et constituent le cinquième des ventes.

Nous avons aussi choisi de faire des prix modestes, parfois moins élevés que dans le supermarché du village. Les agriculteurs certifiés AB vendent deux à quatre fois plus cher, mais ici dans la petite campagne normande, la clientèle est moins aisée qu'en ville. Quelle référence prendre pour fixer les prix ? Si nous vendions plus cher, il nous semble que notre grand-mère, qui était une personne modeste de la campagne, qui aurait eu une retraite minimale, n'aurait pas eu les moyens

---

39 Il semble que plus les légumes soient petits, plus les individus croient qu'ils sont meilleurs. Cette opinion découle selon nous des inconvénients inhérents aux légumes industriels : ceux-ci sont d'autant plus gros qu'ils ont été forcés et alimentés en engrais de synthèse, et donc possèdent nécessairement un minimum de goût. Le grand public ignore que la taille du légume est liée à la variété : par exemple il existe des variétés de navets petits comme des radis roses et d'autres grosses comme un brique, sans pour autant que le goût de la dernière soit inférieur à celui de la première. Qualité gustative et taille ne sont pas liés. Autres exemples : des courgettes de 1 kg sont aussi bonnes que celle de 200 g, et nous faisons des tomates Brandywine dont certaines pèsent 800 g et ont tout à fait le même goût que celles de 300 g. Particulièrement en agroécologie, où le légume pousse à son rythme dans une terre nourrie et protégée, un gros légume est aussi bon qu'un petit. Attention ! Cela ne permet pas de déroger aux caractéristiques propres à certaines variétés, par exemple certaines variétés de haricots ont tendance à faire du fil quand ils sont trop gros. Enfin, l'affichage du statut social fait explique aussi ce comportement : manger des petits légumes fait plus « raffiné ». Aux riches les fins et petits légumes, aux pauvres les gros légumes. Aux personnes subtiles les fins et petits légumes, aux personnes peu éduquées les gros légumes. N'en déplaise au lecteur, nous sommes convaincus que ces stéréotypes agissent encore aujourd'hui dans la société, de façon tacite bien sûr (ça ne se dit plus, ça ne se pense plus, mais l'habitude est toujours là).

d'acheter nos produits. Cela n'est-il pas une référence valable ? L'agroécologie, c'est nourrir d'abord les personnes qui habitent autour de soi.

Ce qui nous amène à dire que l'agroécologie, comme entreprise agricole, est aujourd'hui une *utopie*. Il est impossible d'en vivre. Si l'on souhaite créer une entreprise agricole, avec le régime minimal de cotisation social, sans cotisation pour la retraite, il faut payer annuellement, avant d'avoir vendu le moindre légume (donc pour seulement avoir le droit de vendre) :
- une cotisation « cotisant solidaire » à la mutualité sociale agricole (MSA) de 600 € ;
- la certification AB à Écocert de 600 € ;
- le certificat de conformité de la balance de 100 €.

Si des bénéfices sont réalisés, il faudra bien sûr payer en plus l'impôt sur les bénéfices. Et il faudra payer la CSG (environ 17%).

En tant que particulier, on ne peut pas vendre beaucoup (le centre des impôts le plus proche m'a indiqué par téléphone qu'il ne faut pas dépasser 2000 €), et on paye la CSG après un abattement de 300 €. Dans notre situation, nous avons donc tout avantage à rester en tant que particulier vendant des surplus de jardin, et trouver à côté des sources complémentaires de revenu.

Après cette première année, la question de savoir si nous sous-exploitons le potentiel de notre jardin prend toute son importance. Peut-on s'orienter par rapport à la quantité de matière organique ramenée au sol ? À partir des 2500 m² de prairie à notre disposition, sachant qu'un hectare produit environ 15 tonnes de foin et tonte frais, cela fait 3,75 tonnes à notre disposition pour nourrir et couvrir le sol (toute cette matière retourne annuellement dans le sol pour faire de l'humus). On pourrait donc viser une récolte totale maximale (hors tomates et courges) de 3,75 tonnes, et ce de façon durable, sans risquer d'appauvrir le sol. Si l'on pose un prix moyen de vente de 2 € / kg, cela ferait un prévisionnel de vente de 7500 euros. Moins 10 % d'invendus, cela nous renvoie vers le prévisionnel de CA haut. Mais à la vue des ventes de cette année, à la vue du fait que poids et attractivité ne vont pas de pair, ce montant ne semble pas réaliste. Bref, ce n'est qu'avec plus d'expérience que nous pourrons en savoir plus... En tout cas, *à moins d'avoir des revenus complémentaires, nous ne conseillons à personne de créer une entreprise agroécologique. Le jardinage agroécologique est lui aujourd'hui possible et profitable, l'agroécologie professionnelle est elle une utopie.* Ceci étant dit, cela ne signifie pas qu'elle leur sera toujours.

4 COMMUNICATION ET AGROÉCOLOGIE

Maintenant que nous voyons plus clairement ce qu'il peut en être de la production agroécologique, voyons si la communication par et envers l'agroécologie tient compte de cette réalité.

4.1 Communiquer l'agroécologie

Utilité d'un label

Faut-il créer un label pour l'agroécologie ? Non, cela n'aurait pas de sens, pour les raisons suivantes :
- Un label supplémentaire ne pourrait que nuire à la différenciation entre AB et agriculture conventionnelle.
- Les jardiniers agroécologistes qui vendent leurs produits sont encore très peu nombreux.
- Un label implique une certification, donc des contrôleurs à payer. L'agroécologie ne génère pas assez de revenu pour payer une personne non productive. Personnellement, nous ne demanderons pas la certification AB, car elle coûte 600€ par an, et nous n'en aurons pas les moyens.
- Les fraudes des organismes certificateurs ne sont pas à exclure.
- Un label est un outil qui n'a de sens que dans un contexte industriel. Par exemple, quelle utilité le label NF pourrait-il avoir pour un menuisier qui fabrique du sur-mesure ? Aucune. Par

contre, ce label peut être valorisé pour les produits à base de bois qui sont écoulés par la grande distribution.

- Un label peut nuire à l'épanouissement humain. En effet, derrière tout label se trouve un organisme de contrôle, qui applique une maxime très en vogue dans le milieu industriel : « Faire confiance, c'est bien. Contrôler, c'est mieux. » Cette maxime relègue la confiance au second rang, or on sait l'importance de la confiance dans toutes les questions relatives à la joie de vivre et au sens de la vie. La confiance est d'une part agréable : elle récompense les efforts que l'on fait pour aller vers les autres et échanger avec eux. Et d'autre part elle est un gage de durabilité. L'économiste renommé W. Edwards DEMING insiste sur la nécessité pour tout entrepreneur d'établir des relations de confiance avec ses fournisseurs et ses clients, ce qui passe par une parole franche et des exigences de qualité tout à fait identifiées.

Un label est censé *remplacer* un acte de confiance. Cela a deux implications. Premièrement : Que le jardinier fasse une porte ouverte ou qu'il invite ses clients à parcourir son jardin quand il fait de la vente sur place. Le client peut alors constater par lui-même et cela remplace toute certification. Certes, on pourrait toujours rétorquer qu'il y a bien des moyens de dissimuler des pesticides. Il y a des gens malhonnêtes partout... C'est le prix de la confiance. Le jardinier est le seul garant de la qualité de ses légumes et de la pérennité de ses cultures. Son engagement personnel a plus de valeur qu'un label, qu'une norme, qu'une loi ou que toute autre décision administrative. L'alimentation, c'est la santé des Hommes et de la Terre. Le jardinier est comme le médecin de l'humanité. Cela doit faire partie de ses convictions intimes ; il ne doit vouloir rien moins que cela. Il est l'acteur du lien entre l'humanité et la Terre. S'il n'est pas convaincu de cela, qu'il fasse un autre métier. C'est au client de juger si le jardinier est intègre ou non. Deuxièmement : Si l'utilité première d'un label (bio, rouge...) est de recréer un sentiment de confiance entre le producteur et l'acheteur, c'est parce que ce dernier bien souvent ne peut pas, par ses propres moyens, s'assurer de la qualité de ce qu'il mange. Lorsque l'acheteur peut vérifier de ses yeux, il n'y a plus besoin de label ni d'aucune dénomination particulière. Cette proximité entre le producteur et le consommateur permet de renouer avec la confiance directe du consommateur au producteur. Cela ne doit pas faire oublier que cette confiance n'est jamais automatique : la confiance se *mérite*, et elle résulte d'un effort complémentaire de la part du consommateur comme du producteur :

- La qualité des récoltes doit être goûtable et visible par le consommateur (les légumes ont un goût mémorable, ils se « tiennent » à la cuisson et au réfrigérateur.
- Le consommateur, s'il est satisfait, doit accorder sa confiance. C'est la condition indispensable pour que le jardinier puisse continuer à exercer son métier.

C'est une relation de complémentarité qui s'établit entre le consommateur et le producteur, un lien *réciproque*. Le label bio coûte au moins 600 € par an au producteur. Le revendeur de produits bio doit aussi payer une contribution obligatoire. Et le client paie aussi ce label de par le surcoût nécessaire des produits (au niveau du producteur comme du revendeur). On voit donc que le label ne crée pas de lien réciproque : il transforme la confiance en argent. Le grand gagnant de cette transformation est bien sûr le nouvel intermédiaire entre le producteur et le consommateur : l'organisme certificateur. Celui-ci, afin d'augmenter son chiffre d'affaires, assouplit bien sûr d'année en année les critères pour augmenter le nombre de producteurs contrôlés, et il prend soin de cacher au client la nécessaire baisse de la qualité des produits par lui certifiés (rien de surprenant dans ce processus, c'est la nature humaine). Seul le maintien dans les mains, jointes, des producteurs et des consommateurs, aurait pu maintenir l'intégrité de la certification, ce qui aurait évité les dérives industrielles actuelles de la bio, donc la perte de son identité, donc sa fin programmée.

Faut-il tout au moins un signe de ralliement, un symbole, un logo, pour indiquer les pratiques agroécologiques, pour aider à la reconnaissance de l'agroécologie ? C'est une question sensée, car les principes agroécologiques ne sont pas évidents et ils sont nombreux. Il serait bon de les synthétiser en un seul et unique logo, symbole ou dessin. Nous proposons aux jardiniers d'adopter le dessin suivant :

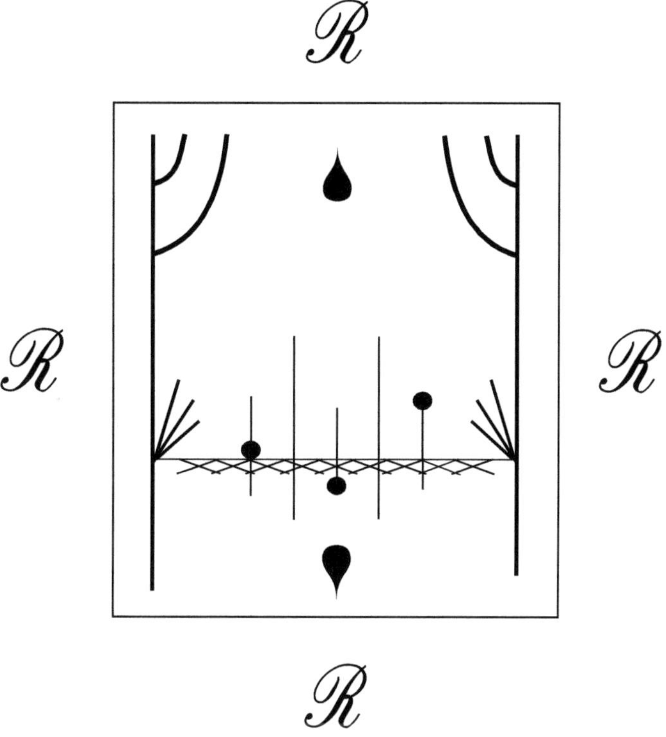

Illustration 10 : Symbole de l'agroécologie

Le sol est représenté par le trait horizontal. Les croisillons représentent la couverture du sol. Les ronds noirs au-dessus et en dessous du sol représentent les légumes fruits, feuilles et racines. Les traits verticaux représentent les engrais verts, qui en surface produisent de la biomasse, et dans le sol ont une fonction structurante et améliorante. Les trois traits obliques, de chaque côté, représentent les zones tampon. Enfin de part et d'autre les traits verticaux arborant en haut deux traits obliques représentent les arbres, entourant le jardin ou dans le jardin. La goutte d'eau supérieure symbolise la pluie, l'inférieure symbolise l'eau retenue en bonne quantité dans le sol (pas d'engorgement, pas de sécheresse), grâce à l'humus et à la couverture du sol. Elle peut aussi symboliser une mare. Le dessin est complété sur chaque côté d'un R : *le principe de Régénération, grâce au Retour au sol, dans le Respect des êtres vivants, amène la bonne Récolte.*

Il manque certes dans cette image une représentation de l'humanisme propre à l'agroécologie, notamment l'épanouissement personnel du jardinier et la confiance avec l'acheteur. Les propositions de dessinateurs de symboles sont bienvenues !

Conversation avec les clients

Est-il indispensable pour un jardinier agroécologiste, aujourd'hui dans un monde où les labels se multiplient, de préciser de prime abord à ses clients qu'il utilise des techniques agroécologiques au lieu d'indiquer plus simplement qu'il fait de l'agriculture biologique ? D'une manière générale, il faut adapter la présentation d'une discipline aux attentes des interlocuteurs :
1. Pour les clients qui découvrent l'agriculture biologique, ce n'est pas nécessaire : il vaut mieux utiliser les critères essentiels de l'AB (pas d'OGM ni de produits de synthèse).
2. Pour être plus précis, on ajoutera qu'un jardin agroécologique ne reçoit pas de fumier mais que de la tonte et du foin produits sur place, et donc qu'il est proche de l'autonomie.

3. Pour les personnes désireuses d'en savoir plus, on invoquera les principes agroécologiques, puis les techniques utilisées, et seulement pour terminer l'exposé parlera-t-on des aspirations humanistes, philosophiques voire spirituelles de l'agroécologie. Il ne s'agit pas de cacher ces aspirations, mais de les présenter seulement aux personnes qui veulent en savoir plus.

Bref, il faut présenter aux clients les aspects de l'agroécologie qui sont les plus susceptibles de les intéresser. C'est d'autant plus facile si l'on a quelque expérience de vendeur (ce qui est notre cas).

Toutefois, force est de constater avec notre modeste expérience que les techniques utilisées n'intéressent que très peu de clients. Les individus veulent surtout savoir si ce sont là des légumes du jardin que l'on vend. Les individus veulent « des légumes comme avant ». On glissera alors dans la conversation qu'on fait presque comme avant, car on utilise de la tonte à la place du fumier et qu'on paille le sol. Ils veulent aussi savoir dans quelle commune se situe ce jardin. Le fait qu'il soit dans la commune même où a lieu le marché est ressenti comme un gage de qualité par la grande majorité des clients. En effet, dans notre économie mondialisée où quasiment tout ce qu'on achète est produit à l'autre bout du monde, manger local c'est renouer avec la réalité, c'est se réinscrire dans l'histoire et la vie du lieu où on habite. C'est retrouver un peu de fierté d'être Français, parce qu'on fait retravailler le corps de la France. Par les temps qui courent, c'est nécessaire[40].

La frontière de l'argent : entre l'absolu et le variable

Nous vous proposons maintenant une réflexion qui mêle communication et psychologie de la vente.

Le jardinier agroécologiste a l'espoir que ses clients seront plus humains et plus compréhensifs que les clients fidèles à la grande distribution : il espère avoir des clients qui comprennent et acceptent des fruits et légumes dont la taille n'est pas normée, qui acceptent d'avoir moins de choix que dans un supermarché, qui acceptent qu'une ou deux semaines durant il n'y ait pas un légume ou l'autre pour cause de semis ratés ou d'événement climatique. Pour autant, ces clients compréhensifs sont-ils prêts à payer pour des fruits et légumes imparfaits : avec des tâches, des difformités plus ou moins importantes, des cicatrices dues à des ravageurs ? Ce n'est pas certain, car payer implique d'utiliser de l'argent, l'argent implique de distinguer entre :

1. ce qui est conforme à la qualité attendue, et donc dont le prix est justifié ;
2. ce qui est de qualité médiocre, pour lequel on ne saurait payer autant que pour le produit de qualité. Si (a) la médiocrité se révèle être une surprise, alors il y a vol, il y a abus. Si (b) la médiocrité est d'emblée affichée, alors le prix doit être réduit ;
3. enfin, ce qui est de mauvaise qualité, qui ne saurait être payé.

Le prix détermine donc dans l'absolu la qualité qui est attendue. Quand un objet est défectueux, nous exigeons tous la garantie : sa réparation gratuite, son remplacement ou son remboursement. Nous n'acceptons pas que l'on achète un téléphone qui marche un peu moins bien, ou qui soit un peu plus lourd, ou moins solide, que celui du voisin, alors que c'est le même modèle. Non non non : c'est notre droit de consommateur, habitués que nous sommes à acquérir de l'industrie des produits qui sont tous identiques ! Or dans la Nature, tout est variable, tout est unique. En agroécologie en particulier, la qualité des produits varie naturellement. Première question : Faut-il alors vendre moins cher les récoltes de qualité moyenne ?Deuxième question : Faut-il donc seulement vendre ces produits de moindre qualité ? Répondre positivement à la première question semble raisonnable. Et pour la deuxième question, étant donné leur faible prix, c'est effectivement presque les vendre à perte parce qu'ils requièrent autant de manutention que les précédents.

---

40 Là encore, nous précisons qu'on peut être nationaliste sans être xénophobe.

Quel que soit la question choisie, la conséquence est drastique : elle signe le refus de fraternité du citadin envers le jardinier. En effet, les fruits et légumes, toute considération de pratique culturale par ailleurs, ont une qualité variable, et l'acheteur refuse d'acheter cette variabilité. Ce faisant, il refuse de *partager* avec le jardinier cette variabilité naturelle. Notre attachement à la valeur absolue, univoque, que confère l'argent, est une caractéristique quasiment inconsciente mais réflexe de notre société de consommation. L'agriculture conventionnelle a trouvé la parade : grâce aux pesticides, engrais, hormones, critères d'autorisation variétale, la récolte est quasiment homogène. L'acheteur en a toujours pour son argent (situations 1 et 2b ci-dessus).

Pensons-y : si un menuisier règle ses machines pour faire dix tablettes, toutes seront identiques. Quand le jardinier applique une technique de culture, il produira des fruits ou légumes tous un peu différents les uns des autres, et certains même pousseront mal. Peut-être que le jardinier devrait, lorsqu'il vend par exemple dix navets, en mettre toujours un difforme pour être fidèle à la diversité naturelle de la récolte. Bien sûr, ceci est inacceptable, pensera-t-on : le client doit pouvoir choisir sa marchandise lui-même, et il ne saurait choisir un produit médiocre. Certains diront que cette part d'échec fait partie du métier.

Accepter d'acheter un légume de qualité moyenne pour un prix non rabaissé témoignerait d'une réelle fraternité. Cela transmettrait au jardinier le message suivant : je te comprends, je sais que la nature donne ce qu'elle peut, l'excellent comme le moyen, mais je suis d'accord avec ça, je l'accepte, tu n'es pas seul à porter cette variabilité. Agir ainsi requiert d'avoir accompli un certain travail sur soi, dont seule une minorité de gens sont capables hélas. En voyant le jardinier vendre un légume difforme sans notre consentement, nous pensons tous spontanément qu'il essaie de nous flouer. Pour éviter que le client comme le jardinier ne culpabilise, il y a deux échappatoires. Le premier est d'admettre que c'est l'argent en soi qui rend cette situation désagréable à la fois pour le jardinier vendeur et pour l'acheteur[41]. L'agroécologie seule (ou toutes les autres agricultures alternatives) ne saurait faire évoluer la définition de l'argent. La seconde échappatoire est le désistement du jardinier : il admet qu'il ne peut pas vendre toute sa récolte. En contrepartie, la société devrait lui accorder le droit de payer ses impôts et autres cotisations de solidarité proportionnellement à ses bénéfices (et non des sommes fixes, qui lui nuiront si les récoltes sont mauvaises). À défaut d'être concrètement productive, cette réflexion indique qu'une autre économie est nécessaire pour que la société dans son ensemble se rapproche de la Nature.

4.2 Revue des critiques actuelles envers l'agroécologie

L'accueil que l'on réserve aujourd'hui à l'agroécologie tient-il compte de tous ses aspects ? Passons en revue les critiques actuelles envers l'agroécologie.

« L'agroécologie, c'est de la biotechnologie ! »

C'est vrai qu'on guide des processus biologiques naturels (compostage de surface), qu'on les accompagne (utilisation de purins, bâches noires, plantes compagnes), qu'on en artificialise certains (compostage en tas, enfouissement des engrais verts, purins). Alors oui, on peut dire que l'agroécologie, c'est de la biotechnologie, pourquoi pas ? Cela prouve que la biotechnologie n'est pas restreinte aux travaux de laboratoires (auxquels on associe plus généralement le terme de biotechnologie). On pourra dire de façon similaire que l'agroécologie est de l'ingénierie écologique … mais sans ingénieur !

---

41 C'est là sans doute une des limites de l'argent : il est adéquat pour les produits toujours identiques (les produits industriels donc), mais il est inadapté pour les produits de la nature qui sont intrinsèquement variables en qualité.

« L'agroécologie ne peut pas nourrir le monde ».

Ce n'est pas l'opinion des Nations Unies (cf. rapport de Olivier DE SCHÜTTER). Nos calculs vont dans le même sens, même si cela impliquerait de drastiques changements pour les sociétés du Nord. Cependant, pour les pays du Sud, la généralisation de l'agroécologie serait bien plus facile à atteindre. Et cela entraînerait nécessairement une modification de l'agriculture du Nord, qui est aujourd'hui axée sur l'exportation pour nourrir les pays du Sud.

Cette critique est donc émise plutôt par les personnes qui ne veulent pas d'évolution de la société ni d'évolution des rapports Nord / Sud. C'est un argument « langue de bois » pour défendre des intérêts privés et des connivences entre l'administration et les secteurs privés concernés (firmes agrochimiques, coopératives, syndicats, qui profitent très largement des subventions publiques pour exporter).

« N'avez-vous pas honte, de vouloir que les gens changent leurs habitudes alimentaires ? »

Non. L'agroécologie ne force personne à modifier son régime alimentaire : elle propose simplement. Libres aux personnes d'adhérer ou non. Cette critique émane des personnes qui ont une image faussée de l'économie : elles ont du mal à concevoir c'est qu'est l'innovation. Elles ont aussi du mal à concevoir qu'on puisse vivre sans manger de viande ni de laitage, que beaucoup de légumes que l'on mange traditionnellement cuits se mangent aussi crus. La France est connue pour être un pays très attaché à sa tradition culinaire mais nous nous permettons de dire, ayant vécu à l'étranger, que la France n'est pas vue comme un pays avec une culture de l'innovation. Les habitants des pays anglo-saxons, de l'Allemagne et des pays de l'Europe du Nord sont à notre avis plus ouverts aux innovations, c'est-à-dire qu'ils sont plus enclins à faire évoluer leurs habitudes. Ils comprennent que la flexibilité personnelle, la souplesse dans les habitudes, a un impact non négligeable pour la vigueur de leur économie. Ne dit-on pas en Allemagne que les Français chérissent le proverbe « c'est dans les vieilles casseroles qu'on fait la meilleure cuisine » ?

« L'agroécologie, c'est bon pour les pays du Sud ».

Certes, c'est dans ces pays que les pratiques agroécologiques sont nées et qu'elles peuvent le plus facilement se généraliser. Les techniques ne sont pas exportables, mais les principes le sont. Cette critique sous-tend une différence de développement entre pays du Nord et du Sud : l'agroécologie serait pour les pauvres ! D'ailleurs, cet argument fut utilisé pour rabaisser les premiers agriculteurs bio de France dans les années 1970 : la bio, c'était pour les petits agriculteurs qui n'avaient pas les moyens d'investir dans du matériel lourd, pour faire de l'agriculture moderne. C'était pour ceux qui ont raté le train du progrès, lâchait-on. Ceux qui émettent cette critique ne croient qu'en la fée technologie ; ce sont des scientistes pour qui le futur de l'agriculture ne peut passer que par l'agriculture de précision (cf. L'agriculture de précision p. 198). Tout le reste n'est pas sérieux. Bon, on ne va pas leur interdire de penser ainsi, mais qu'ils ne viennent pas entraver le développement de l'agroécologie en France.

« Cultiver est par définition une modification de la Nature. Donc quand on cultive et qu'on subit des effets négatifs de sa part (maladies, parasites...) il est légitime d'utiliser des moyens non naturels (pesticides et engrais de synthèse...). Faire de l'agroécologie, refuser les pesticides et les engrais chimiques, c'est ne pas se donner les moyens de réussir. »

C'est vrai qu'en agroécologie, on influence aussi la Nature, mais on ne la modifie pas radicalement. Donc les contre-coups de la Nature sont modérés. Cette critique relève du sophisme et indique aussi une méconnaissance des processus écologiques.

« Les surfaces agricoles disponibles allant en diminuant, il faut augmenter la production par hectare. Donc l'agriculture biologique (sous toutes ses formes donc l'agroécologie) est irresponsable envers la société, car son rendement est plus faible ».

Voyons quelques chiffres (source AGRESTE, agence pour la statistique, l'évaluation et la prospective agricole du Ministère de l'agriculture, de l'agroalimentaire et de la forêt) :
* Surface agricole utile en France : de 34,4 (1950) à 28,8 (2012) millions d'hectares. La surface diminue c'est un fait.
* Considérons la production légumière et fruitière :

	Production 2012 (millions T)
Légumes frais	2,486
Fruits de table	5,508
TOTAL	7,994
SAU[42] (millions ha)	1,455
Rendement T/ha	5,49

Tableau 10 : Production française de fruit et légumes en 2012

* Les rendements des grandes cultures varient entre 4 et 9 T/ha.
* Le rendement des cultures de pomme de terre est impressionnant : environ 41 T/ha.

Mais est-il pertinent d'essayer de déconstruire rationnellement cette critique ? Car nous savons qu'il y a 14 millions d'hectares de cultures fourragères, pour 13 de grandes cultures : faire du lait et de la viande utilise énormément d'espace cultivable. Le Français adulte qui « apprécie » l'art de la table mange 400 g de viande par jour (dont la majeure partie est du porc et de la volaille bas de gamme). Cela doit-il être ? De plus, l'artificialisation des sols nous montre bien que bétonner (pour faire des usines, des maisons, des routes, etc.) est jugé par nos élus plus importants que de conserver les bonnes terres agricoles. Bref, cette critique est tenue par les personnes pour qui la priorité est de bétonner, pas de se nourrir, et qui refusent de questionner leurs valeurs culturelles (individualisme, manger de la viande, l'usine, la norme, métro, boulot, dodo…). Comment faut-il le dire ? Le béton ne se mange pas ! L'artificialisation des sols résulte d'une volonté politique de considérer l'agriculture comme un secteur économique de second rang. Ne nous voilons pas la face.

« Pourquoi pratiquer l'agroécologie, car quel mal y a-t-il à utiliser du carburant pour actionner les tracteurs et autres machines agricoles ? »

D'une part l'émission de CO_2 et autres résidus de combustion de pétrole ou de gaz engendre l'augmentation de l'effet de serre, avec les conséquences que l'on sait… et celles que l'on ignore. D'autre part, le rendement énergétique de l'agriculture conventionnelle est très faible (cf. p. 131 Du bon usage de l'énergie). Mais, de façon tacite, cette question renvoie à l'utilité de nos jours de cultiver avec ses bras. Certaines personnes voient cela comme appartenant au passé. Ce n'est pas notre vision, car maintenant on a tout pour être plus… intelligent (car on a plus de connaissances sur la biologie et l'écologie des plantes), et donc on peut avoir un meilleur rendement pour chacun des gestes manuels que l'on fait.

---

42 SAU : surface agricole utile.

« Les cultures manuelles ne sont pas rentables. Elles devraient être interdites. »

Envisageons cette critique sous l'angle du droit. A-t-on le *droit* de cultiver avec ses bras, aujourd'hui ? Au vu des statuts compliqués liés à la production et à la vente de fruits et légumes, on ressent que le législateur n'apprécie pas que les jardiniers vendent leur production. Du moins que le législateur n'apprécie pas les jardiniers : il apprécie plutôt les grands exploitants agricoles, les grandes coopératives agricoles et les grands syndicats agricoles. Notre démocratie n'est pas parfaite, nous le savons tous. L'expression de la pluralité des opinions et la liberté d'entreprendre ne sont que des façades. Quand il s'agit de faire des lois, c'est toujours celui qui parle le plus fort ou qui a le plus d'argent qui est écouté par le législateur. De plus, en France, tout ce qui touche au travail est compliqué et même parfois si idiot que cela empêche la création d'emplois. Pour ne citer qu'un exemple : avant même d'avoir un dégagé un revenu, il faut souvent payer des charges sociales. Cette situation perdure, car ne doutons pas qu'elle favorise certains groupes d'individus, que les élus ne semblent pas vouloir froisser.

Que faire pour que la situation évolue ? Il faut amener le législateur à supprimer tous ces différents statuts, et instaurer une fiscalité et une cotisation sociale *proportionnelle* aux marges (les marges sont les recettes moins les dépenses). Le système du forfait est inutilement compliqué. Le débat autour de lois plus favorables à l'entrepreneuriat agricole dépasse le cadre de ce cours. Revenons juste au premier mot de la devise nationale : Liberté. Que chacun décide donc pour soi s'il préfère cultiver en étant assis dans un tracteur, ou s'il préfère sentir la terre sous ses pieds et dans ses mains. Le droit français devrait reconnaître la *liberté* de choix et l'*égalité* des pratiques : il devrait garantir la coexistence des petites entreprises artisanales (telles que l'agroécologie, la permaculture, l'agriculture naturelle) et des grandes entreprises agricoles basées sur le machinisme, au-delà de toutes considérations économiques sur le marché, la concurrence, l'offre et la demande[43].

4.3 Présence dans les médias de masse

L'ancrage d'un phénomène nouveau passe de nos jours par une présence régulière dans les médias de masse (télévision, presse, sites internet en vogue). On constate que les agricultures biologiques alternatives font régulièrement l'objet de reportages. C'est une bonne chose, même si on peut regretter qu'ils se limitent souvent à faire connaître l'existence de ces agricultures en tant que possibles solutions aux problèmes que l'industrie agroalimentaire rencontre fréquemment, et aux problèmes qui affectent la majorité de la population (exploitation de la main-d'œuvre étrangère, gaspillage, résidus de pesticides, rémunération trop faible des agriculteurs...)

Ce n'est pas parce que les agricultures alternatives font la une des médias qu'elles font désormais partie intégrante de notre société : nous n'en sommes pas encore là, attention. Il a fallu quarante années à l'agriculture biologique (1960 – 2000) pour se démocratiser. La cause en est peut-être qu'elle fut associée à un mouvement hippie très contestataire de la société. Donc si aujourd'hui les grands médias, pour des raisons d'audience, ne présentent pas en détail l'agroécologie, cela peut lui être favorable paradoxalement. En effet, le projet de société agroécologique est très contestataire : il repose sur la relativisation de l'importance de l'industrie et de la technique.

---

43 Si nous devions fonder un parti politique, nous le nommerions « circum 40 ». Circum pour la fermeture des frontières pour les produits agricoles. En effet, la France a de quoi produire tous les fruits, légumes, céréales, viandes, etc qu'elle consomme. Seuls des quotas de produits tropicaux seraient autorisés à l'import, et le volume maximal d'exportation serait fixé, disons, à 10 % de la production nationale. 40 pour le pourcentage prélevé en une fois, mensuellement, sur les marges des entreprises, pour toutes les entreprises de tous les secteurs. Un seul prélèvement, au niveau de l'entreprise – aucun au niveau salarié – contenant assurance maladie, retraite, impôts national et local, solidarité pour les enfants et les cas sociaux. Une telle simplification redonnerait du souffle à notre pays. Mais ici n'est pas le lieu pour discuter de cela.

Aujourd'hui, ces relativisations ne sont pas politiquement correctes[44] et donc faire connaître cet aspect de l'agroécologie pourrait rappeler au grand public le mouvement hippie, et lui faire peur.

La période actuelle est toutefois plus propice que ne l'étaient les années 1960 pour mettre en place des alternatives au modèle social d'après-guerre. En ce moment, ce modèle est déconstruit (en France en tout cas) de l'intérieur même par les programmes politiques de gauche comme de droite, qui ne font qu'engendrer d'insupportables lourdeurs administratives, législatives et fiscales qui finissent par le gripper. La crise économique démarrée en 2008 se prolonge. Nous n'en sommes pas encore au moment où l'agroécologie pourrait devenir une solution au chômage de masse, mais cela pourrait venir. Quand les médias viendront se saisir de cette possibilité pour la porter à la classe politique, il est vraisemblable que le modèle de société agroécologique aura plus de sympathisants que n'a pu avoir le modèle hippie.

Nous savons tous comment les grands médias sont liés au monde la finance, et comment cela restreint leur capacité à informer le grand public. Cela pourrait donc gêner la diffusion du modèle de société agroécologique, car l'agroécologie n'est pas un bon coup pour la finance. Par définition, ses multiples jardiniers se vouent chacun à un tout petit marché local constitué de quelques familles seulement. On ne peut pas regrouper les jardiniers, en faire une grande entreprise et ainsi adresser un marché d'envergure régionale voire nationale. L'agroécologie ne peut pas intéresser les financiers de Wall Street ou de quelques paradis fiscaux, mais c'est très bien ainsi. En fait, l'agroécologie utilise, pour se constituer comme pour se répandre, un média qui est plutôt indépendant des grands groupes de la finance et de la presse, et qui est autant international que local : l'Internet. Sans les échanges facilités de connaissance entre pays et entre classes sociales que permet Internet, l'agroécologie n'existerait peut-être pas. Les pionniers de la bio n'avaient pas cette chance.

4.4 Positionnement par rapport à la crise actuelle de la bio

L'agriculture biologique traverse en ce moment une crise. Oui, c'est le mot approprié. Elle emprunte désormais à l'agriculture conventionnelle nombre de ses méthodes : forçage des récoltes (cultures sous serre, hors-sol), utilisation de variétés hybrides, utilisation de bâches étanches pour couvrir le sol entre les plants (pour éviter de désherber), production sur de très grandes surfaces, vente en grande surface. On constate aussi, dans les nouveaux pays européens (la Roumanie par exemple) un accaparement des terres par des investisseurs étrangers, afin de produire bio pour alimenter l'Europe de l'Ouest. Ce n'est rien moins qu'une attitude colonialiste ! L'esprit originel de la bio (production locale de qualité, par des agriculteurs correctement rémunérés, vente directe) est absent de l'actuelle phase de démocratisation de la bio. Cette situation s'est développée depuis que les administrations nationales et surtout l'administration européenne se sont saisies de la bio, lui ont imposé labels et certifications, puis ont assoupli le cahier des charges pour satisfaire aux lobbies industriels. L'AB est alors devenue imbibée de la pensée industrielle et de la finance. De ce point de vue, nous pensons que le projet européen est un échec. Il aurait fallu laisser le label et le cahier des charges entre les mains d'associations d'agriculteurs et de consommateurs, et non le confier à Écocert, organisme centralisé et donc cible facile pour les lobbies de tout genre.

Heureusement, l'esprit originel de la bio ne s'est pas perdu complètement en cours de route. De nombreuses initiatives en témoignent : maraîchage éthique à la ferme de Sainte-Marthe, ferme du Bec-Hellouin, centre de Amanins, Jardins de Cocagne pour ne citer que les plus connus.

---

44 Il est plus politiquement correct de s'opposer en bloc à la pensée industrielle, comme les zadistes le font par exemple, que de vouloir la relativiser. Pourquoi ? Car si on la relativise, c'est qu'on veut lui donner une nouvelle direction, pour qu'elle soit plus humaniste. Or les tenants actuels de l'industrie ne veulent en aucune façon que l'industrie demeure mais qu'ils ne soient plus les seuls à en profiter. La caste des grands patrons de l'industrie préférerait couler toute une industrie nationale plutôt que de la voir échapper des mains de ses membres. C'est la théorie de la cinquième colonne…

L'agroécologie se veut très proche de ces initiatives fidèles à l'esprit originel de la bio, qui veulent tout simplement produire de bons fruits et légumes locaux, non forcés, non trafiqués en laboratoire, et les vendre en direct. Nous ne pouvons que féliciter ces initiatives pour adhérer à cet esprit originel sans tomber dans les dérives autorisées par l'administration. Il est très important de conserver cet esprit, car les scandales dans l'industrie agroalimentaire sont fréquents, les arnaqueurs nombreux à vouloir profiter du fait que le consommateur citadin ne peut pas aller voir par lui-même où et comment est cultivé ce qu'il mange trois fois par jour, et la pression publicitaire pour manipuler les consciences, énorme.

Donc l'agroécologie se doit de :

* Rejeter tout label géré un organisme dédié de certification, car la certification n'a de valeur que pour les formes industrielles d'agriculture ;
* Ne pas faire de publicité professionnelle. C'est-à-dire qu'elle ne doit pas recourir aux services d'agence de communication, qui sont des spécialistes des manipulations mentales ;
* Ne pas vendre ses produits dans les grandes surfaces ou dans les filiales (qui même si ce sont de petits magasins, obéissent aux règles de l'organisation industrielle) ;
* Vendre à ses voisins, à ses amis, aux gens de sa commune et à leurs amis, grâce au bouche à oreille. Si le jardinier vend directement, alors son jardin et son atelier sont ouverts aux clients qui peuvent constater de leurs yeux les légumes qui germent, qui poussent, qui mûrissent, qui sont récoltés, le soin apporté au sol... Cela vaut plus que tout label.

5 L'INNOVATION ET LA PRODUCTION DE CONNAISSANCES

5.1 Quatre niveaux d'innovation

Nous sommes revenus en France en 2012, car nous pensons que les conditions se réunissent pour que l'agriculture non industrielle s'y développe. Le marasme économique est une évidence que l'on ne conteste plus, le tout industriel et la mécanisation ne permettent plus le plein emploi, et... il y a plein de choses à découvrir (cf. les voies à explorer dans Bases scientifiques de l'agroécologie). Personnellement, le potentiel d'innovation en agroécologie est un des aspects qui nous motive le plus. Nous présentons dans notre *Cours Technique d'Agroécologie* nos modestes innovations. Chaque jardinier agroécologiste peut innover, et ce sur quatre niveaux, du plus au moins évident :

1. L'innovation technique : on traduit un principe agroécologique en une technique adaptée à son terrain.
2. L'innovation sociale : on vend les récoltes en circuit court original (paniers, distributeurs en libre-service, vente à domicile, vente à des associations de sportifs...)
3. L'innovation au niveau des principes : on déduit d'une ou plusieurs théories écologiques un nouveau principe agroécologique.
4. L'innovation au niveau de la théorie agroécologique : on invente, à partir d'un ensemble de principes, une théorie proprement agroécologique.

À court terme, les innovations de niveau 1 et 2 sont très intéressantes : concrètement ce sont elles qui permettent au jardinier de produire et de vendre. Les innovations de niveau 3 et 4 sont intéressantes sur le long terme : ce sont elles qui permettent à l'agroécologie d'être une agriculture *durable*. Niveau 1 et 2 : on fait avec ce qu'on a ! Niveau 3 et 4 : observons, réfléchissons, imaginons, proposons !

Il y a deux façons d'aborder l'innovation en agroécologie. Soit on se place dans la perspective du jardinier, soit on se place dans une perspective globale qui permet d'embrasser toutes les connaissances utilisées en agroécologie. Nous allons renoncer à la seconde perspective, car elle serait très ardue. Il faudrait combiner l'histoire (dates des premiers essais des techniques), la géographie (localisation du lieu de naissance des techniques), l'épistémologie (naissance et évolution des concepts) et la sociologie (conditions dans lesquelles les techniques furent inventées). Sachant que l'agroécologie est récente, qu'elle émerge sur tous les continents, qu'elle est initiée soit par des scientifiques, soit sous la contrainte de la pauvreté, soit par ces considérations de respect ultime de la Nature, il n'est pas certain de pouvoir extraire de ces études un schéma global, un grand plan, du développement des connaissances agroécologiques.

Nous allons donc nous placer dans la perspective du jardinier. Nous allons considérer les sources possibles auxquelles le jardinier peut puiser pour trouver de l'inspiration et innover à sa façon.

5.2 Internet

Bien sûr, il ne faut pas hésiter à s'inspirer de ce qui ce fait dans d'autres domaines et dans d'autres pays. En cela, Internet est une formidable source d'inspiration. Citons juste deux exemples : le site https://www.sikana.tv/ pour les savoirs-faire agricoles et le site https://www.ted.com/, aussi connu sous le nom de Ted Talks. Il est renommé, et nous le conseillons à tous les Français pour prendre conscience de l'esprit de créativité qui règne aux États-Unis.

5.3 La littérature

Pour arriver jusqu'à l'agroécologie, il faut lire des livres. Ce n'est pas une « religion du livre » mais bien une agriculture du livre. La raison en est fort simple : étant très récente, il y a très peu de monde pour la transmettre. Le fait d'utiliser les livres peut paraître pédant pour les jardiniers traditionnels, qui se moqueront gentiment de ceux qui prétendent trouver le savoir dans les livres et non en demandant à des personnes qui savent. En effet, ces jardiniers ont appris le jardinage avec leurs parents ou grand-parents, mais pour l'agroécologie, cela est tout bonnement impossible !

Plus sérieusement, quand on veut acquérir quelques connaissances sur l'agroécologie, on lit inévitablement d'abord des livres consacrés au jardinage biologique : c'est la littérature la plus abondante et la plus abordable. Mais tous ces livres, tous en général avec de belles illustrations « tendances », ne se valent pas. Jardiner bio est un mouvement social large et profond. Il prend donc parfois les caractéristiques d'une mode avec ses avantages et ses inconvénients :

- Les répétitions d'un ouvrage à l'autre sont nombreuses.
- C'est un filon vendeur, et comme tout ce qui se vend bien, cela attire des gens peu scrupuleux qui négligent le bon sens. Certains ouvrages contiennent de grossières erreurs. Par exemple nous avons pu lire que l'utilisation de serres est une invention de la permaculture, que la culture sur butte est économe en énergie (!) et permet d'augmenter la surface cultivable, qu'il est indispensable de bien biner la terre entre les rangs pour se débarrasser des adventices, qu'il ne faut pas mettre de peaux de citrons ou de feuilles de rhubarbe dans le compost... Tout cela traduit un manque d'expérience concrète de certains auteurs. Comment s'y retrouver ? Xavier MATHIAS s'est déjà posé la question pour vous, et a écrit un livre : *Les idées reçues du jardinier, (presque) tout savoir pour ne plus être la risée de votre voisinage.*
- Nous constatons aussi un manque de rigueur de la part de nombreux auteurs. Les idées techniques sont jetées dans tous les sens, tout est dans tout sans aucune hiérarchie. Ainsi nous avons pu lire dans un ouvrage que la biodiversité est LA solution à tous les problèmes, sans que l'auteur donne des explications sur le comment et le pourquoi de la biodiversité. L'auteur pensait peut-être que tout le monde est en mesure d'appréhender et d'utiliser la biodiversité ? Dans notre *Cours d'entomologie pour l'agriculture naturelle* (Institut Technique d'Agriculture Naturelle, formation en ligne), nous montrons que pour gérer les insectes par la biodiversité du jardin, il faut appliquer un ensemble ordonné de quatorze actions... toutes ces actions n'appa-

raissent pas dans un éclair de fulgurance intellectuelle en regardant la lune ! Il faut de la rigueur intellectuelle, de la méthode, pour y parvenir. Et il faut les enseigner avec pédagogie. Trop d'auteurs imaginent la nature du jardin, s'en font un sentiment et pensent que la seule intuition suffit à dévoiler les processus qui se déroulent en elle. Nous ne sommes pas contre une telle vision romantique du jardin (cf. les chapitres Le mythe du jardin d'Éden, L'harmonie naturelle, Sécheresse de l'âme et poésie entre autres), mais c'est irresponsable de laisser croire au lecteur qu'elle seule suffit.

Nous avons décidé d'écrire ce cours justement pour pallier à ces inconvénients, car ainsi nous espérons pouvoir faire profiter à tous de la rigueur que nous avons acquise par notre formation de scientifique ainsi que d'historien et sociologue des sciences. Que le lecteur comprenne bien : d'une part penser l'agroécologie avec rigueur n'empêche pas d'en avoir aussi une approche intuitive, émotive, poétique ; d'autre part la rigueur ne mène pas nécessairement à l'industrialisation : dans le cas de l'agroécologie nous l'utilisons pour mener à l'humain et à la Nature.

Au départ de notre projet d'agroécologie (comme nous l'expliquons dans notre mémoire de fin de stage à la ferme de Sainte-Marthe), nous avons lu beaucoup de livres de jardinage bio, exposant les nouvelles façons de produire des légumes sans engrais ni pesticide. Avec notre regard de néophyte, les observations, les déductions et les expériences des auteurs nous semblaient importantes et correctes. Puis nous avons réalisé que ces expériences se font en dehors de tout contexte de production professionnelle : leurs auteurs sont des jardiniers amateurs, éclairés certes, mais des amateurs pour qui les notions de rendement et de fiabilité sont absentes. Donc une question essentielle se posait : Les techniques qu'ils inventent dans leur jardin de 500 m² sont-elles seulement applicables quand on entend gérer un jardin agroécologique d'un hectare (ou d'un demi-hectare, ce qui est notre cas) ? En particulier, étaient-elles assez rapides et surtout, assez fiables ?

Rapidement, nous nous sommes donc orientés vers les livres de personnes nous semblant être des pionniers en leur domaine (FRANCK), sinon des maîtres reconnus (JANSON).

Puis nous avons trouvé des livres plus professionnels, en particulier ceux de Jean-Martin FORTIER et Claude et Lydia BOURGUIGNON. Et des livres qui tracent la voie (FUKUOKA). Avec ces ouvrages, nous avons pu nous imaginer concrètement ce qu'un jardin agroécologique allait requérir d'organisation et de temps de travail, et nous avons pu réfléchir à l'adéquation des techniques vis-à-vis du sol d'une part, des cultures d'autre part, et du jardinier enfin (temps de travail, moyens financiers...) Bref nous sommes arrivés à la notion de rendement (notion qui peut être utilisée sans tomber dans la pensée productiviste, cf. le chapitre Jardiner en agroécologie). Nous pensions, en achetant le *manuel des jardins agroécologique* des éditions Acte Sud, trouver des techniques éprouvées. Ses auteurs se veulent les dépositaires de la philosophie de l'agroécologiste le plus connu de France et même hors de France : Pierre RABHI. Mais les auteurs précisent que la ferme des Amanins n'est pas une ferme dont l'objectif serait la productivité, mais plutôt une ferme pour expérimenter diverses techniques. Expérimenter des techniques qui de facto ne peuvent pas être productives ? Nous avons été déçus de ce livre, pourtant écrit par des ingénieurs.

À ce stade du cours, vous aurez compris que la pensée agroécologique, c'est avant tout des *principes* que l'on *adapte* à son terrain et surtout à ses moyens humains. La difficulté actuelle avec la littérature utilisable en agroécologie, c'est donc qu'elle ne comporte pas nécessairement des considérations sur le rendement, sur la fiabilité et sur l'organisation nécessaire. Par exemple on trouve milles recommandations pour faire des buttes, pour passer la grelinette. Faire des buttes est physiquement éreintant, à une personne sur 1000 m² c'est impossible sans mécanisation très lourde (il faut au moins une pelleteuse 5 tonnes, bonjour le chantier !) Passer la grelinette pour décompacter la terre, c'est bien. Mais sur 500 m² c'est déjà bien trop d'effort physique. Nous l'avons fait une seule fois, au tout début, sur 120 m² avant de semer des engrais verts. C'est vraiment physique avec notre terre argileuse, très lourde ! Par la suite, nous ne l'avons presque plus du tout fait ! Par contre, dans une terre sableuse, passer la grelinette est facile : j'ai connu un maraîcher qui grelinettait 4000 m² dans un terrain sableux, avec une grelinette à huit dents ! Les ouvrages grand public ne vous apportent jamais ce genre de précision. Autre exemple d'absence de vision globale et ordonnée : un auteur racontait qu'après avoir demandé à un agriculteur de labourer son terrain, le sol était constitué d'énormes mottes de terre qu'il avait été très pénible de réduire à la houe ! Cet auteur s'est fait avoir par l'agriculteur, tout simplement. Ou bien il a oublié de demander à faire passer une herse. Cet ouvrage répand l'idée que démarrer un jardin c'est très dur physiquement. Enfin bon ... nous renvoyons le lecteur à nos remarques sur les livres dans l'avant-propos.

Des mauvaises explications, surtout des explications qui ne hiérarchisent pas du plus important au moins important, peuvent conduire à des erreurs flagrantes. Par exemple nous avons rencontré des maraîchers qui se réclamaient de la permaculture et qui, pour démarrer rapidement leur installation en avril, avaient fait labourer leur terrain de façon conventionnelle en mars, avec sous-solage (décompactage profond, qui requiert un tracteur très puissant)...

Notre recommandation est la suivante : Dans un premier temps lisez un peu tout ce qui vous tombe sous la main. Ensuite passez à de la littérature professionnelle. En plus des auteurs cités plus haut, allez chercher du côté de l'enseignement agricole public (ouvrages Educagri) et des ITAB et GAB (en gardant en tête que ces structures incitent à la production industrielle, ce qui est normal, car elles sont administrées).

Ensuite, retournez dans votre jardin, observez-le, considérez sa taille, vos moyens en temps et en matériel, et réfléchissez à :
* Comment adapter une technique professionnelle à la dimension de votre projet, sans que les objectifs agroécologiques soient écartés, et sans que le travail ne devienne simpliste, répétitif, et donc non épanouissant humainement. Il faut d'une certaine façon « réduire » et humaniser la technique du professionnel ;
* Comment adapter une technique de jardinier à votre projet, en augmentant son rendement, sa fiabilité et en améliorant l'organisation qui va avec. Il faut d'une certaine façon « grandir » la technique de l'amateur.

Toute personne a les moyens de suivre ces recommandations. Pas besoin d'avoir un passé de scientifique, d'industriel, d'intellectuel... Prenez le temps de suivre ces recommandations : trouver la bonne technique, c'est la base. Ne faîtes pas telle ou telle technique parce que untel ou untel la fait ou parce que c'est à la mode (les buttes par exemple) : choisissez les techniques selon *vos* critères (votre terrain, vos aspirations). Si vous appliquez une technique alors que vous ne connaissez pas votre terrain ou que vous n'avez pas bien déterminé vos aspirations, et que vous n'obtenez pas de bonne récolte, alors vous allez vous dire « bon j'essaierai cette technique ou une autre l'an prochain ». Mais elle a tout autant de chances de rater, tant que vous ne savez pas ce que vous avez et ce que vous voulez. Le plus gênant, c'est que cet échec vous fera douter de vous-même et aussi vous vous sentirez perdu parmi la multitude de techniques qui existent. Vous allez vous demander à nouveau laquelle choisir ? Alors que les questions auxquelles il faut répondre sont celles de la connaissance de votre terrain, de vos moyens et de vos aspirations. Pour certaines personnes, c'est cela qui fait peur, pour d'autres c'est la maîtrise technique qui est angoissante. Pour le premier cas, nous ne pouvons pas vous aider. Pour le second, notre conseil est de chaque jour faire quelque chose. Chaque jour il y a quelque chose à faire dans un jardin agroécologique : il faut s'astreindre à cette discipline. Mais nous glissons là vers des considérations de psychologie, qui sont traitées en détail dans la partie dédiée p. 147.

Revenons aux sources d'inspiration. En plus de la littérature, il existe d'autres « voies » sur lesquelles émergent les nouvelles connaissances et les nouvelles techniques, que nous allons maintenant étudier.

5.4 La recherche scientifique en agroécologie

Les dérives éthiques et environnementales que l'on peut reprocher à l'agriculture conventionnelle découlent de certaines découvertes scientifiques (génétique, manipulations en laboratoire, biocides) mises en forme par la pensée industrielle. Mais avec l'objectif de cultiver de façon non industrielle, l'utilisation des connaissances scientifiques ne devrait pas avoir de conséquences négatives sur la Nature et sur la santé humaine. On ira donc à profit consulter les études et les livres des instituts suivants (en langue française) dédiés à l'agriculture biologique :

- Laboratoire d'analyse en microbiologie des sols (LAMS), de Claude et Lydia BOURGUIGNON
- Institut technique d'agriculture biologique (ITAB) www.itab.asso.fr
- Institut de recherche de l'agriculture biologique en Suisse www.fibl.org
- Le site http://www.bio-dynamie.org/biodynamie/recherche/ nous indique que plusieurs instituts de recherche en biodynamie existent, cependant anglo- et germanophones.

Avec prudence quant aux possibles dérives industrielles, on pourra consulter
- les recherches menées par les écoles d'ingénieurs : AgroParisTech www.agroparistech.fr, ISARA www.isara.fr en gardant à l'esprit que l'ingénieur est par définition un maillon de la pensée industrielle ;
- On consultera avec profit la page du site web de l'INRA consacrée au colloque du 17 octobre 2013 « Agroécologie et recherche », qui met à la disposition de tous de nombreuses vidéos des colloques et des ateliers.

Certaines structures sont plus précisément dédiées à l'agroécologie :
- UMR Agroécologie de Dijon http://www6.dijon.inra.fr/umragroecologie
- CIRAD Agroécologie http://agroecologie.cirad.fr/

Il ne s'agit pas tant d'acquérir une vision aussi large et précise que possible des processus écologiques du sol et des plantes, que de se familiariser avec l'état d'esprit de tous ces chercheurs. En effet, ils pratiquent tous avec aisance le passage de la théorie à la pratique : d'une part ils veulent étudier ces processus afin de déterminer leur potentiel agricole, d'autre part ils ont le souci des mises en application techniques qui permettent d'utiliser ces processus en les respectant (car si on ne les respecte pas, on ne peut pas en exploiter le potentiel). Il ne s'agit pas d'apprendre en détail tous ces processus, mais de les avoir compris au moins une fois. Ainsi quand vous serez dans votre jardin, quand vous aurez accumulé un peu d'expérience, les tenants et les aboutissants des techniques que vous utilisez, le pourquoi des succès et des échecs, vous apparaîtront plus clairement. C'est de cette façon que nous est venue à l'esprit la théorie de l'identité du jardin ainsi que la nécessité d'associer au jardin une prairie mulchée régulièrement pour nous assurer une source durable de matière organique (afin de nourrir le sol des planches cultivées).

5.5 Tirer leçon du dialogue exploitant agricole – scientifique

Si un jardinier agroécologiste utilise des connaissances scientifiques, et ce des plus récentes en écologie, il peut être amené un jour à échanger des propos avec un scientifique. Il sera alors important de veiller à ce que le dialogue respecte certaines conditions, afin de ne pas reproduire les errements des dialogues entre scientifiques et exploitants agricoles conventionnels. En effet, ces dialogues participent de la déresponsabilisation de celui qui travaille la terre quant à l'innovation technique, selon Jean-Pierre DARRÉ. Le dialogue entre un jardinier agroécologiste et un scientifique doit donc respecter les conditions suivantes :

- « La science n'est pas la théorie de la pratique » (DARRÉ). Cela veut dire qu'un scientifique n'a pas de légitimité pour dire à un jardinier qu'il doit travailler de telle ou telle façon. Un scientifique peut présenter une technique. Mais pour cultiver un seul et même légume, il existe de nombreuses techniques. Le *choix des techniques revient au jardinier*, qui seul connaît les contraintes matérielles et économiques de son entreprise. Autrement dit les connaissances scientifiques et celles des paysans suivent deux chemins différents. Les premières ne sont pas l'avenir des secondes. « Le discours scientifique apparaît comme un élément dans l'activité réflexive du praticien [l'agriculteur] sur sa propre parole et non comme un élément de substitution » (DARRÉ).

- Il n'y a pas de raison pour que le scientifique soit « celui qui sache »et le jardinier celui qui « doit apprendre – qui ne sait pas ». DARRÉ a mis en lumière les conséquences négatives de ce qu'il appelle le schéma diffusionniste : une circulation unidirectionnelle de haut en bas, du chercheur dans sa tour d'ivoire vers le bas peuple qui a les mains dans la terre. C'est selon ce schéma que s'est fait l'enseignement agricole depuis l'avènement de la recherche scientifique agricole, en particulier depuis la seconde guerre mondiale donc. Le jardinier passe plus de temps au contact des plantes et du sol que les chercheurs, et, normalement, son sens de l'observation doit être plus développé que celui du chercheur. Il est donc *autant à même que le chercheur* pour faire des constats sur l'état des plantes et du sol. Chaque chercheur en agronomie passe sa vie à étudier quelques plantes. Le jardinier lui passe sa vie à étudier et guider une bonne cinquantaine d'espèces cultivées, à différentes saisons année après année. Et les années se suivent mais ne se ressemblent pas. Le jardinier fait l'expérience de l'action dans la complexité (cf. p. 164 La complexité du jardinage) tandis que le scientifique cherche les lois de causalité dans la Nature. Il n'y a donc pas deux niveaux hiérarchisés de savoir-faire mais deux approches complémentaires. Le ministère de l'agriculture, pour des raisons de commodité dans sa fonction d'administration des biens et des personnes, ainsi que pour favoriser l'industrie agricole, a bien sûr décidé qu'il y a hiérarchie des savoir-faire.

- Le dialogue doit se dérouler à l'écart de tout programme national de production agricole. La recherche scientifique agricole s'inscrit aujourd'hui encore dans un programme national de développement de l'agriculture. Après la seconde guerre mondiale, la « scientifisation » de l'agriculture fût un élément essentiel pour administrer les agriculteurs, leur « dire quoi faire » sous couvert de la « vérité » scientifique. Bien sûr la science était au service des grandes coopératives agricoles, qui ne pensaient qu'à une chose : en découdre sur le marché mondial, faire de la France le premier pays exportateur de denrées alimentaires (ce qui ne correspond pas du tout un programme scientifique) et ainsi réaliser d'énormes profits sous le prétexte moralisateur de « nourrir le peuple » et surtout de nourrir les pauvres africains et tous les autres pauvres du monde (que cela est touchant de tendresse, n'est-ce pas ?) Aujourd'hui, la réglementation bio n'appartient plus aux agriculteurs mais aux administrateurs (dans ce cas, l'union européenne). Et aujourd'hui, l'administration s'intéresse à l'agroécologie : lisez à profit les analyses n°59 et 60 (juillet 2013) du centre d'étude et de prospective du ministère de l'agriculture, de l'agroalimentaire et de la forêt. La défiguration de la bio d'un côté, et l'intérêt pour l'agroécologie de l'autre, sont des stratégies contradictoires. Ceci doit nous inciter à la méfiance envers l'administration et donc envers les programmes de recherche scientifique portés par l'administration. Le scientifique peut aider le jardinier, en lui apportant des connaissances sur tel ou tel phénomène biologique et écologique qui peuvent l'intéresser. Mais ce que l'histoire de l'agriculture nous montre, c'est que la science in fine *fournit aux administrations des outils de contrôle des populations humaines*. Tant que l'objectif national est de maintenir la France en tant que championne à l'exportation des récoltes, l'agroécologie peut se voir imposer le respect de certaines normes et pratiques, sous couvert de science écologique, mais in fine pour s'assurer que les jardiniers travaillent bien dans le sens de la politique nationale. Toute velléité d'administration tend à priver les individus de leur capacité à innover, en faisant croire avec force propagande très subtile que les chercheurs (et les ingénieurs) sont les seules personnes légitimes pour faire innovations agricoles. Conformément au projet de société porté par l'agroécologie, cultiver pour exporter les récoltes (à plus de 100 km) est une ineptie, un gigantesque gaspillage. Car (presque) partout où se sont implantés les Hommes au cours des millénaires, et où ils vivent maintenant, il est possible de cultiver des fruits et légumes variés sans ruiner les terres. Donc méfiance, toujours : sous le couvert de la vérité scientifique les administrations et l'industrie cachent des stratégies politiques dans lesquelles l'agriculture n'a qu'un rôle, celui de permettre aux grandes coopératives et aux industries agro-alimentaires de faire le maximum de profit. Le jardinier agroécologiste, bien formé – grâce à ce cours entre autres – ne doit pas chercher à savoir à quelle autorité il peut se fier pour départager les connaissances scientifiques à visée industrielle de celles à visée artisanale : il doit lui-même se faire le juge de la chose. Car si le jardinier agroécologiste veut être maître de son terrain, il ne doit pas reproduire le schéma diffusionniste et attendre des ITAB, du centre des Amanins, de la Ferme du Bec-Hellouin que ceux-ci lui dise quoi faire !

- Jean-Pierre DARRÉ nous explique que l'agriculteur conventionnel est habitué depuis les années 1950 à la pression du discours technique et scientifique sur ses pratiques. Il sait qu'un tel discours agricole scientifique officiel existe. Il en a toujours compris les conséquences pour lui : économiques d'une part (augmenter son bénéfice) et sociales d'autre part : s'il le suit, il passe pour un moderne aux yeux des autres agriculteurs, sinon il passe pour un réfractaire au progrès ou pour un petit. Les conseils officiels des scientifiques ne sont donc pas pris en compte uniquement sur le plan technique. Or selon DARRÉ le scientifique ignore cette réalité. Il ignore que l'agriculteur mène régulièrement dialogues et réflexions avec ses pairs dans les groupes professionnels locaux (ce terme est expliqué p. 112) auxquels il appartient. Dans ces groupes, l'agriculteur occupe une place en fonction de son histoire et de celle de sa famille, de l'histoire de ses terres, de ses choix, de son caractère... L'agriculteur n'est pas un « pécot » isolé, que le scientifique viendrait convertir tel un missionnaire : l'agriculteur a pour tradition de réfléchir et de soupeser chaque décision, en fonction de son propre jugement et de celui de ses pairs (non sans humour tout comme les scientifiques qui interrogent toujours leurs pairs !) Le jardinier agroécologiste doit s'inspirer de cette tradition de partage des connaissances et des réflexions avec les pairs. L'agroécologie est jeune et fragile : les liens que les jardiniers pourront tisser entre eux pour discuter des connaissances et des techniques la renforceront et la rendront moins influençable par le discours du ministère de l'agriculture (discours qui bien sûr se veut scientifiquement fondé et objectif).

Nous invitons donc à la prudence quand il s'agit de lire ou de participer à un dialogue avec les scientifiques. Il peut en ressortir de très bonnes choses (semis sous couverts, technique du push-pull), c'est une source d'inspiration à ne pas refuser. Mais il faut rester vigilant en particulier quand la science invite à la mécanisation. Pour aller plus loin, on lira avec profit les réflexions de BOURGUIGNON et de FUKUOKA sur le rôle de la science dans l'agriculture. DARRÉ nous rappelle avec insistance que *l'initiative et l'innovation pratique doivent être dans les mains du paysan, pas dans celles de l'administrateur.* Et nous ajoutons que c'est la fierté du métier qui est en jeu. « Les orientations de recherche [sociologique]... qui portent sur les logiques des pratiques, sur la façon dont les praticiens peuvent intégrer les apports scientifiques, sont loin d'être unanimement reconnues par l'INRA » (DARRÉ). La science propose, le jardinier *dispose,* telle est la règle à suivre.

Cette dernière remarque semble légère et facile. Mais n'oublions pas que pour la génération née avant guerre et pour les baby-boomeurs, le progrès est une chose que l'on ne questionne pas. Pour eux, on ne pas questionner l'utilisation des techniques issues de la recherche scientifique : c'est *moralement* irresponsable, il *faut* les utiliser. La *relativisation de la science*, non pour la rejeter mais pour l'utiliser à bon escient, est consubstantielle de l'agroécologie. En cela, l'agroécologie (et les autres agricultures biologiques alternatives) fait donc peur à de nombreux esprits scientifiques attachés au mythe du progrès, et qui voient comme une insulte au progrès le fait de ne pas utiliser la science dans un contexte industriel. Ces individus, s'ils ne peuvent pas faire interdire l'agroécologie, tentent alors, en ce moment même, d'en galvauder la définition comme ils l'ont fait avec l'agriculture biologique (dans l'objectif de la conformer à la rationalité industrielle).

5.6 Le dialogue technicien – agriculteur

Par définition, le technicien est celui qui connaît une technique, qui sait l'expliquer, qui sait la mettre en place[45]. Similairement au dialogue entre scientifique et agriculteur, ce dialogue doit respecter une condition. DARRÉ nous rappelle que chaque innovation technique est associée à une pression en aval (diminution du prix de production) et en amont (achat d'intrants et de matériel nouveaux). Chaque innovation technique représente donc un changement complet de contexte pour l'agriculteur. La compétence du technicien se borne à la question du *comment* adopter la technique en question. L'agriculteur lui se demande d'abord s'il *faut* adopter la technique qu'on lui propose. Dans le cas d'une nouvelle norme technique obligatoire, l'agriculteur se demande comment il peut *éviter* de tout changer, pour ne pas se retrouver avec un système de production entièrement nouveau pour lui et qui sera donc inévitablement une source d'inconvénients durant les premiers cycles de production. Rappelons qu'un cycle de production en agriculture n'est pas l'équivalent d'une année, car par exemple les rotations de cultures se font sur des cycles de 3 à 7 ans. Là encore, l'agriculteur est celui qui doit prendre les décisions, pas le technicien.

Le technicien agricole, appelé aussi conseiller agricole, joue un rôle central dans la transmission des techniques choisies par l'administration vers les agriculteurs, et cela même en agriculture biologique. Le métier de technicien/conseiller est-il légitime ? Il faut noter que le technicien est en général une personne jeune, qui n'a pas pratiqué elle-même l'agriculture. C'est rarement un agriculteur à la retraite. Cela est-il dû au hasard ? Nous pensons que non. Le jeune âge rend plus facile le métier de conseiller : le conseiller n'a alors pas le recul nécessaire pour pouvoir critiquer les techniques qu'il doit transmettre. Donc les techniques qui arrivent de l'INRA et que le conseiller doit faire passer sont toujours les meilleures à ses yeux. Aussi, la jeunesse est un argument passif de communication : qui suit les conseils d'un jeune est forcément quelqu'un de moderne, à l'écoute des nouveautés. Nous pensons donc qu'il s'agit là d'une stratégie de communication élaborée par le ministère de l'agriculture. Nul doute que les techniques ne seraient pas transmises de la même manière si le conseiller était un agriculteur retraité.

DARRÉ nous indique son souhait, que nous partageons : que « l'enseignant [scientifique] ou le technicien s'astreignent à travailler… pour produire en *coopération* avec les agriculteurs d'autres [nouvelles] conceptions – au lieu d'inviter les agriculteurs à reproduire le discours scientifique ». De cette façon-là, le scientifique et le technicien sont bienvenus en agroécologie. Leur aide stimulera l'initiative et la créativité tout en laissant celles-ci dans les mains du jardinier. **Seulement ainsi l'agroécologie évitera de se faire administrer et de subir le même sort que l'agriculture conventionnelle.**

5.7 Le dialogue interdisciplinaire

Bernard ANCORI, chercheur à l'université de Strasbourg, a montré que les rencontres interdisciplinaires les plus fructueuses sont celles entre personnes de domaines différents. Peu fructueux seront les dialogues entre, par exemple, ingénieurs et techniciens d'un même domaine. Par contre, quand des ingénieurs de domaines différents dialoguent, ou quand des techniciens de domaines différents dialoguent, la créativité est fortement stimulée. C'est la différence de point de vue qui

---

45 L'ingénieur est celui qui conçoit les machines, le technicien est celui qui les installe et les ajuste, l'ouvrier est celui qui les utilise.

est enrichissante. Si l'on transpose ce constat au monde agricole, l'agriculteur ne doit donc pas avoir peur d'aller au-devant des autres professions de la nature : horticulteurs, forestiers, naturalistes, floristes, chasseurs et même récolteurs d'algues (de nombreuses espèces d'algues sont comestibles et vendues comme assaisonnements, sur les côtes bretonnes notamment).

La différence de point de vue vient aussi avec l'âge. Le jeune jardinier agroécologiste n'hésitera donc pas à dialoguer avec des jardiniers âgés, pour profiter de leur expérience tout en l'adaptant aux objectifs agroécologiques.

6 LE GROUPE DES JARDINIERS AGROÉCOLOGISTES

6.1 Le groupe professionnel local

Jean-Pierre DARRÉ a identifié durant ses recherches menées de 1950 à 1990, que les agriculteurs forment traditionnellement des « groupes professionnels locaux » (ou GPL). Un GPL est un groupe d'agriculteurs qui partagent des points de vue et des techniques, afin de répondre à des changements économiques et législatifs. « *La densité des dialogues au sein d'un groupe, l'existence d'une pluralité de groupes locaux, ainsi que d'échanges entre les groupes, déterminent la créativité des agriculteurs* » ainsi que l'attitude (fatalisme ou optimisme) envers l'avenir. De ces dialogues naissent des connaissances non pas théoriques, mais des *connaissances pour l'action*. DARRÉ a ainsi expliqué comment certains villages normands cédaient au fatalisme tandis que des villages bretons se relevaient les manches : ce n'est pas une question de psychologie individuelle mais d'organisation sociale. « La morphologie de certains groupes… favorise la conception de possibilités de choix divers, adaptés à des situations individuelles diverses, alors que la morphologie d'autres groupes entraîne la raréfaction des moyens de réflexion et de choix ». Pour l'agroécologie, qui est une pratique s'adressant à des personnes, des situations et des sols diversifiés, les jardiniers gagneraient à former des groupes du premier type : diversité des histoires personnelles, diversité des positions par rapport au discours officiel, diversité des moyens, absence de personnalités trop dominantes. De même, les échanges entre pratiquants des différents agricultures biologiques alternatives (agroécologie, permaculture, agriculture naturelle) seraient à encourager.

Selon DARRÉ, les agriculteurs ont toujours été innovants. Il estime que tous les 2-3 ans pour un lieu donné, les techniques évoluent, et ce grâce à l'organisation en groupes locaux. « C'est cette capacité de conception qui témoigne de la vitalité d'un groupe… et non la quantité d'innovations qu'on peut y observer » car ces innovations peuvent être importées, notamment des instituts techniques. C'est « un système de relations qui est l'application, sur le plan de l'organisation sociale, de cette idée banale qu'il n'y a progression d'idées que lorsqu'il y a débat d'idées, conflit ».

Comment caractériser les personnes qui ne sont pas issues du milieu agricole et qui se lancent dans l'agriculture, sans suivre de formation officielle (de type BPREA brevet professionnel de responsable d'exploitation agricole ou BTA brevet de technicien agricole) ? Ces personnes forment-elles de facto un groupe ? Tous les jardiniers agroécologiste, paysans, « potagistes », jardiniers-maraîchers, permaculteurs pratiquant les AB alternatives, dénominations que l'on peut regrouper sous le terme de néo-paysans sont dans cette situation. Ce groupe, dont nous faisons partie, est constitué d'anciens citadins, ayant peu travaillé ou sinon travaillé pour l'industrie, et cherchant un autre mode de vie. En AB, tous les producteurs bio certifiés sont invités à se rencontrer dans le cadre des GAB départementaux. Mais aujourd'hui, internet est omniprésent : nous-même l'utilisons pour rechercher des techniques culturales. C'est la plate-forme standard des néo-paysans pour acquérir des connaissances et en échanger, que ce soit

- à l'échelle locale (entre jardiniers proches pour échanger sur les ventes, la météo, les idées des uns et des autres…) ;
- de la nation (commentaires sur des événements, des foires, sur la politique agricole…) ;

- ou du globe (nouvelles techniques, nouvelles organisations sociales, actions des multinationales de l'agroalimentaire...)

Internet est-il un atout ou un frein pour la cohésion du groupe des néo-jardiniers ? Car nous avons presque tous grandi dans le mode de vie citadin, qui valorise l'individualisme. À part les liens sur le lieu de travail et dans une association, nous sommes plutôt des solitaires dans la foule. Pouvons-nous donc développer un esprit de groupe, faire des groupes pérennes où les débats d'idée seront dynamisants ? Cela implique d'accepter que chacun possède sa propre définition des AB alternatives, donc qu'il n'y a pas un consensus autour d'une seule façon de pratiquer l'agroécologie ou la permaculture. Pour qu'un GPL de néo-paysans soit pérenne, il faut se créer une histoire commune, qui aura la même fonction que les traditions locales avaient dans les GPL des agriculteurs conventionnels.

La question en ligne de mire est la suivante : si des changements importants au niveau législatif ou économique se présentent, qui tendent à nier ou à défigurer l'agroécologie (par exemple la privatisation de toutes les semences, l'interdiction des semences de ferme, l'interdiction d'avoir de petites surfaces, l'obligation de rendement par unité de surface) saurons-nous nous adapter ? DARRÉ a identifié à propos des GPL que « la durée et la relative stabilité d'un groupe » sont deux conditions nécessaire pour la création de connaissances pour l'action. Or internet est-il un medium propice à la durée et la stabilité ? En général internet et plutôt le média de l'instantané. C'est une question qu'il ne faut pas abandonner, car la stabilité est importante : l'agroécologie se veut être une agriculture durable, et cela dépendra pas seulement des techniques qu'elle utilise ou de la reconnaissance sociale que le législateur lui accordera mais aussi de la capacité des néo-paysans à dialoguer ensemble.

6.2 La formation agroécologique

Nous avons vu que l'agroécologie se démarque de l'agriculture conventionnelle par de nombreux aspects. La façon dont elle se transmet en fait partie. Aujourd'hui on n'apprend pas l'agroécologie comme on apprend l'élevage ou les grandes cultures dans les collèges et lycées agricoles, dans les écoles d'ingénieurs agricoles et dans les centres de formation professionnelle pour adultes (CFPPA).

Voici une liste (non exhaustive) des centres de formation aux AB alternatives. Ils sont, à l'heure actuelle, peu nombreux : la ferme de Sainte-Marthe, la ferme des Amanins, la ferme du Bec-Hellouin, l'ITAN, le centre Terre Vivante. Les cours sont dispensés par des professionnels ou par des jardiniers expérimentés : ceci est un gage de qualité parce que théorie et pratique sont transmis ensemble.

Inspiré par Jean-Pierre DARRÉ, nous pensons que les formations prodiguées dans ces centres doit avoir deux jambes :

1. Enseigner la théorie tout comme la pratique, mais en faisant bien la part des choses : c'est-à-dire que les théories scientifiques ne sont pas les objectifs du jardinier, et que le jardinier ne doit pas les occulter pour autant. Le jardinier doit pouvoir les comprendre, les traduire en principes puis en techniques adaptées à son terrain.
2. Enseigner les jardiniers à reconnaître et à développer leurs capacités de créativité, d'innovation, de production de connaissances. Ce dans l'objectif de garantir leur autonomie, et donc la durabilité de leur profession. Pour cela, il faut éveiller les processus individuels et sociaux de créativité. Il ne faut pas hésiter à utiliser durant les formations des formes nouvelles de mise en commun des connaissances, de brainstorming et de transfert des connaissances. Étant donné que les néo-paysans ont presque tous des histoires de vie différentes (ils ne sont pas tous issus du milieu rural, agricole ou industriel), ils doivent être incités à utiliser cette histoire pour s'approprier de façon personnelle une AB alternative (au contraire de l'enseignement officiel qui conforme tous les apprenants à un seul schéma des tenants et des aboutissants).

L'enseignement des AB alternatives doit être centré sur l'individu, sur la Nature et sur la coopération entre individus et entre la Nature et l'individu. Cela pour bien se démarquer de l'enseignement agricole promu par le ministère de l'agriculture, qui est centré sur la pensée productiviste, elle-même sous-tendue par un objectif unique : maximiser la production nationale pour inonder le marché mondial. L'enseignement doit aussi être holiste : comme ce cours, il faut enseigner tous les aspects de l'agroécologie. C'est une lacune généralisée de l'enseignement français que de se spécialiser à l'extrême, que notre expérience personnelle illustre : en sciences par exemple, à l'université, on ne transmet que des connaissances et des techniques, sans transmettre de notions d'histoire, de philosophie ou de sociologie des sciences. Après une maîtrise de biologie, nous avons étudié ces notions, et nous nous sommes retrouvés dans une bien fâcheuse posture : ces notions qui pourtant prodiguent une meilleure compréhension de la discipline sont jugées inutiles par les scientifiques et elles sont jugées anecdotiques par les historiens, les philosophes et les sociologues. C'est l'ère du temps que de séparer l'humain de la technique, que de séparer le particulier du général. La preuve en est que notre société continue à privilégier les experts, les seuls mandatés à décider du comment et du pourquoi de l'utilisation de telle ou telle technique.[46] En agroécologie, la séparation des techniques d'avec les aspirations humaines n'est pas acceptable, du même que le culte de l'expert. Au contraire, une diversité de personnes, aux multiples sensibilités et talents sont les bienvenues !

Précisons que certaines formations d'AB alternatives sont éligibles au titre de la formation professionnelle continue et pour le retour à l'emploi, donc même si en général elles sont payantes, les personnes en recherche d'emploi peuvent les suivre gratuitement. C'est une situation politique favorable dont il faut profiter : on ne saurait prédire combien de temps elle va durer.

---

46 Décisions que ces experts prennent bien souvent dans des conditions obscures, par exemple dans les agences sanitaires de France et d'Europe, et qui ont conduit à de multiples scandales de santé publique (effets secondaires de médicaments négligés, seuils de toxicité sur-estimés…)

JARDINER EN AGROÉCOLOGIE

Dans ce chapitre, nous allons toucher au cœur de l'agroécologie, à savoir la recherche de réponses à la question que tout jardinier doit se poser : comment passe-t-on d'un principe agroécologique à une technique ?

Nous avons déjà évoqué qu'une technique résulte d'une adaptation d'un principe agroécologique aux conditions locales du jardin et aux aspirations du jardinier (désir d'argent, de temps, d'apprécier la vie...) Mais il faut aussi incorporer des considérations d'ordre sociales, philosophiques, psychologiques voire spirituelles, sans quoi l'agroécologie serait dénuée de valeur humaniste ; elle n'aurait aucune prétention d'épanouissement personnel. Rappelons-nous : l'agroécologie est un lieu où la Nature, la vie intérieure de l'être humain et la Société convergent, à parts égales. On ne saurait isoler ces trois aspects les uns des autres ou donner la préférence à un seul.

Faire toutes ces incorporations dans une seule et même technique, bien souvent une technique modeste, peut paraître ardu. L'image d'une baignoire pleine qui se vide en tourbillonnant par le siphon illustre bien le défi. D'où la représentation symbolique que nous avons choisie pour le cours technique d'agroécologie.

Il n'existe pas une seule et unique méthode agroécologique pour passer des principes à la technique. La façon la plus simple de procéder nous semble être celle-ci :
1. D'abord nous expliciterons l'adaptation aux conditions locales ;
2. Nous verrons ensuite ce que nous pouvons appeler la pensée agroécologiste, expression qui regroupe des considérations sur :
   1. L'inscription de son projet agroécologique dans l'histoire locale ;
   2. La logique des actions ;
   3. Le corps du jardinier ;
   4. Les outils du jardinier ;
   5. La gestion du temps et la productivité ;
3. À cette pensée s'ajoute la touche personnelle du jardinier.
4. Puis nous arriverons au très concret : le choix des espèces à cultiver et les catégories de techniques. Les techniques proprement dites, que nous employons dans notre jardin, sont regroupées dans le cours technique. Vous y trouverez en détail le matériel, les outils, les étapes pas à pas... illustrés par de nombreuses photographies et schémas.
5. Dans les chapitres suivants, nous verrons comment les considérations d'ordre philosophique, psychologique et spirituelle étayent et émanent tout à la fois de l'agroécologie, à la manière des aspects sociaux et historiques que nous avons éclairés dans les chapitres précédents.

1 ADAPTER UN PRINCIPE AUX CONDITIONS LOCALES

Chaque jardinier agroécologiste doit avoir pour objectif de respecter les besoins des plantes et du sol. Ces besoins-là sont toujours les mêmes. Par contre le jardinier peut travailler à *sa* façon. Dans ce cours théorique, il peut sembler qu'il n'y ait qu'une seule façon de faire de l'agroécologie, car si on fait différemment, alors ne fait plus de l'agroécologie mais une autre forme d'agriculture. Cependant, en consultant le cours technique, vous verrez que chaque principe est adaptable à la taille du jardin, au temps et au matériel disponible. Les processus écologiques doivent être guidés, dans le respect de la vie. Et progressivement vous découvrirez que votre jardin, certes ne pardonne pas les erreurs, mais permet tout de même, pour un principe donné, toute une palette de mises en pratique. Et *la diversité de cette palette dépend de votre capacité à observer votre jardin et à vous mettre à la place des plantes (ou des animaux).* Par exemple : Vous n'avez pas de tonte ? Votre jardin est tout petit, et donc vous n'avez pas non plus de foin ? Hé bien faites une couverture de sol avec les mauvaises herbes. Vous n'avez pas de fumier, ni de belles orties ou de consoudes pour faire des purins ? Faites des purins de mauvaises herbes. Ce sera toujours mieux que de laisser le sol à nu et sans retour de matière organique. Rappelons une conclusion de Jean-Pierre DARRÉ : la science n'est pas la théorie de la pratique. Dit autrement :

1. Les connaissances scientifiques de la biologie des plantes et du sol n'imposent pas *une* façon spécifique de travailler, simplement des principes à respecter.

2. Le choix des techniques adéquates est plus important que le niveau de maîtrise des techniques ! Une technique adaptée que l'on maîtrise plus ou moins bien a plus de garantie d'effet, qu'une technique inadaptée que l'on maîtrise bien.

Par exemple, pour les jardins attenants à de grandes zones enherbées fauchables (une prairie donc), il est inutile de vouloir faire du compostage du foin en tas. La couverture de sol avec le foin est une technique plus adaptée. La maîtrise de cette technique consiste à faire la couverture de sol aux dates adéquates (le sol doit être couvert en été et en hiver, le type de couverture – paillage ou mulch – doit être adapté pour les légumes nécessitant un travail superficiel du sol en cours de culture, l'épaisseur de la couverture juste après semis doit permettre aux plantules de la traverser pour atteindre la lumière). On va donc faucher l'herbe dans la prairie et l'amener dans le jardin. Mais on peut aussi penser ensemble prairie et jardin. Par exemple :

Voie à explorer : des planches de 1,20 mètre de large, où seuls les 40 centimètres du centre sont plantés. De part et d'autre on laisse pousser l'herbe, que l'on coupe régulièrement pour pailler la bande centrale cultivée. Nous procédons ainsi pour les pommes de terre. L'herbe est toujours vigoureuse, car elle profite du sol riche des allées mulchées ainsi que la terre bien nourrie et protégée de la bande centrale. Après les pommes de terre, nous faisons des pois mange-tout, paillés eux aussi avec l'herbe des bords de la planche. L'inconvénient de cette technique est que si la place manque pour manier une faux, il faut couper l'herbe à la faucille ou au ciseau à tondre, ce qui requiert plus d'effort.

Cette technique combine en elle les principes du cycle de la matière organique et d'évolution des écosystèmes.

2 LA PENSÉE AGROÉCOLOGISTE

2.1 Limites et bienfaits de l'intervention directe

Couper des tiges ou pulvériser en foliaire des extraits fermentés sont des interventions directes non naturelles dans la biologie des plantes. Elles modifient la capacité de la plante à s'adapter par elle-même à son environnement, à résister aux maladies et à guérir de ses blessures. On réduira donc ces pratiques au maximum et on préférera, pour conforter la croissance des plantes, arroser au sol avec les extraits fermentés, étaler du compost, faire du paillage, utiliser des plantes compagnes ainsi que des engrais verts. Ces actions sont indirectes, et il faut s'en tenir à ce type d'action, car tout excès renvoie dans l'agriculture conventionnelle. *On doit laisser la plante se nourrir elle-même.* Pensez à un enfant dont vous seriez responsable : vous le guidez dans sa croissance en lui apportant des choses dont il peut avoir besoin quand il le veut et comme il le veut. Trop d'intervention directe empêche le développement de sa personnalité.

Ce qui ne veut pas dire que les règles sont superflues, concrètement, que le jardinier doit laisser faire la Nature sans contrainte. « Ordo ab chaos » comme le dit le proverbe. Mais le jardinier ne doit pas non plus tout contrôler ! Une des clés de la réussite en agroécologie réside dans la compréhension de ce double mouvement : le jardinier doit l'incorporer, le comprendre, n'avoir aucun doute. On parvient à ce stade en pratiquant et en intellectualisant. Pour la pratique, il faut vous référer au cours technique. Avec ce cours, nous pouvons vous aider à saisir intellectuellement ce double mouvement.

Reprenons : Des théories scientifiques que nous avons présentées sont déclinés les principes agroécologiques. En combinant ces principes aux conditions locales du jardin et aux objectifs agroécologiques, on déduit les techniques à mettre en œuvre. Ces techniques sont des interventions directes. Elles encadrent et maintiennent tous les aspects cycliques du jardin, stimulent et à la fois restreignent les dynamiques d'évolution naturelle vers la forêt. Dit d'une façon imagée, les techniques sont comme des lignes droites dans la Nature : certaines de ces lignes encadrent l'évolution vers la forêt et d'autres la stoppent. À l'intérieur de ces lignes, qui sont donc comme des frontières (à la fois conceptuelles et réelles) le jardinier peut laisser la biodiversité s'épanouir en même temps que les cultures. Et ce sans risque pour les cultures, au contraire (encouragement des antagonistes naturels des ravageurs).

2.2 Éléments de logique

Cultiver des légumes n'est pas une activité avec une garantie de rendement : trop de facteurs entrent en jeu que le jardinier ne peut pas contrôler (la météo en premier lieu) ni même connaître (l'évolution des populations bactériennes du sol qui participent à la formation de l'humus pour ne citer qu'un exemple). Cela vaut pour toutes les formes d'agriculture. Cultiver des légumes de façon agroécologique, c'est faire du mieux qu'on peut, avec les connaissances que l'on peut avoir, avec l'expérience que l'on peut avoir, avec le désir de respecter autant que possible les processus écologiques, sans glisser vers les principes du travail industriel. Car ces principes industriels sont logiques et ils apparaissent rassurants face à la diversité et l'imprévisibilité de la Nature. Pourtant ce cours vous aura convaincu que l'agroécologie possède aussi sa logique. Pour encore mieux distinguer sur le plan de la logique l'agroécologie de l'agriculture conventionnelle, nous pouvons aller à un niveau élémentaire de logique : dans la Nature, quels sont les types d'actions qu'un être humain peut faire ? Nous avons identifié ceux-ci.

- détruire, grossièrement ou finement
- transformer
- conserver (maintenir dans un état donné)
- guider, assister, influencer
- mélanger
- filtrer
  - trier
  - sélectionner
  - concentrer
- homogénéiser
- ignorer (c'est-à-dire ne rien faire)

On ne s'étonnera pas de trouver ces types d'action dans chaque corps de métier. Nous pouvons dire qu'en agroécologie, par rapport à l'agriculture conventionnelle, chaque type d'action est effectué avec plus de subtilité et avec moins d'énergie de travail. On essaie de remplacer les actions de destruction par des actions de transformation et de filtration, et on ignore (on ne fait rien) quand cela semble la meilleure chose à faire.

En agroécologie, comme en permaculture et en agriculture naturelle, le jardinier doit aussi selon nous s'astreindre à la discipline intellectuelle suivante, pour faire en sorte que ses actions soient économes en temps, en énergie, et multifonctionnelles :

D'une part il faut différencier les actions à effet systémique total, c'est-à-dire des actions liées à la surface et qui influencent plusieurs éléments en même temps, des actions à effet systémique ciblé. Par exemple, le labour conventionnel est une action systémique totale, qui en plus requiert beaucoup d'énergie. Il peut être remplacé par une suite de tâches à effet systémique ciblé requérant chacune peu d'énergie :

1. tondre / faucher
2. faire une couverture de sol avec la tonte / le foin
3. étaler une bâche noire
4. après deux mois enlever la bâche et les restes de végétaux, semer un engrais vert sans travail du sol, recouvrir le semis avec les restes de végétaux. Ou bien faire le lit de semences.

Pour des tâches ponctuelles seulement, on peut utiliser la force brute. Par exemple, creuser pour planter un arbre, faire un fossé... Ayez à l'esprit que jardiner n'est pas l'affaire d'une année, mais de plusieurs années voire de toute une vie. Donc il faut ménager vos muscles et vos articulations.

D'autre part il faut prendre en compte les services naturels. Imaginons un jardin composé des éléments suivants :

- Planches permanentes de cultures annuelles. Les planches permanentes sont des zones dédiées exclusivement à la culture. Leur largeur varie entre 70 et 160 cm. Elles sont bordées d'allées enherbées (en agroécologie). La faible largeur permet de ne pas marcher sur la terre pour accéder au centre de la planche, ce qui la compacterait et gênerait la croissance des racines ;
- Haies ;
- Zones tampon servant de refuge à la biodiversité naturelle, en particulier aux prédateurs naturels des ravageurs ;
- Tas de pierres (même fonction) ;
- Mare (même fonction) ;
- Tas de branches (même fonction) ;
- Planche de cultures vivaces ;
- Planches de cultures pluriannuelles ;
- Fossés.

Tous ces éléments interagissent entre eux, par la circulation des animaux, de l'eau et de l'air. Pour comprendre comment le jardin peut travailler pour nous, il faut envisager comment chacune de ces *relations* peut effectuer une des tâches du jardinier. L'écologie est une science qui étudie les relations. Les effets des relations entre une zone tampon et une planche de cultures annuelles ne sont pas les mêmes que les relations entre une zone tampon et une planche de vivaces par exemple. Il faut donc réfléchir au préalable à ce que chacun des éléments du jardin apporte aux autres. Plus le jardin agit sur lui-même, plus le jardinier à de temps libre pour faire d'autres tâches (ce qui renvoie à la théorie de l'identité du jardin : un jardin avec une forte identité est un jardin où les processus naturels facilitant le travail du jardinier sont nombreux).

Le jardinier agroécologiste n'aime pas les formes de travail industriel, héritées de la discipline militaire, du fordisme et du taylorisme[47] :

- tâches répétitives ;
- spécialisées ;
- sous contrainte de rendement physique (force et rapidité des gestes) ;
- serviles (qui déforment les corps et paralysent l'intelligence et l'émotivité) ;
- à heures fixes ;
- dont le rythme dépend des décisions de la hiérarchie.

Alors il s'assure que dans son jardin, chaque activité sera une occasion d'épanouissement :

- Les tâches sont variées : selon les caractéristiques du légume, du lieu du jardin, selon les soins à prodiguer, les semis à faire... ;
- Elles sont multifonctionnelles : tondre les allées permet de les entretenir et d'éviter de marcher dans de la boue. La tonte est soit à laisser sur place (fonction mulching de la tondeuse), soit à

---

47 Cf. Erreur : source de la référence non trouvée p. Erreur : source de la référence non trouvée.

utiliser comme couverture de sol. Dans une planche, désherber entre les rangs de légume permet de décompacter le sol, de donner de la lumière à la culture, de faire de la couverture de sol en laissant sur place les végétaux arrachés. Tailler les arbres permet d'obtenir du bois pour le chauffage, du bois pour reconstruire des talus ou faire des abris à insectes, ou du bois raméal fragmenté qui sera utilisé comme couverture de sol.

- Elles forment un tout cohérent : c'est l'ensemble des tâches au jardin, pensées judicieusement comme un tout, qui est la garantie du rendement du jardin, et non la force physique et la rapidité pour un jour donné ou pour une tâche donnée (il ne faut pas faire reposer le succès du jardin sur des « corvées » mais plutôt sur des tâches faites régulièrement).
- Elles sont stimulantes pour le corps (recherche du geste économe, précis, parfait), pour l'intellect (observations précises et planifiées), pour l'émotivité (grande variété de sensations : après quelque temps, il n'y a plus un vent, mais des vents, la pluie, mais des pluies, le ciel, mais des cieux...) et pour l'esprit (exploration directe du lien entre l'être humain et la Nature, être « ici et maintenant » dans la vie, retrouvaille de ce lien avec la Nature qu'avait nos ancêtres...)
- Elles sont à heures variables selon l'humeur du jardinier et selon la météo.
- Elles sont au rythme des saisons et de la lune.

Le jardinier agroécologiste n'est pas un ouvrier agricole : c'est un *artisan* du lien entre la Nature et la culture de l'espèce humaine. Cela exige de lui la souplesse de l'esprit et du corps, mais pas la soumission totale à la Nature. Il doit ainsi apprendre à reconnaître les situations où la Nature exige de lui qu'il soit actif, et celles où la Nature lui laisse du temps pour observer, pour réfléchir, et pour simplement apprécier le travail effectué et la beauté du jardin. Ce temps de méditation, à la fin de la journée quand le soleil se couche sur le jardin, ou quand il se lève, fait partie intégrante du travail du jardinier. Existe-t-il un métier industriel où de tels moments sont inscrits sur le planning du jour ?

Les tâches du jardinier sont donc nombreuses, et toutes consommatrices d'énergie et de temps. En utilisant judicieusement les processus biologiques et écologiques, il est possible de remplacer complètement ces tâches ou sinon d'augmenter leur efficacité. Dans le jardinage traditionnel, le labour et le bêchage sont des actes de force pure. En plus de déstructurer le sol, ils ne conviennent ni au rythme de la Nature (de par leur rapidité d'exécution) ni à la condition physique humaine, surtout si l'on a comme nous vécu plutôt selon un mode de vie urbain, qui engendre un certain sous-développement musculaire. On cherche donc à les remplacer par des techniques « douces » respectueuses de la Nature ainsi que de l'Homme.

2.3 Relier son projet personnel à l'histoire locale

Chaque région a son histoire : histoire des espèces cultivées, des pratiques culturales, des outils, des communautés, du commerce. Lorsque l'on vient d'un milieu non agricole, il est serein de « donner des racines » à son projet de jardin agroécologique. Ainsi, cherchez à savoir pourquoi vos terres sont de telles dimensions, pourquoi elles ont telles caractéristiques, pourquoi les chemins y menant sont ainsi. Cela n'est en rien dû au hasard, comme l'explique ROUPNEL. Peut-être que votre projet présente l'opportunité de renouer avec certaines pratiques anciennes, remises au goût du jour ?

Trouvez les noms des lieux proches et environnants. Votre habitation occupe peut-être un lieu qui par le passé avait une certaine vocation. Sinon, cherchez de quelle manière votre habitation était reliée à un lieu dont la vocation passée est connaissable. Par exemple, près de chez nous se trouve le lieu-dit le « Ferrage ». Il y avait peut-être là un forgeron. Nous avons trouvé une vingtaine de fers à chevaux dans notre terre. Que cela peut-il signifier ? Bref, cherchez la signification originelle des noms des lieux, cela vous fera voir en quoi votre présence s'inscrit dans l'histoire locale, et cela donnera des racines sociales à votre jardin.

Et si vous savez être ouvert, les personnes du coin vous raconteront une foule de détails concernant le terrain que vous venez d'acquérir.

2.4 Le corps du jardinier

L'endurance unique de l'être humain

Joseph REICHHOLF, professeur émérite de l'université technique de Munich, nous apprend que l'être humain a cette particularité dans le règne animal : il est le plus endurant et il a le meilleur rendement énergétique, car il peut... suer énormément ! Tandis que les autres animaux peuvent effectuer un effort important, mais de courte durée sous peine de surchauffe corporelle. Même un cheval ne peut pas travailler plus de quelques heures d'affilée. L'évolution a donc doté l'être humain d'une caractéristique physique unique. Les gestes les plus en accord avec notre biologie sont les petits gestes, lestes, rapides, souples, que l'on peut répéter un grand nombre de fois sans se fatiguer. Donc comme règle générale, le jardinier agroécologiste doit plutôt penser en termes de petits gestes souples et répétés plutôt qu'en termes de grands efforts ponctuels.

Le jardinier prend soin de ses muscles

Dans notre imaginaire culturel, l'agriculture est nécessairement associée aux douleurs dorsales et musculaires. Mais de nos jours, il n'y a pas de raison de souffrir des effets du travail physique. D'une part celui-ci doit être fait en suivant la règle énoncée ci-dessus. Ensuite, il existe de nombreux exercices d'échauffement et d'étirement, disponibles aujourd'hui dans toute bonne bibliothèque. Le jardinier prendra soin de faire les exercices d'échauffement en début de journée, et les exercices d'étirement à la fin de chaque journée. En particulier pour le dos, les jambes et les bras, il faut pratiquer ces exercices à la fin de chaque journée de travail, et s'imprégner de la devise : « la force n'est rien sans la souplesse ».

En agroécologie, on veut remettre à l'honneur le travail physique mais bien sûr sans travailler comme une machine, sans labeur servile. Il n'y a pas de raison pour que la culture des fruits et légumes, l'activité la plus essentielle à la culture humaine, soit une activité qui « endommage les corps et paralysent l'intelligence et l'émotivité » (MUMFORD). Le jardinier agroécologiste ressemble plus à l'artisan qu'à l'ouvrier agricole actuel. Celui-ci travaille littéralement à la chaîne, répétant des milliers de fois le même geste (de planter, de couper, de trier, de laver). C'est un exécutant, qui n'a pas le loisir au contraire du jardinier de s'asseoir pour planifier son jardin et ses cultures, ou pour profiter de la vue du soleil levant et couchant, et qui ainsi en profite pour reposer ses muscles et sa tête.

Il faut savoir que chaque exercice cible un ou un ensemble précis de muscles avec leurs tendons : bas du dos, milieu du dos, haut du dos, cou, épaules, poitrine, avant-bras, bras, mollets, cuisses, fesses. L'étirement des muscles du dos est l'étirement qui nécessite le plus de temps de pratique, afin d'être pleinement compris et correctement appliqué. Cela réside dans le fait que, des fesses au cou, la musculature est continue. On peut se la représenter comme un élastique à plusieurs portions. Une zone du dos peut donc être douloureuse soit parce qu'elle a effectivement été trop sollicitée par un certain mouvement de travail, soit parce que les zones au-dessus et /ou en dessous d'elle ont été trop sollicitées et sont alors tendues. Cette hypertension engendre une tension dans les autres zones. À cela s'ajoute la forme de la colonne vertébrale, doublement convexe (creux au niveau des reins et creux au niveau du cou), qu'il convient de respecter. De par notre expérience, nous estimons que les douleurs musculaires dorsales proviennent d'une musculature trop peu développée (liée au mode de vie urbain) ainsi que du manque d'étirements et d'échauffements.

L'exercice d'étirement a l'effet suivant : il redonne sa longueur normale au muscle et retrouve sa forme naturelle en fuseau. Ainsi, il conserve tout son débattement (différence de longueur entre l'état contracté et l'état au repos). Le muscle peut donc grossir sur toute sa longueur jusqu'aux tendons et ainsi devenir plus puissant. Si aucun étirement n'est pratiqué, le muscle se raccourcit et acquiert une forme de boule. Ce muscle en forme de boule engendre trois effets négatifs :

1. Le débattement du muscle est réduit, donc l'ampleur du mouvement l'est aussi.

2. La force du muscle est réduite (le débattement étant réduit, l'effet levier est moindre).

3. Ce muscle est toujours tendu. Il en résulte une pression constante sur les articulations, ce qui peut entraîner des dommages aux cartilages, et ce qui réduit la circulation des liquides articulaires. Il en résulte une tension continue des tendons, ce qui favorise l'apparition des tendinites.

On comprend donc l'importance des exercices d'étirement.

Le jardinier se nourrit sainement

Le jardinier prend soin de sa santé aussi, c'est une évidence, en se nourrissant sainement. « C'est le cordonnier le plus mal chaussé »: ce dicton valable pour les métiers où l'on produit des objets n'a pas de raison d'être en agroécologie. Tout au contraire le jardinier doit se nourrir des légumes qu'il produit. Et parce qu'il fait lui-même l'expérience que ces légumes sont bons pour sa santé, il sait qu'il peut alors les distribuer autour de lui. Il serait contradictoire de jardiner de façon agroécologique et de manger non pas les produits de son jardin, mais les fruits et légumes achetés en grande surface. C'est une question à la fois de santé et de cohérence intellectuelle.

Le jardinier agroécologiste doit apprendre à reconnaître les cultures qui ont des influences positives ou négatives entre elles. Cela exige du temps : il ne sert à rien de le comprendre à partir de la lecture d'un livre sur les associations de cultures. Il faut l'avoir vu de ses propres yeux, dans son propre jardin, que le poireau est complémentaire de la carotte, que l'ail est complémentaire des fraises, que la sarriette est complémentaire des haricots. Tant qu'on ne l'a pas constaté par soi-même, on est crédule. Car la variété des sols et des climats influence d'autant plus les associations de cultures qu'elle influence la croissance des cultures considérées une à une.

Cela pour dire que pour se nourrir, il existe également des associations d'aliments à respecter, et d'autres à éviter. Les associations positives permettent une digestion requérant peu d'énergie. Au contraire les associations négatives en requièrent beaucoup, et donc le « rendement » du repas est diminué d'autant. C'est la recherche d'une certaine efficacité alimentaire. Ainsi tout le monde sait que démarrer un repas par un plateau de fruit de mers, puis le conclure par un gâteau à la crème chocolatée, est une association négative. D'ailleurs il ne viendrait à l'esprit de personne de manger des fruits de mer à la sauce chocolat. Pourtant dans les actes, quasiment tout le monde concrétise cette contradiction évidente : c'est tout à fait normal dans notre culture culinaire française. Pour prendre connaissance des associations alimentaires, nous recommandons la lecture de l'ouvrage du Dr. CALLOC'H, pour qui le corps est notre meilleur médecin et l'intestin notre premier cerveau.

S'alimenter sainement implique aussi de questionner les dogmes alimentaires de notre société : Faut-il manger des laitages trois fois par jour ? De la viande tous les jours, deux fois par jour ? Faut-il cuire tous les légumes ? Existe-t-il d'autre fines herbes que le persil et la ciboulette, d'autres condiments que l'ail et les oignons ? Faut-il que le pain soit blanc ? Notre opinion est très claire à ce sujet : l'alimentation occidentale est encombrée de prétentions sociales en lieu et place des préoccupations sanitaires. Pain blanc, sucre raffiné, aliments hors-saison : il s'agit là d'exemples d'une alimentation qui se veut être avant tout un signe extérieur de richesse. Le pain noir était la nourriture des pauvres. Qui donc voudrait aujourd'hui manger du pain complet ? Ça ne fait pas très distingué, des miettes de pain complet dans un restaurant cinq étoiles... Manger des pissenlits ? Mais pourquoi, si l'on n'est pas contraint de le faire ? On en a oublié qu'il existait des variétés de pissenlits sélectionnées spécialement pour être mangées comme délicatesse en hiver (JANSON). Là encore on retourne vers les clichés : le paysan et son brouet, nourriture infâme. Le paysan qui met un os à moelle dans sa soupe bien claire, et qui en plus réutilise le même os plusieurs fois (MAUPASSANT) ! Là encore, l'agroécologie se doit de contredire ces vieux clichés, bien souvent colportés en connaissance de cause et longuement, par les tenants de l'agriculture industrielle. Le jardinier agroécologiste sait bien se nourrir, de bons légumes et fruits produits dans son jardin, dans des menus conçus pour respecter la biologie de la digestion.

Enfin, évoquons que l'alimentation confère un certain état d'esprit. Manger moins de viande rend moins agressif. Manger moins de sucre raffiné rend plus calme et confère plus d'ouverture d'esprit (car le sucre incite à agir dans l'immédiateté, et non à prendre le temps, c'est pour cela qu'on en consomme dans les sports dits explosifs). Manger plus de légumineuses rend plus endurant sur le plan physique, donc sur le plan mental cela rend plus confiant en l'avenir. Il n'y a qu'un pas à faire pour dire que l'alimentation fait aussi partie d'un cheminement spirituel. Toutes les grandes religions enseigne l'importance de l'alimentation pour atteindre certains états contemplatifs. Nous présenterons plus d'arguments sur ce point dans le chapitre dédié aux rapports possibles entre l'agroécologie et la pratique spirituelle (p. 177 Spiritualité et agroécologie).

Le goût

Qu'est-ce que le goût ? Question essentielle s'il en est pour le jardinier, car il doit vendre des produits qui « ont du goût ». Pensons à un chef cuisinier : si celui-ci ne mange que des hamburgers, des frites et des pizzas, est-il en mesure de préparer des plats complexes, raffinés, subtils, essentiels ? Non, bien sûr. La règle est la même pour le jardinier : il doit proscrire la consommation régulière de fast-food ou de tout autre plat préparé industriellement. Il doit goûter tous ses légumes, crus quand cela est possible, et sans sauce ! Il doit éviter tout excès de sucre dans son alimentation, sinon il sera moins sensible au sucre présent dans ses fruits et légumes, et donc il ne pourra pas juger de leur qualité.

Le jardinier doit parvenir à distinguer dans un premier temps :
- La teneur en sucres ;
- La teneur en eau ;
- La teneur en glucides complexes, en amidon notamment. Cette teneur est ce qui donne la sensation que l'aliment « tient au ventre » ;
- La teneur en molécules qui peuvent se sublimer, c'est-à-dire la palette d'odeurs qu'offre le légume ou le fruit ;
- La teneur en arômes, qui se décline d'une part dans la force des arômes, et d'autre part dans leur diversité. Les légumes et fruits industriels sont souvent mono-aromatiques, et peu forts en goût, et cela n'est pas satisfaisant. Pour s'en convaincre il faut goûter des fruits et des légumes sauvages (tomates, carottes) : c'est une expérience que l'on n'oublie pas, et par la suite on ne fait plus que rechercher cette intensité.

Le goût est une propriété *qualitative*. Selon nous, s'il est faible ou absent, ce n'est pas en mangeant deux ou quatre fois plus d'un aliment qu'on arrivera au goût attendu : le goût faible ou absent ne peut pas être compensé. À la différence de la teneur en calories : cette propriété est qualitative, car on peut manger deux fois plus d'un aliment pour obtenir deux fois plus de calories. C'est un argument qu'il faut utiliser pour la vente des récoltes : rien ne remplace le goût authentique.

Avec l'expérience, le jardinier peut en plus distinguer le pouvoir « guérisseur » des légumes et des fruits. Il est bien connu que certains arômes et certaines odeurs sont associées à un sentiment de « mieux-aller ». Parfois nous voulons du thym, du citron, du cresson… de façon confusément instinctive. L'être humain a partiellement perdu cet instinct au cours de son évolution vers *Homo œconomicus,* tandis que les animaux les moins domestiqués ont gardé la capacité de savoir quelle alimentation il leur faut pour demeurer en bonne santé, voire se soigner (les chats se purgent en mangeant de l'herbe par exemple). Le jardinier, en s'abstenant de manger des aliments industriels, peut réactiver cet instinct, et il sera le premier à en bénéficier s'il réapprend à lui faire confiance. C'est un travail sur soi qu'il faut réaliser progressivement, ce n'est pas un acquis spontané. Avec le temps, on en vient à associer spontanément certains légumes à ce qui ferait du bien pour sortir d'un état de santé non satisfaisant. Ceci n'est pas de l'ordre de la réflexion intellectuelle, c'est de l'ordre de l'émotion : du ressenti et du désir. Ainsi par moment on aura envie de manger du chou, du navet, du radis noir, des fraises... Si l'on est fatigué physiquement on aura tendance à vouloir manger des lentilles, si l'on est fatigué intellectuellement on aura tendance à manger des graines, des artichauts. Ces « besoins » peuvent varier selon les personnes et selon les saisons bien sûr.

Cet instinct n'est pas non plus quelque chose de systématique, d'après notre expérience personnelle : ce n'est pas comme un ordinateur qui chaque matin nous ferait penser « aujourd'hui mange ceci ou cela, pour revitaliser ton activité physique ou intellectuelle ». Ce n'est pas une science et aux sceptiques nous ne pouvons que proposer de tenter eux-même[48] l'expérience. L'intérêt d'être intellectuellement ouvert à cette possibilité ne réside pas seulement dans la réactivation de cet instinct : cela permet d'ouvrir la voie à une conception de la santé, et par la suite une conception de la médecine, qui se démarquent des conceptions conventionnelles. En particulier, parvenir à ressentir en soi le lien entre l'alimentation et la santé fait prendre conscience du très grand pouvoir de la prévention. Tandis que dans notre société occidentale nous sommes nombreux à penser implicitement que le médecin est la première personne responsable de notre santé, et non nous-même. Redévelopper l'instinct du lien entre alimentation et santé, et redévelopper notre responsabilité personnelle envers notre corps, sont deux travaux à faire sur soi. Si l'on fait cet effort, et qu'on en constate les premiers fruits, on a alors le sentiment de contribuer à donner du sens à notre vie. Ainsi le ressentons-nous. Pour ceux qui veulent aller plus loin, ces deux étapes sont préliminaires à la médecine par les plantes médicinales, c'est-à-dire les plantes qui n'ont pas de vertu alimentaire, mais seulement sanitaires prophylactiques ou curatives.

2.5 Les outils du jardinier agroécologiste

Le système technique et économique de l'outil

D'une façon générale, et donc en agriculture conventionnelle comme en agroécologie, un outil n'est jamais un élément isolé. Un outil n'existe que grâce à un système de production (la carrière de minéraux, l'usine), d'acheminement (transports terrestres ou maritimes, douanes) et d'acquisition (grossiste, vendeur, publicité). Un outil n'est fonctionnel que lorsque les conditions s'y prêtent, c'est-à-dire lorsqu'il est entretenu, réglé, réparé et que le savoir-faire nécessaire pour pouvoir l'utiliser existe et est enseigné. Ce qui caractérise tout outil (ou tout système technique) est que l'outil permet autant qu'il oblige (MUMFORD). L'outil ne rend service que si la personne sait tout d'abord se mettre au service de l'outil.

En agriculture conventionnelle, aujourd'hui (2014), cela se traduit par la soumission de l'agriculteur aux endettements pour acquérir le matériel, par la soumission à l'augmentation constante du prix du fuel/gas-oil, par l'obligation d'assurance et déclaration (aux administrations), par la confrontation permanente avec le risque économique résultant d'une panne, d'un dysfonctionne-

---

48 Certains diraient que l'expérimentation sur soi est nécessairement subjective, donc que l'auto-persuasion et l'affabulation ne peuvent pas être exclues. Ils classeraient nos affirmations dans le tiroir des pseudo-sciences voire de l'ésotérisme. Nous ne voulons pas faire d'ésotérisme, mais c'est un vaste débat que celui des conditions de la sensibilité humaine. Le rationaliste nous dirait qu'une telle capacité (de reconnaître ce dont le corps a besoin et le faire agir en conséquence sans activer notre intellect) implique l'existence d'un organe, ou d'une zone du cerveau, dédiée à la détermination de ce que nous devons manger. Qui sait ? Est-ce si invraisemblable ? Est-ce moins invraisemblable si l'on attribuait cette capacité à certaines hormones ou au rythme nycthémère ? Après tout, ne qualifie-t-on pas une certaine partie de notre cerveau de reptilienne, à savoir celle responsable de nos automatismes de survie ?

ment ou du bris des outils. Cette soumission participe de l'aspect peu attirant de l'agriculture conventionnelle d'aujourd'hui, admettons-le.

Le culte de la puissance

Tout le monde convient que les agriculteurs sont victimes de ce système, car ils ne peuvent que difficilement en sortir. Les établissements agricoles leur ont enseigné dès le jeune âge – implicitement – que la profession impose d'avoir des machines grosses et puissantes, pour l'honneur de la profession. Traditionnellement la population agricole se sent mal considérée et mal aimée de la part des citadins et donc ces machines puissantes, à même d'impressionner le citadin de par le nombre de chevaux et le couple, permettent de retrouver le prestige perdu. MUMFORD nous éclaire sur une autre origine de ce culte de la puissance mécanique. Cette façon de penser en termes de machines de plus en plus grosses est caractéristique de la révolution du capitalisme industriel des XVIIIᵉ et XIXᵉ siècles : plus la machine à vapeur était grosse, mieux c'était. Et l'historien ajoute : et tant pis pour le rendement. En effet à cette époque, la notion de rendement n'avait pas cours. La double combustion des fumées, qui pourtant permet des économies de carburant et équipe aujourd'hui les poêles à bois les plus modernes, ne fut pas acceptée par les directeurs d'usines. On modifia même les prototypes du moteur diesel pour qu'ils soient plus bruyants – car le bruit constituait une preuve en soi de la puissance de la machine !

Le jardinier agroécologiste ne veut pas de tout ça, c'est-à-dire de ces façons de penser en termes de puissance, dans son jardin, et ni pour lui ni pour ses proches et ses clients. Il aura à cœur d'utiliser des outils autant que possible manuels, robustes, bien conçus et simple à entretenir. Les outils manuels sont indépendants des banques et des assurances, et s'ils sont de qualité, des services après-vente et des déplacements qui incombent.

Trouver le bon geste et régler ses outils

Le rendement des outils manuels n'est pas dépendant de la force physique. Pas besoin d'être « monsieur Univers », Pierre RABHI avec ses « 52 kg tout mouillé » comme il écrit, nous le démontre. Et le jardinage et l'agriculture sont de tout temps et de tous lieux une activité des deux sexes. Pour que l'utilisation d'un outil manuel ne soit pas pénible, il faut veiller à bien définir la fonction de l'outil. C'est plus important que la circonférence des muscles du jardinier ! Une houe n'est pas une binette, un croc n'est pas une pioche, une griffe n'est pas une fourche. Aussi il faut que chaque jardinier trouve sa posture corporelle qui permet le plus de souplesse, et donc d'endurance, et adapter en conséquence la longueur des manches des outils ou leurs angles. Il faut trouver le mouvement optimal, ni trop puissant ni trop léger, ni trop lent ni trop rapide, afin que les gestes se succèdent avec fluidité. Ainsi, pour biner on se déplace dans la direction opposée à la direction dans laquelle on pousse la terre avec l'outil. Plutôt que de soulever la terre avec une houe afin de l'aérer, on utilisera une griffe qui émiette la terre : on tire la griffe vers soi, ce qui est un mouvement optimal d'un point de vue musculaire (on peut combiner le mouvement des bras, du dos et des jambes pour tirer). Il est inutile de soulever la griffe, on la laisse s'enfoncer dans le sol, elle est conçue pour ça. Ce genre de réflexion est indispensable pour les travaux de force tels que passer la houe (si indispensable), faucher, passer la grelinette, curer les fossés, butter.

Le mouvement optimal ayant étant trouvé, le jardinier peut alors identifier avec précision les muscles sollicités. Il pourra ainsi adapter son programme d'étirements, et pour continuer à travailler en évitant la fatigue, il alternera les tâches afin de ne pas solliciter toujours les mêmes muscles.

Les machines à moteur, en particulier les tronçonneuses, débroussailleuses et taille-haies sont indéniablement utiles pour l'entretien des haies. Mais leur bruit est considérable, l'entretien indispensable, le risque de blessure sérieuses non négligeable. Il faut réduire leur durée d'utilisation au minimum et gérer les déchets de coupe sur place : il faut penser dès le départ l'évolution des haies, talus, bordures de chemins et bords de fossés avec cet apport local de matière. L'utilisation sur place de la matière organique renforce l'identité du jardin. Ainsi pour les haies, on pourra sans arrière pensée laisser le bois mort et les tailles au pied de la haie. Il s'y développera en abondance une faune naturelle des haies.

Choisir des outils agroécologiques

Le jardinier agroécologiste n'est pas contre l'outillage, comme certains le lui reprochent. Il ne supprime pas les systèmes dans lesquels les outils prennent place : au lieu de choisir les systèmes techniques de taille nationale et internationale (par exemple acheter un tracteur, une remorque, ou tout autre machine qui de nos jours sont assemblées à partir de pièces fondues et usinées dans de nombreux pays), il privilégie au maximum :
- Les systèmes techniques courts (c'est-à-dire les outils dont il peut assurer lui-même l'entretien et la réparation) ;
- Les systèmes de techniques abstraites. Par cela nous entendons les réflexions sur le quand et le comment de l'utilisation de chaque outil, sur ses avantages, inconvénients, fonctions et limites d'usage. Ces réflexions sont indissociables pour gérer le jardin comme un tout ;
- Et les systèmes culturels, c'est-à-dire les attraits de la vie à la campagne : le plaisir simple du travail au jardin, la fierté du geste bien fait, inviter des connaissances pour les travaux de force, les récoltes qui sont autant d'occasion d'échanger et de se réjouir.

Le système technique du jardinier agroécologiste est réduit autant que faire se peut au périmètre du jardin ; l'outil est au service de la vie. Prenons l'exemple de la faux. Cet outil exige un geste souple et précis, mais sans force violente. Elle peut être battue sur place, afin de renouveler son tranchant « comme un rasoir ». La lame dure plus d'une dizaine d'années. Le manche est en bois de hêtre, entretenu à l'huile de lin. Quand arrive le moment où la lame doit être battue ou aiguisée, on le sait, car on doit forcer plus, tout simplement. Par rapport à un rotofil, l'entretien se fait totalement sur place, l'utilisation est silencieuse et calme, l'air n'est pas pollué, l'herbe est bien coupée, l'herbe est poussée en randes prêtes pour la mise en tas, ça ne prend pas plus de temps et enfin on peut faucher le midi ou le dimanche sans gêner les voisins ou la famille ! La faux incarne donc bien l'esprit d'autonomie, de propreté et durabilité inhérent aux outils agroécologiques

2.6 La productivité du jardin

Un geste, plusieurs fonctions

Il faut chercher à maximiser le nombre de fonctions d'un seul et même geste de jardinage. Quelques exemples :
- Quand on arrache les adventices (les mauvaises herbes), on les laisse sur place. Ainsi elles vont couvrir le sol (le protéger des intempéries) et elles vont se décomposer donc nourrir le sol. Elles améliorent la régulation de l'eau du sol en évitant la formation d'une croûte de battance lors des pluies et à l'inverse en évitant l'assèchement du sol au soleil de midi. En se décomposant elles participent à la formation de l'humus. L'humus améliore la structure du sol et son aération (grâce aux galeries faîtes par le déplacement des vers de terre). Enfin cette couverture de sol permet d'éviter de biner, car la repousse des mauvais est ralentie. Soit cinq fonctions en une.
- Le compostage permet à la fois d'éliminer les déchets végétaux (les restes de récoltes par exemple) et de créer de l'humus que l'on incorporera dans les espaces cultivés. Pour la mâche

ou la roquette semées à la volée, les mauvaises herbes ne peuvent pas être laissées sur place : il faut donc les composter.

- Le pincement des parties surnuméraires des plantes (les « gourmands ») sert à augmenter le poids des parties comestibles et apporte de la matière organique au sol (soit par retour au compost, soit en laissant simplement les parties coupées sur le sol au pied des plantes). Attention cependant, cette intervention directe est à éviter autant que possible, car contraire au respect des plantes.
- Les tailles de haies servent pour couvrir le sol (coupées en morceaux de 10-30 cm) et créer des refuges à auxiliaires (insectes prédateurs, hérissons, orvets) quand on les amoncelle en petits tas de bois (environ un quart de mètre cube). Elles peuvent être laissées au pied de la haie, constituant ainsi année après année un talus. Traditionnellement ce petit bois est brûlé sur place, mais Claude BOURGUIGNON insiste sur le fait qu' « on ne brûle jamais de matière organique, c'est une ineptie ».

Étant donné que le jardinier agroécologiste utilise aussi peu que possible des machines, il doit donc valoriser au maximum ses efforts physiques, donc chacun de ses gestes. Cette pensée renvoie à la valeur ajoutée des récoltes (p. 79).

Avant toute considération sur la plurifonctionnalité, le rendement de chaque geste dépend d'abord de la possibilité ou non d'effectuer le geste. C'est une évidence. En agriculture du printemps à l'automne, la pluie est souvent un obstacle au travail. Cela est bien illustré dans l'agriculture conventionnelle : un sol trop mouillé ne permet pas au tracteur ou à la moissonneuse de passer. Trop de pluie signifie pas de travail du sol, pas de semis, pas d'épandage, pas de récolte... En agroécologie, on aura donc le souci de moins dépendre de l'absence de pluie. On utilisera des semoirs manuels, pour semer en ligne (petit semoir du commerce à un trou, dont le diamètre d'ouverture est réglable) et pour semer en surface (bocal au couvercle percé de nombreux trous correspondant au diamètre de la semence). Semer est ainsi possible même sous une pluie modérée. Faucher à la faux peut se faire sous la pluie, de même que l'étalement des différentes couvertures du sol. Bref sur une année le nombre de jours durant lesquels le jardinier agroécologiste peut travailler est plus important que pour l'agriculteur conventionnel.

S'assurer de la fertilité du sol

La productivité dépend aussi, et surtout, de la fertilité du sol, qui elle-même dépend de sa teneur en humus. L'humus se forme à partir de la matière végétale morte tombée sur le sol, ou apportée par le jardinier. Les micro-organismes la décomposent partiellement et les vers de terre ingèrent ce mélange de bactéries, de terre et de matière en décomposition. Ils rejettent un agglomérat de terre et de matière organique, le complexe argilo-humique (CAH), qui constitue la réserve à proprement parler des minéraux utilisables par les plantes[49].

La question de la fertilité du sol est centrale. Elle a de nombreux tenants et aboutissants, certains évidents, d'autres moins. Nous allons procéder ainsi : voyons d'abord pourquoi un sol peut devenir stérile, puis les actions à entreprendre pour maintenir sa fertilité et enfin quelle peut être la fertilité maximale d'un sol.

---

49 Les micro-organismes de la rhizosphère, c'est-à-dire le milieu jouxtant immédiatement les racines et qui reçoit leurs sucs (exsudats racinaires) jouent un rôle dans la croissance des plantes, mais nous choisissons de ne pas aller dans le détail de cette interface entre la plante et le sol. La raison en est que, certes ces micro-organismes sont importants, mais en tant que simple jardinier, on n'a pas les moyens ni les méthodes pour étudier ces micro-organismes, et on ne pourrait pas agir directement sur eux, pour par exemple les stimuler ou favoriser une souche parmi d'autres. Ce surplus de connaissances n'apporte pas plus de possibilités d'action concrète, et si de telles actions étaient possibles, elles ne seraient pas compatibles avec la pensée agroécologiste (cf. le premier objectif agroécologique).

Pourquoi un sol devient-il stérile ?

Un sol devient stérile en général parce qu'on ne boucle pas le cycle de la matière organique et qu'on laboure trop profondément. Quand année après année on exporte les récoltes et les parties aériennes restantes (quand on les brûle ou on les porte à la déchetterie au lieu de les composter), quand on arrête le retour de matière organique sous forme de compost, de fumier, de tonte..., le stock d'humus va en s'épuisant inexorablement. Et si on laboure profondément un sol peu épais (ce qui est le cas de notre jardin, où nous avons seulement une profondeur de bêche de terre arable avant de tomber sur un horizon d'argile caillouteux), on fait remonter à la surface les couches profondes. Si celles-ci sont de sable ou d'argile, alors le sol superficiel, où se développe la majeure partie du système racinaire des cultures, devient trop minéral. Sur les sols travaillés ainsi depuis de longues années, on peut observer des lichens et des mousses pousser à la surface de la terre. Or ce sont des organismes dits pionniers, car ils poussent en général sur des roches ou des sols primaires, ce qui en dit long sur la fertilité d'une telle terre !

Il faut se défaire de la pensée qu'un végétal supérieur peut pousser dans un sol exclusivement minéral. C'est une pensée erronée, qui a été promue par l'industrie agrochimique – et l'éducation nationale jusqu'à il y a une dizaine d'années – dans le seul but de vendre des engrais. Les engrais ont certes un effet : celui de *forcer la plante à se gorger d'eau* et donc de sembler pousser vite, de devenir plus grosse et plus lourde rapidement. Claude et Lydia BOURGUIGNON dévoilent ce mécanisme et les inconvénients qui l'accompagnent. Dans un sol naturel, les plantes croissent en présence d'humus et non d'engrais. C'est dans un sol contenant de l'humus qu'ont évoluées les plantes supérieures, en particulier depuis soixante-cinq millions d'années les plantes à fleur, catégorie à laquelle appartiennent tous nos fruits et légumes. Donc contraindre aujourd'hui ces plantes à pousser dans un sol sans humus, c'est oublier cette évolution : ces plantes ont absolument besoin d'humus.

Maintenir le sol fertile

Pour maintenir ou faire augmenter le taux de matière organique du sol, donc le taux d'humus, il faut :
- Faire de bonnes couvertures de sol (consulter à ce sujet le cours technique) et/ou épandre suffisamment de compost. Avant de cultiver une prairie maigre on fera ainsi durant une voire deux années des engrais verts et d'autres couvertures du sol.
- Semer des engrais verts. Personnellement nous utilisons de la moutarde jaune, du sarrasin et de la phacélie. Juste avant la floraison les couper et les laisser se décomposer sur place (il n'est pas nécessaire de les enfouir, en agroécologie du moins).
- Arroser régulièrement au pied des cultures avec des extraits fermentés, et arroser avec la même concentration (10 %) aussi les couvertures de sol pour l'hiver (au moins un litre au mètre carré), pour aider celles-ci à se décomposer (et ainsi former de l'humus).
- Si possible, après arrachage des mauvaises herbes laisser celles-ci sur place, pour faire office de couverture de sol.
- Ne pas laisser durant plusieurs années un sol recouvert d'un bâche noire étanche. Certes cela empêche tout développement de la végétation, mais cela bloque aussi la circulation de l'air dans le sol, air indispensable aux micro-organismes et aux vers de terre (qui, ne l'oublions pas, respirent eux aussi). De plus, la pluie va marteler le sol à travers la bâche, qui va se tasser considérablement. Si le temps vous fait défaut, en l'attente d'être repris en main, semez au moins du gazon dans le jardin. Le sol restera ainsi vivant, mais il faudra tondre régulièrement. Deux semis d'engrais vert (au printemps et à l'automne) ne vous donneront pas plus de travail : ils seront fauchés l'un à la fin de l'été, le second à la fin de l'hiver.

- Restituer chaque année de la matière organique au sol (tonte, compost, BRF, copeaux...) et des minéraux (cendres).
- Ne pas tasser le sol, ce qui réduit son aération. Donc privilégier les planches permanentes avec des allées permanentes pour se déplacer.

Augmenter la fertilité d'un sol

On peut se demander jusqu'à quel point il est possible d'augmenter la fertilité. En agroécologie, on prend souvent la Nature comme référence. Pour cette question, prenons donc comme référence la production annuelle de biomasse, sous forme de bois et de feuilles, d'une forêt naturelle, c'est-à-dire un écosystème où l'Homme n'intervient pas. Selon FUKUOKA, cette biomasse (fraîche) avoisine 40 T/ha/an. On retrouve ce chiffre dans les jardins performants (jardin de la grelinette de Jean-Martin Fortier, ferme du Bec Hellouin) où la production par hectare cultivé avoisine les 40 tonnes. Ces maraîchers restituent pas loin de 40 T/ha/an au sol, soit 4 kg au m^2 (sous forme de compost, de fumier, de paillage, de BRF...) Les maraîchers du XIXe siècle se faisaient livrer chaque jour une tonne de fumier de cheval, pour un espace cultivé d'un hectare ! Il semble donc que plus on met d'intrants (tout la matière organique qui rentre dans le jardin), plus le tonnage produit est élevé.

Cette relation linéaire de cause à effet a-t-elle une limite ? Oui, en théorie la limite supérieure est celle des conditions de possibilité de l'humification. Dans les terres lourdes tendant à l'engorgement, le sol est pauvre en oxygène, ce qui va la restreindre. Et l'accumulation de matière organique peut rendre la terre trop acide. La Nature nous montre le cas extrême de non-décomposition de la matière organique : les tourbières. Le sol est engorgé, les végétaux morts ne décomposent pas, le milieu est acide : la végétation d'une tourbière est très pauvre d'un point de vue quantitatif (faible production de biomasse).

Si on utilise du fumier, il y a aussi des contre-indications végétales : certaines espèces telles les alliacés (ails, oignons, échalotes, poireaux) et les légumineuses (haricots, fèves, lentilles) n'aiment pas les terres riches. Elles n'y poussent pas bien ou sont alors plus sensibles aux maladies et aux ravageurs. Aussi, certaines plantes dans un sol très riche ont une consommation de luxe : elles vont absorber les minéraux et en transformer la majorité en feuilles, fruits ou racines. Mais une partie de ces minéraux consommés ne va pas être utilisée, d'où la dénomination de ce phénomène. De telles plantes sur-nourries sont des cibles de choix pour les ravageurs et les parasites.

Dans notre jardin, la terre a presque partout la même fertilité, partout nous la paillons ou la mulchons. Hormis pour les espaces de culture des courges, la rhubarbe, les artichauts et les tomates sous serre, cultures non agroécologiques parce que nous utilisons du fumier (mais nous ne bêchons pas la terre pour l'incorporer, nous l'étalons simplement et le recouvrons de foin). Les choux gourmands tout comme les oignons modestes poussent bien dans notre terre paillée. L'affirmation que certaines espèces aiment les terres riches, et d'autres les pauvres, n'est pas anodine : elle provient du jardinage traditionnel à base de fumier. Cette catégorisation des légumes n'est plus valable pour les jardins agroécologiques, dans lesquels le retour de matière organique s'effectue majoritairement par les couvertures de sol et par le compost. Certes, la tradition transmet à juste titre que les courges, les céleris, les tomates et les pommes de terre ont un rendement très important quand on les fait pousser au pied d'un tas de fumier. C'est indéniable. Nous ne voulons pas dénigrer ces connaissances traditionnelles, juste préciser qu'elles aussi ont leurs avantages et leurs inconvénients, et nous voulons proposer une pensée alternative : que *les légumes s'accommodent du taux d'humus, qu'ils peuvent pousser avec vigueur dans une terre riche en humus, quels que soient leurs besoins physiologiques*. Et cette pensée nous amène à questionner la notion de « besoin » des plantes. Que sait-on vraiment des besoins des plantes ? C'est certes par l'expérience de la tradition que l'on a associé leur besoin à la quantité de fumier disponible, c'est certes par le mercantilisme scientifique que l'on a associé leur besoin à la quantité d'engrais de synthèse disponibles, mais ces associations sont des choix que *nous humains* avons fait. Nous avons réduit les besoins des plantes aux aspects qui *nous* semblaient les plus pratiques à gérer : transporter du fumier, déchet gratuit des transports hippomobiles, ou vendre des engrais. Le jardinier agroécologiste sait au contraire d'une part qu'il est impossible de tout savoir d'une plante et d'autre part qu'il faut laisser aux plantes la liberté de puiser les minéraux dont elles ont besoin. Si nous savions tout des plantes, nous serions des dieux ! Donc la meilleure chose à faire est de nourrir le sol pour qu'il s'y trouve de l'humus, et ce que la plante y prélève, elle le fait quand elle le veut, comme elle le veut. C'est sa liberté, le jardinier n'a pas à y mettre pas le nez. Notons que cela vaut aussi pour l'arrosage : une terre avec de l'humus et couverte à une bonne réserve d'eau (ni trop ni trop peu). Cela permet à la plante de prélever de l'eau à son rythme. Tout arrosage, ponctuel en grosses quantités ou par un système continuel de goutte à goutte, met la plante en contact avec plus d'eau qu'elle ne peut absorber ou selon un rythme qui ne lui convient pas.

Choisir la provenance de la matière organique restituée

Beaucoup de maraîchers biologiques se font livrer du fumier, qu'ils compostent et incorporent à la terre. Cela ne correspond pas à la pensée agroécologique : le jardinier agroécologiste ne peut pas éviter la question de l'autonomie d'une part et d'autre part il ne doit pas faire assurer la fertilité de sa terre par un autre acteur de l'agriculture. Il doit être maître de la fertilité de sa terre. Il y a donc deux stratégies possibles. La première, que nous pratiquons, consiste à associer une prairie au jardin cultivé. On en tire de la tonte et du foin pour nourrir et protéger le sol. Pour ne pas que la prairie s'épuise, il faut la tondre régulièrement en mode mulching (l'herbe finement coupée reste sur place et nourrit la prairie). Ainsi tonte et foin compense les exportations du jardin (les récoltes) et l'on aboutit à un bilan de matière nul. Plus précisément, le bilan de matière pour la prairie est positif, celui du jardin est négatif, et les deux *ensemble* permettent d'aboutir à un équilibre nul. La seconde stratégie est de cultiver des céréales pour alimenter un élevage de volaille. Les fientes seront compostées et incorporées à la terre. L'idéal est de combiner les deux stratégies. Bien sûr, si l'on doit acheter l'aliment pour la volaille, on ne tient plus en main la fertilité de son sol, qui sera alors soumise à la disponibilité et aux variations de prix et de qualité de l'aliment pour volaille. Uniquement les jardins ou les fermes avec un bilan de matière nul voire positif sont des agricultures durables.

Quelle productivité au m² pour un jardin agroécologique ?

Revenons à la productivité des jardins modèles cités précédemment. De fait, comme nous l'avons expliqué dans le point L'évolution des écosystèmes p. 34, un jardin n'est pas une forêt : ça ressemble plus à une plaine alluvionnaire de vallée ou à une prairie. Dans l'idée d'imiter la Nature, ne peut-on pas penser que vouloir un jardin dont la productivité dépasse la productivité naturelle d'une prairie est contre-nature ? Et, surtout, n'est pas durable car un approvisionnement en grande quantité de fumier implique de s'adresser à des fermes de taille industrielle, et donc de dépendre d'elles et de leur santé financière (adieu l'autonomie...) Illustrons : un hectare de prairie permet d'obtenir environ cinq tonnes de foin sec, soit environ quinze tonnes de foin frais. Le foin étant sec, on peut tripler ce poids pour du foin frais, soit quinze tonnes à l'hectare de matière organique, et non quarante comme une forêt. Prenons la stratégie du jardin de 1000 m² associé à une prairie de 3000 m². On transfère de la prairie dans les planches permanentes la production de la prairie, sous forme de tonte et de foin. Si on pose un bilan de matière nul, on doit pouvoir « sortir » de ce jardin $15 \times 0,3 = 4,5$ tonnes de fruits et légumes, soit 4,5 kg au m², ce durablement (n'oublions pas qu'en plus les restes de culture retournent au jardin après compostage et ils représentent jusqu'à un tiers du poids de la récolte).

Un jardin traditionnel avec beaucoup de fumier produira indéniablement plus. Si ce jardin est bien géré, la fertilité va se maintenir autant d'années que les intrants seront maintenus. Mais nous avons confiance que le jardin agroécologique sans fumier aura des récoltes plus régulières, car les plantes seront moins susceptibles d'avoir des coups de chaud en été et elles seront en meilleure santé (dans une terre nue les racines sont plus exposées aux aléas climatiques). Aussi, utiliser du fumier n'est pas anodin : il faut savoir le doser sous peine de « brûler » les plants par un excès de minéraux dans le sol, et il faut respecter les successions. Trop de fumier peut rendre les crucifères trop forts en goût. Il faut aussi veiller à ce que les racines ne soient pas en contact direct avec du fumier pas complètement composté... chaque technique a ses avantages et ses inconvénients.

Quelques remarques supplémentaires

Savez-vous que les maraîchers de Paris du XIXe siècle n'utilisaient le fumier que pour faire des couches chaudes, afin de produire des légumes sous châssis tout au long de l'hiver ? Ils ne mettaient pas de fumier ailleurs dans leurs « marais » : ils répandaient le fumier décomposé, après qu'il eut servi plusieurs mois, et l'appelaient non plus fumier mais terreau. MOREAU et DAVERNE insistaient sur ce fait, qui à l'époque semblait déjà être une controverse entre les jardiniers particuliers et les maraîchers professionnels. Cette précision indiquait donc déjà que le maraîchage à base de fumier n'était pas la seule possibilité, mais à cette époque on ignorait le concept d'humus et donc qu'il existait d'autres voies que l'utilisation de fumier pour obtenir un sol fertile.

La question de la productivité maximale par m² nous a amené à questionner le lien entre la quantité de matière restituée et le volume de récolte, et donc le lien entre taux d'humus et volume de récolte. Ce faisant, nous réduisons à tort les caractéristiques de la récolte : nous en oublions l'aspect qualitatif. Un taux élevé d'humus ne fait pas nécessairement augmenter les récoltes de façon prodigieuse : le volume des récoltes (la taille des légumes) dépend surtout des variétés cultivées. Un bon sol ne produit pas nécessairement beaucoup, par contre les fruits et légumes ont une haute valeur organoleptique : ils sont bons, nourrissants et améliorent la santé (car riches en nutriments). Aussi les récoltes sont plus régulières malgré les caprices du temps et des saisons, et les récoltes se conservent mieux.

De la réussite en agroécologie

Qu'entend-on par « réussite », par un jardin réussi ? On peut donner une définition biologique de la réussite : il y a réussite quand le double objectif de récoltes de qualité et de pérennisation de la fertilité du jardin est atteint en utilisant uniquement les ressources locales, situées dans le périmètre du jardin (en particulier de la matière organique pour les couvertures de sol, le terreau pour les semis, les semences...). Tant que les récoltes sont très modestes, à cause de pertes importantes (supérieures à 30 %), on peut dire que le jardin n'est pas encore une réussite.

La définition anthropique de la réussite est celle-ci : c'est lorsque la pratique du jardinage apporte un sentiment de satisfaction, de bien-être, sur les plans corporel et intellectuel. Le travail corporel judicieusement planifié, en utilisant les connaissances écologiques et biologiques, et judicieusement exécuté en utilisant des techniques adaptées au jardin, doit amener une récolte satisfaisante, toujours supérieure à un seuil minimum. On est alors fier de constater que, malgré l'absence d'un tracteur de 400 chevaux et d'autres machines grosses et chères, avec nos modestes muscles et nos modestes cellules grises, une récolte fiable est possible. On y gagne de la confiance en soi : c'est la confiance que si l'on fait notre part du travail dans la relation de symbiose qui peut exister entre l'être humain et la plante, la plante nous le rendra bien.

D'un point de vue général, on confirme ainsi que même sans grosse machines, l'être humain n'est pas soumis aux caprices de la Nature, car il sait observer et réfléchir. C'est une évidence que l'on tend à oublier, si exposés que nous sommes à un discours commercial permanent qui nous incite à acheter machine après machine. In fine, cette confiance dans la puissance de la modestie, ou de la sobriété comme le dit Pierre RABHI, fait que nous avons moins peur de la Nature. Cela prodigue de la sérénité.

Qu'appelle-t-on, au contraire de réussite, médiocrité en agroécologie ? La médiocrité, c'est de ne pas concevoir son jardin comme un tout, comme une unité, assez diversifié, varié, pour permettre l'autonomie (en matière organique, en eau, pour la régulation des ravageurs par les prédateurs naturels...). L'organisation spatiale du jardin doit permettre la diversité des milieux. Un jardin dans lequel le jardinier se consacre exclusivement aux soins directs à ses cultures n'est pas un jardin agroécologique, car cela signifie que le jardinier laisse à d'autres personnes le soin par exemple de faucher, d'entretenir ses allées et ses haies. Or l'action globale participe de la pensée agroécologique, tout comme la spécialisation participe de la définition de l'agriculture industrielle.

Enfin, comme pour toute agriculture, un jardin médiocre est un jardin dans lequel l'avant et l'après culture ne sont pas gérés. Par exemple on se contente de passer le motoculteur juste avant de semer ou de planter, et on laisse le sol après récolte se couvrir d'adventices. Dans certains jardins traditionnels, on pourra même voir au printemps le jardinier pulvériser de pesticides les adventices et les restes de culture, puis deux semaines après travailler la terre et semer ! Heureusement, avec l'interdiction prochaine de la vente de pesticides aux particuliers, ce genre de pratique primitive (qui ne peut que nuire à l'art du jardinage) n'aura plus lieu. Chaque pratique culturale, tout comme chaque absence d'action (volontaire ou non), a un effet sur la fertilité du sol. Il faut toujours avoir cela en tête !

Du bon usage de l'énergie

Le professeur ALTIERI nous donnes les chiffres suivants :

Type d'agriculture	Production d'énergie alimentaire pour 1 kcal d'effort physique fourni
Agroécologie	15 kcal
Agriculture conventionnelle	1,5 kcal

Tableau 11 : Comparaison du rendement énergétique

L'agriculture conventionnelle permet certes de produire de grands volumes de récolte, mais l'énergie dépensée pour cela est tout à fait considérable. Selon ALTIERI, l'agroécologie a un rendement énergétique dix fois plus important. L'agriculture biologique, dans ses cahiers des charges, ne se fixe pas comme objectif d'améliorer le rendement énergétique, mais les agricultures biologiques alternatives se doivent de concrétiser cet objectif de sobriété énergétique, en particulier vis-à-vis des sources d'énergie fossile. L'agroécologie comporte ainsi dans son essence le souci du rendement énergétique. Concrètement cela s'atteint par différents moyens :

- Préférer l'énergie passive (bâches, voiles type P17, couverture de sol) à l'énergie active (labour, chauffage de serre).
- Privilégier les tâches nécessitant peu d'énergie, qui peuvent être répétées régulièrement. Au contraire, les tâches de force doivent par définition être restreintes en temps et en nombre.
- Maximiser le rendement des machines à moteur. Si on doit en utiliser une, c'est parce qu'on va très nettement plus vite qu'à la main *et* que les sous-produits sont valorisables. Par exemple tondre les allées permet d'obtenir de la tonte pour faire du mulch qui sera étalé entre les plants. La tonte peut aussi servir à recouvrir les plaques à semis, pour réduire le dessèchement du terreau.
- D'une manière générale veiller à la plurifonctionnalité de chaque action (cf. p. 125 Un geste, plusieurs fonctions).

La répartition du temps de travail

Nous estimons que le temps de travail en agroécologie se répartit de la façon suivante :
- une moitié consacrée à préparer le sol, à le couvrir, à le nourrir (nous incluons le temps de fauchage de la prairie et de tonte des allées)
- et pour l'autre moitié :
  - 1/4 consacré aux semis
  - 1/4 à l'arrosage
  - 1/2 aux récoltes

Il faut compter en plus par jour une dizaine de minutes pour gérer les ravageurs (écraser les œufs de papillons, passer la gibinette pour casser les galeries de rongeurs, poser et relever les pièges à rongeur, récolter manuellement des limaces ... qui servent de nourriture riche en protéines pour les poules).

Même si on n'atteint pas l'objectif ultime de seulement semer et récolter, quand on jardine on est tout de même surpris de constater à quel point le contact direct avec les plantes est réduit : on ne touche que les graines lors du semis, les plantules lors de la plantation, les légumes lors de la récolte et en fin de culture pour arracher la plante. Il n'est même pas nécessaire de pulvériser les plantes avec des purins. Bref, hormis pour les périodes de sécheresse où il faut tout de même arroser un peu, les plantes se débrouillent seules.

3 LA TOUCHE PERSONNELLE DU JARDINIER

Nous venons de voir que dans la pensée agroécologique, faire le bon choix des techniques, bien s'organiser, occupent des places centrales. Nous avons souvent écrit que l'agroécologie est épanouissante : voyons donc maintenant comment le jardinier peut infuser ses valeurs personnelles dans le jardin.

Ces valeurs sont la « touche personnelle » de chaque jardinier. En ce qui nous concerne, nous avons acquis notre façon personnelle de travailler et de penser par notre formation scientifique et par notre entrée dans la vie active en Allemagne. Certainement que cela se ressent dans notre façon de pratiquer l'agroécologie et de l'enseigner : nous mettons un point d'honneur à ce que chaque tâche soit « gründlich und übersichtlich », c'est-à-dire aussi fondamentale et claire que possible. Voici comment nous comprenons ces termes :
- « Claire » (comme *prédictible*) : Il faut au préalable identifier les tenants et les aboutissants de chaque tâche, sur le plan du rendement (volume de récolte) et sur le plan de la fertilité du sol (dates d'enlèvement et de mise en place de couvertures du sol, afin de le nourrir) ;
- « Fondamentale » (comme *essentiel*) : Chaque tâche doit être cohérente avec les autres tâches, dans le temps, dans l'espace, dans l'objectif global de production (jardin pour l'autonomie per-

sonnelle, pour la vente, pour la famille et le cercle de connaissances...), dans l'objectif de favoriser la biodiversité naturelle (et donc le respect de la vie) ;

* « Fondamentale » (comme *fondation*) : on doit pouvoir construire dessus, s'appuyer dessus. Car le travail étant une suite d'actions (une chaîne d'actions), chaque maillon de la chaîne est la fondation du maillon suivant. Il faut bannir les tâches dont on n'est pas sûr des effets, ou sinon les appliquer en connaissance de cause.

* « Claire » (comme *observation*) : Si une tâche de travail est bien conçue, on détecte facilement les phénomènes inattendus, qui pourraient être dus à des facteurs extérieurs au jardin et au jardinier, ainsi que les éléments perturbateurs.

Aussi, nous aimons « faire simple » mais pas simpliste : nous cherchons à identifier les tâches qui ont un bon rendement en termes de fertilité du sol et de biodiversité (pour la gestion des ravageurs) par rapport à l'énergie qu'elles requièrent pour être réalisées. Pourquoi une certaine biodiversité naturelle se maintient-elle dans nos campagnes (françaises comme allemandes), malgré une agriculture conventionnelle intensive ? C'est parce qu'il y a des éléments dont les agriculteurs ne s'occupent pas tout simplement : haies, lisières, « creux », fourrés spontanés d'arbuste. Ces quelques repères permettent, de façon surprenante, au gibier et à une certaine biodiversité naturelle de ne pas disparaître complètement. On est effectivement surpris de trouver dans les plaines de Beauce des lapins et du gibier ! Donc dans un jardin agroécologiste, il faut savoir laisser des espaces où l'on intervient peu (les zones tampon). Cette *biodiversité née de la non-action* exerce dans le jardin des fonctions positives : gestion des ravageurs, micro-climat, force du vent réduite. Tout cela, le jardinier n'a donc pas à le faire lui-même. S'il voulait le faire lui-même, il devrait acheter de grandes longueurs de filets brise-vent, appliquer des pesticides et irriguer abondamment.

* « Claire » (comme *vision globale*) : in fine l'ensemble des tâches doit aboutir à un jardin où le jardinier sait, à tout moment, ce qui doit être fait (que ce soit au niveau des cultures comme de l'entretien des allées, haies, fossés...). Le jardinier doit avoir à tout moment une vision globale, une « Übersicht ». Ainsi, lorsque l'on considère l'ensemble des tâches de travail, on ne doit pas constater de tâche redondante, inutile, et l'on doit pouvoir dire de chaque aspect du jardin qu'il résulte de telle ou telle tâche de travail.

La simplicité des tâches de travail n'est pas incompatible avec la biodiversité, même si au premier coup d'œil, simplicité et diversité semblent incompatibles. Effectivement, quand on fait trop simple, la biodiversité disparaît : c'est ce qui se produit avec l'agriculture industrielle où l'on hésite pas a faire des centaines d'hectares de monocultures (cf. La complexité du jardinage p. 164). Par exemple, pour gérer les zones tampon, il faut limiter les interventions au minimum, c'est-à-dire couper uniquement les plantes envahissantes (chardons et *Rhumex*) et faucher une fois l'an. Ainsi on n'entrave pas la biodiversité naturelle. La technique de couverture du sol est simple elle aussi. Pourtant, elle permet le maintien de la microfaune du sol dans toute sa diversité.

Dans les techniques que nous préconisons, en plus des considérations scientifiques et de rendement, nous essayons d'inclure des aspirations d'ordre psychologique, philosophique et spirituelle (cf. les chapitres suivants). Nous abordons aussi, mais sans les mettre en œuvre, les préoccupations esthétiques, romantiques, poétiques (cf. le sous-chapitre Sécheresse de l'âme et poésie p. 191). Un seul sous-chapitre me direz-vous. Effectivement, nous ne sommes pas spontanément sensibles à ces aspects. Nous faisons des efforts pour le devenir[50] – sans renier notre rationalisme. Une impossible synthèse ? C'est peut-être cela notre touche personnelle, que le visiteur attentif pourra déceler dans notre jardin.

D'autres personnes seront plus sensibles à ces aspects : qu'elles n'hésitent pas à les valoriser dans le jardin agroécologique. En effet, l'esthétique et la poésie sont proches des émotions, donc

---

50 Avant la beauté était pour nous seulement un élément du résultat final d'un plan mis en œuvre, une conséquence utile car rendant agréable le résultat. Aujourd'hui nous pensons que la beauté n'est pas tant le résultat d'une suite logique d'actions que ce qui nous nourrit ; elle est autant l'oméga que l'alpha. Chacun évolue sur le chemin...

des « mouvements de l'âme », et dans la Nature tout est mouvement. Ce ne sont que flux et reflux incessants. La sensibilité esthétique doit pouvoir faciliter l'appréhension de ces mouvements... Que chacun innove et contribue à l'agroécologie en y insufflant ses propres sensibilités !

4 CHOIX DES ESPÈCES À CULTIVER

Revenons maintenant à des considérations plus concrètes.

4.1 De la quantité d'espèces à cultiver

Personnellement, nous pensons qu'il en est de même en espèces cultivées comme en amitié : il vaut mieux peu d'espèces cultivées mais auxquelles on peut subvenir à tous leurs besoins (et donc assurer la récolte, qualitativement, quantitativement et temporellement) que beaucoup d'espèces que l'on ne parvient pas à servir. Quand nous avons été embauchés comme vendeur, on nous a appris que la première des règles est de *prendre soin du client*, d'être attentif à lui. En agriculture cette règle vaut aussi : il faut avant tout *prendre soin* des plantes, en ce sens qu'il faut s'assurer qu'elles ont à leur disposition tout ce qu'il leur faut (et non les nourrir d'engrais pour les faire grossir ou les pulvériser de pesticides pour les « traiter », les soigner). L'être humain et la plante cultivée vivent en symbiose : c'est notre part à accomplir que de servir la plante, pour qu'elle puisse nous servir en retour.

L'avantage de cultiver peu d'espèces est de pouvoir faire toute la chaîne culturale : production de semences, semis et plants, soins de culture, récolte, stockage, cuisine, transformation et vente. Cependant avec un jardin de 1000 m², la quantité et la diversité des cultures peuvent être insuffisantes pour satisfaire les clients, et surtout le temps pour vendre peut manquer. À vous de voir donc si vous voulez jardiner pour tendre vers l'autonomie, ou pour vendre vos récoltes, ou les deux. Vous pouvez aussi commencer avec l'objectif d'autonomie, puis passer à l'objectif de vente simplement en augmentant les volumes de récoltes. L'avantage de procéder ainsi est évident : lorsque vous vous déciderez à vendre, vous aurez quelques années d'expérience dans la conduite des cultures (prévisibilité des dates de récolte, fiabilité de la qualité des récoltes).

4.2 De la localité des espèces

Les espèces (et les variétés) locales sont à privilégier. C'est la base, indiscutablement. Les pratiques traditionnelles ne sont pas toujours sensées : elles peuvent inclure des espèces exotiques (la tomate et le maïs en Normandie par exemple). Il ne faut pas utiliser de telles espèces : il faut essayer de distinguer les « fausses » traditions, qui sont des effets de mode nés dans le courant du XXᵉ siècle et plus vraisemblablement à partir des années 1950 dans le sillage de la révolution verte, des traditions véritablement locales et anciennes.

Il faut cultiver non pas une mais une *palette* d'espèces locales ainsi que de condiments locaux : un régime alimentaire à base de produits locaux n'est supportable qu'à condition d'être varié. Il faut donc recourir aussi aux espèces anciennes et semi-sauvages.

Nous avons vécu dans plusieurs pays et en avons visité de nombreux : partout il existe une palette de légumes et de fruits comestibles. Pourtant en France, on mange majoritairement des espèces standardisées et peu variées (les salades, les tomates, les pommes de terre : chacune 4 ou 5 variétés tout au plus), comme si on avait honte des légumes traditionnels. En voyage « à l'étranger » la diversité des variétés tape à l'œil du français touriste. Alors, pourquoi ne pas revaloriser en France la diversité locale ? Concrètement c'est possible : les espèces locales anciennes existent encore. Il faut juste trouver les personnes qui font encore leurs graines. Touchez-en deux mots à un jardinier « conventionnel ». Il saura bien vous dire qu'il connaît untel qui connaît untel qui fait encore de cette variété.

La valeur culturelle de la cuisine locale doit être prise en compte : plus la diversité des fruits, des légumes et des condiments est élevée, plus la cuisine locale est estimée au niveau national, voire international. Elle devient alors un atout pour la renommée du terroir, pour le tourisme, ainsi bien sûr que pour la santé des habitants. Voici un exemple de slogan pour promouvoir les légumes locaux, pour promouvoir « le goût des vacances » : « On est ce qu'on mange. Alors pour profiter au maximum de vos vacances mangez local ! ». N'hésitez pas à l'utiliser.

4.3 Quand cultiver ?

Abordons cette question par des considérations sur le forçage des légumes. Forcer les légumes, c'est les semer avant la date biologique optimale de semis en pleine terre, et les faire pousser en serre ou en châssis jusqu'à cette date. À cette date, on dispose donc déjà de plants avec plusieurs feuilles. La température et les conditions météorologiques sont plus favorables, et on va alors les sortir de serre et les planter dans le jardin. Pour les conforter, on les recouvrira d'un voile dit de forçage (voile tissé transparent de 17 ou 19 grammes au mètre carré). Par exemple au lieu de semer en place les choux-raves en mai, on les sèmera dans des plaques à semis, mises sous serre ou dans des chambres à semis un mois plus tôt. On peut aussi forcer en automne : on sème fin juillet des variétés de plein été, et on les fait pousser en serres, où règnent des conditions estivales jusqu'en novembre voire décembre.

Cette façon de penser, prendre « de l'avance » sur la Nature ou rallonger la Nature, ne s'inscrit pas selon nous dans l'esprit de l'agroécologie. Renoncer aux serres et aux tunnels, et donc cultiver d'avril à octobre seulement, n'est-ce pas rétrograde me direz-vous ? Le forçage, en tunnel ou en serre (parfois chauffée), les semis tenus aux chauds dans des chambres chauffées jour et nuit de février à avril, sert à rendre les récoltes plus précoces au printemps et à les prolonger en hiver. Cela permet d'allonger la période de vente. Le forçage c'est donc pratique nous en convenons, mais ce n'est pas du tout naturel. Quid en effet de l'importance de la lumière ?

Dans l'obscurité, comme tout être vivant, les plantes respirent de l'oxygène (par leurs feuilles) et elles utilisent de l'énergie pour se maintenir en vie. En particulier, elles consomment le glucose qu'elles auront produit par photosynthèse durant la journée. Une plante va donc croître ou « végéter » selon le rapport obscurité / lumière. Quelle est la durée minimale de lumière pour qu'un plante puisse pousser et venir à maturité ? Cela dépend si c'est une plante de printemps, d'été ou d'hiver. La variation de la lumière est aussi importante. Les plantes de printemps poussent avec une photopériode (durée d'ensoleillement) croissante. Les plantes d'été ont une photopériode importante et décroissante. Les plantes d'hiver ont une photopériode minimale, qui décroît puis croît. Comme on parle de saisons, il faut en venir aux dates. Au printemps et en été (en France), on a une photopériode avec plus de 12 heures par jour, jusqu'à 16 heures le 22 juin. Avant le 21 mars (équinoxe de printemps) et après le 23 septembre (équinoxe d'automne), il y a moins de 12 heures de lumière par jour. Cela est-il gênant ? Considérons la zone équatoriale : la photopériode est de 12 heures, et les plantes poussent très bien. La photopériode minimale est de huit heures (le 22 décembre).

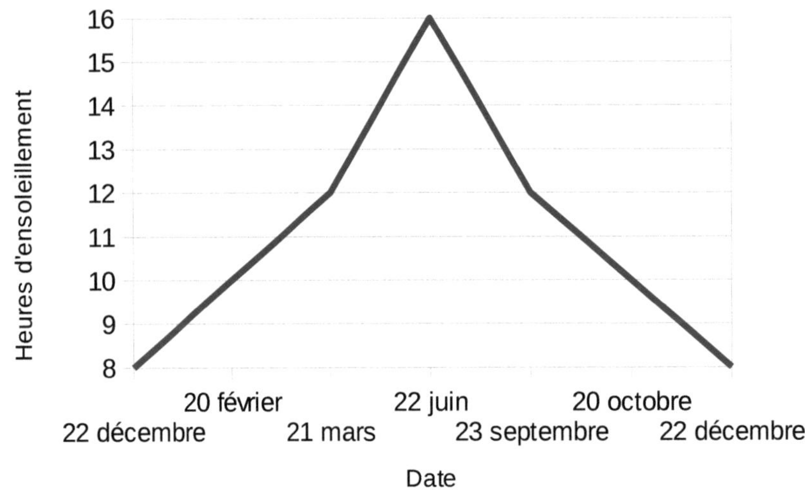

Illustration 11: Variation annuelle de l'ensoleillement (France)

Quand on force des plantes de printemps avant le 20 février : la variation de photopériode est correcte, mais les plantes reçoivent trop peu de lumière.

Quand on force des plantes d'été après le 23 septembre : la variation de photopériode n'est pas correcte, car les plantules poussent avec une photopériode décroissante.

Certes, les plantes poussent tout de même. Certes, avec des serres doubles, bien chauffées, on peut cultiver des variétés d'été en hiver, pour décaler de deux saisons les récoltes. Cela est pratique courante en agriculture conventionnelle mais aussi en AB intensive. Ainsi au Nord de la Loire on peut vendre en mai de la tomate bio produite sous serre. Eliot COLEMAN est le promoteur de ces méthodes « biologiques » de forçage des cultures avec son livre le jardin des quatre saisons. Il parvient à produire des légumes verts au cœur de l'hiver, sans chauffer les serres avec des combustibles fossiles. C'est un exploit effectivement. Mais c'est une pente glissante : c'est peut-être autorisé par la certification biologique, mais c'est du hors-saison. C'est comme si nous être humains, on nous forçait à vivre avec un rythme décalé : la journée de travail serait à cheval sur le jour et la nuit. Le temps de sommeil serait à cheval sur le jour et la nuit. Et surtout le temps de sommeil serait raccourci. On ne va pas en mourir, mais si on pousse à fond l'analogie, les plantes forcées comme les êtres humains au rythme décalé sont peu vigoureuses et très sensibles aux maladies.

On force pour allonger la saison, on force pour cultiver hors-saison, et on force aussi pour augmenter la vitesse de croissance des plantes : en les plaçant sous serre, on peut réguler la température, l'arrosage et l'hygrométrie de l'air, et donc créer un environnement stable et contrôlé pour les plantes, qui leur est toujours optimal. Un tel environnement n'a rien de naturel. En AB aujourd'hui, il est par exemple autorisé de cultiver hors-sol, d'utiliser du terreau qui n'est pas produit sur place, de chauffer les serres avec du gaz. En plus de l'abandon de l'esprit originel de l'AB (produits locaux et de saison), ce qui est le plus remarquable est la facilité avec laquelle on passe de la pensée de simplement allonger la période de production à la pensée de mettre la plante dans un environnement artificiel. C'est un glissement tout en douceur : chaque étape vient justifier une étape supplémentaire. C'est si simple que c'en est (faussement) évident. Quelle est la conséquence de ces façons de penser ? Les légumes forcés n'ont pas de goût, leurs couleurs sont monotones et ils sont flasques. Leur vitalité est faible, donc ils ne peuvent transmettre qu'une faible vitalité à ceux qui les consomment. Il faut se départir de toute pensée liée au forçage : il faut privilégier les variétés reconnues pour leurs qualités de conservation (pois et haricots secs, carottes de conservation, pommes de terre d'hiver...) que l'on pourra consommer de décembre à juin. On choisira des légumes qui tiennent l'hiver en plein champ (poireaux, panais, radis noirs, betteraves, topinambours, choux...), et on pourra se tourner vers les légumes qui poussent en caves (endives, pissenlits comestibles).

Si le jardinier devait aussi travailler durant tout l'hiver, où puiserait-il son énergie pour travailler durant les trois saisons restantes ? Le jardinier agroécologiste doit respecter le rythme de la nature, pour le bien-être de ses légumes comme pour son propre bien-être.

4.4 Positionnement des cultures

En agroécologie le positionnement des cultures relève des consignes traditionnelles : tenir compte des besoins en eau, en ombrage, en température, en aération, propres à chaque espèce. Nous n'avons rien à rajouter.

Les plantations et les semis peuvent être faits en respectant les associations de cultures telles que celles conçues par Gertrud FRANCK. Il faut tenir compte du fait que, chaque culture devant faire l'objet d'une rotation, les cultures associées doivent suivre cette rotation. Ceci implique une bonne gestion de l'espace cultivable. En agroécologie, les associations sont facultatives. En tout cas elles sont tout à fait inutiles tant que le sol n'est pas correctement nourri et ne dispose pas d'assez d'humus (ce qui est le cas des premières années d'un jardin).

4.5 La nature semi-sauvage

Elle doit être présente dans et autour de tout jardin agroécologique. C'est indispensable sinon ce n'est pas de l'agroécologie, tout simplement. La nature sauvage ne doit pas être bannie, contrairement à la pensée largement répandue en agriculture conventionnelle que la nature sauvage n'est qu'un réservoir de calamités (maladies et pestes végétales comme animales). Qu'entend-on par nature semi-sauvage ? C'est un espace où l'Homme n'intervient presque pas, idéalement. En pratique, c'est un espace où l'Homme intervient au maximum une fois par an de façon systématique et/ou deux fois de façon ciblée. Par exemple un espace semi-sauvage de type prairie sera fauché une fois par an seulement. Les plantes envahissantes peuvent sélectivement y être coupées deux fois par an (en Normandie, les tiges de *Rhumex* et de chardon sont à couper pour éviter la dissémination des graines). Les haies et les talus sont aussi des espaces à garder semi-sauvages.

Ces espaces sont les réservoirs des ravageurs mais aussi de leurs prédateurs et de leurs antagonistes. Cela est important à la belle saison, mais surtout en hiver. Dans ces espaces, à délimiter à proximité immédiate des planches cultivées, les prédateurs passent l'hiver. Les ravageurs (pucerons, altises, mouches...) sont en général des espèces qui pullulent, à reproduction exponentielle. Les prédateurs, même en faible nombre, suffisent donc à enrayer le taux de reproduction des ravageurs lorsqu'ils sont présents dès le début du printemps. Donc haies, talus, fossés, bandes herbacées, tas de branchages et de pierres abritent durant l'hiver les « auxiliaires », c'est-à-dire les animaux qui mangent les parasites des cultures. Quelques exemples : coccinelles, carabes, guêpes parasitoïdes, mésanges, guêpes... Ces auxiliaires sont physiologiquement actifs avant les parasites des cultures. Ils enrayent donc leur multiplication dès le printemps (qui sinon se transformerait en pullulation et engendrerait le ravage des cultures). De tels espaces servent aussi de points de repère pour les grands animaux auxiliaires (chats, chouettes, buses, renards).

La nature semi-sauvage présente aussi la production naturelle du lieu, c'est-à-dire les végétaux les mieux adaptés au sol et au climat de votre terrain. Cela leur confère une propriété très intéressante pour le jardinier : en se décomposant, ces végétaux enrichissent le sol de façon optimale. Pourquoi ? Tout d'abord, ces espèces sont celles qui croissent le mieux sur votre terrain, car elles savent extraire de façon optimale les minéraux du sol (une espèce moins efficace, moins adaptée, dans cette tâche a une croissance plus faible). L'humus fait à partir de ces espèces locales est donc riche. Ensuite, avant même la création du jardin le sol contient déjà les micro-organismes décomposeurs de ces espèces. Donc en recouvrant le sol entre les rangs de légumes et après les récoltes, ces végétaux vont mieux se décomposer que des végétaux que vous pourriez importer d'un autre jardin.

Leur décomposition résulte de l'activité de croissance, de multiplication, de déplacement, des champignons filamenteux, des bactéries, des collemboles, des acariens et des vers de terre. Elle aboutit à la formation de l'humus, qui est le réservoir des minéraux du sol, et participe de sa capacité de la rétention d'eau. Par exemple les graminées concentrent naturellement la silice. En les utilisant en paillage sur une terre argileuse, elles vont augmenter d'année en année sa teneur en silice, et donc « alléger » le sol, en plus de l'enrichir en humus.

Les légumes sont en majorités des plantes annuelles, récoltées annuellement. La végétation naturelle des espaces non cultivés (mais non semi-sauvages, par exemple une prairie) doit elle aussi être récoltée, c'est-à-dire fauchée, au moins une fois par an, en général deux fois. On en étendra autant sur une surface donnée, qu'il en a poussé pendant un an sur une surface trois fois plus grande : 1 m² de sol cultivé sera au cours d'une année couvert au moins deux fois avec le foin produit sur 3 m² de prairie. Ainsi on s'assure de maintenir le taux de matière organique du sol cultivé : on compense les exportations (sous forme de récolte). Le fauchage ne nuit pas à la prairie, car les graminées ont un fort système racinaire, qui en se décomposant maintient le taux d'humus. En plus des deux fauchages annuels, on prendra également soin de tondre la prairie en mode mulching (deux fois après chaque fauchage).

4.6 Les effets xénotropes

Réfléchissons à comment ce qui *entoure* le jardin, son environnement *stricto sensu*, peut influencer ce qui se passe *dans* le jardin. D'abord comment nommer ces effets ? N'ayant pas trouvé d'adjectif adéquat dans la littérature, nous proposons celui d'effet « xénotrope », de xéno–étranger et –trope aller vers le centre, vers le jardin donc. On peut envisager trois cas de figure théoriques : les effets xénotropes sont soit positifs soit négatifs ou neutres envers les récoltes.

Les deux premiers cas sont simples à comprendre. La biodiversité de l'environnement peut avoir des effets positifs sur les récoltes, c'est notamment vrai quand on entoure le jardin de haies, d'arbres, de talus, de mares (réduction de la force du vent, présence d'auxiliaires, maintien de l'humidité...) Mais cette biodiversité peut aussi avoir des effets négatifs, en particulier le gibier. On pense certes aux chevreuils et aux sangliers venant des forêts, mais n'oublions pas les lapins et les lièvres qu'il est beaucoup plus difficile de contenir avec du grillage.

L'environnement peut-il être neutre, c'est-à-dire ne pas avoir d'effets, sur le jardin ? Considérons un jardin situé au centre d'une ville, ou de toute zone artificialisée, c'est-à-dire au sol largement bétonné. A priori on peut penser que l'isolement du jardin garantit l'absence de prédateurs et de parasites naturels, car ces prédateurs et parasites ne peuvent *a priori* pas vivre dans le milieu bitumé. C'est ce qui vient à l'esprit quand on visite le jardin de l'abbaye de Fulda, en plein centre-ville, que Gertrud FRANCK a participé à mettre en place (WEINRICH). Ce jardin est prolifique et sain. Cependant, on ne s'étonne pas qu'après des décennies de lutte (biologique) contre les limaces et les escargots, contre les vers ravageurs, il n'y en ait plus beaucoup dans ce jardin. Les sœurs ne constatent plus non plus de ravages liés à des oiseaux ou des insectes qui viendraient de l'extérieur du jardin. L'environnement immédiat du jardin ne permet à ces possibles ravageurs de nicher ou de passer l'hiver.

Ces constats sont-ils généralisables ? Considérons un autre jardin : le jardin familial, au centre de la petite ville de Carentan. Quand les récoltes arrivent à maturité, il se fait littéralement piller : oiseaux et insectes semblent s'y regrouper et ils n'épargnent aucun fruit et légume. Sans filets ou autres protections physiques, nous n'avons aucune récolte de cerises, de poires, de figues, de mûres, de cassis ou de framboises. Pourquoi ces dévastations quasi-totales ? Car autour du jardin, même si l'environnement est largement bitumé et ne recèle aucune nourriture, il regorge tout de même d'endroits pour nicher et hiverner, notamment des arbres. Les oiseaux et les insectes y sont nombreux, et ils viennent se nourrir dans le jardin. Une fois nourris, ils repartent dans les environs. Ainsi, les merles nombreux détruisent systématiquement tout paillage, tout semis. À cela s'ajoute le travail des chats, qui eux aussi pour leurs besoins détruisent les semis (ils apprécient la terre tendre). Ce jardin, dont on pourrait dire que c'est de l'agroforesterie car on y compte 20 arbres pour 600 m², comporte une grande diversité de plantes potagères et ornementales. Les cultures y sont variées, le sol est couvert en hiver, on y fait une demi-tonne de compost par an qui retourne à la terre. Ce jardin soigné et a priori à forte biodiversité (il abrite même une famille de hérisson, en plein centre-ville), où existent vraisemblablement les mécanismes d'autorégulation des nuisibles tels qu'on peut les mettre en place dans un jardin biologique, semble ne pas pouvoir résister aux invasions venues de l'extérieur. À notre connaissance, il n'y a pas d'autre moyens que d'user de filets, à défaut de pouvoir détruire les nichoirs aux environs. C'est un cas de *xénotropie négative forte*. À la campagne, si des oiseaux et des insectes nichent bien sûr dans les environs du jardin, ils peuvent trouver dans ces environs même de quoi se nourrir. Cela pour dire que quand l'Homme crée des contrastes trop forts, la Nature en profite aussi : le résultat final n'est pas toujours à l'avantage de l'Homme.

Nous touchons là vraisemblablement une limite à ce que la biodiversité peut modérer comme effets négatifs sur les récoltes. L'environnement du jardin est important : il faut le prendre en compte, car il peut annuler tous les effets positifs de la présence d'espaces semi-sauvages ainsi que du compostage et des autres pratiques pour maintenir la biodiversité et la fertilité, du sol. Ainsi, il n'est pas bon d'avoir trop d'arbres autour d'un jardin, si dans ces arbres les oiseaux peuvent nicher mais pas trouver de quoi se nourrir.

5 LES CATÉGORIES DE TECHNIQUES

Nous allons présenter ici les catégories de techniques, techniques dont vous trouverez pour chacune les détails (matériel utilisable, étapes de réalisation pas à pas...) dans le cours technique. Pour chaque catégorie, nous mettons les techniques agroécologiques (A) en parallèle avec les principes de l'agriculture conventionnelle (C) et du jardinage traditionnel (T) à base de fumier.

Le travail du sol avant les semis au printemps

C : Le sol est laissé nu en hiver, depuis la récolte à l'automne jusqu'au printemps. En avril – mai fraisage et hersage pour émietter les mottes de terre, faire le lit de semence, et tuer les adventices.

T : En avril – mai bêchage à la bêche ou à la fourche-bêche. La terre est retournée. Ainsi les adventices sont enfouies. On en profite pour enfouir le fumier. En surface les mottes sont cassées à la griffe puis la terre est émiettée au râteau.

A : En hiver le sol est couvert par du paillis ou par des engrais verts (EV). De fin février à début mai, le paillis ou les EV fauchés sont recouverts d'une bâche noir, perméable à l'eau, pour accélérer la décomposition du paillis ou des EV, ainsi que pour bloquer la levée des adventices. Début mai la bâche, les restes de paillis et d'EV sont retirés.

On passe la grelinette selon les règles de l'art : on enfonce, on bascule, on retire. La grelinette ne sert pas à retourner la terre. Sa fonction est de décompacter en profondeur, jusqu'à -20, -25 cm. Ceci va amener de l'air dans le sol, et activer la microfaune du sol, qui va ainsi d'une part fabriquer de l'humus à partir de la matière organique morte présente, et d'autre part transformer cet humus en minéraux assimilables par les plantes. Ces interstices laissés par la grelinette sont aussi des espaces dans lesquels les racines des cultures pourront s'insérer. Donc à priori le développement des tubercules et des légumes racines sera facilité, et tous les légumes en bénéficieront, car ils accéderont plus facilement à l'humidité profonde du sol que si le sol n'avait pas été décompacté. Puis on laboure (d'une profondeur maximale de 15 – 20 cm, avec un motoculteur) pour enfouir les restes d'EV et faire le lit de semence (le motoculteur émiette les mottes de terre en même temps qu'il laboure). Pour un semis d'EV, un passage au râteau à la place du motoculteur suffit.

Passer la grelinette est facile pour 50 m², exténuant pour 100, impossible pour 1000. Au printemps 2015 nous ne l'avons utilisée que pour cinq planches. Pour les autres, et ainsi procéderont nous pour toutes à partir de 2016, nous émietterons la terre avec un cultivateur à une dent. Cet outil s'enfonce sans mal dans notre terre très lourde, bref c'est moins éreintant. Il la décompacte jusqu'à une profondeur de 15-20 cm, ce qui est suffisant pour la grande majorité des légumes.

Le travail du sol après les récoltes en automne

C : Labour et cover-crop pour retourner la terre et enfouir les restes de culture.
T : aucune action.
A : Paillage et ou semis d'EV. Pas d'arrachage des parties souterraines.

Le travail du sol durant la culture

C : sarclage mécanisé. L'espace entre les rangs est calculé pour permettre le passage du tracteur et de l'outil.
T : sarclage manuel.
A : Paillage ou mulch. On coupe l'herbe du pourtour des planches cultivées à la faucille et on arrache manuellement les adventices, que l'on laisse sur place.

Le travail du sol entre deux cultures

C : Labour et cover-crop pour retourner la terre et enfouir les restes de culture. Hersage pour faire le lit de semence.
T : Désherbage manuel, enlèvement manuel des restes de culture. Passage du râteau pour faire le lit de semence.
A : Désherbage manuel, enlèvement des parties souterraines, émiettage de la terre avec un cultivateur (une ou trois dents) semis puis paillage, ou paillage puis plantation.

Maintenir la fertilité du sol

La fumure est une sous-catégorie d'amendement. L'amendement est un matériau amené au sol pour améliorer non sa fertilité, mais sa structure. Ainsi en agriculture conventionnelle on fait des amendements de calcaire pour remédier à une acidité trop forte. Par le passé on amenait de la marne ou de la tangue. Le principe d'amendement est inutile en agroécologie, de même que celui de fumure.

Fumer le sol signifie y apporter de la matière organique, sous forme liquide ou solide, qui va participer à maintenir sa fertilité. Traditionnellement on utilise des fumiers de vache ou de cheval, et plus récemment le compost de fumier ou de mauvais herbes (le compostage est une technique récente qui date des années 1930 environ).

Si on laisse le fumier ou les mauvaises herbes en tas, et que l'on se contente de prélever la terre après un an ou plus, ce n'est pas du compost, mais du terreau. Le terreau est utile : on peut l'utiliser pour faire les semis, car il ne contient que peu de graines d'adventices, et il est léger (ce qui facilite la levée). Par contre il ne contient quasiment plus d'humus, donc il ne peut pas servir à fumer le sol.

En agroécologie, on privilégie les couvertures de sol pour maintenir la fertilité du sol. Une de ces couvertures se réalise très simplement : on étale du foin, de la paille ou de la tonte sur le sol. On dit alors qu'on paille, qu'on fait un paillage, ou qu'on « mulch » (tonte). Cette couverture de sol (paillage ou mulch) est parfois appelée, partiellement à tort, compostage horizontal. En effet cet étalement n'entraîne pas d'élévation importante de la température comme lorsque les végétaux morts sont mis en tas. Cependant il y a, comme dans le vrai compost, un processus de décomposition qui s'installe, et donc une création d'humus, par en dessous. La surface de la couverture, constituée de foin ou de paille, peut être sèche et sembler demeurer intacte. Mais par en dessous elle se décompose. Dans notre jardin dont la surface cultivée est de 500 m² pour l'instant, nous utilisons le foin et la tonte produits sur 2500 m², soit un ratio de 5:1. La couverture de sol peut aussi être un engrais vert (EV), c'est-à-dire une culture non consommable, dont la fonction est de produire beaucoup de biomasse (beaucoup de matière foliaire et racinaire). Les racines de l'EV peuvent aussi avoir un effet « émiettant » sur le sol, comme la phacélie, ou un effet assainissant comme la moutarde. La culture est fauchée et laissée sur place à se décomposer. Les couvertures de sol remplacent la fumure traditionnelle au fumier (voire au lisier !)

En agroécologie on évite au maximum d'utiliser le fumier, car il nous fait dépendre d'un élevage. S'il le faut, notamment pour les courges, les céleris et les tomates, il sera utilisé de la façon suivante. En automne après la culture on étale du fumier sorti en hiver (il aura donc déjà fait 8 mois de compostage en tas). Puis on le recouvre de paille ou foin. On ne l'incorpore pas dans le sol (on pourrait essayer de l'incorporer au printemps, mais il aurait tendance faire « bourrer » le motoculteur). En mai de l'année suivante, le fumier aura été transformé en humus, et profitera ainsi aux cultures. Si on utilise du fumier pour d'autres cultures, on ne peut plus prétendre à l'appellation d'agroécologie (à moins que l'on dispose soi-même d'un troupeau de vaches[51]).

Faisons une digression sur les types de fumier, dans un seul but informatif. Pour les terres fortes (argileuses, lourdes) les jardiniers et maraîchers traditionnels recommandent d'utiliser le compost de fumier de cheval ou le compost de bois blanc (bouleau, peuplier, saule), pour les terres légères le compost de fumier de bovin et de bois « lourd » de chêne ou de hêtre. Pourquoi cette correspondance entre le type de terre et le type de compost ? En ce qui concerne les fumiers, cela a été empiriquement confirmé par les maraîchers de Paris au XIXe siècle. Nous leur faisons entièrement confiance sur ce point. Pour les composts de bois blanc, empiriquement cela se constate aussi. Personnellement sur notre terrain argileux, la terre sous un tas de bois de peuplier devient grumeleuse à souhait. On peut y planter ou y semer directement. Pour ce qui est des effets du compost de bois lourd, nous ne disposons d'aucune preuve hormis la confirmation par des jardiniers que certaines cultures poussent très bien dans les copeaux de bois brut de menuiserie (les oignons en particulier). Une terre forte est lente : elle met du temps à se réchauffer et elle se refroidit lentement. On peut donc penser qu'une terre forte « aime » ce qui la fait aller « plus vite » au printemps. Au contraire une terre légère, sableuse, se réchauffe vite et se refroidit vite. Donc elle aimerait ce qui la fait « aller moins vite » à l'automne. Le cheval est plus rapide que le bovin, et le bois blanc pousse plus vite que le bois lourd (chêne, hêtre...) D'où la correspondance entre le type de fumier et le type de terre. Mais une base scientifique à ces correspondances reste à trouver.

C : Apport d'engrais, lisiers, fumiers, boues de station de méthanisation. Ces matières sont épandues durant l'hiver et au printemps, et incorporées au sol par le labour et/ou le hersage.

T : Apport de fumier, que l'on peut laisser en tas dès l'automne sur le sol, et que l'on incorporera au printemps lors du bêchage. Le paillage était une technique recommandée dans tous les ouvrages d'avant-guerre, mais on ne lui concevait qu'une seule fonction, celle d'éviter l'échauffement excessif du sol.

---

51 Nous avons trois poules, dont nous gardons les crottes quand nous nettoyons le poulailler. Nous les utilisons pour le céleri rave, en les épandant avec la tonte, le compost et les copeaux au printemps.

A : On fait des couvertures de sol, de plusieurs façons, selon qu'on est au printemps, en été ou en automne, et on ramène du compost fait avec les restes de cultures. Au printemps, après avoir enlevé la bâche noire et les restes d'EV fauchés et de paillis, on étale de la tonte, des copeaux ou du bois raméal fragmenté (BRF). Puis on laboure avec le motoculteur ou on passe le cultivateur manuel, ainsi ces éléments seront bien mélangés à la terre. Nous avons fait l'expérience que cela ne favorise pas les limaces, au contraire du paillage, c'est pourquoi on ne fait pas de paillage jusqu'à la mi-mai / début juin.

On peut alors semer une culture ou des EV. Dans les cas où il n'est pas possible d'associer une prairie ou une forêt au jardin (comme source durable de matière organique), chaque année il faut qu'un quart de la surface du jardin reçoive des engrais verts. Ainsi en quatre ans, toute la surface cultivée aura eu un passage d'engrais verts. Pour une terre lourde, nous recommandons la phacélie, la moutarde jaune et le sarrasin. Pour une terre légère, les graminées seront avantageuses (de par leur fort système racinaire).

En été la fertilité du sol est maintenue grâce au paillage, qui se décompose par en dessous, même si en surface il est sec. S'il devient trop fin, nous en rajoutons, pour en avoir toujours au moins 5 cm d'épaisseur. Nous arrosons également les plantes avec des purins, mais pas directement : sur le paillage au pied des plantes. Le purin améliore la décomposition du paillage par les bactéries et les champignons. Le résultat de cette décomposition est de la matière organique de plus en plus petite, qui est ingérée par les vers de terre. À l'intérieur de ceux-ci cette matière est encore digérée puis liée à de l'argile et des limons, formant ainsi le complexe argilo-humique, donc l'humus. C'est la clé de la gestion de la fertilité. On arrache manuellement les adventices, et on les laisse sur place, sur le paillage, ce qui augmente sa décomposition.

Pour le semis d'EV en été, on effectue le semis puis on le recouvre d'un paillage d'épaisseur modérée (10 cm maximum). Ainsi l'EV pousse au travers du paillage : c'est donc doublement bénéfique pour la fertilité du sol.

Le paillage présente l'inconvénient d'empêcher tout travail du sol, ce qui peut être nécessaire pour les légumes devant être buttés (les poireaux par exemple) et pour les légumes-racines appréciés des campagnols, mulots et autres rongeurs souterrains (en ce qui nous concerne, nous faisons face au campagnol des champs *Microtus arvalis*). On fait alors non un paillage, mais un mulch : on répand de la tonte, des copeaux ou du BRF. Ces éléments non filaires mais plutôt particulaires permettent le passage de notre cultivateur, un outil semblable à une longue dent courbée d'environ 30 cm de long, et qui permet de casser les galeries des rongeurs (en Allemand, cet outil est dénommé Kultivator ou Sauzahn – dent de truie).

En automne après la culture, on laisse sur place les restes de cultures et les parties souterraines. On épand des copeaux, de la tonte, (du BRF si disponible), on met par-dessus une bonne épaisseur (10 – 15 cm) de paille ou de foin. Puis on arrose le tout de purin à 1 litre par m² pour activer la décomposition.

La question de l'épaisseur du paillage n'est pas anodine. De nombreux jardiniers rapportent une pullulation de limace à cause du paillage, ainsi que de rongeurs. Pour ce qui est du premier fléau, les limaces semblent se multiplier car d'une part on peut à priori penser elles ont de la nourriture à disposition (paillage en cours de décomposition), d'autre part qu'elles n'ont pas encore assez de prédateurs (les carabes notamment, les crapauds et les hérissons). Pour notre part, nous faisons souvent des meules de foin, et nous ne constatons pas qu'elles attirent les limaces. En tout cas, les limaces que nous avons, qui sont petites (loches). L'absence de prédateurs naturels est une explication plausible. Mais surtout, nous pensons que c'est l'absence de travail du sol qui favorise les limaces. En effet, par celui-ci les œufs sont détruits. Ainsi au printemps nous passons le motoculteur ou le cultivateur. Cela n'empêche pas les limaces d'être très présentes jusqu'à la mi-mai, et c'est tout à fait normal : elles sont très actives durant la période de forte croissance de l'herbe, qui en Basse-Normandie va de fin février à la mi-mai. Avant cette date, nous ne semons et ne plantons que des variétés inintéressantes pour les limaces (radis de 18 jours, roquette, fèves, pommes de terre). De plus notre terre est argileuse : elle ne devient chaude qu'à partir de juin. Quant aux rongeurs, nous pensons que la cause de leur pullulation est identique : sans travail du sol, ils creusent dans tous les sens. C'est tout à fait normal. Ils font de même dans un sol qui n'est pas couvert.

Pour notre terrain, c'est la prairie qui donne le rythme. Elle pousse avec vigueur de février à juin. Durant ces moins, les limaces pullulent. Si nous devons planter à la mi-mai, les choux-raves par exemple, nous ôtons tous les restes de paillage. La mi-mai sonne aussi le début du fauchage. À la mi-juin le fauchage est terminé, les limaces ne sont plus un fléau, nous avons du foin à disposition, la terre se réchauffe : on peut commencer à pailler.

Faire les semis

C'est la tâche que le jardinier néophyte attend le plus, mais aussi appréhende le plus. Il n'existe pas à notre connaissance de technique de semis qui soit exclusive à l'agroécologie. Les techniques culturales simplifiées (TCS) ou les techniques de semis sous couvert ne concernent pas l'agroécologie telle que nous l'entendons, mais plutôt les grandes cultures (blé, maïs, avoine…) Il s'agit de semer dans un couvert végétal déjà établi, sans travail du sol. Puis une fois le semis levé, on récolte le couvert végétal, ce qui laisse la voie libre au semis pour se développer pleinement. Ainsi pratiquait Masanobu FUKUOKA. (cf. L'agriculture naturelle p. 204). En Europe, on récolte plutôt avant de faire le semis. On utilise pour cela des semoirs spéciaux, qui peuvent ouvrir la terre malgré la présence de végétaux en décomposition sur le sol, et ce avec une grande régularité et fiabilité. Ces techniques sont très bien pour les grandes cultures. Pour l'agroécologie, il faudrait prouver que leur principe est valable pour la culture de légumes sur petites surfaces. Et il faudrait aussi que cela soit plus simple qu'une autre pratique commune : faire des intercultures. Par là on entend semer au printemps ou en été, dans l'espace entre les plants d'une culture qui arrivera à maturité en hiver, des espèces à maturité rapide. Par exemple des radis ou de la roquette entre des choux ou entre des haricots à rame.

En agroécologie, après la mi-mai (date butoir pour éviter les limaces), on peut faire un semis puis le recouvrir d'un paillage modéré. Cela est possible pour certains légumes (ou EV) qui ne requièrent pas une terre bien chaude (ici sur notre terrain argileux nous semons les carottes à la mi-juillet). Ce modeste paillage suffit pour que la terre demeure humide plus longtemps après les arrosages : la levée est donc meilleure et on évite le risque de dessèchement, fatal aux jeunes semis.

Personnellement nous utilisons des méthodes de semis assez classiques. Elles sont présentées dans le cours technique. Nous ne dirons rien sur les semis de mélanges (mélange laitue radie par exemple), car nous ne faisons pas – pas encore du moins – d'associations de cultures.

Gérer l'eau

C : on arrose quand on constate que la croissance des plants ralentit ou risque de ralentir par manque d'eau. Les sols engorgés sont drainés et entourés de fossés.

T : on procède de même.

A : La gestion de l'eau se fait d'abord grâce aux couvertures du sol. À part arroser de temps en temps les semis et les cultures gourmandes en eau en cas de sécheresse, qui sont en général celles qui font de gros légumes (betteraves, céleris, panais, radis noir…) l'eau n'est pas un souci en agroécologie. La couverture du sol réduit l'évaporation et évite le tassement du sol par les pluies. De plus la couverture participe à maintenir le taux d'humus, et un bon taux d'humus fait que le sol retient bien l'eau (mais pas de façon excessive comme le fait un sol tassé et pauvre en humus). Pour pallier à l'engorgement d'un terrain, il faut recourir aux méthodes traditionnelles. Au minimum il faut faire des fossés. Ils ne doivent pas nécessairement être très profonds et larges : la pente est plus importante. La végétation des fossés pourra être fauchée en été et en automne : elle est constituée de plantes hydrophiles souvent volumineuses, qui se compostent facilement.

Gérer les ravageurs

Comment gérer les ravageurs ? La réalisation de zones tampons et d'allées enherbées participent activement à la régulation naturelle des ravageurs, en particulier des insectes ravageurs : il ne faut pas les négliger. Voici les actions directes que l'on peut faire :

Contre les chenilles : Écrasez les pontes de papillon sous les feuilles, ou attrapez les papillons avec un filet à papillon.

Contre les taupins : il vaut mieux prévenir que guérir. Vous n'aurez pas de taupins si vous ne labourez pas de façon conventionnelle une prairie. Car les taupins prolifèrent si vous enfouissez de grandes quantités d'herbe. Privilégiez l'utilisation de bâches et d'EV, qui les font fuir naturellement dans le sol des allées enherbées. Si vous tondez régulièrement en mode mulch vos allées, l'herbe y sera toujours vigoureuse et les taupins devraient y rester.

Contre les limaces : Les limaces vivent au rythme de la prairie. Elles sont très actives à la sortie de l'hiver, de la mi-février à la mi-mai, car c'est durant cette période que l'herbe pousse fortement. C'est d'ailleurs à partir de la mi-mai que le fauchage peut commencer. Donc durant cette période, on ne recouvre pas la terre de paillage, ce qui leur donnerait des refuges à proximité de vos semis ou de vos plants. On peut planter des branches de jonc en fleurs, dont l'odeur d'urine éloigne les limaces. On peut aussi les collecter chaque matin, à l'aube. Utilisées conjointement, ces trois techniques semblent efficaces. On entend souvent dans les vidéos disponibles sur internet que les limaces sont le signe d'un excès de paillage, car les limaces mangent le paillage en décomposition, et celui-ci leur constitue en même temps un abri. Oui elles peuvent manger du paillage, mais observez avec attention une prairie : vous verrez les limaces consommer la belle herbe verte en pleine croissance. Sinon on ne verrait de limaces qu'en automne...

Contre les rongeurs (mulots et campagnols) : Ils n'attaquent, à notre connaissance, que les légume-racines plutôt sucrés. Ils dédaignent les navets et les radis de toute sorte, mais ce n'est peut-être pas une généralité. Cassez leurs galeries avec le cultivateur, au moins deux fois par mois, utilisez des tapettes à souris que vous recouvrez d'un pot après les avoir appâtées, investissez dans un chat, faites un perchoir à rapaces... Ce sont des pratiques efficaces, mais qui ne sont en rien exclusives à l'agroécologie.

Pour ce qui est des oiseaux, du petit gibier, et pour trouver plus de techniques contre les limaces et les rongeurs, il existe de nombreux ouvrages proposant des moyens de gestion et de lutte en agriculture biologique. Nous n'avons rien, qui serait spécifique de l'agroécologie, à rajouter à toutes ces techniques. Précisons juste qu'il faut trouver la technique qui convient le mieux à son jardin, et il ne faut pas hésiter à modifier une technique. Il faut être créatif !

Rappelons l'état d'esprit qu'il convient d'adopter pour gérer les nuisibles en agriculture biologique quelle qu'elle soit : Il faut privilégier les techniques agissant à l'échelle du jardin, plutôt que celles agissant pour une espèce précise de ravageur. Les techniques spécifiques (c'est-à-dire conçues pour une espèce précise) requièrent d'identifier le nuisible et d'estimer sa population. Pour les insectes, procéder ainsi est très compliqué. Il existe environ trois cents espèces potentiellement nuisibles. Aucun jardinier n'a le temps, ni les appareils, pour procéder à des inventaires entomologiques régulièrement. Pour les gastéropodes et les rongeurs, des techniques spécifiques peuvent être utilisées temporairement, dans les premières années du jardin. Tant que les chats ou les rapaces sont absents du jardin, des filets anti-oiseaux peuvent être nécessaires. Il faut aussi être patient : La réalisation d'un jardin agroécologique à partir d'une prairie ou d'un jardin floral s'accompagne d'une période de trois ans durant laquelle les couples de nuisibles et leurs prédateurs naturels se mettent en place. On peut donner un coup de pouce à la Nature en installant des nichoirs, des perchoirs pour les rapaces, et en acquérant un chat. À moyen et à long terme, c'est la diversité des milieux dans le jardin (zones tampons, allées enherbées, talus, fossés, mare, tas de pierre et de branches...) qui est le régulateur le plus efficace. Car cette diversité permet d'une part la présence des prédateurs naturels, et d'autre part elle complexifie les déplacements des nuisibles, augmentant ainsi la possibilité d'être prédatés. Pour les insectes, nous explicitons ces mécanismes de régulation dans un autre ouvrage[52]. Notez que la lutte biologique (l'introduction de prédateurs naturels élevés par un spécialiste, par exemple des coccinelles pour lutter contre des pucerons) n'est pas compatible avec la pensée agroécologiste. Cela rend trop dépendant d'un acteur externe, et cela détourne de l'objectif de créer de la biodiversité.

Gérer les maladies

Si le sol est travaillé comme indiqué, et si sa fertilité est gérée comme indiqué, vous n'aurez pas de plantes malades. Si vous n'êtes pas stressé, si vous êtes bien nourri, tombez-vous malade ? Non. Hé bien c'est pareil pour les plantes. Comprenez cela, et vous commencerez à comprendre ce qu'est la sérénité.

Comment récolter, comment stocker ?

Là encore rien d'exclusif à l'agroécologie. Vous trouverez dans tout livre du genre « guide des pratiques culturales biologiques espèce par espèce » des indications de semis, récolte et stockage que vous pouvez utiliser. Seules les indications de fertilisation sont caduques. En effet nous constatons que les pommes de terre et les choux poussent très bien même sans apport de fumier. L'important est que le sol soit couvert de juin à avril. Ce sont ces pratiques de préparation et de couverture du sol qui constituent le cœur technique de l'agroécologie. La permaculture et l'agriculture naturelle y recourent tout autant.

6 CHECK-LIST POUR ADOPTER OU ABANDONNER UNE TECHNIQUE

Il s'agit de n'oublier aucun facteur :
- Facteurs économiques : coût de l'achat ou vente du matériel obsolète, évolution du rendement, de la marge, de la renommée... à court, moyen et long termes ?
- Facteurs techniques : comment gérer les outils (acquisition, réglages, entretien, réparation) et la qualité de la production ?
- Facteurs biologiques : quelles conséquences pour la santé des végétaux, la qualité de la récolte, la fertilité du sol... ?
- Facteurs corporels : quels effets sur la charge et le rythme de travail ?
- Facteurs psychologiques : dans quelle mesure les actes de travail sont-ils épanouissants ?
- Facteurs sociaux : quelles évolutions des relations avec les autres jardiniers, avec les fournisseurs, les clients, la famille... ?
  À cela s'ajoute des facteurs transversaux :
- Le passage du temps : la technique est-elle un effet de mode ou un progrès réel ?
- La modification de l'espace : diminution ou augmentation des distances et des dimensions (chemins, allées, distances maison-jardin, jardin-lieu de stockage...) ?

En agroécologie comme en permaculture et en agriculture naturelle, on aura à cœur non pas de remplacer une technique par une autre, mais autant que possible de *se passer* totalement d'une technique. Il ne s'agit pas de supprimer toute technique, mais de garder présent à l'esprit un certain principe de *parcimonie* : pourquoi faire avec, si l'on peut faire sans ?

---

52 *Cours d'entomologie agricole*, ITAN.

7   SCHÉMA DE SYNTHÈSE

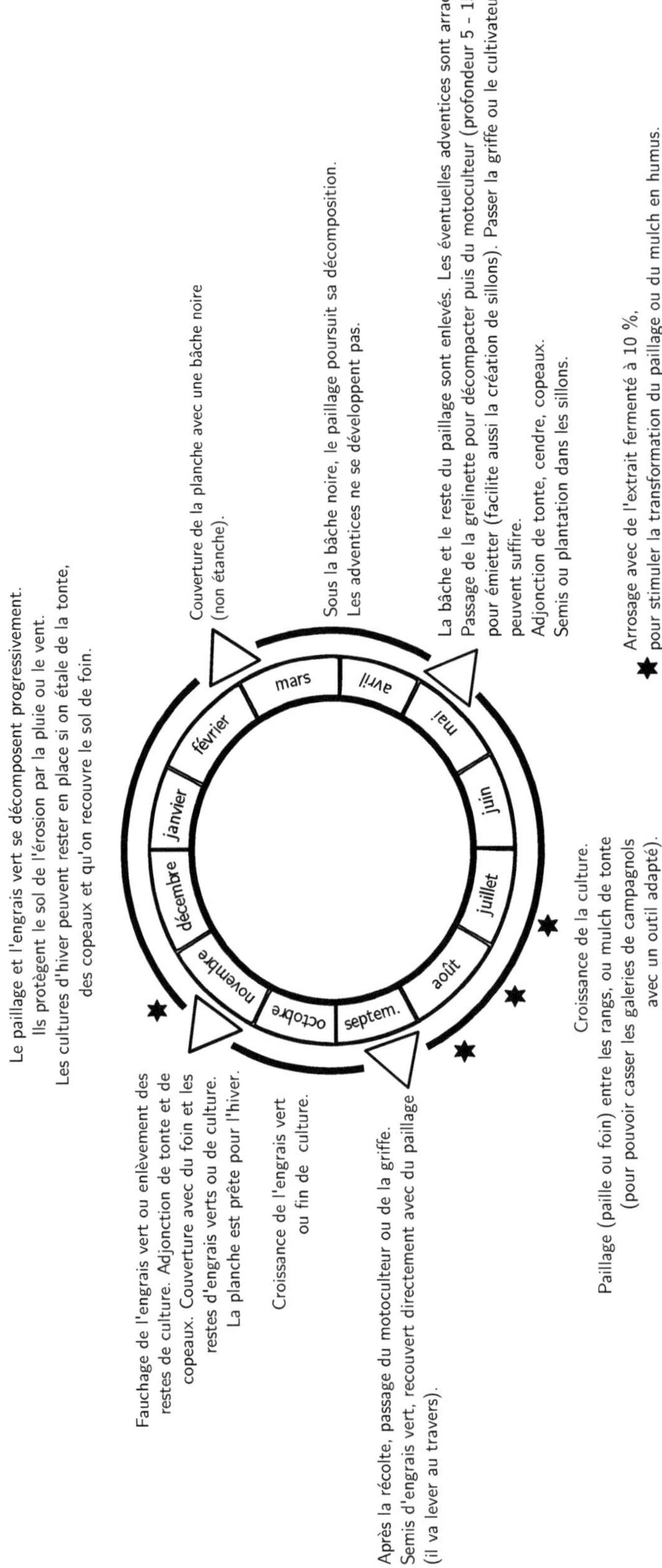

Illustration 12 : Planning annuel des techniques de soin au sol

PSYCHOLOGIE DU JARDINIER AGROÉCOLOGISTE

Les chapitres précédents étaient consacrés au « cœur » de l'agroécologie, ses fondements, ses techniques. Dans ce chapitre et les suivants nous allons explorer sa « couronne externe » : ses aspects psychologiques, philosophiques et spirituels. L'agroécologie résulte du désir de travailler avec la Nature dans un profond souci de respect et de durabilité, mais il serait dommage de la réduire à ces seules dimensions pragmatiques. L'agroécologie n'est pas que l'aventure des plantes et de la micro-faune du sol, c'est aussi une aventure humaine. Si on invente l'agroécologie, c'est aussi parce qu'on espère grâce à elle révéler quelque chose de la nature humaine, que la société matérialiste de consommation ne permet pas.

Toutes les pensées que nous allons vous présenter dans ces trois chapitres suivants ne visent pas l'exhaustivité. Elles sont pour ainsi dire tout ce que l'agroécologie nous inspire qui ne peut pas être traduit en principe ou en technique : ce sont des ressentis et des idées ouvertes. Certaines de ces pensées sont solides, d'autres sont légères. Leur valeur varie d'une personne à l'autre, aucune n'est obligatoire, ne retenez que celles qui vous parlent ! La seule leçon obligatoire à tirer de toutes ces pensées est que l'agroécologie est une occasion remarquable de penser à fond l'épanouissement humain : épanouissement dans ses rapports à la Nature, aux autres individus et à soi-même. Si on ne développe pas ici des conceptions d'un « paysan nouveau », où le fera-t-on ? Pas dans l'agriculture industrielle en tout cas.

Dans ce chapitre, notre intention n'est pas d'envisager l'agroécologie dans la perspective de telle ou telle théorie psychologique. Nous allons réduire très arbitrairement la psychologie à l'étude d'une question importante pour l'agroécologie : Quelle motivation faut-il pour mener à bien un projet de jardin agroécologique ? Les éléments de réponse que nous allons apporter ne sont pas non plus issus de diverses thèses de psychologie, mais de notre expérience personnelle en la matière. Il s'agit pour nous

- de déconstruire les émotions négatives résultant d'échecs au cours de notre projet, afin de valoriser ceux-ci en expérience positive ;
- d'essayer d'objectiver et de rendre utiles les remarques pessimistes émises à notre l'encontre de notre projet ;
- de gérer la part de doute et de confiance caractéristiques de l'état d'apprenti jardinier. Même si ce cours peut laisser penser le contraire, nous sommes au stade de l'apprenti : nous n'avons que l'expérience de deux années de jardinage.

La décision de créer un jardin agroécologique n'est pas anodine : elle indique le désir de faire *différemment*. Et en agriculture, faire différemment n'est pas socialement simple comme l'expliquent Jean-Pierre DARRÉ ainsi que l'association Nature Humaine dans sa lettre n°8. Il ne faut donc s'étonner d'un échec ou une déconvenue, mais disséquer et analyser ce qui est ressenti comme gênant, pour envisager comme sortir du mauvais pas ou éviter qu'il ne se renouvelle. C'est important tout spécialement en agroécologie, car cette forme d'agriculture est nouvelle et en cours de construction. Si vous faites le choix de l'agroécologie, une des raisons doit en être que *vous aimez vous questionner et être créatif*. Si vous voulez une activité routinière, reposant sur des bases solides, l'agroécologie peut ne pas vous convenir, et d'une façon générale l'agriculture, car c'est un domaine qui n'est pas routinier.

En venir à l'agroécologie résulte souvent du désir de changer de vie. Un tel changement passe, selon nous, par trois considérations successives :

1. L'objectif du changement de vie : est-ce être plus « en accord » avec soi-même ?
2. Être plus en accord avec soi-même n'implique pas nécessairement de se tourner vers l'agriculture, de faire un « retour à la terre ». La majorité des stagiaires à la ferme de Sainte-Marthe ne se tourne pas vers l'agriculture, tout comme dans chaque formation seulement un dixième des

élèves in fine exercera le métier enseigné. Donc, la terre et les plantes, est-ce vraiment ce dont vous avez besoin ? Nous, en tant que scientifique, avions le sentiment qu'il nous manquait la base, le geste le plus simple de la complicité entre l'Homme et la Nature, tandis qu'en laboratoire nous réalisions les formes les plus complexes de travail avec la Nature. Cependant, nous savons qu'à côté du travail manuel, il nous faut un travail intellectuel. Nous ne pouvons pas abandonner cela, c'est notre personnalité. C'est donc une difficile complémentarité, sur le plan concret, qui caractérise en ce moment nos premières années dans l'agroécologie (et d'où cet ouvrage).

3. Si on se lance dans l'agriculture, veut-on un revenu régulier et conséquent, ou veut-on vivre plutôt une aventure de découverte de la Nature et d'exploration de soi ? Pour ceux qui ont ou veulent fonder une famille tout en vivant de l'agroécologie, nous aborderons cette question en particulier dans le sous-chapitre 7.

1 LA CONFIANCE DE PRODUIRE

Lorsque l'on démarre son projet d'agriculture alternative, il nous manque évidemment l'assurance, la confiance, que prodigue typiquement l'expérience du métier. « Vais-je réussir à faire pousser des choux, des carottes..., et ce en nombre et en qualité suffisantes ? » Le néophyte n'a pas de points de repère pour tenter de répondre à cette question pragmatique et inévitable. Dans une telle situation, voici deux recommandations :

1. On s'entoure de conseils, transmis par des personnes ou par des livres. Si vous mettez correctement en pratique les principes agroécologiques présentés dans ce cours, il n'y a pas de raison que la production soit nulle. L'échec total est impossible... sauf si on oublie d'arroser les semis en chambre à semis, et si on n'est pas réactif aux dégâts des campagnols ou des mulots.

2. On renforce sa volonté personnelle. On veut que des personnes (nous, notre famille, nos voisins, nos connaissances...) puissent se nourrir des légumes produits dans notre jardin. Alors il faut à un moment savoir s'asseoir par terre, dans le jardin, et se dire à soi-même, avec toute la conviction qu'on peut y mettre : « *c'est de cette terre que je vais me nourrir !* » Chaque fois qu'on doute de pouvoir faire tout ce qu'on a planifié, on devrait s'asseoir et se répéter cette phrase. Mieux : il faudrait le ressentir profondément, sans mot dire, cela en établissant une sorte de lien charnel avec le jardin. Le corps du jardinier – et celui de ses clients – est issu de la matière du jardin. Le jardinier doit donc être convaincu qu'il fait partie du jardin (cf. La notion de propriété p. 163). Cette considération de base, simple mais fondamentale, donne une grande confiance en soi. Le projet n'est plus un projet : il est devenu une réalité, il a un corps. Si on est convaincu que nous-même pouvons nous nourrir de cette terre, alors on peut le faire aussi pour d'autres personnes.

2 ON PART DE SOI

Il faut faire avec les *moyens* (financiers, matériels, humains, temporels) qu'on a et avec son *histoire personnelle*. Il y a des jardins qui se positionnent comme des jardins modèles : la ferme du Bec Hellouin, le Mas de Beaulieu, les jardins de la grelinette, le jardin des quatre saisons, le jardin des Amanins... Il ne s'agit pas de vouloir faire comme eux : il faut partir de ce qu'on a, il faut partir du sol et de la végétation tels qu'ils sont, c'est le conseil que donna Pierre RABHI aux religieuses du monastère de Solan. Leurs jardiniers de ces jardins modèles ont d'importants moyens de communication. Ces jardins sont le résultat d'une sinon de plusieurs décennies de travail. Ils ne sont pas l'œuvre d'une personne, mais de plusieurs. Comme ces jardins sont aussi des centres de formation, ils ont bénéficié d'une abondante main-d'œuvre gratuite que sont les stagiaires. Si l'on est seul à jardiner, ce qui est notre cas, alors il ne faut pas vouloir copier ces jardins. Seul, nous n'avons pas les moyens physiques pour réaliser par exemple les nombreuses buttes de culture ou monter de grandes serres. Nous devons partager notre temps entre la production et la vente.

Chaque jardinier doit avoir un projet dont il fixe lui-même la dimension. Il ne faut pas se comparer sans cesse aux autres. Non que cela soit inutile, mais parce que l'essentiel est ailleurs : Il faut se confronter avec *nos* idées et *nos* aspirations. C'est la meilleure façon d'apprendre, de progresser, d'acquérir de l'expérience et surtout de la confiance en soi.

3 SE PRENDRE EN MAIN : DE L'ACTION / RÉACTION À L'INITIATIVE

Devenir jardinier implique de devenir son propre chef. C'est d'ailleurs une des principales motivations pour changer de vie. Un an après le début de notre jardin, le premier (et unique) objectif fut atteint : la préparation du sol. Les planches avaient été délimitées et les engrais verts semés, puis fauchés. Ainsi les planches étaient prêtes pour l'hiver et le printemps. Certes les premières récoltes se feraient seulement à partir de l'été suivant, mais l'effort accompli cette première année était indispensable. Un sentiment nous vint alors à la conscience : Plus personne ne nous attend, plus personne n'attend les résultats de notre travail parce qu'il ou elle en a besoin pour le sien, ce qui est la situation normale quand on est employé. Plus personne ne formule d'attentes envers nous, plus personne n'a... besoin de nous !

Cette réalisation fut un petit choc. « Ça y est, nous y voila bel et bien ! » À ce moment, nous avons pris conscience de ce réflexe qu'on nous a enseigné depuis l'école, puis que nous avons profondément intégré en entreprise : « on attend ça de moi, donc je fais ça ». L'action comme *réaction* à un ordre. Désormais, il faut prendre le réflexe d'agir non plus par réaction (aux ordres de travail, qui sont in fine l'expression du désir de quelqu'un *d'autre*) mais par *initiative* personnelle. « JE décide de ce qui est bon pour moi et JE le fais. » On peut certes comprendre intellectuellement cette prise de conscience, mais nous vous assurons qu'il faut véritablement en faire l'expérience : c'est une véritable initiation. On ne peut plus revenir en arrière, c'est une question d'honneur vis-à-vis de l'épanouissement personnel auquel aspire tout vrai jardinier agroécologiste.

Quand on constate que le travail accompli suite à une initiative personnelle produit de bons résultats, il est bon alors de faire une petite pause, de constater sciemment cet état des choses positif et de se féliciter. Maintenant, celui qui distribue les félicitations (ou les réprimandes) ce n'est plus votre chef : c'est vous !

Au fur et à mesure qu'on avance dans la réalisation du jardin et qu'on prend des décisions, on réalise qu'il n'y a pas de certitude absolue. Telle technique marchera peut-être bien ou peut-être moyennement : nous ne le saurons vraiment qu'une fois la technique éprouvée par une année de production. Citons Pierre RABHI : « l'incertitude est le corollaire de la liberté ». Eh oui, la liberté d'entreprendre aurait-elle une quelconque valeur s'il n'y avait pas de risque à prendre ? Qui dit absence de risque dit planification totale donc prédétermination, donc... routine voire ennui à mourir ! À quoi bon vivre si l'on sait déjà tout ce qui va se produire ?

4 VERTUS ET LIMITES DE LA SOLITUDE

Si comme nous vous venez d'une famille et d'un milieu qui n'ont pas ou peu d'expérience en agriculture, vous serez par moment seul dans votre projet, pour la simple raison que vous en saurez plus que vos proches. Ils pourront vous aider à faire telle ou telle tâche spécifique, mais ils ne sauraient vous aider à décider ce qui doit être fait ou non.

Vivant cela, on se demande comment savoir si par moments l'assistance d'une personne expérimentée ne serait tout de même pas raisonnable. N'est-il pas déraisonnable de chercher à tout faire tout seul ? Ne peut-on pas s'éviter une récolte ratée si l'on dispose de tel ou tel conseil d'un jardinier plus expérimenté ? De plus, les agricultures alternatives n'étant pas encore très répandues, il est rare d'avoir comme voisin un jardinier alternatif, qui serait en plus intéressé comme vous par l'agroécologie. Ici dans la Manche, les jardiniers locaux fonctionnent selon le système {fumier + binage + sol nu en hiver}, qui n'est pas le système technique de l'agroécologie. Même si un maraîcher bio est à proximité de notre jardin, on peut appréhender de lui demander conseil : n'allons-nous pas lui prendre une part de sa clientèle ? Ne va-t-il pas nous considérer comme un concurrent ? L'introduction des notions de concurrence et de compétition, en agriculture conventionnelle, a eu de nombreuses conséquences néfastes. Si l'agroécologie venait à se démocratiser, il conviendrait de réfléchir à comment éviter que ces notions ne s'y introduisent.

Aussi, chacun est fier de ce qu'il produit, et par fierté on n'a pas toujours envie de donner ses « recettes ». Philippe GENETIER (maraîcher bio français installé en Allemagne) nous disait qu'on apprend très vite de ses erreurs : on s'en souvient et on ne les refait plus. Nous sommes convaincus que c'est en se confrontant à ses propres idées qu'on apprend le plus. Revenons à ces conseils qui pourraient sembler bien utiles pour ne pas rater une récolte. Comment s'en passer ? D'abord, il faut retourner relire les livres contenant toutes les consignes techniques. Si on ne trouve aucune technique adéquate, il y a toujours le gisement d'internet à explorer. Enfin, il faut faire l'effort de réfléchir par soi-même. Et in fine que l'on se trompe ou que la récolte soit superbe, on n'oubliera plus les connaissances mises en œuvre.

La limite aux vertus de la solitude est peut-être celle-ci : il faut briser la solitude quand on estime qu'on n'a pas le temps de « réinventer la roue ». Par exemple : Au tout début de notre projet, nous avions réfléchi à la possibilité de mettre en place une rotation à 4 cultures sur environ 600 m² : sarrasin (ou céréale ancienne rustique) / féverole (ou autre légumineuse) / avoine / une autre culture encore indéterminée. Nous avions la possibilité d'utiliser plus de surface. Nous ne voulions pas labourer mais faire comme M. FUKUOKA (cf. L'agriculture naturelle p. 204). Nous avions découvert qu'il existe en France un institut d'agriculture naturelle (ITAN) : nous pensions donc leur demander s'ils ont des méthodes pour enrober les semences de terre. C'est la technique qui est au cœur de l'agriculture selon FUKUOKA. Le principe est d'amener la terre à la graine et non l'inverse. Puis nous avons « vu » que la prairie correctement gérée peut être une source durable de foin et tonte pour nourrir les planches de cultures, et nous avons donc laissé la prairie en place.

La solitude du jardinier, faire tout tout seul, est plutôt un constat : c'est un travail solitaire, la réussite ou l'échec nous incombent seul. Nous ne pouvons pas nous « reposer » sur quelqu'un d'autre. Il faut s'habituer à prendre des décisions seuls, et les retours d'expérience (positifs comme négatifs) amèneront de la confiance en soi.

5 COMPRENDRE LE CLIENT

Le jardinier agroécologiste peut vendre, ou non, ses légumes. Ici nous allons vous proposer quelques règles pour établir le contact avec vos futurs clients. Elles sont issues de notre expérience en la matière (deux ans de vente de vélos en grande surface spécialisée, avant de revenir à la biologie et de travailler en laboratoire).

Première règle

Comme pour toute activité de vente, la clientèle est délimitée par la qualité des produits, leur présentation, l'apparence du lieu de vente et l'apparence du jardinier même. Ainsi, une clientèle aisée se sent à l'aise dans un lieu de vente « chic », où l'on distingue certain style dans le décor, l'agencement, les matériaux utilisés... Mais une clientèle modeste peut trouver tout cet effort de présentation incommodant, et donc préférer un lieu sans artifices. Donc vous devez réfléchir à la façon dont vous présentez vos légumes, et vous pouvez opter pour plusieurs façons de les présenter, afin d'avoir plusieurs types de clientèles. Vous pouvez choisir de vendre vos légumes en chemise et vous aurez une certaine clientèle. En bottes, avec des vêtements terreux et des cageots par terre, vous aurez une autre clientèle.

Deuxième règle

Ne pas avoir l'air plus riche que le client. Le client attend d'être *servi*, donc d'avoir en face de lui quelqu'un qui « présente » moins que lui (habits, langage, manières), sinon tout au plus comme lui. Tout acte d'achat est pour le client l'occasion d'afficher son statut social. C'est la réalité, certes un peu triste à constater, mais le statut social est vraiment important pour beaucoup de personnes. Ne dit-on pas « j'achète donc je suis » ? Vouloir vivre de l'agroécologie résulte souvent d'un désir de changer de vie[53]. Mais les habitudes ont la vie dure, et la fierté personnelle peut-être plus encore. Si vous êtes actuellement ingénieur, êtes-vous prêt à vendre vos fruits et légumes à des RMIstes, à les *servir* ? Certes, on aime penser que vendre des produits bio doit être une occasion de faire une économie différente, une économie non discriminante. La réalité actuelle montre que c'est un vœu pieu : le bio c'est pour les bobos, sinon ce n'est qu'au prix de petites combines de connaisseurs qu'on peut dénicher des produits bio au même prix que les produits non bio. À moins que vous ne vendiez par l'entremise d'une structure qui est déjà bien connue pour sa mixité sociale, vous devrez choisir le statut de la clientèle que vous voulez atteindre, et vous conformer à ce statut. Ne négligez pas le travail sur soi que cela requiert.

Troisième règle

Ayez une attitude professionnelle : montrez que vous connaissez la diversité des techniques de culture, que vous connaissez le rythme de croissance de chaque culture, que vous n'avez pas besoin de matériel lourd pour travailler le sol, que savez évaluer le rendement de chaque culture. Soyez toujours objectif dans vos explications.

Quatrième règle

Laisser le client juger de la qualité de votre récolte. Ne dites *jamais* que ceci est une bonne tomate ou un super chou. Ne dites pas que vos fruits et légumes sont très bons. Cela, c'est *votre* opinion. Vous devez laisser le client se faire son opinion : c'est son privilège exclusif d'acheteur. Oubliez les pancartes du genre « Les Bons Produits Bio de Bébert ».

---

53 Il nous semble qu'en France existe une ségrégation entre les « bourgeois / intellectuels » et le « peuple ». Cette ségrégation recouvre souvent celle entre citadins et campagnards. Où vote-ton le plus pour le parti écologiste ? Non pas à la campagne, mais en ville. Aujourd'hui encore, on appelle « horsains » les citadins en Normandie, c'est-à-dire « ceux qui ne sont pas d'ici ». Si, pour votre projet de nouvelle vie dans l'agriculture bio, vous quittez la ville pour vous installer à la campagne, soyez plutôt ouvert et amical envers tout le monde. Il n'y a pas que des idiots à la campagne, tout comme il n'y a pas que des lumières en ville ! Mais, bien-sûr, sachez identifier les frustrés et les jaloux, qui aiment à faire sentir à leur interlocuteur que celui-ci n'est pas à sa place, alors que c'est eux qui ne trouvent pas la leur.

Cinquième règle

Ayez la tête du vendeur. Nous parlons en connaissance de cause, tout le monde n'a pas la tête d'un vendeur. La difficulté de contact et de compatibilité avec les clients peut être un obstacle à la vente. Nous avons bien vendu des vélos, mais parce qu'on nous prenait pour un étudiant ! Par la suite, même si nous avons fait la preuve que nous aimons parler avec les gens, que nous aimons la technique, que nous aimons le travail manuel dans le jardin, notre tête ne change pas : une tête d'intello, devons-nous bien reconnaître ! Apparemment, c'est au niveau des yeux, et dans notre attitude calme mais qui passe pour de l'indolence. Bon, on ne se refait pas, mais nous allons tout de même tenter notre chance.

Nombreuses sont les personnes dans notre situation, quittant un emploi plutôt intellectuel pour changer de vie en « retournant à la terre ». Avoir l'air d'un intello peut gêner les clients, pour deux raisons :

1. En tant que client, on est naturellement suspicieux, méfiant, quand le vendeur semble plus intelligent que nous. Si on ne comprend pas vraiment ce qu'un vendeur nous dit, malgré nos efforts, on pense que la ruse et l'entourloupe ne sont pas loin. MENDRAS nous dit aussi : « Dans les civilisations méditerranéennes, le jeu verbal est hautement prisé... [mais] dans la plupart des civilisations paysannes, au contraire, le jeu verbal est traité avec suspicion, parfois mépris. On ne peut pas être à la fois beau parleur et solide travailleur ». Nous ne sommes pas dans une société de confiance, c'est un fait, car on a tous rencontré ces vendeurs qui essaient de nous mener par le bout du nez. Or, l'intello est quelqu'un qui vit pour et par le doute, qui questionne toujours tout. Le travailleur des neurones doute toujours lui-même. Donc, en sa présence, on a la sensation qu'on ne sait jamais s'il cache quelque chose au fond de sa tête. Les arrière-pensées peuvent nuire à la vente, quand elles sont discernables.

2. La vente de produits issus de la terre a ceci de particulier qu'on attend, presque inconsciemment, que le jardinier (ou le vendeur) soit comme la terre elle-même : honnête, franc, sans jugement. Quand on achète des fruits et légumes, on a tous plus ou moins conscience que c'est *notre lien* à la terre : ce lien qui est si rassurant. Pour reprendre une fameuse expression (hors de son contexte) : « la terre ne ment pas ». La terre est le symbole des fondations solides, fiables, pérennes. D'où le franc dégoût que suscitent les arnaqueurs de l'agro-alimentaire : ils sont par deux fois des traîtres, qui trahissent et les acheteurs et la terre. On attend donc du jardinier-vendeur qu'il soit simple comme la terre, honnête comme la terre. C'est l'ordre des choses.

Pour éviter ces écueils de la psychologie de vente, il faut prendre soin de toujours donner des explications simples, qui, pour le client plus exigeant, pourront être déclinées (plus de détails, plus d'explications). Il faut donc veiller à avoir un argumentaire en pyramide, ou arborescent, et se positionner comme un *professionnel objectif*, qui comprend la théorie comme la pratique. Il faut être un interlocuteur avenant, qui sait montrer son savoir-faire et l'expliquer quand nécessaire. Ainsi on s'ouvre à tout type de clientèle, et on évite le terrible « il / elle n'est pas fait pour ça ». Et nous recommandons de ne pas négliger les efforts pour se relier à la terre, en toute sincérité. On ne découvre pas la terre à travers les livres, mais en la prenant dans les mains ! Comme pour la fierté personnelle à ravaler, cela requiert un travail sur soi. Nous sommes convaincus que l'acheteur peut ressentir cette sincérité, et que cela participe de la confiance que l'acheteur peut vous accorder, en plus de la qualité de vos produits. Et puis, si on choisit de changer de vie, n'est-ce pas pour devenir quelqu'un d'autre ?

6 MÉDIOCRITÉ, PUGNACITÉ, AMBITION

D'une façon générale, chacun mène sa vie, et donc chaque jardinier qui se veut agroécologiste a ses raisons intimes de jardiner, ainsi qu'une force de volonté qui lui est propre. Comme l'écrit

Jean-Martin FORTIER, devenir maraîcher bio exige des efforts soutenus, et une fois installé, les difficultés ne s'arrêtent pas pour autant. Certains abandonnent, nous rappelle-t-il. L'échec est courant. Alors quand on démarre son jardin, on peut se poser la question sans détour : « Et moi, qu'est-ce qui me ferait abandonner mon projet ? » Nous voulons ici simplement présenter la façon dont nous gérons cette question. Chacun doit envisager sa propre situation.

Aujourd'hui, deux ans après les premiers travaux de création de notre jardin, nous estimons que l'abandon de notre jardin pourrait résulter de trois facteurs :
• Une certaine fainéantise dans la mise en œuvre soignée des pratiques culturales ;
• Un manque de pugnacité face à des pertes de récolte, qui se traduirait par une paresse dans notre effort d'observation quotidienne du jardin, une paresse de recherche d'explication pour les récoltes ravagées et une paresse dans l'effort de créativité pour éviter que ne se reproduise la perte de récolte ;
• Un manque d'ambition. En particulier, car nous sommes un peu touche à tout : plein de choses nous intéressent. Nous avons fait la preuve, en travaillant dans un laboratoire de renommée mondiale, de nos capacités intellectuelles et techniques, alors régulièrement nous nous disons « et si à côté de mon jardinage, je montais tel ou tel autre projet ? ». Notre jardin doit-il être notre principale source de revenus, ou bien dois-je avoir deux, sinon plusieurs, sources de revenus ? Ce cours en est la preuve : nous espérons en tirer un peu d'argent. Mais combien cela peut-il rapporter ? Avec quelle fréquence et sur quelle durée ? Quant à se reposer entièrement sur le jardin, en faire une entreprise agricole rentable : nous savons tous à quel point les impôts et les cotisations sociales non proportionnels aux marges sont un des problèmes majeurs de l'économie à la Française. Surtout, ils peuvent contraindre à abandonner certains principes agroécologiques. Par exemple ils peuvent contraindre à facturer très cher les récoltes, ce qui reviendrait à réserver la production agroécologique aux couches les plus riches de la population, ce qui ne s'inscrit pas dans le projet de société agroécologique.

La fainéantise est bien sûr ce que tout un chacun veut éviter. Après les premiers mois de jardinage, on a compris que l'on doit être précis pour obtenir quelque résultat. On n'obtient rien en faisant tout à la va-vite : il faut quantifier le matériel à utiliser, quantifier le temps nécessaire, l'espace nécessaire, fixer les objectifs. On doit mettre les moyens en face de l'objectif, on fait des tableaux, un planning. « À chaque heure son objectif, à chaque objectif son plan ». La fainéantise peut concerner :
• soit toutes les actions que l'on fait, des semis à la vente. Elles seront alors toutes peu efficaces ;
• soit seulement quelques actions. On se retrouve alors avec des maillons faibles. Par exemple : produire régulièrement de super légumes mais ne pas gérer les commandes, négliger le contact client, ne pas prendre la peine d'avoir un bon point de vente...

Il est certain que chacun de nous a ses comptes à régler avec la fainéantise Pour bien comprendre la fainéantise et s'en éloigner, on peut illustrer ses conséquences de la façon suivante : Imaginons que notre projet de jardin est comme un pont, que l'on veut construire pour rallier une île inconnue mais prometteuse. Sur le continent, on démarre le pont avec des pierres, on le fait large et solide. Puis lorsque le pont est au trois quarts achevé, on continue jusqu'à l'île avec un pont de cordes ! C'est cela la fainéantise : on ne peut pas profiter pleinement des trésors de l'île (on se contente de trois bracelets en or qu'on ramène dans nos poches, alors que l'île recèle un coffre d'or). Le résultat de la fainéantise est la *médiocrité*.

Au contraire de la fainéantise, il faut développer de la pugnacité (synonyme de persévérance). Que se passe-t-il si nous n'en n'avons pas assez, c'est-à-dire si nous manquons de courage à chaque difficulté ? Alors si ce n'est pas la première, c'est la seconde difficulté qui va nous arrêter. Illustrons cela de la façon suivante : C'est comme si nous arrêtions de construire le pont au milieu de la distance qui sépare l'île du continent ou bien à dix mètres de l'île. Tant que le pont n'est pas achevé, l'île demeure totalement hors de portée. On n'en profite pas du tout.

L'ambition nourrit la pugnacité, qui nourrit l'effort de travail. Le manque d'ambition, c'est de se dire « je veux peut-être atteindre cette île ». Autre illustration : manquer d'ambition, c'est comme se contenter de marcher en poussant une bicyclette, alors qu'on rêve de connaître les joies d'avancer sans effort. Pourquoi faire tous les efforts de mise en place du jardin, si c'est un projet dont on doute de l'utilité pour notre épanouissement personnel ?

Nous vous dirions bien, pour vous rassurer, qu'il ne faut pas douter de votre projet de jardin agroécologique Qu'il faut en être convaincu. Que si vous n'êtes pas convaincu à cent pour cent de la viabilité du projet, vous ne devez pas vous lancer. Le jardinage agroécologique, ce doit être fait pour vous, ou vous devez être fait pour ça. Ainsi vous ne pouvez pas échouer. Mais nous ne vous le disons pas. Nous ne croyons pas à la prédestinée. Étant petit, nous détestais la question « que veux-tu faire quand tu seras grand ? ». Nous ne croyons pas à cette idée que chacun doit savoir tôt dans sa vie la place qu'il a à occuper plus tard dans la société. C'est une idée bien pratique, que les adultes utilisent pour faire se culpabiliser les jeunes gens. Dans la vie, il n'y a pas de certitude, il n'y a pas de grande ligne droite : on ne peut faire que des paris. Nous pensons, aujourd'hui, que l'agroécologie est ce qu'il y a de mieux pour nous. Nous avons la certitude que nous produirons des fruits et légumes, mais n'avons pas la certitude qu'elle nous conduira à bon port : nous ne savons pas où elle nous conduira, quelles personnes elle nous fera rencontrer, quels obstacles elle nous fera lever. Mais cela, c'est notre façon de vivre. Nous l'avons payé par la perte d'un être cher, mais pour qui il était impensable que la vie soit un pari, pour qui la vie devait « être sur des rails ». Si vous êtes passionnés par les connaissances que nous vous transmettons sur l'agroécologie, alors foncez, montez votre projet. Sachez seulement que cette ambition peut choquer certaines personnes, qu'elle peut entraîner certains clivages.

Terminons cette réflexion en revenant à notre illustration du pont devant relier l'île, mais qui demeure inachevé. Dans chacun des cas, fainéantise, manque de pugnacité, manque d'ambition, la conséquence est la même : on demeure entièrement dépendant du continent. C'est-à-dire que l'on vit encore dans ses anciennes façons de penser, dans ses anciennes habitudes. Donc qu'on n'a pas encore changé de vie. Le jardinier est encore apprenti.

7 LES CONTRAINTES DE LA VIE DE FAMILLE

Intéressons-nous à tous les agriculteurs bio qui disent qu'*il faut* produire et vendre, car l'argent *doit* rentrer. Pour cette raison il est nécessaire de faire des *compromis* au niveau des techniques de culture et du choix des légumes. Il *faut* acheter une machine très efficace, une grande serre, il faut un tracteur *plus* gros... Ces agriculteurs disent, par exemple, que l'objectif de non mécanisation en bio est louable, mais qu'il s'agit plutôt de s'en rapprocher que de l'atteindre, surtout au départ. Au départ il faut surtout que les sous rentrent.

Puis on découvre que ces agriculteurs ont des enfants. Y a-t-il un lien entre leur discours sur la nécessité du compromis et la présence d'enfants ? Il ne faut pas négliger l'influence d'une famille avec enfants sur un projet d'agroécologie. C'est comme pour toute activité : si on a des enfants, les enfants viennent en premier. Sinon leur futur est compromis, et cela un parent ne peut pas l'accepter. Donc si ces agriculteurs ne vont pas jusqu'au bout dans la mise en pratique de certains principes, voire de certains objectifs, et font des compromis, c'est vraisemblablement parce qu'ils ont des enfants à éduquer, donc qu'ils ne doivent pas prendre de risque financier, et donc qu'ils ne peuvent se permettre des incertitudes techniques ou commerciales.

Nous sommes peut-être méchants en disant qu'avoir des enfants est avant tout une décision, alors que certaines personne pensent plutôt que c'est l'ordre naturel des choses. Nous remercions bien sûr nos parents d'être né, mais nous savons que pour grandir nous avions besoin de conditions matérielles stables, et que nos parents ont fait certains sacrifices pour cela, c'est un lieu commun. L'agroécologie étant aujourd'hui par définition une forme d'agriculture en cours de construction, la stabilité des récoltes, donc des revenus, ne peut pas être garantie. Sauf à recourir à des techniques éprouvées en agriculture biologique ou conventionnelle, mais alors ce n'est pas de l'agroécologie. La liberté oblige d'avoir un petit sac à dos, ou bien d'être consommée avec modération. Donc avoir des enfants (en bas âge en tout cas) peut ne pas être compatible avec la pratique de l'agroécologie.

Aujourd'hui faire de l'agroécologie c'est se dire par exemple : je vais faire du semis sous couvert ou je ne vais pas travailler le sol, je ne vais pas le retourner, je ne vais pas importer quarante tonnes de compost ou de fumier. C'est une volonté de faire différemment, pour rappel. Il y a aussi une démarcation à faire entre le jardinage de loisir et l'agroécologie. Le jardinage de loisir peut nourrir occasionnellement. On a le temps de passer deux jours à préparer dix mètres carré de terrain. Tandis que l'agroécologie est à un stade où elle doit faire la preuve d'un rendement régulier, fiable. Elle est en phase sérieuse de test. Donc nous n'apprécions pas qu'un agriculteur dise ne pas pratiquer telle ou telle technique, car il faut considérer tel principe non pas comme un objectif mais comme une inspiration sinon l'argent ne rentre pas. C'est trop facile. En parlant de cette façon il remet en cause le principe. En réalité, il ne veut pas se confronter au principe en question et essayer avec pugnacité de le mettre en pratique. Cela parce qu'il ne veut pas prendre de risque financier, par respect pour le bien-être de ses enfants. Étant de formation scientifique, nous avons appris sur les bancs de l'université, puis constaté par nous-même en laboratoire, combien il faut être pugnace pour obtenir même le plus simple des résultats scientifiquement valable. L'agroécologie n'est certes pas un sévère programme de recherche scientifique, mais nous pensons que cette relativisation des principes pour cause de non-rentabilité financière est mal venue *dans la phase actuelle* de l'agroécologie. L'agroécologie doit au contraire confirmer ses principes et affiner leur mise en pratique.

Donc si vous avez des enfants, vous devez qualifier votre projet d'agroécologique uniquement en connaissance de cause. Dans un couple, idéalement un des deux conjoints peut se consacrer complètement au projet, tandis que l'autre exerce un métier plus conventionnel.

8 LES PRÉJUGÉS DÉSTABILISANTS

Tout projet rencontre à un moment de sa genèse ou de sa réalisation une certaine opposition, plus ou moins directe, de la part de certaines personnes. Ces critiques touchent au but, car elles ont comme cible la motivation personnelle, profonde, de changer de vie. Il faut pouvoir aller au-delà de ces critiques, pour en comprendre les motifs et pour les rendre utiles au projet.

8.1 Le préjugé de la pauvreté

À l'annonce du désir de changer de vie, il est souvent rétorqué par l'entourage que les agriculteurs gagnent à peine de quoi vivre. L'entourage nous dit à demi-mots « Tu as un bon métier, tu as du confort matériel et de l'argent. Tu as fait des études pour avoir ce métier. Une fois les économies dépensées, pourras-tu encore t'acheter de bonnes chaussures avec ce que tu gagneras en vendant des légumes ? » Dans le meilleur des cas, un jardinier agroécologiste à plein temps pourrait se faire un salaire aux environs de une fois et demi le RMI. Certes donc il ne vivra pas comme un pharmacien, il ne sera pas miséreux mais il devra vivre sobrement. Le cliché du paysan pauvre a la vie dure, et nous devons confirmer que le jardinier agroécologiste ne peut pas être plus riche ! C'est prévisible qu'en montant un projet d'agriculture, on sera confronté à ce cliché. Mais affronter ce cliché n'est en pas moins pénible. Quelles raisons peuvent donc pousser notre entourage à nous dire et nous redire qu'on sera pauvre ?

- Tout d'abord cela peut être un moyen de nous faire comprendre que l'on s'éloigne des sentiers battus. Bien des gens n'aiment pas ceux qui veulent « faire différemment ». L'interlocuteur essaie donc de nous déstabiliser, soit volontairement, soit par égocentrisme inconscient (car il pense que les seuls métiers biens sont ceux que lui et ses amis exercent).

- Ensuite on peut nous reprocher, avec bonne foi, d'être idiot. Pour les gens qui ont connu la pauvreté durant leur enfance, le choix d'exercer une activité au revenu modeste (voire minimal), alors qu'on a les moyens intellectuels et sociaux pour exercer une activité très bien rémunérée, est un comportement idiot.
- On peut nous reprocher d'être un pédant, d'être un « bobo ». C'est surtout le cas si on est issu d'une famille qui a de l'argent : « Il/elle peut faire ce qu'il veut, derrière la famille a un bon patrimoine et elle le rattrapera s'il se plante », penseront certains de nos interlocuteurs[54]. Cette interprétation moderne a un antécédent antique : le citoyen grec. Le citoyen grec pouvait choisir de faire des travaux des champs afin d'être bien dans son corps. Comme par ailleurs il étudiait la philosophie, il pouvait ainsi atteindre un certain idéal d'équilibre entre le corps et l'esprit. Mais les citoyens grecs avaient des esclaves à disposition, qui devaient tous les jours travailler pour leur maître dans les champs. Donc si le citoyen un jour, deux jours, ou un mois entier, ne désirait pas travailler dans les champs, cela n'avait aucune conséquence négative sur les récoltes. In fine, par ce genre de remarque, on nous reproche de vouloir faire le faux pauvre.
- Enfin on peut vouloir nous confronter à ce risque de façon bienveillante : c'est-à-dire pour éprouver et renforcer notre motivation, tout en sachant que l'on s'en sortira bien.

En parlant de notre projet avec notre entourage quand nous vivions encore en Allemagne, ce cliché ne nous a pas été brandi. Arrivé en France, on nous le brandit à répétition. Nous ne faisons que constater. Que chacun cherche par soi-même une explication dans cette différence de mentalité.

8.2 Le préjugé du labeur physique

L'autre argument avancé pour questionner la motivation du porteur de projet est celui du labeur physique. Encore un cliché tenace ! Le jardinage serait physiquement éreintant, usant. « Le sol est bien bas, mon bon monsieur ». C'est dur de sarcler, de retourner la terre, de récolter de longues heures durant à genou, de planter à genou encore et toujours. Et puis il faut entretenir les allées, les haies, la cour... Le dos et les genoux vont trinquer, c'est sûr.

Il faut répondre à ce genre de remarque en rappelant que le jardinage a toujours été une activité de femme. Pas besoin d'être monsieur muscle. Ensuite, nous avons expliqué plus haut que le jardinier a tous les moyens pour prendre soin de son corps (cf. p. 120 Le corps du jardinier), notamment les étirements et d'autres techniques comme le yoga par exemple, qui sont de nos jours mieux acceptées que dans les années 1960.

À l'interlocuteur qui vous mettre face au labeur physique, vous expliquerez que les techniques agroécologiques de couverture de sol rendent le sarclage inutile, de même que de retourner la terre, que les allées sont tondues et non sarclées, que les arbres ne sont pas taillés. L'interlocuteur va, en toute bonne foi ou par mauvaise volonté, vous dire que c'est là une agriculture de fainéant. Si nous n'avez pas un passé de travailleur manuel, il entend ainsi vous faire comprendre que vous n'êtes pas quelqu'un qui peut faire du travail manuel, que vous n'êtes pas fait pour en supporter la dureté. Si effectivement vous êtes issus d'un milieu bourgeois ou petit-bourgeois, cette remarque peut sous-entendre que votre attitude fait honte à votre classe sociale de naissance, ou tout le moins aux aspirations de votre classe sociale de naissance.

Et si l'interlocuteur est lui-même un manuel, il peut penser que tout ce que vous lui racontez là, ce sont juste des techniques d'intello, des « finesses » qui ne résisteront pas à la rigueur de la réalité. MENDRAS nous dit bien que c'est une pensée répandue qu' « on ne peut pas être à la fois beau parleur et solide travailleur ». Expliquez alors qu'en agroécologie, retourner la terre, incor-

---

54 On utilise aussi le terme de « génération Y (epsilon) » pour désigner ces jeunes gens éduqués qui n'hésitent pas à prendre des risques, car ils ont été choyés par leur famille.

porer du fumier et sarcler par exemple sont des actions inutiles parce que remplacées par des techniques moins contraignantes mais qui produisent le même résultat : une terre noire grumeleuse. Pas besoin de se casser le dos. N'en dites pas plus : face à cet argument rationnel d'économie de force, l'interlocuteur peut en venir à douter de son opinion sur les métiers de la terre. Ou bien il aura arrêté de prêter attention à vos explications, décontenancé par le fait que vous ayez des méthodes rationnelles, ce qu'il n'imaginait pas possible, vu qu'il vous prenait pour un intello !

Si cela ne suffit pas, vous conviendrez avec l'interlocuteur que certes, c'est « physique » de planter, de récolter, de transporter les cageots, mais qu'il faut bien faire quelque effort si on veut du résultat. Car pour bien des gens, travail et souffrance vont de pair. Nous avons rencontré des ouvriers agricoles qui nous disaient que « quand on a bien mal au dos, c'est qu'on a bien travaillé ». Et effectivement ils allaient jusqu'à se ruiner la santé. D'où peut venir cet état d'esprit fataliste, cette abnégation de la valeur du corps ? Nous savons, pour en avoir fait maintes fois l'expérience, que la souffrance physique due à des mouvements répétés est surtout musculaire. Des exercices d'étirements y remédient (nous avons ainsi évité plusieurs fois des tendinites et des lumbagos). La douleur n'est donc pas une fatalité. Mais nous sommes en Basse-Normandie, terre à forte tradition chrétienne. Nous pensons que cette attitude fataliste provient de la religion. Nombreux étaient ceux parmi la génération de mes grand-parents qui pensaient qu'une vie sans souffrance était une vie mal vécue – bien souffrir quotidiennement était une expiation. C'était le péché originel, qui laissait à Adam et Eve et à leurs descendants une terre qu'il faudrait dompter à la force des muscles, à la sueur du front. Les gens étaient très pieux, et chaque semaine dans les églises ils pouvaient lire ces mots « souffrir avec le Christ » gravés sur la croix centrale. Aujourd'hui l'influence de la religion est négligeable, mais l'état d'esprit d'antan existe encore, nous semble-t-il.

Le contre-argument du labeur physique peut vous être adressé donc parce que de prime abord vous semblez être un intello ou un fainéant, mais il peut aussi vous être adressé pour vous convaincre, d'une façon subtile, que ce métier n'est pas pour vous. De la même façon qu'on peut vous faire comprendre qu'il vous est inutile de faire ce métier, si vous pouvez en faire un autre qui vous rapporte beaucoup plus d'argent. Dans les campagnes, les tâches les plus dures étaient souvent réservées aux « bêtes de somme », c'est-à-dire aux personnes qui avaient une grande force et résistance physique, mais qui intellectuellement n'avait pas de capacité particulière. C'est une trame culturelle insidieuse : celui qui sait penser n'a pas besoin de travailler. Donc pour certaines personnes, si vous êtes intelligent votre place n'est pas à la production de fruits et légumes. Votre place est dans un bureau, au chaud et avec un bon salaire. « À chacun sa place ». Michel ONFRAY pourrait le confirmer. Si vous produisez des légumes, vous prenez la place de quelqu'un, quelqu'un qui n'a pas la capacité de choisir un métier. Vous êtes presque socialement incorrect, vous méprisez presque les valeurs des gens de la campagne en montrant, par votre projet agroécologique, que tout le monde peut cultiver la terre. Or si les notables se mettent à cultiver, où irons-nous ? Vous voyez comment ce simple projet bouscule, de façon implicite, l'ancien ordre social de la France, ordre qui fait encore partie de la trame de la vie à la campagne ?

Le contre-argument du labeur physique peut aussi être amené non pour questionner la motivation, mais au contraire pour reconnaître la légitimité de votre projet. En effet il y a beaucoup de personnes qui pensent qu'en France, il y a bien trop de gens dans les bureaux et dans les commerces, alors qu'il faut du monde pour travailler concrètement. Donc ils accueillent votre projet positivement. Ils se disent : « Enfin un qui a compris que c'est bien de travailler concrètement, car les improductifs il y en a bien trop ». Attention toutefois : cette signification peut couvrir l'idée que faire des études ne sert à rien. « Un bac +5 pour faire pousser des navets ? » C'est notre situation ! Ne désirant plus travailler pour l'industrie, quel autre choix avions-nous ? L'enseignement ? Oui, mais la période actuelle n'est pas propice : l'emploi de nouveaux fonctionnaires est gelé. Alors, comme tant d'autres vraisemblablement, nous avons décidé d'effectuer le « retour vers la terre », après avoir considéré dans un premier temps la piste de la pisciculture biologique.

Mais, par fierté intellectuelle peut-être, nous n'allons pas nous insérer dans les rouages de l'agriculture telle qu'elle existe déjà, conventionnelle ou biologique : il nous faut une agriculture sur mesure, où les aspects théoriques et l'innovation pratique (deux des valeurs que nous avons acquises durant nos études) vont de pair.

Les deux contre-arguments de la pauvreté et dulabeur physique reposent sur des trames culturelles, mais un interlocuteur peut avoir en plus des raisons personnelles de vous provoquer, de vous faire douter. Il est peut-être jaloux. Lui-même ne s'intéresse pas aux pratiques agroécologiques, ni même peut-être au jardinage, et pourtant il vient vous parler de revenus faibles et irréguliers, de la pénibilité du travail, de la santé sacrifiée... Eh bien, que se passerait-il, si le scénario de pauvreté inéluctable avancé par cet interlocuteur devait se réaliser ? Donnons-lui raison en imagination ! Après deux années de ventes médiocres, submergé de crédits, nous échouons lamentablement. Nous voyons les huissiers dépecer les restes du projet. Nous revendons tout notre matériel pour rembourser en partie les dettes. Nous revendons notre terrain et notre maison, et partons vivre dans un deux pièces, dans un quartier ringard d'une petite ville. Nous allons en jogging et mal rasé à Pôle-emploi. Nous vivons du RSA. In fine nous retournons travailler comme tout le monde, pour l'industrie. Et donc nous souffrons au travail comme tout le monde, nous qui avions eu la prétention d'exercer une activité où on espérait vivre heureux. Voilà où va nous mener l'influence de cet interlocuteur jaloux, si nous n'arrivons pas à nous en distancer. Il est jaloux plus précisément du fait que vous êtes heureux de la vie : heureux parce que d'une part vous participez à une évolution notable du monde agricole, et d'autre part parce que vous vous épanouissez. Ces personnes sont plus nombreuses qu'on ne le pense : bien des personnes ont sacrifié leur bien-être au travail pour payer les traites de la maison tout confort ou de la voiture à la mode. Et ces individus, bien souvent, n'ont pas de personnalité. Ils sont jaloux que vous en ayez une bien marquée, avec votre projet. Regardez toutes les maisons des zones pavillonnaires : elles se ressemblent toutes. La pensée industrielle a uniformisé les goûts et les aspirations. Se lancer dans l'agroécologie, c'est aussi découvrir cette face cachée de notre culture présente.

Le but de ces considérations issues de notre expérience personnelle est de vous aider à avoir « de la réserve » et de l'assurance face à ces préjugés. Dans tout projet les erreurs et les échecs sont inévitables. Il ne faut pas donc prendre ces préjugés pour les explications : ils sont bien trop imprécis. Il faut accorder une importance ni trop haute ni trop basse à ces préjugés. Quels qu'ils soient, ils nous poussent à réfléchir, afin d'étayer notre motivation et notre projet. Ils ne sont donc pas entièrement négatifs. Une erreur serait de faire systématiquement la sourde oreille. Une autre erreur serait de ne pas faire l'effort de la réflexion sur soi. Et une dernière erreur serait au contraire de trop prolonger cette réflexion. Cela nous laisserait dans le doute permanent, ce qui réduirait notre entrain pour faire avancer le projet (qu'il soit en phase d'élaboration ou dans ses premières années concrètes). Avec trop de doute, on ne sait plus quelle technique appliquer. Il s'ensuit qu'on remet en question les principes voire les objectifs de l'agroécologie mais tout en ayant l'impression de ne pas les trahir. Puis on questionne l'utilité du projet, on se dit qu'on peut le mettre à la deuxième place de notre vie et que pour subsister il vaut mieux reprendre un métier conventionnel et à côté faire un peu de jardinage, ce sera plus « sur ». Le mieux par moment c'est d'arrêter de réfléchir tout simplement et d'aller de l'avant !

9 LE DÉSIR D'UNE VIE ÉQUILIBRÉE

Revenons ici sur l'image du citoyen grecque souhaitant équilibrer son corps et son esprit. Une des raisons de pratiquer l'agroécologie est de pouvoir faire l'expérience – durable – de cet équilibre. L'équilibre mène à la complétude de l'être. Ainsi, Pierre RABHI est le leader de l'agroécologie en France, car il est jardinier-philosophe : il sait autant jardiner (et maçonner) que réfléchir et écrire sur les déboires de notre société.

L'agroécologie a deux jambes : agir et réfléchir. Ne peut pas être agroécologiste celui qui ne ferait que réfléchir sans agir, ou celui qui ne ferait qu'appliquer des techniques sans réfléchir à ce qu'elles apportent personnellement, à ce qu'elles apportent à la société et à la Nature. Nous avons condensé cet état d'esprit par les phrases suivantes :

Celui qui sait agir, n'aura pas réfléchi pour rien.
Celui qui sait réfléchir, n'agira pas n'importe comment.
(Et celui qui aime imaginer, saura être créatif en pensée comme en action).

Réflexion, imagination et action se nourrissent les unes les autres. Si auparavant on avait un métier plutôt de bureau, on aura tendance à réfléchir trop longuement (afin d'adapter une technique, de résoudre un problème ou d'envisager comme vendre la récolte). À l'inverse si on avait un métier manuel, on aura tendance à passer trop rapidement sur les réflexions relatives aux conditions d'usage de chaque technique. On croit que « ce sera vite fait » : la banale erreur de l'apprenti ! Parvenir au juste équilibre entre réflexion et action n'est pas évident, surtout quand des impératifs matériels (famille, maison, voiture, fisc...) se font pressants. Le temps de la réflexion passe alors vite à la trappe.

10   L'ÉPANOUISSEMENT PERSONNEL

En plus du sol et des plantes respectés, en plus des relations sociales équilibrées, l'agroécologie doit mener à un certain épanouissement personnel. Qu'entend-on précisément par cette expression, que l'on pourrait nous reprocher de répéter comme un mantra ?

Sagesse

Tout d'abord, sous cette expression nous comprenons une certaine sagesse, que nous définissons ainsi : la sagesse est la succession volontaire des états émotifs, réflexifs et actifs.

Émotion – réflexion – action

Le jardin amène des émotions, qui font réfléchir et donc acquérir de nouvelles connaissances, qui à leur tour inciteront à faire certaines actions nouvelles, d'où découleront de nouvelles émotions, etc. C'est une spirale positive volontaire.

Sensibilité

Une autre caractéristique de l'épanouissement concerne la sensibilité du jardinier. Si le jardinier agroécologique travaille comme il faut, il doit constater que sa sensibilité se développe peu à peu. Il ressent les différences subtiles de la météo, de la croissance des plantes, des jours et des saisons qui passent. Il identifie les différents vents, les différents poids de l'air, les différents brouillards, les différents soleils, les différentes pluies. Il voit qu'il n'y a pas qu'une herbe dans une prairie, mais différentes espèces. Que d'une année à l'autre, elles n'ont pas toujours la même croissance, et donc la même apparence. Il en arrive même à juger de la qualité d'une terre et du goût de ses récoltes, en considérant seulement les couleurs des plantes cultivées. Il commence à développer une intuition des rapports positifs ou négatifs que les plantes de différentes espèces ont entre elles, et ainsi il ouvre la voie à l'expérimentation et à la mise en place des associations de cultures. Il prend conscience du rythme de la terre et des plantes, et il va essayer de le respecter. In fine, nous imaginons (ce n'est qu'une hypothèse) que cette sensibilité pourrait aller jusqu'à ressentir le moment opportun pour semer chaque espèce. Cela en plus bien sûr des indications dans le carnet où l'on aura noté les dates de semis de l'année précédente, ainsi que des observations de la flore sauvage spontanée (date de germination ou de fructification de telle ou telle espèce, que l'on peut prendre comme points de repère).

Ce développement de la sensibilité ne relève pas du paranormal ou de soi-disant pouvoirs « psy ». C'est une augmentation de la sensibilité à la température et la pression de l'air, une augmentation de la précision de l'observation à l'œil nu : étant donné que la Nature du jardin nous devient de plus en plus familière, ce qui auparavant semblait homogène paraît par la suite plus hétérogène, mais non dépourvu de certaines régularités.

Souplesse intellectuelle

Une autre caractéristique de l'épanouissement personnel, qui est une sous-caractéristique de la sagesse, est la souplesse intellectuelle. Celle-ci prend deux formes. Tout d'abord dans la gestion du temps : Sur le court terme le jardinier adapte son travail du jour au temps qu'il fait, et sur le long terme il s'habitue à anticiper. J'insiste sur le fait qu'*anticiper est simple mais essentiel*. Cela consiste en certaines tâches à réaliser avant une certaine date : il faut donc de la discipline. Aucun résultat direct n'est produit par l'anticipation, mais, pour preuve de l'importance d'anticiper, le maintien de la fertilité du sol nécessite l'anticipation de l'après-culture. C'est tout à fait indispensable.

La deuxième forme de souplesse intellectuelle consiste à arriver à un certain relâchement : le jardinier se sépare des techniques et des conseils qu'on lui a donné ou qu'il a lus. Par là nous ne voulons pas dire qu'il ne respecte plus les connaissances écologiques et biologiques à la base de l'agroécologie. Au contraire, il parvient à les adapter finement à son jardin au lieu d'appliquer sans discernement certaines techniques. Nous ne saurions reprocher l'application directe d'une technique à un apprenti jardinier. Au contraire, il faut passer par cette phase, car au premier printemps il faut faire le grand saut, c'est-à-dire qu'il faut choisir certaines techniques sans avoir aucune assurance qu'elles réussiront. La récolte seulement dira en quoi les techniques étaient ou non appropriées. Et à partir de ces résultats, si on est souple d'esprit, on fera les modifications qui s'imposent (modifications qui vont de l'abandon complet jusqu'au raffinement en passant par l'incorporation d'éléments issus d'autres techniques).

Communion avec le jardin

On dit souvent que le contact avec la Nature change les gens. Par là, on pense d'abord à l'augmentation de la sensibilité que nous avons décrite plus haut. Mais existe-t-il, au-delà de cette sensibilité augmentée et de la sagesse, un niveau supérieur d'épanouissement personnel, quelque chose qui serait, disons, ésotérique ? Eh bien in fine (nous imaginons, car nous n'en sommes pas encore là) le jardinier doit devenir une partie de son jardin. Il doit ressentir ce que les plantes et la terre ressentent, et « penser » comme elles. Tout comme un bon éleveur sait se mettre « dans la peau » de ses bêtes pour bien s'occuper d'elles. Est-ce si ésotérique ? C'est l'empathie humaine. Cette « communion » ou « fusion » avec le jardin peut surprendre. On a presque honte de se dire qu'un jour on se prendra pour un légume : « bon, maintenant j'imagine que je suis un légume, et j'essaye de ressentir dans quel état je suis et ce qui me ferait du bien. » Se sentir comme un légume, nous, un être humain au gros cerveau ! Mais n'ayons pas honte de cette pensée incarnée, soyons modeste. Rabaissons-nous au rang de fruit, de légume, voire au rang de racine, de larve, de limace, d'argile et de sable, d'humus.

Mais oui d'humus ! Car si on pouvait connaître intuitivement la teneur en humus du sol de notre jardin, on saurait ce dont il a besoin. En particulier combien d'eau et quelle quantité de couverture de sol ou de fumier il faut lui apporter. Quel jardinier, quel agriculteur même fortement ancré dans la production industrielle, n'a pas secrètement rêvé de cela ? Si l'on pouvait savoir si tel insecte est présent, prêt à ravager nos cultures, s'il faut rajouter tant de kilos à l'hectare d'azote ou de phosphore ? Non, il est peu vraisemblable que cette communion avec le jardin se produise ainsi, avec une telle précision qui requiert le langage scientifique. Cet ultime niveau de l'épanouissement se passe de mots, de théories, de chiffres. C'est du ressenti, de l'intuition et de l'imagination spontanée. Donc celui qui n'en fait pas l'expérience par lui-même ne peut pas savoir ce que c'est. Ce genre d'expérience n'est pas transmissible, ce qui est une définition d'ésotérique.

11   LE MEILLEUR DES LÉGUMES

Imaginons votre jardin quelques années après sa création. Vous cultivez 1000 m² de petits fruits et légumes, organisés par exemple en planches de 15 mètres de long sur 1 mètre 20 de large. Chaque jour, vous regardez les légumes pousser : untel est particulièrement gros et vigoureux, un autre est plus lent, celui-ci a une drôle de forme, celui-là démarre en retard mais a bonne mine, celui-ci encore a survécu a une attaque de chenilles, l'autre ici à une attaque de rongeur, quant à celui-là il ne deviendra pas bien beau et nous le garderons pour nous.

Quelle différence voyez-vous donc entre vos légumes, et ceux qui auraient poussé dans un champ de dix hectares tenu par un « grand frère » agriculteur industriel, bio ou non ? C'est que chacun de vos légumes a une personnalité, une histoire qui lui est propre. Le légume qui a poussé au bout de la planche n'est pas le même qui celui qui a poussé au milieu de la planche. Quelle joie, mais avec un peu de regret, que de couper la tête au plus beau de vos choux, ou à celui que vous avez dû replanter plusieurs fois mais qui y est arrivé quand même, le courageux. Vos légumes ont chacun une identité ! Tandis qu'en maraîchage industriel, bio ou non, l'ouvrier agricole voit défiler chaque jour entre ses mains des milliers de légumes. Il n'a pas de temps à consacrer à chacun des petits poireaux qui poussent dans le grand champ.

L'agroécologie entend être un ensemble de techniques produisant les *meilleurs* légumes possibles. C'est très bien qu'un légume pousse sans recevoir d'engrais ni de pesticides, avec un sol paillé. Mais est-ce tout ce qu'on est en droit d'attendre d'un légume venant d'un jardin ? Même quand le jardin n'est pas agroécologique, pourquoi dit-on toujours que ses produits sont meilleurs que ceux achetés en grande surface ? Car on y a mis plus d'amour tout simplement. C'est peut-être là un mot trop grand, mais même nous qui sommes rationnels de temps en temps nous ne pouvons pas éviter une petite pensée pour certains plants en particulier ou pour tous les plants. Tous seuls au milieu de la nuit, sous le vent et la pluie, tandis que nous dormons en sécurité et au chaud dans notre maison. Et souvent nous leur disons merci quand nous les récoltons. Et qui sait, ce souci de bien-être pour les plantes se transmet peut-être à la personne qui les mangera. Après tout, pour les lecteurs qui apprécient une bonne viande, c'est rassurant de savoir que la bête que l'on va manger fût bien traitée et non battue, que l'abattage s'est fait sans heurts plutôt que dans l'angoisse et la douleur insupportable.

Donc tous les jours pensez à vos légumes, encouragez-les et distribuez-leur des félicitations. Cela vous fera plaisir et cela profitera peut-être aussi aux personnes que vous nourrirez de vos légumes !

PHILOSOPHIE DE L'AGROÉCOLOGIE

Dans ce chapitre, nous allons envisager les réponses que l'agroécologie peut apporter à certaines questions contemporaines de philosophie.

1 LA NOTION DE PROPRIÉTÉ

Dans ton jardin, rien ne t'appartient !

Peut-on penser que les graines que l'on sème, les plantes que l'on met en terre, qu'on entretient, récolte et enfin composte, nous appartiennent à nous être humains ? La terre, dont on prend soin de la structure et de la fertilité, nous appartient-elle aussi ? Les plantes et le sol ont une vie propre, à eux. Nous avons besoin d'eux, mais eux sans nous sauraient très se débrouiller. Qui est alors la propriété de qui ?

On peut faire *partie* de la vie des plantes et du sol, lorsqu'on agit pour les guider en les respectant. C'est le maximum que l'être humain puisse faire. Nous permettons à certaines plantes de se reproduire, en en faisant des semences et en les semant, et en échange elles nous nourrissent. Ainsi, les plantes cultivées sont-elles plutôt des esclaves ? Dans ce cas elles sont notre propriété.

Avons-nous tout à fait contrôlé et modifié les plantes pour qu'elles répondent à nos désirs ? Nous en avons effectivement fait des objets adaptés à notre demande. On le voit bien aujourd'hui : on a même adapté le légume et le fruit à la taille des palettes de transport ! Le temps est passé où l'Homme et la plante cultivée coévoluaient. Quand les moyens mécaniques étaient limités, la plante *prodiguait* certes, mais elle *exigeait* aussi : labeur physique, rythme de vie imposé par les semis et les récoltes, déités même requises par la plante pour bien pousser. Il y avait une influence réciproque, et l'agriculture était alors une entreprise de coévolution entre l'Homme et la plante et les sols. C'était le temps de l'égalité.

À partir du moment où les moyens mécaniques se sont accrus, la plante a dû abandonner ses exigences. La balance penche maintenant en faveur de l'Homme, qui exige d'elle un maximum de poids en un minimum de temps. Et on a commencé à vendre les semences. Car auparavant, qui aurait voulu vendre des semences dont on savait qu'elles avaient un certain caractère, une certaine vie à elle, et que l'acheteur ne pouvait pas être certain si ces semences le serviraient lui ou bien si ce serait plutôt lui qui devrait les servir (en termes de travail supplémentaire pour obtenir une récolte) ? On ne pouvait donc pas acheter ou vendre cette prise de risque. Mais depuis que les qualités de croissance et de productivité des semences sont techniquement et scientifiquement certifiables, depuis qu'elle sont homogènes, il est devenu possible de faire du commerce avec elles.

La semence est devenue la propriété de l'Homme, et la propriété de *quelques* hommes. L'Homme n'est plus tributaire des caprices et des volontés de la Nature : il est tributaire de ces quelques hommes qui maîtrisent la science de faire des semences homogènes et fiables.

L'agroécologie implique que chaque jardinier fasse ses propres semences. C'est idéal pour des raisons biologiques et écologiques, car ainsi la plante est adaptée au jardin. Cela implique-t-il que les semences perdent en fiabilité ? Notre point de vue est que oui, il y a perte de fiabilité. Car faire des semences est un métier à part entière, et le jardinier n'a pas forcément le temps et les compétences pour le mener à bien. Mais avec des semences de jardin, on n'a pas *plus* de problème de levée, de maladie ou de récolte qu'avec des semences que l'on achète. Pourquoi ? Car les semences achetées sont produites par un nombre réduit d'entreprises, qui ont un nombre réduit de champs. Ces entreprises n'ont pas des champs dans chaque département, pour vendre des semences adaptées à chaque département. Donc dans la très grande majorité des cas (c'est-à-dire à moins que vous ne résidiez dans le département où l'entreprise a des champs à semence), les semences achetées ne sont pas bien adaptées à votre jardin. En faisant soi-même ses semences, on ne se rajoute pas un problème sur le dos, on ne fait que remplacer un problème (la non adaptation des semences du commerce) par un autre (la faible fiabilité des semences de jardin). Mais on y gagne en autonomie d'une part, et financièrement d'autre part. Aussi, sur le plan philosophique, on libère les semences de la notion de propriété : elles redeviennent le symbole d'union entre l'Homme et la Nature.

2 LA COMPLEXITÉ DU JARDINAGE

2.1 La complexité de la Nature

L'agriculteur comme le scientifique sont confrontés à la « complexité »de la Nature. Qu'est-ce que la complexité ? C'est lorsque des interactions que l'on ne peut pas prévoir se produisent entre les éléments d'un système. Un système ? C'est un ensemble d'éléments, interagissant entre eux et organisés de façon à ce qu'ils puissent chacun faire certaines actions qu'ils ne pourraient pas réaliser s'ils étaient isolés les uns des autres.

Ainsi pas de fleur sans insecte, de sol sans ver de terre, de plante sans ver de terre, d'animal sans décomposition de la litière : l'écosystème est un tout, dans lequel l'activité de chacun des éléments dépend plus ou moins directement de l'activité des autres éléments. Plus le nombre d'éléments est important, plus le nombre d'interactions possibles est grand. Nous estimons à 1600 environs le nombre de *catégories* d'interactions possibles et simultanées ayant lieu dans un jardin (voir p. 234 Éléments d'écologie théorique), entre les règnes animal, végétal et minéral. Le nombre exact d'interactions est difficile à imaginer. Il faudrait pour un seul jardin réunir tous les scientifiques de tous les continents afin d'identifier et d'isoler chacune de ces interactions. Et encore les scientifiques ne seraient-ils capables d'identifier que les interactions déjà connues, car la Nature est aujourd'hui encore un espace d'exploration, rappelons-le. On ne connaît pas tout d'elle.

Un ordinateur est un système compliqué, avec plusieurs niveaux d'organisation, mais ce n'est pas un système complexe. Tout processus qui se produit dans l'ordinateur est préalablement programmé. La Nature est complexe : nous en connaissons une partie, mais pour la connaître entièrement, il faudrait des moyens infinis, un temps infini ainsi qu'une mémoire infinie ! Cela étant impossible, on ne peut alors pas prévoir toutes les interactions à venir. C'est au moins une chose dont on peut être certain : que dans la Nature l'imprévisible se produira.

Dans un système complexe, il existe plusieurs catégories d'interactions. La Nature est par excellence l'incarnation du système complexe, car on y trouve simultanément :
- Des interactions directes, engendrant des relations de cause à effet. Par exemple la consommation des ravageurs par leurs prédateurs naturels ;
- Des chaînes de causalité. Par exemple celle-ci : la plante a besoin d'eau, eau qui dépend de la capacité du sol à retenir l'eau, capacité qui est liée au taux d'humus, taux d'humus qui est lié à la quantité de matière organique retournant au sol ;
- Des rétroactions : un élément n+X d'une chaîne peut rétroagir sur un élément n de la chaîne. Par exemple un résineux perd des épines. Celles-ci font augmenter l'acidité du sol. Ceci diminue la vitesse de dégradation de la matière organique en humus. Le faible taux d'humus fait diminuer la porosité du sol. L'eau ne circule plus dans le sol. Il devient engorgé. La croissance du résineux est ralentie par l'asphyxie des racines.
- Des relations écogènes (cf. p. 40 L'écogénicité) ;

Ces interactions se produisent sur diverses échelles de temps (années, saisons, jours) et d'espace (sous-sol, bassin versant, vallée...) Ce qui fait que pour une situation de départ donnée, il existe plusieurs situations de sortie possibles.

2.2 La causalité

Tout travail en laboratoire repose sur la *causalité simple* : une action produit un effet. En agroécologie, une action produit de multiples effets (cf. la multifonctionnalité dans Les catégories de techniques p. 139). On peut appeler cela le paradigme de la *causalité multiple*. Donc inversement à ce qui se produit dans un laboratoire, pour un phénomène donné dans un jardin agroécologique (par exemple la présence de pucerons ou la précocité de la récolte) on ne peut pas isoler intellectuellement une seule et unique cause.

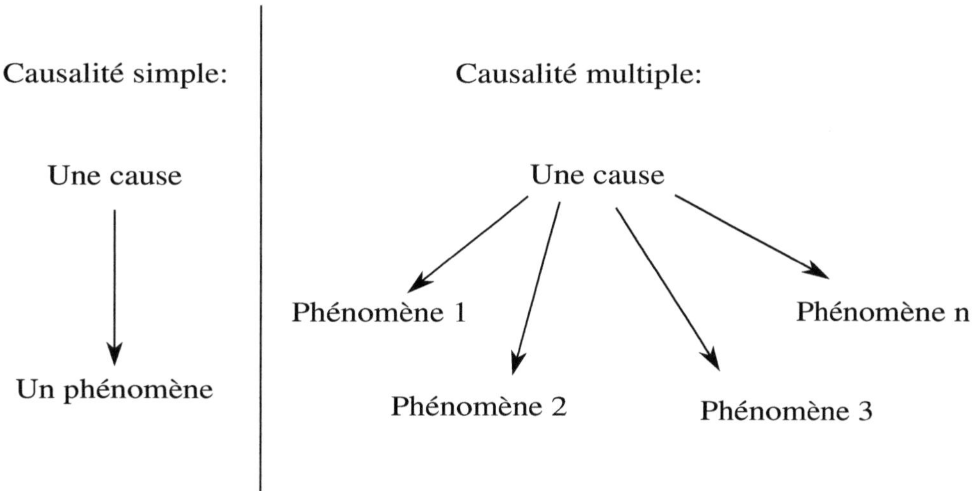

Illustration 13 : Causalité simple et causalité multiple

Où le phénomène n n'est pas connu, connaissable ni prévisible.

Peut-on alors encore parler de technique agroécologique ? Car une technique repose toujours sur la causalité simple : on applique la technique, on obtient tel résultat. La base de la technique est la théorie scientifique. Qu'est-ce qu'une telle théorie ? Nous retiendrons la définition concise du professeur HOYNINGEN-HUENE de l'université de Hanovre : une théorie est ce qui permet

- d'expliquer
- de prédire
- de concevoir des applications techniques

De cette définition de la théorie découle la définition de la technique, selon HOYNINGEN-HUENE : une technique c'est faire une (1) chose pour obtenir une (1) autre chose. En agroécologie, il faut savoir prendre de la distance par rapport à cette façon de penser. Elle n'est pas fausse, elle est simplement non adéquate pour ce qui est du sol, des plantes et des animaux.

Par essence, par définition, une technique agroécologique a toujours de multiples effets. En quoi cela doit-il être gênant ? On peut argumenter que cela empêche l'identification précise de la cause d'un problème (par exemple de croissance ou de rendement des cultures), et donc l'identification de la solution. Ne cherchons pas de contre-argument, car cet argument est faux : la Nature *est* complexe. Un problème n'est rarement le résultat que d'un seul phénomène causal. In fine il faut toujours prendre plusieurs mesures afin de résoudre un problème. Tout autre attitude est simpliste et non rentable sur le long terme.

L'agroécologie se veut scientifique, ne nous y trompons pas. Les nombreuses pages expliquant les processus écologiques mis en œuvre en agroécologie le montrent. Mais au lieu de reposer sur la causalité simple, elle repose sur l'action dans la complexité (ce que nous expliquerons dans le prochain sous-chapitre).

Faisons deux remarques :

1. Le refus de la causalité simple n'implique pas le recours à la religion, au mysticisme, à l'occultisme ou à l'ésotérisme, comme voudraient le suggérer les opposants à l'agroécologie. Le système push-pull de Zeyaur KHAN au Kenya, le système SRI de culture du riz au Madagascar, et toute autre technique agroécologique pratiquée en divers lieux du globe, sont dépourvues d'éléments mystiques et spirituels. La biodynamie de Rudolf STEINER, qui impulsa la naissance de l'agriculture biologique et qui est encore largement pratiquée, semble appartenir au passé face à la rationalité qui sous-tend le moindre geste du jardinier agroécologiste.

2. Le refus de la causalité simple n'implique pas non plus l'abandon des règles de travail. C'est une évidence, qu'il faut rappeler car beaucoup de personnes viennent à s'intéresser aux agricultures biologiques alternatives en pensant y trouver un espace d'expression de l'intuition, à la manière dont les artistes expriment leur intuition. Elles pensent que l'agroécologie permet de se libérer des contraintes matérielles (contraintes qui pour le sens commun découlent de la causalité simple). Or certes l'intuition a une place légitime en agroécologie, mais uniquement si le jardinier accomplit au préalable des actions rationnelles en ayant en tête la causalité multiple.

2.3 Agir dans la complexité

Agriculteurs et scientifiques n'ont pas les mêmes moyens pour aborder la complexité, mais in fine tous deux *agissent* dans la complexité : ils obtiennent chacun des résultats concrets (produire des légumes et des outils, ou bien des techniques). Il faut cependant nuancer : en agriculture conventionnelle, la Nature n'est plus qu'un souvenir d'elle-même, réduite au sol minéral et au génome de la plante.

Ce qui différencie l'agriculteur conventionnel du jardinier agroécologiste est l'attitude face la complexité. Les agriculteurs conventionnels, encouragés par les techniciens et les agronomes mandatés par l'administration, luttent *contre* la complexité. Le champ est réduit à un nombre minimal d'éléments : le sol minéral, la plante, la pluie du ciel et la chaleur du soleil. La mauvaise herbe et l'insecte sont des invités indésirables. Dans cette façon de penser, les haies, les mares et les ruisseaux sont des refuges à parasite, qu'il convient d'araser ou de combler. L'agriculture conventionnelle procède ainsi, car elle cherche à reproduire la démarche scientifique et surtout la pensée de laboratoire : isoler l'élément sur lequel on veut agir, afin de le contrôler au maximum. Cette attitude réductionniste est tout à fait indiquée pour la pratique scientifique, mais elle ne l'est que partiellement pour l'agriculture. Une telle extrapolation de la démarche scientifique hors de son contexte est ce qu'on appelle une *attitude scientiste*.

L'agriculture qui se veut écologique repose sur une volonté de base : faire d'un jardin, ou d'un champ, un écosystème quasi-naturel. C'est là qu'est le défi : *quasi*-naturel, car on veut laisser les relations naturelles s'exprimer, tout en s'assurant des récoltes dont l'abondance et la fiabilité n'ont rien de naturel. Or bien des éléments de la Nature ne sont pas accessibles au jardinier avec ses modestes cinq sens, et avec le temps dont il dispose :
* l'échelle microscopique en particulier, pour observer l'état de la microfaune du sol ;
* la biochimie du sol, pour observer les évolutions des minéraux et de l'humus d'année en année ;
* la quantité réelle de ravageurs (on dit que pour 1 ravageur nocturne vu en plein jour, il y en a 50, pour un ravageur nocturne vu de nuit, il y en a 10...) comme d'auxiliaires (pollinisateurs, prédateurs de ravageurs...)

Cette limitation de la sensibilité du jardinier est aussi un élément de la complexité. Dans l'agroécologie, les jardiniers se doivent donc d'être des artisans de la complexité. Plutôt que de simplifier l'agroécosystème sol à outrance, plutôt que de vouloir tout savoir sur les relations qui se déroulent dans leur jardin, les jardiniers agroécologistes doivent accepter une certaine part d'inconnu, d'invisible : ce sont toutes les petites bêtes et plantes qui vivent dans les zones tampons, sous le paillage, dans l'herbe mulchée des allées. C'est nécessaire, et c'est une attitude d'humilité envers la Nature. L'agriculture conventionnelle semble avoir oublié cette humilité, dans son désir de tout contrôler.

La diversité des milieux dans un jardin agroécologique fait que pour celui qui ne connaît que les jardins conventionnels, un jardin agroécologique donne une impression de « fouillis » voire de désordre. En particulier on ne distingue pas nettement la plante du sol, ni les allées des planches cultivées. Mais, c'est justement cet apparent fouillis qui assure d'obtenir des récoltes chaque année. Pour celles et ceux qui connaissent l'approche de la complexité selon les préceptes d'Edgar MORIN, on pourrait dire que ce fouillis est le résultat de l'application de ces préceptes :
1. Chaque action est un pari.
2. Il faut établir une stratégie, et non un programme, d'action.
3. Il faut user d'intuition.

Nous ignorons si Edgar MORIN lui-même les a formulés à l'attention des jardiniers, mais nous sommes certains qu'il serait content de l'utilisation que nous en faisons ! Concrètement, ces préceptes se traduisent ainsi. Les jardiniers agroécologistes ne font pas deux ou trois cultures, mais une dizaine, en accord avec le bon sens du dicton : « ne pas mettre tous ses œufs dans le même panier ». Ils ne font pas en hiver un calendrier, sur lequel il note pour chaque jour du printemps à l'automne les actions à faire, mais ils agissent en temps réel. Ils sèment quand la terre se réchauffe, ils récoltent quand la maturité des fruits est visible, ils récoltent plus rapidement s'il y a trop de ravageurs, ils récoltent plus longuement si la maturité se fait progressivement. Ils sont souples d'esprit : ils s'adaptent à ce que chaque jour (et chaque nuit) apporte. Enfin, ils « sentent » (cf. p 159 L'épanouissement personnel) quand la terre est réchauffée, quand elle a vraiment besoin d'eau, quand il est opportun de chasser le parasite ou le mulot.

User d'intuition est certainement le principe qui peut heurter le plus l'âme rationnelle. Mais dans un contexte qui ne peut pas être *de facto* entièrement compris, où l'imprévisible est inévitable, user d'intuition est-il vraiment une attitude irraisonnable ?

Le refus de la complexité par l'agriculture conventionnelle a deux types de conséquences :
1. Des conséquences environnementales : Dégradation du sol et perte de la fertilité, multiples pollutions dues aux pesticides et aux nitrates, eaux chargées en particules d'argile et en calcaire. En effet, privés d'humus les sols s'acidifient par relargage du carbonate de calcium, ce qui veut dire qu'une eau calcaire est le signe de pratiques agricoles non respectueuses du sol. On trouve toujours de telles eaux dures dans les grandes villes, car autour d'elles les sols ont fait l'objet d'une exploitation intensive.
2. Des conséquences sur l'emploi : l'action dans la complexité, qui autrefois conférait au travail du paysan sa noblesse et sa sagesse, est perdue. L'agriculteur est devenu un exécutant, spécialisé dans quelques cultures ou dans un type d'élevage. Cette simplicité, entretenue par la formation agricole du ministère, crée des agriculteurs simples. Alors que l'élevage et la culture des fruits et légumes, dans le respect de la complexité, prodigue toutes les conditions nécessaires à l'*épanouissement* intellectuel et humain. Qui veut d'un métier simple et répétitif, à la rémunération aléatoire et de plus à l'endettement certain ? Personne. L'administration de l'agriculture conventionnelle est responsable de la baisse d'attractivité sociale des métiers d'agriculture et d'élevage.

Donc le jardinier agroécologiste est quelqu'un qui n'a pas peur de la complexité : il ne cherche pas à l'éradiquer mais à la guider.

3 UN JARDIN EST-IL UN ORGANISME ?

À l'échelle du paysage et sur une durée de temps relativement courte, un écosystème naturel semble stable. Mais en lui se produisent en permanence de nombreuses interactions. On peut assimiler cette apparente stabilité à l'*homéostasie* du corps humain : Notre corps est en perpétuel renouvellement. Il y entre et il en sort en permanence de la matière. De subtils processus de rétro-contrôles entre les divers systèmes qui le composent (sanguin, hormonal, immunitaire, génétique...) sont à l'origine de cette apparence de stabilité.

Cependant, cette analogie entre écosystème et corps humain est limitée. Dans le corps, on trouve des systèmes *dédiés* au transport des informations : le système hormonal, et surtout le système nerveux. De chacune des cellules composant les autres systèmes fonctionnels (musculaire, digestif, reproducteur) un signal est émis, qui sera acheminé vers un centre nerveux intégrateur. Dans ce centre (le cerveau surtout), l'ensemble des signaux seront combinés et analysés. Le résultat de cette analyse est l'émission d'un signal retour en direction de toutes les cellules, en passant par les nerfs, pour engager l'organisme en entier, ou en partie, dans une action appropriée à son environnement (situation de danger, de calme, d'attente, de protection...)

De tels systèmes dédiés d'acheminement de l'information, et surtout l'incarnation de l'information (sous forme de potentiels électriques trans-membranaires, de neurotransmetteurs et d'hormones), n'existent pas dans la Nature. Tout au moins de tels systèmes n'ont pas été mis en évidence à ce jour. La « bioélectrographie » et la « biogéologie » sont des pseudo-sciences qui étudient les réseaux magnétiques et électriques des êtres vivants. Selon leurs promoteurs, ces réseaux joueraient le rôle de système dédié au transport d'information. Il faut avoir l'esprit ouvert : ces pseudo-sciences indiquent peut-être vers des lois de la Nature, mais elles peuvent aussi se tromper. Comme les principes biodynamiques de Rudolf STEINER, elles reposent sur des processus qui seraient très subtils, à des concentrations ou des intensités très faibles (ce qui est aussi le principe de l'homéopathie). Aujourd'hui il n'y a pas de consensus scientifique sur l'existence de tels processus.

Peut-on envisager qu'un système dédié d'acheminement de l'information existerait dans la Nature, qui serait très subtil ? Cette question est-elle sensée ? Car si on considère un animal, qu'il mesure quelques centimètres ou plusieurs mètres, son système nerveux n'est pas subtil. Il a la dimension de l'organisme, et il occupe une place dans l'organisme à côté des autres systèmes. Il est reconnaissable sans difficulté, il est bien visible (même sans dissection, on peut localiser les nerfs). Dans la Nature, un tel système devrait donc pouvoir s'observer facilement. Le film Avatar de James CAMERON nous donne une idée de ce à quoi pourrait ressembler un tel système. Est-ce cela que certains peuples de la Terre appellent l'esprit de la Nature ? C'est une situation intellectuellement inconfortable dans laquelle nous sommes, car même si cela est invraisemblable, on ne peut pas exclure tout à fait son existence, ou bien l'existence d'un système qui remplirait partiellement cette fonction. Cela mène aussi à la notion d'intelligence collective, telle qu'elle se manifeste par exemple chez les fourmis. Chaque fourmi ne connaît que sa fonction, mais les fonctions peuvent s'additionner ou se soustraire, et se compléter. Le résultat en est une fourmilière identifiable en tant que telle (c'est-à-dire différenciée de son environnement). Si on applique cette pensée au jardin, cela produit les questions suivantes : Existe-t-il une intelligence collective des organismes du sol, qui concourt à la fabrication de l'humus ? Existe-t-il une intelligence collective des plantes qui, par des liaisons racinaires et aériennes (phéromones), concourt à la meilleure maturation de toutes les récoltes ?

C'est un exercice de pensée difficile, car on en vient à mélanger des processus biologiques objectifs et des considérations anthropiques (*l'avantage* d'un bon taux d'humus, *l'avantage* d'une bonne récolte). Nous ne pouvons que vous inviter à imaginer, car ce ne sera pas en vain. Une fois que les principes et techniques actuelles de l'agroécologie seront démocratisés, de nouvelles questions théoriques devront être posées, sans quoi se serait la fin de l'agroécologie. Ces interrogations sur d'hypothétiques systèmes de contrôle naturels semblent éloignées de la réalité technique actuelle. Mais elles constituent l'étape préparatoire de cette deuxième vague de l'agroécologie. Celle-ci sera caractérisée (pensons-nous) par un guidage encore plus subtil des processus écologiques *à l'échelle du jardin dans son ensemble*, une fois que la science aura mis à jour de nouveaux types de processus naturels (ce qui ne serait être exclu).

4 LA NOTION D'ÉMERGENCE EN AGROÉCOLOGIE

Poursuivons par une réflexion sur l'applicabilité de la notion d'émergence à l'agroécologie. Ce que nous allons faire, c'est un peu comme partir à la recherche d'un mythe. Plus que le résultat obtenu, c'est donc l'effort de réflexion qui compte.

Dans les grands systèmes, on distingue différents niveaux d'organisation. Par exemple dans le système plante, on distingue les niveaux physiologiques (circulation de la sève, formation des tiges et feuilles, croissance de la plante selon l'environnement) et intracellulaire (réactions biochimiques à l'intérieur des cellules). Ces deux niveaux s'influencent l'un l'autre par divers processus rétroactifs, ce qui fait que les deux systèmes ne cherchent pas à se dissocier. Le cancer, chez les animaux, est le résultat d'une telle dissociation de la part de certaines cellules.

On considère qu'il y a émergence d'un nouveau niveau d'organisation lorsque les éléments d'un niveau sont assez nombreux et assez diversifiés. Ainsi sont apparus par émergence les premiers organismes pluricellulaires, avec des ébauches de système nerveux et de spécialisation/différenciation fonctionnelle de sous-ensembles de cellules (un sous-ensemble pour la locomotion, un autre pour la nutrition). Tandis que la cellule vivant seule (c'est-à-dire l'organisme monocellulaire) doit par elle-même exercer toutes les différentes fonctions nécessaires à sa survie.

Si l'on considère un jardin, il existe de nombreux niveaux d'organisation, du niveau du soussol jusqu'au niveau des phéromones émises par les insectes. Peut-on penser qu'il existe encore un niveau d'organisation supérieur à tous ces niveaux, qui serait l'équivalent de la conscience chez l'être humain ? À l'échelle de la Terre, cette question amène à la formulation de l'hypothèse Gaïa, de James LOVELOCK : que notre Terre serait véritablement un super-organisme. À une échelle plus petite, peut-on penser qu'un jardin a « conscience »de soi s'il vient à posséder, grâce aux pratiques judicieuses du jardinier, une identité (cf. p 51) ? Ces questions nous amènent dans le champ infini de l'imagination, de la science-fiction (de la « jardin-fiction »). Allons dans ce champ un bref instant, pour ensuite redescendre vers le jardin.

Lorsque certains jardins nous semblent avoir « quelque chose » alors que d'autres nous semblent « forcés », bref quand certains jardins nous semblent avoir une identité propre, tandis que d'autres semblent tristes et limités par le seul souci de productivité, cette impression est-elle uniquement le fruit de l'imagination ? Concrètement, il est biologiquement et écologiquement certain que les plantes et les animaux du sol sont tous reliés : les émissions des uns sont la nourriture des autres, les actions des uns constituent le milieu de vie des autres, etc. Peut-être y a-t-il quelque chose que nous ne percevons pas, pas encore. Soyons scientifique : gardons l'esprit ouvert. Même si elle doit se révéler fausse ou inexacte, notre imagination ne peut pas gêner la croissance des cultures. Allons au bout du raisonnement : si un tel niveau d'organisation supérieur existait vraiment, à quoi ressemblerait-il ? Nous allons proposer une ébauche de réponse, en deux temps.

Tout d'abord la notion d'émergence est questionnable, car elle n'est pas absolue. En effet l'émergence est indissociable de la connaissance que possède l'observateur. Nous allons prendre l'exemple de la conscience. Si nous disons qu'un cerveau est constitué de cellules, que le cerveau est le siège de la conscience, et que nous concluons que la conscience « émerge » de l'agrégation des cellules (selon la formule admise que le tout est plus que la somme des parties), alors nous faisons une erreur de pensée. En effet nous savons déjà que la conscience (de soi, ou des autres) est quelque chose de bien réel. Nous savons qu'elle existe sans avoir besoin d'en faire le test : nous en avons la preuve depuis que l'être humain fait des dessins de lui et du monde. La preuve la moins discutable est que nous avons conscience que nous existons. L'existence de la conscience ne peut donc pas être questionnée, tout comme l'existence de la couleur ne le peut pas (pour quelqu'un qui a des yeux). Concrètement, nous ne pouvons pas observer l'acte d'émergence de la conscience. Par exemple, après avoir fait croître, en laboratoire, un certain nombre de cellules nerveuses ensemble, nous ne pouvons pas observer si elles développent ou non une conscience.

Car pour qu'une telle expérimentation soit logiquement valide, il faudrait concevoir un système témoin. Et que ce serait ce témoin ? Ce témoin devrait aussi être un ensemble de cellules nerveuses, et il devrait montrer, exposer, de façon univoque que de lui n'émerge pas de conscience. Mais comment pourrions constater l'absence de conscience ? Est-ce le fait que la conscience soit quelque chose d'immatériel (bien que la recherche actuelle en neurosciences expose de plus en plus de bases biologique à la conscience) qui rend inconfortable l'imagination d'un niveau d'organisation supérieur du jardin ? Nous avons vu dans le chapitre précédent que l'existence d'un système dédié de transfert d'information dans la Nature, et donc dans un jardin, est peu vraisemblable. Cependant un système nerveux n'est en général pas considéré comme une propriété émergente.

Ensuite, peut-on dire qu'un organisme à système nerveux et un système aux propriétés émergentes sont deux conceptions différentes ? Considérons l'exemple du chemin. Seul, un être humain ne peut pas déplacer d'objets volumineux sur de grandes distances. Ensemble, les êtres humains peuvent créer un chemin, où le déplacement d'objets volumineux devient aisé. Quand la construction du chemin est terminée, les objets volumineux sont déplacés, mais le chemin inspire maintenant les êtres humains à faire des actions impensables sans chemin : l'entretien du chemin, le contrôle du chemin, la protection du chemin, l'optimisation du chemin, l'auberge le long du chemin, l'échoppe de chaussures, le péage pour prélever les droits de passage... Le chemin émerge de la communauté humaine, et les actions nouvelles émergent de l'ensemble {êtres humains – chemin}. Le chemin, sur lequel peuvent circuler des biens comme de l'information, représente un niveau d'organisation supérieur aux êtres humains. La fonction du chemin rappelle celle du sang dans l'organisme, ainsi que celle du système nerveux.

Existe-t-il des voies de déplacement dans la Nature semblables à des chemins, c'est-à-dire des structures linéaires dédiée au transfert de matière ? Non. *Le mouvement de matière, d'énergie et d'information s'effectue par et à travers chacun des éléments qui constitue l'écosystème naturel.* Il n'y a pas une grande source à laquelle viennent se nourrir tous les organismes, ni un grand précipice dans lequel tombent tous les organismes une fois morts.

Nous voyons là que l'existence d'un niveau d'organisation supérieur dans la Nature, qui émergerait de l'ensemble des plantes, des animaux et des roches, ne se laisse pas facilement saisir ni intellectuellement, ni concrètement. L'hypothèse Gaïa de LOVELOCK, ou l'esprit de la Nature des Navi'i dans le film Avatar de James CAMERON, semblent devoir rester des figures de science-fiction. Si émergence il y a, c'est simplement l'émergence du jardin lui-même, fruit de la rencontre entre la Nature et une personne qui veut se nourrir de la Nature avec respect.

5 LA FATALITÉ DE L'AGRICULTURE

Rien ne symbolise mieux dans l'imaginaire populaire la fatalité de la vie que l'activité d'agriculteur : travail pénible, incertain, qui demande sans arrêt son dû. La Nature s'impose à l'être humain : les agriculteurs sont les mieux placés pour éprouver cela directement.

D'où provient ce sentiment ? Est-il valable pour l'agroécologie ? Ce sentiment provient d'une part d'un certain manque d'éducation, qui empêche de voir la complexité de la Nature et donc de l'activité d'agriculteur. Cette activité doit être une action dans la complexité, et non une action selon la causalité simple. D'autre part, notre expérience personnelle nous incite à penser que le pessimisme chrétien (l'idée que l'être humain doit souffrir) en est aussi responsable.

Sans revenir sur cette cause que nous avons expliquée p. 156, l'important est de reconnaître que le sentiment de fatalité est contre-productif : il bloque la créativité. Il n'y a aucune raison que la fatalité accompagne les agriculteurs d'aujourd'hui comme elle a pu accompagner les générations précédentes qui, pour des raisons sociales et non agricoles, ont connu les famines et la guerre qui va avec.

La seule fatalité est l'inéluctable imprévisibilité. Dans un jardin il se passera toujours quelque chose que l'on n'aura pas prévu. Mais cette imprévisibilité n'empêche pas l'action (cf. les principes d'Edgar MORIN). Donc le jardinage agroécologique est un bon remède contre le pessimisme, car le pessimiste cède à la fainéantise, tout convaincu qu'il est que quoi qu'il fasse, quelque chose d'imprévu se produira. Cette justification de la fainéantise ne tient tout simplement pas en agroécologie. C'est pour cela que le jardinage est tout à fait adapté pour les structures de réinsertion sociale : il permet aux gens qui n'ont plus confiance en eux de renouer avec l'action, il démontre que même dans un environnement où tout est fluctuant, un résultat satisfaisant peut tout de même être atteint.

6 LA SCIENCE POUR L'ARTISANAT

Par le passé, alors que les connaissances scientifiques du sol et des plantes n'existaient pas encore, le jardinier se basait sur son intuition et sur l'empirisme, c'est-à-dire sur ce que la tradition lui avait transmis et qui avait été confirmé par de nombreux essais et erreurs. Puis la science s'est développée, engendrant comme on sait l'agronomie puis, après la seconde guerre mondiale, la fameuse révolution verte. Cette évolution de l'agriculture empirique vers une agriculture industrielle basée sur la science est-elle la seule voie possible pour l'utilisation des connaissances scientifiques ?

La « push-pull technology » est une technique initiée par le docteur Zeyaur KHAN et son équipe de scientifiques, au International Centre of Insect Physiology and Ecology (ICIPE), Kenya. C'est une technique globale : elle s'applique non pas à une culture seule mais à l'ensemble de l'espace cultivé, en lui assignant une conformation particulière. Dans cette conformation, chaque espace est planté de cultures précises et a une fonction spécifique. La somme de ces fonctions permet de contrôler une plante parasite et un insecte ravageur nuisibles à la culture vivrière du maïs. Sur internet (www.push-pull.net) on trouvera une description précise de cette technique par essence agroécologique : elle permet aux paysans de produire de façon autonome, diversifiée, durable et extrêmement sobre en moyens matériels. Elle permet à ces petits agriculteurs kényans de sortir durablement de la misère, car les récoltes redeviennent régulières. Elles servent d'abord à nourrir l'agriculteur et sa famille, puis les productions végétales secondaires, en plus de leur rôle dans le contrôle des parasites et des nuisibles, servent de nourriture pour une ou deux pièces de bétail. Le surplus de récolte et de produits animaliers est vendu, ce qui dynamise et pérennise l'économie locale. Ce qui caractérise à nos yeux le développement de cette technique, au-delà de son aspect imaginatif, c'est que les principes agroécologiques sur lesquelles elle repose ont été élaborés grâce à un travail en commun, volontaire et équilibré, des scientifiques et des paysans (nous précisons bien les principes agroécologiques, pas les connaissances scientifiques). Et de ces principes a été déclinée ladite technique, qui est passée par plusieurs années d'essai et erreur sur les terres des paysans pour arriver à sa forme aboutie.

L'objectif est somme toute modeste : permettre, pour le paysan qui l'adopte et qui est en général menacé de famine et sans ressources pécuniaires, dans un premier temps la subsistance alimentaire, et la vente de surplus dans un second temps. Mais cela constitue pourtant, à nos yeux, un repère historique, car c'est une inflexion de l'évolution des rapports entre la science et la société. Depuis le XIXe siècle, la recherche scientifique influence l'évolution de la société, car elle influence d'abord *l'expansion de l'industrie :* aciérie, médecine et pharmacie, textile, agroalimentaire, matériaux... Aujourd'hui toujours, la science ne fait pas de sens sans son application industrielle. Notre modèle économique standard consacre la science en tant que source d'innovation technique, dans laquelle les entreprises viennent puiser, pour confectionner de nouveaux produits, afin de pouvoir continuer à vendre et à maintenir le marché[55]. Prenons un exemple actuel d'inno-

---

55 Remarquons que dans ce modèle économique on vend avant tout de la nouveauté. Vendre et acheter des objets qui ne sont pas

vation : les recherches scientifiques au profit des énergies renouvelables. Elles appellent non pas le travail artisanal dans des PME (ce qui était le cas seulement pour les premières éoliennes fabriquées), mais la production en masse dans des usines à organisation industrielle. L'Allemagne est un pays d'avant-garde en technologies écologiques à grande échelle, car, d'une façon générale, elle sait organiser le passage de la recherche scientifique à l'innovation dans les PME, puis passer de la production de niche à la production industrielle de masse.

La push-pull technology est la preuve qu'une science pour l'artisanat – l'artisanat agricole – est possible. En agroécologie on ne fait pas l'impasse sur la science comme voudraient le résumer certains opposants. On prend en compte les connaissances scientifiques, non à travers la production de masse à grande échelle, mais à travers l'adaptation aux conditions locales, dans une surface cultivée réduite et à travers les préceptes d'action dans la complexité. L'agroécologie ne va pas, ne veut pas, passer ultérieurement à la phase industrielle : par définition le jardinier agroécologiste ne veut pas des gestes de travail industriel monotones et spécialisés, en application des principes du fordisme ou du taylorisme. L'agroécologie est une forme de maîtrise de la science appliquée, non pour la rogner ou la dénigrer, mais pour l'assujettir à un désir humaniste de société meilleure. Cette science pour l'artisanat est une des fondations du projet de société porté par l'agroécologie.

En pensant ainsi, nous nous mettons en travers d'un certain courant de pensée et d'action *scientiste*, qui exige pour la science une totale liberté de recherche et d'application (et qui mène par exemple au transhumanisme à visée économique). Les raisons affichées par les scientistes sont de l'ordre de la rationalité intellectuelle et de la poursuite du progrès technique que l'on ne saurait stopper. Mais derrière ces affirmations progressistes existent des désirs inavoués de personnes n'ayant pas dépassé l'âge mental de l'adolescence : désir de richesse, de contrôle des peuples, de démiurge, désirs incompatibles avec toute forme d'humanisme.

Considérons un exemple de dérive économiste de la science : les huîtres triploïdes. L'IFREMER est un organisme d'étude et de recherche sur les océans. Il a inventé en laboratoire des huîtres tétraploïdes : au lieu d'avoir des paires de chromosomes, ces huîtres ont des quadruplets de chromosomes. Fécondées avec des huîtres au génome « normal », c'est-à-dire avec des paires de chromosomes, la descendance est triploïde. L'intérêt de cette huître triploïde est qu'elle peut être élevée en masse dans des écloseries, car elle est moins sensible aux maladies que les naissants naturels. Elle a toute la vigueur de l'huître « normale » diploïde, les mêmes caractéristiques gustatives, mais elle est stérile. La production en masse de naissants en écloseries hors-mer (dans des installations sur terre où les conditions de croissances sont entièrement contrôlées), tout au long de l'année, est voulue par de nombreux ostréiculteurs. Ils espèrent ainsi vendre plus, car ils mettront des huîtres en vente toute l'année, et non plus seulement en hiver.

Le problème principal est celui-ci : il n'existe aucune obligation législative d'informer le client sur le génome des huîtres (triploïde versus naturel) ! Donc sous couvert de l'image de produit naturel que l'on associe traditionnellement à l'huître, les ostréiculteurs, les grandes surfaces et l'IFREMER vendent des huîtres OGM. Il y a escroquerie flagrante sur la marchandise. Le problème secondaire est la dépendance totale des ostréiculteurs envers les écloseries. Celles-ci achètent les tétraploïdes à l'IFREMER. Déjà, l'éthique de la science n'est pas respectée : le scientifique est devenu un commerçant ! Quelle honte. Puis l'écloserie vend les naissants « triplos » aux ostréiculteurs, qui donc tous les ans doivent racheter le naissant. Alors que traditionnellement, le naissant est « récolté » et élevé par les ostréiculteurs. Enfin, les triplos sont élevées et vendues en masse toute l'année dans les grandes surfaces, ce qui rejoint la maxime industrielle du « toujours tout le temps », qui bien sûr n'a rien de naturelle.

---

nouveaux constitue presque un délit moral. Les gouvernements de gauche comme de droite, soumis à l'industrie, vont dans ce sens : interdiction des transactions importantes en billets, recueil des identités lors des vide-greniers, interdiction pour les particuliers de vendre des objets qui ne servent plus sur l'espace publique, interdictions pour les particuliers de prendre des objets réutilisables jetés dans les déchetteries… Soi-disant pour éviter le désordre social !

On voit la similarité de ce modèle avec le modèle de main-mise sur la filière agricole par les multinationales de l'agrochimie. Dans ces modèles, la science est légitimée avec le discours suivant[56] : la science permet de produire des organismes adaptés à l'élevage (ou la culture) en masse, tandis que les espèces naturelles ne résistent pas aux maladies naturelles qui « explosent » nécessairement dans les conditions de l'élevage de masse. Si la logique est correcte, la tromperie est commerciale, à savoir vendre aux clients des produits avec la fausse appellation de produits naturels[57].

Revenons à la technique push-pull. Elle illustre une nouvelle façon de concevoir l'application de la science, diamétralement opposée à la science pour l'industrie. Cette technique laisse dans les mains de l'agriculteur la maîtrise de tous les éléments de la filière (de la semence jusqu'à la vente), alors que la science industrielle, par son lot de machines qu'elle produit, entraîne la segmentation de la filière (semencier, constructeur de machines, transporteurs, réparateurs, producteurs, transformateurs, vendeurs...) Appliquons une pensée en miroir. La science a pu servir l'industrie avec les résultats dont on connaît l'envergure : innovations en tous sens depuis les années 1950, qui ont fait évoluer la vie humaine de façon considérable et à l'échelle de la planète. Si la science était mise au service de l'artisanat avec autant d'entrain, il ne fait aucun doute que les résultats seraient d'une envergure similaire. Cette considération est importante : *une telle science est un des éléments qui permettra à l'agroécologie de se démocratiser, d'évoluer, et* in fine *d'être une agriculture tout à fait durable.*

Encore faut-il que les scientifiques viennent à s'intéresser à l'agroécologie. Nous parlons par expérience : ce qui intéresse souvent un scientifique, c'est de produire des connaissances qui pourraient être utiles. Et il sera d'autant plus intéressé que le domaine économique dans lequel pourrait servir ces connaissances est un domaine qui se veut novateur. Mieux encore : un domaine qui se veut humaniste, pour un progrès durable de l'Homme. Nous avons évoqué p. 154 des raisons qui peuvent amener un jardinier agroécologiste à ne pas respecter, à compromettre, les objectifs de l'agroécologie. Ces raisons sont en particulier d'ordre économique. Pour la motivation du jardinier ces compromis peuvent avoir des suites néfastes. Elles peuvent le rendre amère, aigri, car il se pense contraint de les faire. Au niveau de l'agroécologie, les suites peuvent être encore plus néfastes : elles peuvent désintéresser le scientifique de l'agroécologie. Expliquons. Un programme de recherche scientifique dure au moins vingt ans. Si le scientifique voit dans l'agroécologie une mode, une tendance sans identité propre, un épiphénomène, il va craindre qu'à l'issue de ses recherches il n'y ait plus aucun public intéressé par ses résultats. Donc si l'agroécologie venait à donner d'elles une image trop légère, avec des objectifs facultatifs, on s'interdirait la possibilité qu'un jour en France, comme cela s'est produit au Kenya, de nouveaux principes agroécologiques soient développés par un travail commun de jardiniers et de scientifiques. C'est pour cela que nous avons pris deux décisions :

1. Écrire ces cours pour bien faire la part de la technique et de l'humanisme, de la logique et de l'émotion. Dans de nombreux ouvrages ces distinctions sont absentes et donc leurs auteurs ne parviennent pas à l'idée suivante : que la forme actuelle de l'agroécologie est assez solide pour constituer la fondation d'une nouvelle lignée évolutive de l'agriculture.

2. Concrètement, dans notre jardin, faire deux systèmes indépendants. Un système totalement agroécologique (environ 750 m²) avec prairie associée et à base de foin et d'herbe, et un sys-

---

56 L'agroécologie refuse les OGM, plantes ou animaux. Donc nous nous devons d'attirer l'attention du lecteur sur l'évolution du discours des promoteurs des OGM. Ce discours est plus subtil que celui des années 2000 (qui était en gros faire des OGM pour produire plus et utiliser moins de pesticides). Il pose la production de masse comme fait, il reconnaît les organismes naturels comme tels, il pose la différence entre la nature et l'élevage de masse, et justifie par cette différence les OGM. Cette logique en fait presque oublier l'objectif des producteurs d'OGM : vendre plus, maîtriser toute la filière. Bref rien de nouveau dans le fond.

57 Preuve de la puissance des lobbies industriels, c'est aux agriculteurs bio de prouver qu'ils n'utilisent pas de pesticides, d'OGM, d'hormones de croissances... Cette législation révèle l'insuffisance intellectuelle du législateur, à savoir qu'il exige de l'administré qu'il fasse la preuve de ce qui n'est pas, alors que judiciairement cela est irrecevable (on ne démontre que l'existence de faits, pas l'existence de non-faits).

tème bio « classique » (environ 80 m²) à base de fumier composté pour les légumes gourmands (tomates, courges, rhubarbe, artichauts). Nous voulons dissocier ces deux systèmes, car nous espérons apporter la preuve que le jardinage agroécologique est durable. Si nous incorporions du fumier dans toutes les planches, pour nous assurer d'avoir un meilleur rendement, nous per-drions toute crédibilité, personnelle et pour l'agroécologie.

Si les jardiniers agroécologiste sont « droits dans leurs bottes », ne dévient pas des objectifs agroécologiques, alors les scientifiques vont s'intéresser à l'agroécologie, ils vont adhérer à ses objectifs et ils se mettront au service des jardiniers.

7 LE DARWINISME ET LE RESPECT DE LA VIE DU SOL

Nous vous proposons maintenant de faire une incursion parmi les raisons les plus profondes qui motivent à renoncer aux pesticides et à ne pas labourer le sol.

La première et la plus évidente de ces raisons le respect la vie du sol, vie qui par ses agisse-ments aère le sol et maintient sa fertilité. C'est la base de l'agriculture biologique. Tout aussi important est le respect de la vie humaine. Utiliser des pesticides n'est pas éthique, car ces molé-cules ont des effets négatifs sur la santé.

Respect de la vie donc, mais pourquoi ce respect ? C'est une évidence me répondrez-vous : la vie doit être respectée. Réponse correcte, mais pas suffisante dans ce chapitre de philosophie. Le respect de la vie est une caractéristique, une preuve, de notre évolution humaine. Nous ne sommes plus des animaux. Eux respectent nécessairement la vie, ne tuant que pour manger ou survivre. Ils ni le choix moral de tuer ou de laisser vivre ni le choix éthique de faire souffrir ou de respecter. Nous être humains avons ces choix. En se décidant pour le respect, en ne tuant que pour nous nourrir, en élevant sans faire souffrir, nous montrons (aux animaux, aux plantes, à notre conscience, au grand architecte de l'univers ?) que nous pouvons exprimer le meilleur de nous-même. Si nous suivions notre part d'ombre (torture des animaux d'élevage, destruction de l'écolo-gie du sol), elle nous rabaisserait plus bas que la Nature, ou elle nous en exclurait. Seule notre volonté nous permet de nous maintenir dans l'unité avec la Nature. Dans notre part d'ombre, on trouve une justification issue du darwinisme : que seuls les plus forts survivent – que pour vivre il faut tuer. Même si cette pensée n'est qu'une représentation très incomplète du darwinisme, elle est très présente dans notre société. Auparavant, c'était la religion qui légitimait l'abus de la Nature par l'Homme. Aujourd'hui, c'est le pouvoir de la science. Dominer la Nature est le signe le plus tangible du progrès selon certains. Digues, barrages, tunnels, routes, fusion et fission des atomes : l'homme moderne ne connaît qu'une Nature empêchée, entravée, canalisée, transpercée. Cette image du progrès s'est imposée dans les décennies après la seconde guerre mondiale. L'agriculture conventionnelle incarne tout à fait ce darwinisme, dont nous savons maintenant preuves à l'appui qu'il est erroné et incomplet.

Dans la pensée agroécologique, l'homme moderne ne domine plus la Nature : il travaille et il vit avec Elle. Aujourd'hui on remet en lumière l'importance de la collaboration entre les espèces, partie intégrante de la théorie de DARWIN dès sa parution initiale. Le mythe du progrès, que l'Homme *doit* faire tout ce qu'il *peut* faire, a bercé nos parents et nos grand-parents. Mais au risque de leur déplaire il nous faut maintenant nous en départir, pour accéder au statut d'espèce évoluée, qui sait maintenir sa place dans la Nature sans tuer sinon pour manger et qui sait collabo-rer avec les autres espèces. L'être humain n'a plus de preuves à faire quant à sa capacité à domi-ner la Nature : on sait qu'il en a le pouvoir, on sait qu'il peut annihiler toute vie grâce à la glo-rieuse bombe à hydrogène. Il doit maintenant prouver qu'il peut se maîtriser, pour ne pas périr dans un environnement qu'il aura lui-même détruit. Il doit se maîtriser, pour transcender la Nature et se transcender lui-même !

8 L'HOMME ET LA MACHINE INDUSTRIELLE

Nous avons expliqué dans Les outils du jardinier agroécologiste p. 123, quelles doivent être les caractéristiques des outils et des machines utilisables en agroécologie, ainsi que la nécessité de ne pas en devenir les esclaves. Ce faisant, nous avons relativisé l'importance de l'industrie. Dans le même temps, nous devons reconnaître que l'industrie est l'essence de notre société : sans production de masse, notre espèce n'aurait pas la puissance technologique actuelle : pas de voyages en avion, pas de satellite, pas de téléphone portable ni d'internet... Nous devons à la production de masse notre confort de vie, et le temps ainsi rendu disponible pour les activités culturelles (dont la lecture de ce cours). Sur le plan agricole, il est évident que la production fortement mécanisée continuera d'être dans les cinquante prochaines années la forme très majoritaire d'agriculture (ce qui ne signifie pas qu'il est inutile d'inventer l'agroécologie, au contraire).

Nous relativisons l'importance de l'industrie, tout en reconnaissant son omniprésence. Cela nous met dans une position inconfortable, pour les raisons suivantes :

1. Nous prêchons le non-industriel, alors que la grande majorité de nos clients, la majorité de la population en fait, travaille ou a travaillé dans l'industrie. Or les agricultures biologiques alternatives n'existent que parce qu'il existe une industrie forte (la problématique est différente dans les pays du Sud faiblement industrialisés) : ce sont avant tout les personnes gagnant bien leur vie dans l'industrie qui sont les meilleurs clients des agricultures biologiques alternatives, ne nous voilons pas la face.

2. Pensons aux très nombreux ouvriers d'Asie, qui produisent nos vêtements et nos objets d'usage courant. Qui ont produit cet ordinateur grâce auquel j'ai écrit ce cours. Envers eux, ne somme nous pas des hypocrites, quand nous prétendons vendre des fruits et légumes à 3€ le kilo ? Ils ne pourraient jamais se payer des fruits et légumes à un tel prix. Et nous, nous n'accepterions jamais de travailler comme eux. Nous portons aux nues le travail artisanal agricole et en même temps nous sommes des néo-colonialistes ! Quelle contradiction interne !

3. Les agricultures biologiques alternatives ont pour elles l'argument de la qualité. Si cela est correct aujourd'hui, cela ne le sera peut-être plus dans une trentaine d'années, de par la généralisation d'une nouvelle forme d'agriculture industrielle : l'agriculture écologiquement intensive (que nous présentons p. 201). Il restera seulement pour l'agroécologie l'argument de la production artisanale. Oui, si présentement l'agroécologie émerge, son avenir n'est pas encore assuré, nous devons le reconnaître.

Le lecteur comprend que nous sommes traversés de doutes et d'angoisses quant à la durabilité d'une agriculture artisanale. Dans quelles conditions une telle agriculture fait-elle sens : quels produits, pour quelle clientèle ? Peut-elle exister à côté d'une agriculture industrielle ?

Ayant travaillé comme tout le monde dans l'industrie, nous savions que notre emploi de technicien en toxicologie n'existait que parce que nous faisions certains gestes qu'aucune machine ne saurait reproduire. L'emploi ouvrier par définition ne perdure que si le geste n'est pas reproductible par une machine. Le personnel est donc plutôt orienté soit vers la technique (mise en place et maintenance des machines), soit vers l'ingénierie (conception des machines). Prenons un peu de recul. Avec notre projet d'agroécologie, ne faisons-nous pas honte à notre société en concevant des gestes artisanaux et non pas des machines ? Il est inévitable que certaines personnes aient une attitude hostile envers l'agroécologie pour cette raison, car implicitement nous renions un paradigme sur lequel elles auront construit toute leur vie : que la machine conditionne le travail humain (elles auront oublié que l'inverse est aussi vrai). Tant pis pour elles ! La France n'est-elle pas un pays de liberté et d'égalité ?

Et si c'était une erreur de pensée, que de comparer la production artisanale à la production industrielle, en particulier de comparer le travail manuel avec le travail mécanisé ? Car il faut comparer le jardinier agroécologiste avec non pas uniquement la machine, mais aussi avec le technicien, l'ingénieur et le dirigeant. Le jardinier agroécologiste, en tant qu'artisan, exerce toutes ces fonctions à la fois. Dans cette perspective, le travail du jardinier est plus épanouissant que le travail industriel : le jardinier accomplit des tâches et des façons de penser plus diverses que ne l'accomplissent séparément les techniciens, les ingénieurs et les dirigeants. Toute personne qui a travaillé dans un contexte industriel sait que la monotonie des tâches, quelle que soit le niveau hiérarchique, devient rapidement un obstacle à surmonter. Déjà au XIXe siècle, DE PRÉCY avait vu cela :

> *Je ne parle pas de ce jardinier-là, que l'on voit souvent, l'air malheureux, habillé en uniforme vert dans les jardins publics, et payé pour « nettoyer » ... les lieux. Il ressemble à l'ouvrier condamné à exécuter dans l'obscurité de l'usine des tâches répétitives ne sollicitant ni sa créativité, ni son intelligence ni son cœur.*

Nous somme pour une coexistence législativement fondée de l'artisanat avec l'industrie. Mais quelles doivent être les caractéristiques de l'artisanat ? Car pour être viable économiquement, la production de l'artisanat doit d'une part de se démarquer nettement de la production industrielle, et d'autre part il doit exister pour elle une demande, une attente sociale. À quelle modèle de coexistence l'agroécologie pourrait-elle se référer ? Nous vous proposons de considérer la production de sabres japonais : les katanas.

Le katana est une arme traditionnelle des samouraïs japonais, dont le tranchant est légendaire. La lame est forgée à partir d'un minerai de très grande qualité. Le procédé de fabrication, du bois utilisé pour chauffer la forge jusqu'aux pierres à polir, est extrêmement minutieux. Seul des personnes pratiquant depuis de nombreuses années, guidées par un maître expert, parviennent à forger le katana ultime. De nos jours, il n'y a bien sûr plus de samouraïs, et l'on peut estimer que pour la pratique des arts martiaux, des katanas produits en usine seraient tout à fait satisfaisants. Quelles sont donc les éléments qui expliquent qu'aujourd'hui encore la production artisanale de katanas existe ? Voici nos explications :
- L'existence de minerais de très haute qualité ;
- L'existence d'une utilisation du katana sous la forme d'un art martial d'excellence (kodubo) ;
- L'existence d'une lignée de maîtres forgeurs ;
- L'existence d'une tradition de l'enseignement de maître à disciple ;
- L'existence d'une reconnaissance sociale de l'excellence de la production artisanale traditionnelle ;
- La pratique de l'art de la forge dans un contexte spirituel (shintoïsme ou bouddhisme zen) ;
- La pratique de l'art martial dans un contexte spirituel (shintoïsme ou bouddhisme zen).

Excellence, tradition et spiritualité expliquent l'attente sociale envers la réalisation artisanale de katanas, quand bien même existe aussi une production industrielle de katanas.

Il ne s'agit pas pour l'agroécologie de recopier strictement ce modèle, car les prix de vente seraient alors exclusifs. Cependant, il convient de le prendre comme point de référence : jusqu'à quel degré peut-il être mis en pratique, qui assure l'existence de l'agroécologie à côté de l'agriculture industrielle ? La réponse à cette question devrait garantir la viabilité économique sur le long terme de l'agroécologie.

SPIRITUALITÉ ET AGROÉCOLOGIE

Nous avons vu dans les premiers chapitres précédents combien essentielles sont les connaissances scientifiques et en particulier écologiques pour chacune des tâches du jardinier. Nous avons vu comment l'agroécologie s'astreint, dans le respect de la logique et de la rationalité, à dépasser la causalité simple et à agir dans la complexité. Quand elle permet au jardinier de laisser libre cours à son intuition, c'est uniquement dans un cadre qui aura été auparavant bien délimité. Y a-t-il alors encore une place pour la spiritualité dans l'agroécologie ? C'est-à-dire que l'agroécologie peut-elle amener des réponses, ou tout au moins un sentiment de contentement, aux personnes qui s'interrogent sur le sens de leur vie, de la vie en général, et de l'existence toute entière ?

Le questionnement spirituel est optionnel en agroécologie. On peut appartenir à n'importe quelle confession, on peut être athée ou agnostique, cela est sans importance : cela n'empêchera pas l'humus de se constituer ou les légumes de grossir tant qu'on respectera les principes agroécologiques.

Rien n'est simple, en particulier les possibles points de rencontre de la science et de la spiritualité. Pour la majorité d'entre nous, cette rencontre est une impossibilité de fait : les objectifs de la science sont justement conçus pour ne pas pouvoir être accaparés par des objectifs spirituels, sans quoi l'objectivité de la science serait remise en cause par la subjectivité inhérente à toute démarche spirituelle. Cependant, selon un certain angle de vue cette distinction ne tient plus. Faisons une petite digression. Qu'est-ce que la science ? Faire de la science, c'est identifier des problèmes et tenter d'y apporter des solutions. Par exemple pourquoi y a-t-il des chenilles sur mes légumes, alors que je n'y vois jamais aucun papillon ? Les réponses possibles sont soit les papillons sont trop petits ou trop rapides pour qu'on puisse les voir, soit ce sont des papillons de nuit. Une de ces deux propositions est la bonne, l'autre est fausse : c'est la pensée binaire de la science « soit c'est ça, soit ce n'est pas ça » ; la science se doit d'être catégorique, pas d'entre-deux, pas de peut-être, c'est oui ou c'est non, soit on est certain, soit on ne l'est pas. « Ohne wenn und aber » comme on dit si bien en allemand. Ce manichéisme binaire gêne les personnes qui se considèrent comme intuitives et spontanées. Elles pensent que l'intuition seule peut mener vers de nouveaux points de vue, quand la binarité scientifique ne peut que réduire le champ des possibles. En fait les scientifiques eux aussi ne demandent rien d'autre que développer de nouvelles façons de voir le monde. Cette idée que la binarité rigide de la science empêcherait de voir les nuances, les subtilités, est une incompréhension (véhiculée par une mauvaise vulgarisation de la science). Le vrai scientifique veut, tout comme la personne honnêtement spirituelle, se rapprocher de l'inconnu, car un tel chemin le rapproche de la réalité en même temps qu'il le rapproche de la nature humaine. La science est une aventure humaine, que trop souvent on réduit à la frénésie de l'apprenti-sorcier. C'est vrai qu'il y a de ça (en particulier pour ceux qui ne rêvent que de richesse), mais pas seulement. L'agroécologie est ouverte aux aspects de la Nature, aux aspects de la Vie, que nous ignorons encore, comme la science, et comme la spiritualité. Une motivation d'ordre spirituel, qui viendrait compléter le souci rationnel de respecter les processus écologiques tout en les utilisant, peut donc aider le jardinier agroécologiste dans la réalisation de ses tâches quotidiennes comme dans l'imagination de nouvelles techniques ou théories.

Si on le souhaite, on peut envisager l'agroécologie comme une mise en pratique de la spiritualité, avec la précision suivante : l'agroécologie ne possède pas assez d'éléments pouvant servir de support à un travail permanent sur soi. Elle ne peut pas constituer un cheminement spirituel complet à elle seule. Mais elle peut proposer, à celui qui le souhaite, certaines initiations originales.

Dans ce chapitre, nous allons tout d'abord identifier les doctrines qualifiées d'occultes ou d'ésotériques dont nous sommes certains qu'elles sont absentes de l'agroécologie. Ensuite, nous verrons, entre d'un côté ces doctrines non présentes et d'un autre côté la rationalité à base scientifique, quel est le champ de questionnement qui reste ouvert pour la spiritualité. Pour conclure ce chapitre, nous nous interrogerons sur la pertinence du mythe du jardin d'Éden et sur une notion qui transcende toutes les religions : l'harmonie naturelle.

1   CE QUE L'AGROÉCOLOGIE N'EST PAS

L'agroécologie ne comporte aucune allusion, aucune explication, aucune justification, liée d'une manière ou d'une autre aux astres, si ce n'est bien sûr le soleil. Les influences de la Lune ne sont pas niées : il est certain que l'environnement d'une plante est différent si la Lune est pleine ou en croissant, car la luminosité n'est pas la même. Mais la lumière lunaire n'a pas de conséquence, au regard des autres paramètres que sont par exemple la teneur en eau du sol et son taux d'humus : ses effets sont en dessous d'un certain *seuil d'efficacité*. D'ailleurs, l'influence de la lumière lunaire doit être relativisée : dans l'hémisphère Sud la lumière émanant de la voie lactée, qui est beaucoup plus visible que dans l'hémisphère Nord, est autant sinon plus forte que celle de la Lune. Selon certaines personnes, la Lune serait aussi censée agir sur la germination, selon que les semences sont des semences de légumes racine, fruit ou feuille. C'est une affirmation sans utilité en agroécologie. En biodynamie, les astres et en particulier les planètes de notre système solaire sont censés influencer les végétaux, leur donnant des propriétés soit plus terriennes, soit plus aériennes. Cela s'expliquerait par le fait que les planètes influenceraient la disponibilité de certains minéraux (nous reviendrons plus loin en détail sur la biodynamie). Là encore, il ne s'agit pas de dire que la position des astres est sans effet sur les plantes et le sol. Mais leurs effets sont très certainement très faibles en comparaison des effets des pratiques culturales, donc négligeables (là encore c'est la notion de seuil d'efficacité).

L'agroécologie n'est pas animiste. Elle ne fait pas référence à des « esprits de la Nature ». Elle ne comporte aucune pratique visant à acquérir leurs bonnes grâces. On ne fait aucune prière, on ne brûle aucune plante, on ne fait aucun rituel en ce sens. L'agroécologie n'implique pas non plus un culte des anciens. On ne pratique pas l'agroécologie pour essayer de se relier à nos ancêtres, ni pour d'une part satisfaire leur esprit que l'on imaginerait habiter notre jardin afin qu'ils « aident » les récoltes, ni pour d'autre part acquérir leur savoir intuitif. Ce qui n'empêche pas se demander s'il y a eu auparavant des paysans qui ont travaillé la terre à l'emplacement actuel du jardin, et quels étaient leurs rapports (confiance, sérénité ou contraire fatalisme, voire malédiction) envers cette terre.

L'agroécologie n'implique aussi nulle référence à des divinités agricoles ni à des saints patrons protecteurs. En France existent de nombreux saints patrons, qui protègent les agriculteurs et les éleveurs (d'après nominis.cef.fr, Église Catholique de France) :
- Pour les agriculteurs citons Saint Éloi, Saint Isidore le Laboureur, Saint Médard de Moyon ;
- Pour les bergers Saint Druon, Sainte Germaine Cousine, Saint Loup de Troyes ;
- Pour les écologistes Saint François d'Assise ;
- Pour les forestiers Saint Hubert. Pour les grainetiers Saint Marcel Ier ;
- Pour les horticulteurs Saint Marcel ;
- Pour les jardiniers et les maraîchers Saint Flacre, Saint Phocas, Sainte Dorothée ;
- Pour les laboureurs Saint Guy d'Anderlecht et Saint Isidore le Laboureur ;
- Pour les vignerons Saint Vernier et Saint Vincent ;
- Citons aussi pour les scientifiques Saint Albert le Grand.

En agroécologie, nulle référence à ces saints patrons n'est nécessaire, mais le jardinier agroécologiste catholique peut s'il le souhaite se référer à eux, sans que cela implique nullement certaines pratiques culturales.

Enfin, considérons les mots suivants de Mircea ELIADE :

> *Dans l'horizon [spirituel de l'humanité archaïque] il n'existe pas de séparation entre l'outil, l'objet réel, concret, et le symbole qui le valorise, entre la technique et l'opération magico-religieuse qu'elle implique. N'oublions pas que la bêche ou la charrue primitives symbolisent le phallus, et la glèbe la matrice tellurique ; dans de nombreuses langues austro-asiatiques la bêche a encore aujourd'hui le même nom que le phallus. La glèbe représentait la Terre-Mère, les grains le semen virile, et la pluie le hieros gamos entre le Ciel et la Terre.*

L'agroécologie est exemple de tout mythe de création de l'univers, de tout mythe de création de l'être humain, qui viendrait supporter un tel symbolisme des pratiques culturales. Cultiver en agroécologie n'est pas mimer l'acte de création originel.

Nous voyons donc que l'agroécologie est exempte de nombreuses formes de « puissances » (astres, esprits de la nature, ancêtres, divinités agricoles, saints patrons) ainsi que de tout symbolisme divin. Ceux qui critiquent l'agroécologie comme étant un retour à la bougie se trompent donc par deux fois. La première fois, car ils ne reconnaissent pas les bases scientifiques de l'agroécologie, et la deuxième fois, car ils ne reconnaissent pas l'absence d'éléments spirituels ou religieux dans l'agroécologie. Au regard des puissances énumérées, on ne peut que constater le vide de l'agroécologie : l'agroécologie est résolument rationaliste, matérialiste. Elle est donc incontestablement une enfant du XXIe siècle. Cela ne signifie pas pour autant que l'agroécologie ne peut pas s'inscrire dans un démarche individuelle de quête de sens.

2 LES INITIATIONS SPIRITUELLES QUE PERMET L'AGROÉCOLOGIE

2.1 Le respect de la vie et de la mort

En premier lieu, l'agroécologie est une mise en pratique d'un très noble désir : le désir de respecter la vie. Ce genre de désir fait partie de toutes les formes de cheminement spirituel, religieux ou non[58]. La réalisation des diverses tâches du jardinier agroécologiste procure une réelle satisfaction de ce désir. C'est ce que l'on constate rapidement : avec la couverture du sol on favorise la vie du sol (on y voit des vers de terre même au plus fort de l'été). Avec les zones tampons, les haies, les mares, on favorise la vie de tout plein de bestioles plus ou moins grosses. Et bien sûr on favorise la vie de nos fruits et légumes, qui poussent sans être victimes de maladies, grâce à la bonne teneur en humus du sol. Constater au printemps la croissance vigoureuse des plantes, puis quand l'été touche à sa fin leur adaptation à la baisse de l'ensoleillement et de la température. En automne après la récolte, on prépare le sol pour l'hiver (tonte, copeaux, paillage). C'est toute une vie qui va s'y développer. Quel contraste face aux jardins des pavillons, dont les propriétaires s'usent à maintenir une apparence identique au fil des saisons (tonte hebdomadaire, tailles mensuelles, plantes ornementales variées pour avoir toujours des fleurs... un fixisme contraire au rythme de la vie... qui trahit la peur de la mort ?)

Ensuite, l'agroécologie nous enseigne que la mort et la vie sont indissociables. Pourquoi ? Eh bien dans votre jardin, vous mettez en place des zones tampons et des couvertures du sol. Il se peut que des campagnols et des insectes viennent à proliférer durant les premières années du jardin, car ces zones vont leur servir à nicher tranquillement tant que leurs prédateurs naturels ne sont pas revenus. Vous avez donc créé les conditions d'existence de ces ravageurs, vous êtes donc responsables de leur existence dans la vie. Réfléchissez sur les rongeurs. Si les campagnols ou les mulots se mettent à pulluler, ce n'est pas par hasard. C'est parce que vous avez transformé une praire en un jardin plein de gros légumes sucrés. Des légumes que ces rongeurs boulottent allégrement nuit et jour grâce à leurs galeries souterraines. Ils se reproduisent très vite, avec cinq à dix

---

58 Par religion, nous entendons toute forme de spiritualité pratiquée en groupe, avec ou sans clergé.

petits par portée. Si vous ne voulez pas d'une part voir vos légumes disparaître complètement, d'autre part l'année suivante être confronté à encore plus de rongeurs, il vous faut prendre des mesures. Elles peuvent êtres indirectes : acheter un chat, introduire des couleuvres, fixer des pieux pour permettre aux rapaces diurnes et nocturnes d'accomplir leur fonction, ou directes, c'est-à-dire en les piégeant avec des tapettes ou avec des appâts empoisonnés (mais les appâts ne doivent être utilisé qu'en tout dernier recours en cas de pullulation massive, c'est-à-dire si vous voyez même de jour les rongeurs sortir des galeries et consommer les légumes de l'extérieur). Bref, d'un côté vous donnez la vie, mais de l'autre côté vous devez agir pour la limiter. Car tant que la régulation naturelle n'est pas fonctionnelle, sans action directe, vous perdrez complètement les récoltes de l'année suivante. Alors, ces petits campagnols n'auraient-ils finalement pas été plus contents et plus tranquilles, si vous n'aviez pas transformé la prairie en jardin ? On retiendra comme leçon de cette expérience, que l'absence comme l'excès de vie sont néfastes. L'excès de vie nuit à la vie. Donc le maître mot est : régulation. Le jardinier doit être un régulateur. Ce qui rejoint la notion de guidage de la Nature (c'est-à-dire stricto sensu donner une direction à la Nature). Le jardinier la guide, et réguler est une façon de guider, tout comme régénérer.

Nous allons préciser les implications spirituelles de cette notion de régulation : il faut en effet distinguer l'action du jardinier de piéger des campagnols, de l'action des prédateurs tels que les chats et les rapaces. Cela nous a été important pour comprendre notre juste part de *responsabilité* envers la vie et la mort des animaux qui habitent le jardin.

Ayant été technicien en expérimentation animale, nous avons tué et fait souffrir beaucoup d'animaux. Ce sont des animaux que nous avions élevés à cette seule fin, ainsi étions-nous convaincus que, en plus de leur mort, leur vie aussi était sous notre entière responsabilité. Qui donne la vie donne la mort (qu'on le veuille ou non). Nous avons arrêté ce métier, entre autres raisons, car nous devenions insensibles, apathiques, nous n'avions plus comme seul souci que l'exécution efficace des procédures de test. Nous avions in fine complètement mis de côté la souffrance de ces animaux. Dès le début de notre projet de création d'un jardin agroécologique, nous voulions que le jardin soit un lieu de respect de la vie. Or l'obligation d'agir contre les campagnols nous a ramené à ce sentiment de responsabilité totale. Et cela nous a amené en plus un sentiment de culpabilité, car nous voulions explicitement arrêter de tuer. C'était évident pour le piégeage des campagnols : nous avons tué en moyenne un campagnol tous les deux jours, et même une fois en avons-nous tué quatre en un seul jour ! Bien sûr, nous projetons d'acquérir un chat, qui ne tuera pas moins, sinon plus (au moment de la révision de ce cours, nous avons un chat qui effectue correctement son office). Nous pensions que ce chat ne pourrait toutefois pas nous ôter ce sentiment de culpabilité, car in fine l'activité de chasse de ce chat dépendrait de *notre* décision d'acquérir ce chat. Nous remercions donc notre tante, de nous avoir rappelé ce fait simple, que le chat fait partie de la Nature. D'une part, acquérir un chat, c'est recréer le cycle de la Nature. D'autre part, un chat ne tue pas tous les rongeurs : il *régule* leur population. Nous ignorons les chiffres réels, mais le principe en est celui-ci : si sur un hectare il ne reste qu'un couple de rongeurs, un chat ne va pas les tuer. Si sur cet hectare il y a plus de trois familles de rongeurs, le chat va en tuer deux. Honte à nous biologiste que nous sommes, de n'avoir pas vu cela, comme si c'était trop évident, trop... simple. Ces rappels ont fait nous ont enlevé notre sentiment de culpabilité : c'est dans l'ordre naturel des choses que les chats mangent les rongeurs. Et là encore, on ne peut que se sentir humble. Quoi que l'on fasse, la Nature peut le faire mieux que nous. Cela nous ramène à notre juste place d'être humain *dans* la Nature. Cette modeste expérience personnelle nous a fait remémorer la phrase suivante de GOETHE :

> *Qu'il est long d'apprendre à faire la moindre chose,*
> *de la façon la plus grande.*

2.2 Se prendre pour un dieu

Curieusement, cette confrontation avec la mort inévitable amène à une autre expérience spirituelle : celle de se prendre pour un dieu. Mais oui : pour ces campagnols, ne sommes-nous pas l'équivalent d'un dieu, dont les voies sont impénétrables, mais qui agit bel et bien sur le monde ? Les campagnols ne peuvent pas imaginer pourquoi le sol de la prairie n'est plus le même, pourquoi il y a des betteraves savoureuses, et des carottes, des pommes de terre, pourquoi il y a ces zones où ils peuvent nicher à l'abri de tout chat. Et ils ne peuvent pas non plus imaginer pourquoi la griffe d'un chat les cueille à la sortie d'une galerie, pourquoi un morceau appétissant de panais engendre un « clac » mortel, pourquoi le nid avec les petits en bord de zone tampon a disparu (pour finir dans un grand seau d'eau). Si pour nous êtres humains, un Dieu existe véritablement, n'agit-il pas envers nous de la même façon que nous agissons envers ces campagnols ? Peut-être que pour notre Dieu, nous ne sommes pas la cible de Ses actions, car notre Dieu pense peut-être d'abord à Son jardin à lui, dans lequel nous ne serions que des acteurs très secondaires (des bactéries par exemple, donc il n'agirait pas directement sur nous...)

2.3 Développer sa concentration

Un cheminement spirituel implique toujours une certaine amélioration de la sensibilité. Nous avons montré dans le chapitre sur l'épanouissement personnel (p. 159) que l'agroécologie permet de développer sa sensibilité sur une base biologique concrète. L'agroécologie ne permet pas (enfin, nous supposons cela, car notre expérience de l'agroécologie est tout de même courte) de développer de « super pouvoirs », tels que la communication avec les animaux ou avec les plantes par exemple. L'agroécologie permet par contre le développement de la concentration et de l'attention. Ces capacités ont des bases biologiques concrètes et reconnues scientifiquement, et donc on pourrait arguer que cela ne relève pas du questionnement spirituel. Nous allons vous présenter notre expérience liée à une pratique particulière du jardinage agroécologique, car elle a pour nous une valeur spirituelle même si on peut dire qu'elle ne conduit à rien de plus qu'au développement de la dextérité, de la musculature et de la concentration. Notre interprétation de cette pratique pourra rappeler l'esprit des kobudo, les arts martiaux japonais développés à partir d'outils agricoles tels que la faucille et les bâtons. La pratique en question est le fauchage. Rappelons encore que l'interprétation spirituelle est une option ! Cette tâche peut donc être effectuée sans sentiment spiritualiste voir ésotérique, mais nous vous proposons tout de même de lire ce qui suit, car nous donnons des conseils concrets pour bien faire le geste.

Faucher est pour nous, comme toute action agroécologique, multifonctionnel :

- l'herbe est l' « or vert » de Normandie. Il serait dommage de ne pas profiter de cette ressource naturelle abondante et renouvelable. Il faut d'une façon ou d'une autre parvenir à transformer toute cette bonne herbe en de bons légumes ;
- la zone non cultivée est maintenue à l'état de prairie ;
- le foin est utilisé comme couverture de sol et pour faire des pommes de terre foin (cf. cours technique), l'optique de la prairie est conservée (il est très agréable de voir les ondulations de l'herbe sous le vent) ;
- les chats peuvent se déplacer à nouveau dans tout le jardin lorsque l'herbe est coupée ;
- nous faisons une activité sportive, qui mêle force et endurance ;
- et enfin nous entraînons une capacité spirituelle qui découle du développement de l'attention et de la concentration : l'« ici et maintenant ».

Faucher est un geste qui pour s'apprendre nécessite au moins quatre saisons de fauchage. En Normandie nous fauchons au printemps et à l'automne. Nous avons donc appris à faucher sur deux ans, et nous avons rassemblé notre expérience dans le symbole du fauchage ci-dessous.

La lettre P symbolise la *préparation* : réglage de l'angle de la lame, de son inclinaison, des poignées, ainsi que le battage et l'affûtage. Bien battre une lame se fait en deux passages. Un premier passage à trois millimètres du bord, l'autre en dessous. Il faut savoir laisser tomber le marteau, tenir la lame sur l'enclume, l'orienter d'une certaine façon vers la lumière afin de voir l'empreinte de chaque coup porté. La lame ne doit ni se fendiller, ni gondoler, ni se recourber. Arriver à ce niveau de maîtrise requiert d'avoir fait au moins dix séances de battage.

La lettre G symbolise le *geste*. Il doit être en forme de demi-cercle, ce qui est ainsi symbolisé sur le dessin. À l'aller la lame doit glisser sur le talon, au retour elle doit glisser sur la pointe. L'énergie au début du mouvement doit être égale à l'énergie à la fin du mouvement, ce qui est symbolisé par les deux points de tailles égales aux extrémités du demi-cercle. Faucher sans aller à gauche ni à droite après quelques mètres n'est pas évident. Pour y arriver, il faut se représenter un carré (ici dessiné), au centre duquel on se situe. Après chaque geste, on fait avancer d'un tout petit pas ce carré, on visualisant bien que le carré s'aligne avec les carrés précédents.

Pour obtenir suffisamment de foin comme couverture de sol, il faut faucher une surface environ égale à trois fois la surface à couvrir. Nous fauchons donc environ 3000 m², deux fois par an, à la main (mais on peut demander l'aide d'une connaissance qui aurait un tracteur avec faucheuse, si on n'a pas le temps). L'endurance est donc importante : nous fauchons chaque jour entre trente et soixante minutes, de mi-mai à juillet, et en octobre. L'endurance requiert la *souplesse* du geste, symbolisée par le S à droite. Il faut savoir rester souple au niveau des genoux, des chevilles, des poignets et du cou, c'est-à-dire ne pas tendre les muscles plus que nécessaire, sous peine de fatiguer rapidement. Une faux bien battue et affûtée aide grandement à garder le geste souple. Quand le geste devient plus dur, c'est le signe que la faux s'émousse.

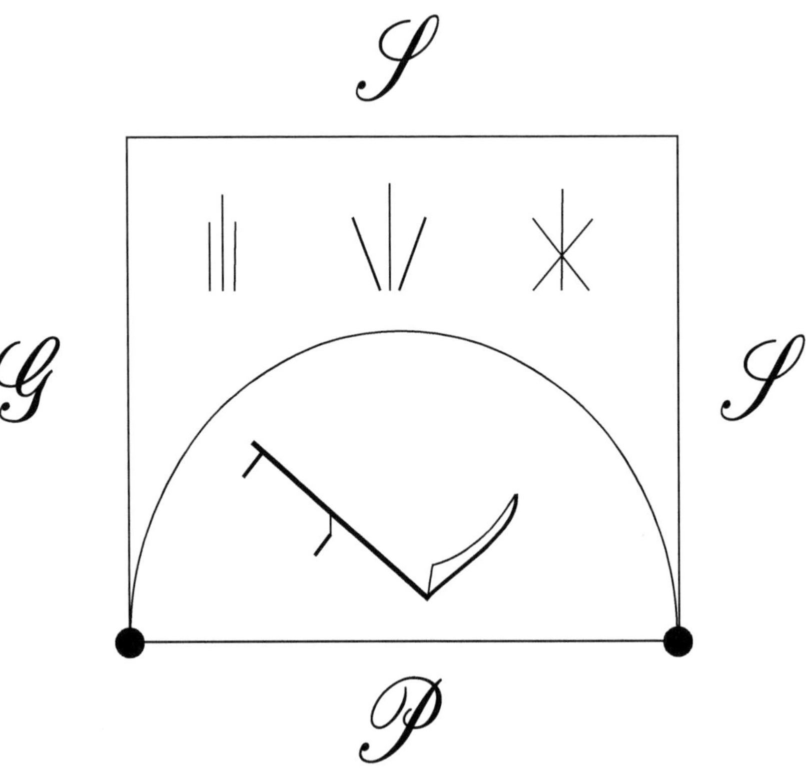

Illustration 14 : Symbole du fauchage

Enfin, d'après vous, quelle peut-être la dernière qualité à développer, pour réaliser le geste parfait, et qui a pour symbole le S supérieur ? Quand on débute la pratique du fauchage, on aime à penser qu'on arrivera bientôt à faire à chaque fois un geste parfait. La réalité nous enseigne vite que cela n'est pas évident. Eh bien le secret, le secret de la pratique que vous pouvez ici comprendre intellectuellement mais qu'il faut véritablement *vivre* soi-même, le secret de l'expérience spirituelle que l'on peut accomplir en fauchant, est celui-ci : qu'il n'y a pas de geste parfait. Pensez-vous pouvoir faire à chaque geste un beau demi-cercle, où l'inertie de la faux serait identique du début à la fin ? Vous vous trompez. Cela n'est possible que si d'une part le terrain est tout à fait horizontal, et d'autre part que l'herbe est légèrement humide, tendre et verticale. Une herbe de cette haute qualité, typiquement une herbe de printemps, est symbolisée par les trois traits verticaux en haut à gauche. Bien souvent, l'herbe sera penchée dans une direction ou l'autre (symbole du milieu). Il faudra alors faucher en allant dans la direction de la verse (inclinaison des plants due à la pluie), de façon à ce que l'herbe coupée ne retombe pas vers vous et vous empêche de voir le mouvement de la lame. Ainsi elle se coupera bien, la verse exerçant une certain tension au pied des tiges. Si vous fauchez dans une autre direction, vous n'arriverez pas à faire un beau demi-cercle. Sinon, s'il y a eu beaucoup de vent au printemps, ou pour l'herbe d'automne, vous aurez à faucher une herbe couchée et/ou croisée (symbole de droite). L'herbe couchée freinera le mouvement, ou bien la lame glissera dessus. Croisée, elle vous gênera pour voir au sol le mouvement en demi-cercle. De plus en automne l'herbe est pareille à de la ficelle, car elle a séché durant tout l'été. Elle tend aussi à former des touffes irrégulières, qui vous freineront de façon tout à fait imprévisible. Dans ces moments-là, on comprend que ce n'est pas nous qui décidons de la surface que l'on pourra faucher dans le temps réservé à cette activité. C'est l'herbe qui impose la vitesse ! Donc le S est pour *sérénité secréte*. Il faut apprendre à être serein, et pour cela accepter sans raz-le-bol que la vitesse de fauchage dépend non de nous, mais de l'herbe, et que le geste parfait ne peut pas toujours être réalisé. Après tout, nous ne sommes pas des machines. On ne peut pas reproduire un geste toujours à l'identique. Réjouissons-nous lorsque nous avons réussi un geste parfait, et si non, c'est normal.

Bien sûr, faucher participe de l'épanouissement personnel pour la raison que faucher nécessite une concentration totale. On doit arrêter de penser à tout un tas de choses, on doit ressentir la lame, sa robustesse et sa souplesse, le sol, l'herbe, notre posture, notre élan. Faire l'expérience d'un état de concentration totale (certains disent encore « être dans le flux ») permet d'être dans l' « ici et maintenant ». C'est un état qui fait partie de nombreux cheminements spirituels, en particulier le bouddhisme et la voie du budo (voie des arts martiaux japonais, dont le kobudo).

2.4 L'humilité

Terminons ce sous-chapitre sur une note de simplicité. Nous avons vu dans plusieurs chapitres, en particulier dans Écologie p. 28, que la fertilité du sol résulte de l'action des organismes du sol. Les processus de création et de maintien de la fertilité du sol ne sont pas sous le contrôle direct du jardinier. Ce dernier peut au mieux amener de la matière organique au sol, et quelques bactéries lors d'apports de compost ou d'arrosage aux extraits fermentés. Il ne peut pas faire plus. Ce constat est presque déconcertant de simplicité. C'est presque une provocation envers l'intelligence humaine, qui a montré par ses prouesses techniques qu'elle peut se développer dans un raffinement analytique extrême. Alors, admettre la simplicité de la fertilité du sol, admettre qu'elle est hors de portée de notre pouvoir technique, s'en remettre à elle et avoir confiance en elle, faire sa part du travail en nourrissant le sol et en le couvrant, c'est faire preuve d'humilité. Une confiante humilité, qui remplit le jardinier. Presque une complicité. Que dire de mieux ? On ne peut que constater la similitude orthographique d'humus, humain et humilité.

3 LE MYTHE DU JARDIN D'ÉDEN

À notre échelle d'être humain, notre intuition peut nous conduire à penser que la Nature est immuable dans le temps. Ce sont les mêmes fleuves, les mêmes océans, les mêmes montagnes, les mêmes plaines et forêts, qui accompagnent notre histoire depuis des millénaires. Nous savons grâce à la science que la végétation et la faune évoluent sans cesse, mais cela nous est presque imperceptible. Alors, à l'échelle d'une vie humaine, on peut sans risque considérer que les espèces qui existaient à notre naissance existeront encore le jour de notre mort (si l'on fait abstraction des disparitions d'espèces dues à l'activité humaine).

Il y a environ 10 000 ans, en Mésopotamie, on suppose que sont apparus nos ancêtres premiers agriculteurs sédentaires. La Nature évoluant très lentement, on peut penser qu'en 6000 ans, ils ont eu tout le temps nécessaire pour développer une agriculture idéale, qui respecte tout à fait les processus naturels de fertilité du sol. Si c'est le cas, cette connaissance aurait disparu il y a très longtemps, car le spectre de la famine, donc d'une agriculture peu productive, nous hante depuis très longtemps. Ce mythe d'une ancienne agriculture idéale est-il tenable ?

En tout cas, ce mythe perdure de nos jours, incorporé dans celui plus vaste de « la vie meilleure d'avant ». Avant, tout était mieux, c'est bien connu. C'est une forme de romantisme auquel on succombe facilement. Et on peut aussi y voir une forme atténuée du culte des ancêtres : n'est-ce pas une façon de leur rendre honneur que de rappeler leur époque ? Aujourd'hui on peut arriver à ce mythe de façon plus ou moins consciente : qui n'a jamais entendu un petit vieux ou une petite vieille parler des récoltes prodigieuses du temps de sa jeunesse ? De cette façon-là, on retourne certes dans un passé agricole glorieux, mais on ne remonte pas très loin dans le temps : au mieux à l'agriculture d'entre les deux guerres. Il existe certaines doctrines qui font référence à une science agricole très ancienne, et qui de cette façon entretiennent le mythe de l'ancienne agriculture idéale. Ainsi les doctrines de Rudolf STEINER : STEINER se réfère explicitement à des anciens, qui connaissaient les causes intimes de la croissance et de la mort des plantes. Mais ce savoir se serait perdu, avant de redevenir accessible seulement maintenant (au début du XXe siècle). STEINER, dans son cours aux agriculteurs de 1923, relie son enseignement agricole à l'alchimie, une science selon lui qui révélait la nature intime des éléments. Nous savons que l'alchimie a été abandonnée au XIXe siècle, avec les découvertes de LAVOISIER en autre (sur qui LIEBIG se basera). Donc STEINER en 1923 déjà n'était pas crédible. Mais précisons tout de même sa pensée. Les maîtres alchimistes auraient eu connaissance de la nature intime des éléments. On supposait qu'ils pouvaient transmuer la matière inerte banale (le plomb) en matière inerte magnifique (l'or). Donc si leurs connaissances avaient été appliquées à l'agriculture, les récoltes n'auraient pu être que magnifiques aussi. Nous pensons donc que les anciens auxquels STEINER se référait étaient des paysans qui auraient été initiés aux secrets de l'alchimie, et l'aurait utilisée pour leurs cultures. En ancienne Égypte par exemple...

Une seconde piste pour expliquer l'existence contemporaine du mythe est la redécouverte de la civilisation égyptienne au XVIIIe siècle. Suite aux efforts de CHAMPOLLION, en particulier le déchiffrage des hiéroglyphes de la pierre de Rosette en 1822, et avec le soutien de Napoléon Ier, c'est tout un empire qui renaissait sur le plan intellectuel et concret (les pyramides et les temples étaient littéralement désensablés pour réapparaître à la lumière). Cela affecta fortement les peuples européens. L'égyptologie renaissait, 2000 ans après les textes de la période hellénistique qui transmettaient des informations relatives à la fin du règne des pharaons. Cette nouvelle égyptologie fut accompagnée d'une littérature mondaine en forme de romans initiatiques, dans lesquels le héros redécouvrait les anciens savoirs de l'Égypte anté-hellénistique. En effet, à la vue des pyramides, on ne pouvait que supposer que les anciens égyptiens possédaient un savoir remarquable, mais qui s'était perdu entre-temps. Leurs connaissances en agriculture devaient être tout aussi profondes et puissantes : ne pouvaient-elles pas êtres à l'origine du mythe ?

Il convient de ne pas accorder trop de crédit à ce mythe : car il peut justifier un certain immobilisme quand on est tourné plus vers le passé que vers l'avenir. Quand on pense que les connaissances des anciens étaient supérieures à tout ce qu'on peut découvrir aujourd'hui, alors il devient inutile de s'intéresser aux découvertes scientifiques sur les plantes et le sol, ainsi qu'aux nouvelles techniques d'agriculture. Une telle attitude naïve s'inscrit avec cohérence dans le scepticisme actuel envers les progrès scientifiques et les techniques. C'est un scepticisme certes justifié de par les excès (OGM, hybrides, toxicité de nombreuses substances chimiques de synthèse, effets secondaires des médicaments...), mais qui doit conduire à relativiser l'utilité de la science et des techniques, non à les abandonner. Le mythe soutient mieux une conception romantique ou artistique du jardin, que la science ne peut le faire.

In fine, où mène cette supposée ancienne agriculture, sage et respectueuse des principes fondamentaux de la vie ? Eh bien elle mène au jardin d'Éden. Personnellement, ayant vu l'agriculture traditionnelle de Nouvelle-Calédonie où la place de chaque plante est décidée en tenant compte des besoins de toutes les autres plantes cultivées, nous pensons que ce mythe a une certaine réalité historique. Il existe et a existé à certains endroits du globe une connaissance locale précise des affinités entre les plantes, et celle-ci fut mise en pratique pour obtenir des jardins moins sensibles aux variations de météo et qui avaient donc des récoltes fiables.

Posons-nous la question suivante : si les anciens pouvaient créer des jardins harmonieux – en utilisant les connaissances et techniques de leur époque – pourquoi nous avec nos connaissances et techniques judicieusement choisies ne pourrions pas en faire autant, si ce n'est mieux ? Il faut se départir d'une certaine pensée statique, qui implique que le passé était bien et que le présent est moins bien voire mauvais. Il ne faut pas se réfugier dans le passé. Il faut que nous soyons au contraire dynamiques et mettions en œuvre les connaissances et techniques à notre disposition pour (re)créer des jardins idéaux, parfaits.

Pour bien faire, allons au bout de la réflexion : considérons les passages des écritures chrétiennes (version Louis SEGOND 1910, sur http://www.info-bible.org) qui font référence au jardin d'Éden. Nous ne sommes pas chrétiens, mais ce jardin est un point de référence pour la culture occidentale. Et comme tout ce qui est évident, on a tendance à ne pas s'y attarder.

Genèse 1
Dieu créa l'homme à son image, il le créa à l'image de Dieu, il créa l'homme et la femme.
1.28
Dieu les bénit, et Dieu leur dit : Soyez féconds, multipliez, remplissez la terre, et l'assujettissez ; et dominez sur les poissons de la mer, sur les oiseaux du ciel, et sur tout animal qui se meut sur la terre.
1.29
Et Dieu dit : Voici, je vous donne toute herbe portant de la semence et qui est à la surface de toute la terre, et tout arbre ayant en lui du fruit d'arbre et portant de la semence : ce sera votre nourriture.
1.30
Et à tout animal de la terre, à tout oiseau du ciel, et à tout ce qui se meut sur la terre, ayant en soi un souffle de vie, je donne toute herbe verte pour nourriture. Et cela fut ainsi.
Genèse 2
Lorsque l'Éternel Dieu fit une terre et des cieux, aucun arbuste des champs n'était encore sur la terre, et aucune herbe des champs ne germait encore : car l'Éternel Dieu n'avait pas fait pleuvoir sur la terre, et il n'y avait point d'homme pour cultiver le sol.
2.6
Mais une vapeur s'éleva de la terre, et arrosa toute la surface du sol.
2.7

L'Éternel Dieu forma l'homme de la poussière de la terre, il souffla dans ses narines un souffle de vie et l'homme devint un être vivant.

2.8

Puis l'Éternel Dieu planta un jardin en Éden, du côté de l'orient, et il y mit l'homme qu'il avait formé.

2.9

L'Éternel Dieu fit pousser du sol des arbres de toute espèce, agréables à voir et bons à manger, et l'arbre de la vie au milieu du jardin, et l'arbre de la connaissance du bien et du mal.

2.10

Un fleuve sortait d'Éden pour arroser le jardin, et de là il se divisait en quatre bras.

2.15

L'Éternel Dieu prit l'homme, et le plaça dans le jardin d'Éden pour le cultiver et pour le garder.

2.16

L'Éternel Dieu donna cet ordre à l'homme : Tu pourras manger de tous les arbres du jardin ;

2.17

mais tu ne mangeras pas de l'arbre de la connaissance du bien et du mal, car le jour où tu en mangeras, tu mourras.

2.18

L'Éternel Dieu dit : Il n'est pas bon que l'homme soit seul ; je lui ferai une aide semblable à lui.

2.19

L'Éternel Dieu forma de la terre tous les animaux des champs et tous les oiseaux du ciel, et il les fit venir vers l'homme, pour voir comment il les appellerait, et afin que tout être vivant portât le nom que lui donnerait l'homme.

2.20

Et l'homme donna des noms à tout le bétail, aux oiseaux du ciel et à tous les animaux des champs ; mais, pour l'homme, il ne trouva point d'aide semblable à lui.

Genèse 3

3.1

Le serpent était le plus rusé de tous les animaux des champs, que l'Éternel Dieu avait faits. Il dit à la femme : Dieu a-t-il réellement dit : Vous ne mangerez pas de tous les arbres du jardin ?

3.2

La femme répondit au serpent : Nous mangeons du fruit des arbres du jardin.

3.3

Mais quant au fruit de l'arbre qui est au milieu du jardin, Dieu a dit : Vous n'en mangerez point et vous n'y toucherez point, de peur que vous ne mouriez.

3.4

Alors le serpent dit à la femme : Vous ne mourrez point ;

3.5

mais Dieu sait que, le jour où vous en mangerez, vos yeux s'ouvriront, et que vous serez comme des dieux, connaissant le bien et le mal.

3.6

La femme vit que l'arbre était bon à manger et agréable à la vue, et qu'il était précieux pour ouvrir l'intelligence ; elle prit de son fruit, et en mangea ; elle en donna aussi à son mari, qui était auprès d'elle, et il en mangea.

3.17

Il dit à l'homme : Puisque tu as écouté la voix de ta femme, et que tu as mangé de l'arbre au sujet duquel je t'avais donné cet ordre : Tu n'en mangeras point ! Le sol sera maudit à cause de toi. C'est à force de peine que tu en tireras ta nourriture tous les jours de ta vie,
3.18
Il te produira des épines et des ronces, et tu mangeras de l'herbe des champs.
3.19
C'est à la sueur de ton visage que tu mangeras du pain, jusqu'à ce que tu retournes dans la terre, d'où tu as été pris ; car tu es poussière, et tu retourneras dans la poussière.
3.22
L'Éternel Dieu dit : Voici, l'homme est devenu comme l'un de nous, pour la connaissance du bien et du mal. Empêchons-le maintenant d'avancer sa main, de prendre de l'arbre de vie, d'en manger, et de vivre éternellement.
3.23
Et l'Éternel Dieu le chassa du jardin d'Éden, pour qu'il cultivât la terre, d'où il avait été pris.
3.24
C'est ainsi qu'il chassa Adam ; et il mit à l'orient du jardin d'Éden les chérubins qui agitent une épée flamboyante, pour garder le chemin de l'arbre de vie.

Gardons-nous d'émettre aucun commentaire sur les valeurs religieuses de ces écritures. Résumons : Dans le jardin d'Éden, les êtres humains n'ont pas besoin de travailler. À tout être ils ont donné un nom. Tout est comestible. Ils gardent le jardin. Rien n'est ni bien ni mal, même le serpent donc. Puis vient l'acquisition de l'intelligence, et l'expulsion. Notons que les êtres humains sont punis et que leur punition consiste, entre autres, à cultiver la terre avec peine et à manger de « l'herbe des champs », c'est-à-dire des graminées donc des céréales[59].

Remarquons que la nocivité de la pensée qui discrimine est distinctement évoquée : cela n'est pas sans rappeler l'agriculture naturelle stricto sensu (que nous présentons p. 204). Surtout, on peut dire que l'attitude envers la connaissance est simpliste : l'ignorance, c'est le paradis, la connaissance, c'est la souffrance. Situons l'agroécologie par rapport à cela. Vouloir renoncer totalement aux connaissances, c'est un impossible retour en arrière. C'est la caricaturale critique envers l'agroécologie du retour à la bougie. S'en remettre totalement aux connaissances, c'est une fuite en avant, c'est le désir de maîtriser toujours plus à l'aide de la science et de la technique. L'agroécologie, c'est donc la voie du milieu : la connaissance est bienvenue, cependant elle est relativisée, elle est à sa juste place : le jardinier accepte de ne pas tout savoir, de ne pas tout contrôler. Il sait collaborer avec le scientifique sans renier sa qualité d'artisan de la Terre ! En même temps, il fait le juste effort pour s'assurer les récoltes, ni dilettante, ni masochiste. L'agroécologie, c'est le jardin d'Éden version 2.0 ! Soyons certains que si un jour l'Homme est fermement décidé à retrouver l'Arbre de vie, c'est au départ de ce jardin que les chances de succès de cette quête pourraient être les meilleures...

4 L'HARMONIE NATURELLE

Passons des écritures aux sensations. Certains arbres, certaines fleurs, certains paysages, nous semblent harmonieux. Le vol des oiseaux est harmonieux, et même le déplacement lent d'une limace ou d'un crapaud l'est. Comment expliquer l'existence de cette harmonie naturelle des formes et des mouvements ? Le rationaliste pourrait dire qu'elle n'est qu'un biais interprétatif de notre cerveau humain. L'harmonie est en tout cas un sentiment de perfection face à certains phé-

---

59 Il y a 2000 ans, les céréales étaient considérées comme le plus mauvais des aliments. Et aujourd'hui elles sont fêtées, alors que l'on sait les nombreuses intolérances digestives au gluten qu'elles engendrent. Cela devrait inciter à la réflexion...

nomènes. D'autres exemples communs d'harmonie sont l'enchaînement des feuilles ou des branches autour d'une tige, la formation des cristaux de glace, les alcôves d'un nid de guêpes...

Par certains procédés dits de cristallisation sensible ou cristallisation du chlorure de cuivre avec additif, il est possible de faire cristalliser dans une boîte de pétri des aliments réduits en poudre. Ehrenfried PFEIFFER, chimiste et agronome, est l'inventeur de la méthode sur la suggestion de Rudolf STEINER en 1925. Les aliments bio entraîneraient la formation de cristallisations harmonieuses, fractales plus précisément. Les aliments industriels entraîneraient au contraire des cristallisations aux formes chaotiques. Pourquoi ? Ce résultat (qui ne fait pas l'objet d'un consensus scientifique) reposerait sur la pensée que l'harmonie est non seulement une impression, mais aussi une caractéristique concrète des choses et des êtres. Elle se manifesterait quand l'essence des êtres et des choses est respectée, un non-respect entraînant au contraire des formes chaotiques.

D'un point de vue biologique, l'arrangement des organes de tout être vivant n'est pas dû au hasard. Il résulte de différents facteurs soumis aux mécanismes de l'évolution : l'efficacité énergétique, le potentiel de déplacement, le potentiel de communication. Un caractère qui n'est pas fonctionnel peut être létal, et donc la majorité des êtres vivants ont une apparence qui traduit la fonctionnalité (ces explications font consensus dans la communauté scientifique). L'harmonie serait donc liée à la fonctionnalité. En deçà des êtres vivants, les fractales sont des formes maintenant très bien étudiées par la physique des matériaux, et leur harmonie est rationnellement explicable. Au-delà des êtres vivants, la forme et l'étendue des écosystèmes et des paysages traduit aussi une certaine harmonie, car elles sont la synthèse des aptitudes adaptatives de chacune des espèces qui les composent.

Qu'est-ce donc qu'un jardin où l'on ressent de l'harmonie ? Est-ce un jardin aux formes carrées ou rondes ? Un jardin où les plantes sont exubérantes ? Un jardin où il semble ne pas y avoir de limites claires et nettes (entre les espaces cultivés, les chemins, les zones tampons), ou au contraire un jardin où chaque chose est à sa place, bien définie ? Un jardin harmonieux peut-il être ravagé par des nuisibles ? La certitude intellectuelle de savoir que l'on respecte les processus naturels suffit-elle pour créer un jardin harmonieux ? Est-il possible d'utiliser ce sentiment d'harmonie pour faire le choisir des techniques ? Cette dernière question est bien délicate devons-nous admettre.

Bref, l'harmonie est une notion et un sentiment que l'on pressent avoir sa place en agroécologie, même si l'on ne peut pas la pointer du doigt clairement. Cependant, si l'harmonie devait être exclue de l'imaginaire du jardinier agroécologiste, le jardinier devrait renoncer à l'espoir de réunir tous les éléments suivants :
- l'agriculture dans le respect des plantes, du sol et des animaux ;
- la sécurité alimentaire ;
- l'épanouissement personnel ;
- et le lien social authentique.

La recherche de l'harmonie dans la réunion de tous les aspects de la vie humaine n'est-elle pas aussi une forme de spiritualité ?

5 SPIRITUALITÉ ET AGRICULTURE CONVENTIONNELLE

L'agriculture conventionnelle, qui cherche sans cesse à augmenter sa production, son rendement, à diminuer sa main-d'œuvre, à modifier les plantes et les animaux, à augmenter sa financiarisation, peut-elle être spirituelle ? Spontanément on répond par la négative. Mais si on se tourne vers le passé, avant la seconde guerre mondiale, on sait bien qu'en France la religion a toujours été d'importance pour les pratiques agricoles. Les fêtes religieuses correspondent à des moments clés : premiers semis, récolte, milieu de l'hiver... Les champs, les fermes, les machines et les outils ont souvent reçu la bénédiction du prêtre local. Les agriculteurs faisaient partie d'une communauté religieuse ; les textes religieux s'interprétaient par rapport aux travaux des champs et des jardins, et inversement les travaux des champs et des jardins étaient inspirés par ces textes.

Avant-guerre, l'agriculture n'était certes pas encore productiviste. Puis vint la guerre, sa fin, et l'engouement pour le « progrès ». Dans le département de la Manche, l'agriculture productiviste est enseignée par un personnage énergique et charismatique : frère AMÉDÉE. De sa biographie *Avec ta vache tire ton char* nous tirons les informations qui suivent. De 1952 à 1986, frère AMÉDÉE consacre sa vie à chercher les nouvelles techniques agricoles de par le monde, et à les enseigner au centre de formation qu'il crée à l'abbaye de Montebourg. Il sait « dénicher » les techniques les plus intéressantes et les enseigner avec une grande pédagogie : le centre deviendra une référence nationale.

Frère AMÉDÉE fait un noviciat puis un scolasticat. Il devient frère (des écoles chrétiennes), puis ingénieur agricole. Il écrit sa thèse sur l'invasion des doryphores. Il a la passion d'enseigner, il a la passion de la vache, et il décide d'accomplir sa vie religieuse en liant ces passions. Il se voue donc à former les futurs vachers et agriculteurs du département. Sa vision est la suivante : enseigner aux jeunes gens les techniques les plus modernes afin qu'ils aient les meilleurs atouts pour mener une vie satisfaisante. Il fait avec ses élèves de nombreux voyages à l'étranger, car pour lui il est indispensable de s'ouvrir l'esprit, de voir le monde, de voir plus loin que le bout de la charrière (le chemin qui relie la ferme à la grand-route). Il insiste sur l'importance de la fraternité : c'est unis que les jeunes agriculteurs parviendront à se forger un avenir radieux, enseigne-t-il. L'agriculteur isolé est voué à la faillite. Durant les formations, il présente les machines et les techniques les plus modernes qu'il a découvertes au cours de ses voyages à travers le monde. Tous les mois, il prend l'avion pour rencontrer des éleveurs, des vétérinaires, des industriels.

C'est là que sa façon de faire converger agriculture et religion nous pose problème. Il se fait le promoteur de certaines marques, il vante les mérites de l'élevage hors-sol, il enseigne le bon usage des engrais et des concentrés alimentaires. Il enseigne comment produire toujours plus. Nous savons aujourd'hui où ce progrès a mené : certes plus personne n'a faim, mais le gaspillage alimentaire est effarant, l'emploi agricole est décimé et l'environnement dégradé.

Avant de poursuivre, présentons la spiritualité agricole de frère AMÉDÉE, ou plutôt la religion agricole telle que frère AMÉDÉE la conçoit. Pour lui la religion agricole est la croyance partagée dans le *progrès matériel, car ce progrès amène le progrès social et humain.* Ne nous leurrons pas : ceci est effectivement un des paradigmes sur lesquels repose notre mode de vie occidental. En agroécologie et en agriculture naturelle, il est question de spiritualité plutôt que de religion. La spiritualité agroécologiste se vit seul, quand on est dans le jardin, en contact avec la Nature, l'esprit libre, et qu'on vient à vivre l'union qui existe, qui a toujours existé, entre soi et la Nature. Cette expérience ne requiert aucune pratique collective supplémentaire[60]. Pour frère AMÉDÉE, d'après sa biographie, le seul acte spirituel d'union en agriculture est l'amour des animaux, le droit au bien-être qu'on leur reconnaît. Il vante les vachers du nord de l'Europe, qui déclenchent la descente de lait en faisant un bisou sur le museau de la vache, ou en la chatouillant ! Or dans ses enseignements, il recommande en même temps de faire « pisser le lait » aux vaches, c'est-à-dire de les nourrir autant qu'elles le peuvent pour produire un maximum de lait (soit qu'une vache fasse autant de lait qu'elle pisse). C'est donc un amour questionnable, contradictoire : est-ce vraiment un respect de l'animal ? De la religiosité de frère AMÉDÉE, l'agroécologie pourrait s'inspirer seulement de l'aspect fraternel. Car l'agroécologie est une agriculture jeune, et donc effectivement, pour mieux se faire reconnaître d'une part et pour peaufiner ses techniques d'autre part, les jardiniers pourraient se rencontrer régulièrement pour échanger sur leurs pratiques, leurs résultats, leurs émotions, bref pour partager, ce qui est le propre d'une fraternité.

---

60 Pour entrevoir ce dont il s'agit, lisez par exemple le chapitre Enveloppées de silence, du livre de Pierre RABHI, *Du Sahara aux Cévennes.* Le sous-chapitre suivant va livrera aussi des indices.

Poussons encore un peu cette réflexion sur la fraternité. Nous avons exposé durant tout le cours l'importance pour les jardiniers agroécologistes de ne pas se faire administrer ni de se faire imposer du matériel. Le désir de liberté est indissociable de l'agroécologie. Alors les jardiniers pourraient se rassembler, pour partager ainsi que nous l'avons décrit, et se nommer « franc-jardiniers », c'est-à-dire jardiniers libres : libres de l'administration, du machinisme agricole, de l'agrochimie, de l'industrie de la semence. Cela sans nécessairement reprendre l'organisation et les textes de l'ordre des franc-jardiniers, créé en écosse au XVIIIe siècle.

Revenons à frère Amédée. Pourquoi a-t-il agit ainsi ? Pourquoi a-t-il vu dans son engagement pour instaurer le productivisme une réalisation conforme à sa religion, quand on sait qu'aujourd'hui l'agriculture productiviste ne répond pas du tout aux invectives chrétiennes de respect de la création. Nous avons assisté en 2004 au colloque Écologie et Spiritualité, qui réunissait pendant deux jours des représentants de toutes les grandes religions. Tous s'accordaient sur la nécessité de respecter la Nature. Bref entre les années 1960 et aujourd'hui un virage à 180° s'est opéré, pour le catholicisme en tout cas. Savez-vous que pour faire du lait, il faut forcer les vaches à avoir des veaux sans interruption. Elles meurent après cinq ans d'un tel traitement, ou tout au moins elles terminent à la boucherie, car elles produisent moins de trente litres de lait par jour ou car elles sont trop souvent malades. C'est ce genre de technique que frère AMÉDÉE enseignait selon les raisons suivantes (supposées) :

- On peut penser qu'il ne voyait pas les possibles effets négatifs des techniques qu'il vantait, car il n'échappait pas au « rouleau compresseur » du progrès qui conformait les terres comme les esprits ;
- On peut penser qu'il en avait conscience, mais que cela lui importait peu. Car d'une part la religion chrétienne a longtemps prêché la domination de la Nature par l'Homme (ce qui a encouragé de nombreuses dérives morales et éthiques), et d'autre part car frère AMÉDÉE n'a pas aimé (ou pas compris) la naissance de l'écologie et de l'écologisme. Pour lui les écologistes ne voient que les petits oiseaux, la nature toute belle et gentille alors que la terre « réclame à l'Homme sa sueur et son labeur » ;
- Il fut peut-être instrumentalisé à son insu par l'administration et par l'industrie agrochimique et agromécanique ;
- Fabrice COAT évoque aussi une stratégie de l'Église catholique : au sortir de la guerre, de par la mécanisation croissante, l'augmentation de taille des fermes, et la baisse programmée de l'emploi agricole, les campagnes se vident de leurs habitants, et donc les écoles et les églises aussi. Le clergé désespère de ne plus avoir de communauté à guider. Il se résout alors à aider les futurs jeunes agriculteurs à mettre en place la modernité tant attendue. Il veut les aider à être les maîtres de leur avenir, ce qui passe par la maîtrise technique.

Effectivement, considérons un autre message que frère AMÉDÉE faisait passer aux jeunes : il leur recommandait d'avoir confiance en eux et en l'avenir, car leurs parents avaient bien réussi, en leur temps, et comme leurs parents les jeunes sauront s'adapter et être créatif. C'est la confiance en tant que dérivé de la foi (mais il omettait de leur dire que la baisse des emplois agricoles était programmée...)

Aujourd'hui la foi en l'agriculture, la confiance en les capacités d'adaptation de l'agriculture, ne doit-elle pas être relativisée ? Aujourd'hui, faut-il encore (et toujours) attendre de l'agriculture qu'elle s'adapte à tout, et en particulier à l'artificialisation constante des sols, aux lois du marché et de la finance, aux cotisations de solidarité et aux impôts disproportionnés, aux consommateurs qui chipotent ? Cette confiance est selon nous intenable. C'est trop demander à l'agriculture que de s'adapter aux moindres désirs et lubies de la société. Cela ne signifie pas que l'on n'a pas confiance dans l'agriculture : l'adaptation et la créativité que nous voulons promouvoir, par ce cours, est l'adaptation aux besoins du sol et des plantes, en faisant preuve de créativité dans la conception et le choix des techniques. En cela, l'agriculture peut et doit s'adapter, et en cela nous avons toute confiance. Mais l'agriculture devrait mieux afficher ses limites : elle devrait avec plus de force dire ce qu'il est possible de faire dans le respect du sol et des plantes, au lieu de chercher à faire plaisir aux financiers, aux politiciens et aux entreprises de travaux publiques qui construisent sans cesse lotissements et zones industrielles sur les meilleurs terres agricoles. Car si l'on conçoit l'agriculture en tant que spiritualité ou religion, cela implique d'avoir une certaine estime de soi, donc de ne pas renier son identité.

6 SÉCHERESSE DE L'ÂME ET POÉSIE

Comme le titre de ce cours l'indique, il est théorique : il sert à identifier des formes et des lignes fiables dans la pensée, et donc il adresse assez peu le monde fluide et évanescent des émotions. Pour le lecteur sensible aux mystères de la poésie, et qui aurait parcouru ce cours avec le secret espoir d'y trouver l'inspiration pour créer un jardin poétique, ce cours pourrait – jusqu'alors – ne pas être satisfaisant. Même les initiations spirituelles que l'agroécologie peut selon nous prodiguer doivent le laisser sur sa faim. Ce lecteur sensible trouverait satisfaction, par exemple, dans l'œuvre de Jorn DE PRÉCY : son jardin poétique, qu'il a créé à Greystone en Angleterre, ainsi que le livre *The Lost Garden* dans lequel il relate l'expérience d'une vie entière dédiée aux jardins mystérieux.

Le lecteur doit savoir que le jardin poétique, tel que défini par DE PRÉCY, est un jardin paysager. Il n'a pas vocation à nourrir mais à réjouir l'œil et le cœur. On peut donc penser que l'étude d'un tel jardin ne rentre pas dans le cadre de ce cours, mais, pour la satisfaction du lecteur rationnel comme du lecteur sensible, cette étude est nécessaire. D'une part, car malgré les différences d'objectifs il existe quand même des convergences techniques entre le jardin poétique et le jardin agroécologique. Et d'autre part, car une certaine conception poétique de la Nature peut, pour celui qui le souhaite, trouver sa place dans un jardin agroécologique.

Quelle est le message que DE PRÉCY a voulu transmettre à la postérité ? Eh bien, pour DE PRÉCY, le jardinage poétique démarre avec un espoir secret : celui du jardinier de parvenir à nouer un lien sincère et fondamental, dans son jardin, avec la Nature. Par là il faut bien entendre la Nature avec un grand N. De cet espoir, allié à des actions de jardinage tout à fait respectueuses de la Nature, peut émerger un sentiment d'union mystique, de renaissance perpétuelle, que le jardinier vivra au cours de silences complices et d'observations créatrices. Le jardinier doit désirer donner à la Nature toute sa place, doit désirer qu'elle soit fidèle à elle -même, tout en aménageant des allées, des points de vue, des coins et des recoins aux caractères remarquables (là une prairie sèche, là une autre humide, là un bosquet distinct, là un fourré sombre, par exemple). Si l'œuvre est bien réalisée, le jardin et le jardinier sembleront, pour le visiteur, être les protagonistes d'une sorte de poésie secrète, une poésie non pas écrite sur le papier, mais une poésie qui se vit, une « relation poétique » pourrait-on dire. Dans cette relation, *il semble que la Nature comme l'être humain se subliment, mais, paradoxalement, ils semblent demeurer très simples*[61].

Cette relation poétique est-elle exclusive aux jardins paysagers ? Pierre RABHI, qui est venu à l'agriculture par pragmatisme, avec le souci de se nourrir du travail de ses mains, en arrive aussi à la même expérience dans son jardin potager. Donc cette relation poétique doit pouvoir se vivre dans tout type de jardin. Et il semble qu'elle ne doive pas nécessairement occulter la relation pragmatique avec la Nature (c'est-à-dire le souci d'obtenir quelque récolte) : elle semble pouvoir prendre place à côté ou au travers des pratiques culturales.

C'est là qu'arrive la question de la compatibilité entre les deux conceptions (poétique et pragmatique) du jardin : car on pense spontanément qu'une conception poétique se passe de toute technique. Et on sait que le jardinage agroécologique est très technique. N'y a-t-il donc pas un risque de fourvoyer les techniques agroécologiques en cherchant à introduire de la poésie ? Et la différence au niveau des principes est tout aussi flagrante : si on peut dire que les principes du

---

61 Ce n'est pas DE PRÉCY qui écrit cela : c'est notre compréhension personnelle de l'expérience qu'il relate.

jardinage poétique sont « irrationnels », émotionnels, subtils, évanescents, on sait que les principes agroécologiques ont leur fondement dans les sciences naturelles et donc qu'ils sont à l'opposé du subjectif, qu'ils sont cartésiens. Un mélange des conceptions ne risque-t-il pas de produire un jardin fade et décevant, car sans identité bien définie (ni poétique, ni agroécologique) ? Gardons cette question en tête, nous y reviendrons.

Quelle est l'essence du message des deux jardinier-penseurs DE PRÉCY et RAHBI ? C'est, à notre avis, l'existence d'un certain mystère de la Nature. *Un mystère qui, si l'on en prend conscience, devient une voie pour transcender la condition humaine*. Ce mystère n'est donc pas celui des sciences naturelles[62]. Il semble être du domaine de la croyance, de la spiritualité. Là encore, cela ne semble pas très cartésien. Que le lecteur sensible comme le lecteur rationnel se rassurent : nous allons expliquer comment une synthèse est possible, sans qu'il faille renier ni l'un ni l'autre, et que le jardin qui en résulte soit satisfaisant.

Le lecteur aura compris que même si nous sommes rationnels, nous sommes aussi ouverts à la spiritualité. Cependant, nous avons une formation de scientifique, nous avons été « éduqués à la parcimonie » : on nous a appris que tout ce qui est superflu n'est pas seulement inutile, mais que c'est aussi une source de problème. Et donc que l'inutile doit être effacé. Effectivement, en laboratoire, on a tout intérêt à « faire place nette », d'où le blanc omniprésent, entre autres mesures. L'intellect a été l'alpha et l'oméga dans notre vie, et tout comme on peut dire d'un texte très rationnel qu'il est « sec », nous disons sans détour que notre âme est certainement aussi un peu « sèche ». L'empathie, les sentiments, les mystères et la poésie nous ont toujours été un peu étrangers, mais comme dit le proverbe, « il faut de tout pour faire un monde ». Pour nous, introduire le mystère dans notre jardin n'est pas évident. Mais c'est ce que nous voulons tenter. Dans notre jardin, nous avons choisi de donner sa place à la Nature, avec toute sa complexité et son imprévisibilité. Pour cela nous avons reboisé les haies, créé des zones-tampon, des mini-mares, des tas de bois, des talus... Ces actions sont indubitablement bonnes pour la Nature, mais deux années après, force est de constater qu'elles ne nous ont pas transformé en poète, et que le mystère reste toujours absent de notre jardin. Un ensemble de méthodes, même dont le but est de respecter la Vie, peut-il seulement générer de la poésie ?

Deux aspects viennent contrebalancer notre constat d'impuissance poétique. Tout d'abord, les caractéristiques de notre jardin ne peuvent être négligées : c'est un terrain tout à fait plat, rectangulaire, entourés de haies fines et tristes, battu par le vent, dont on peut embrasser tous les angles d'un seul regard. On y ressent aujourd'hui encore une impression de vide, ce qui n'est pas propice au mystère. Le jardin est bordé par un terrain de sports, par une route, par des maisons, et par un grand champ, à l'Ouest. Nous précisons grand, car il y a quelques années la haie qui délimitait deux parcelles fût arrachée... Nul mystère ni poésie n'émane de l'environnement du jardin, et donc ne peut s'insinuer en lui, à la différence d'un jardin qui serait bordé de champs bocagers, de forêt ou de prairie. Puis, il faut nous rappeler que la poésie provient non seulement du jardin, mais avant tout de l'âme du jardinier, de la sensibilité de son âme à ce que peut être la Nature dans son infinité, dans son invisibilité. En cela, nous pouvons certainement faire des progrès, car nous sommes ouverts à ces dimensions (d'ailleurs, chaque personne est unique, et saisit avec plus ou moins d'intensité, plus ou moins de diversité, cette Nature innommable. Il s'ensuit que le niveau de poésie, insufflé par chaque jardinier à son jardin, est aussi unique. Et ce niveau de poésie peut évoluer, car la sensibilité à la Nature n'est pas quelque chose d'inné : c'est quelque chose qui s'acquière et qui évolue, par le contact, par les réflexions, par les expériences).

Nous avons pris conscience que, depuis deux ans, nous avons eu une attitude dirigiste envers notre jardin : nous voulions le maîtriser totalement, nous voulions assigner à chaque mètre carré de terre une fonction et une forme. C'était une façon cohérente de procéder, étant donné notre

---

62 Par mystère de la nature, les sciences naturelles comprennent la limite des connaissances sur le fonctionnement de la matière, limite qui est en soi fort utile, car elle invite les scientifiques à toujours la repousser.

projet de jardin. Agir ainsi nous rassurait. Maintenant que cela est fait, nous ressentons deux choses. Que nous pouvons apprendre à « détacher notre volonté » de chaque mètre carré dûment maîtrisé. Car nous avons si bien établi notre cadre de travail, que nous pouvons certainement sans risque, par moments, suivre notre intuition. Et que nous pouvons laisser la Nature réinvestir ces espaces, tout en continuant bien sûr à appliquer nos techniques. Ce n'est pas un changement d'ordre concret que nous entamons, car nous ne changeons pas ces techniques. C'est plutôt une évolution de notre état d'esprit, une évolution qui semble naturelle, comme si l'intuition prenait légitimement sa place à côté de la rationalité. Cela ne nous apparaît pas comme une obligation, c'est plutôt un « pourquoi pas ? » C'est semblable à la pratique sportive : au début il faut accomplir consciemment chaque geste, et ce n'est qu'à partir du moment où ils sont devenus des réflexes, que l'on entre vraiment dans l' « esprit » du sport, que l'on arrive à certaines valeurs (volonté, fair-play, courage, force, beauté…)

Quand la poésie et le mystère s'installeront dans notre jardin, cela ne fera peut-être pas augmenter nos ventes. Mais l'argument suivant mettra d'accord le lecteur sensible et le lecteur rationnel : un peu de mystère ne devrait-il pas faire partie de tout jardin qui se veut avoir une identité et une harmonie ? Et in fine, c'est peut-être quand même positif pour les ventes : si les clients, en visitant le jardin, à la fois voient sa production, son organisation, et ressentent qu'il y a un petit quelque chose de plus, qu'ils ne sauraient pas bien définir, mais qui leur procure une sensation de poésie, cela ne pourra que renforcer à leurs yeux la valeur des récoltes du jardin…

Pour clore ce sous-chapitre, nous allons faire quelques citations choisies de DE PRÉCY, qui nous semblent à même d'insuffler ces sentiments de poésie et de mystère, pour les jardiniers qui se sentent ouverts à cette possibilité. Rappelons pour eux que la spiritualité est fille du mystère ! Mais, bien sûr, en agroécologie la poésie et le mystère sont des options.

Pourquoi Diable vouloir élucider les prodiges du monde végétal ? Quelle serait la Nature sans ses petits et grands secrets ? Le jardinier, lui, préfère cultiver le mystère de son lieu, et il le protège comme on fait avec un trésor, mais très précieux.

Non, je parle du véritable jardinier, celui qui œuvre avec la Nature et avec le génie du lieu, celui qui sans arrêt dans son travail joue avec le mystère du monde végétal. Je parle du jardinier poète.

La divinité du lieu est le genius loci[63], un dieu mineur garant de l'identité du lieu même, de sa singularité.

Quelle jolie image : un jardin barbare, indompté, un lieu où l'Homme peut cohabiter avec une Nature en liberté, renouer avec ses origines, retrouver le chemin du retour…

Cette présence qui œuvre dans le jardin avec le paysagiste, une fois que celui-ci a accepté de renoncer à une partie de son pouvoir. C'est, bien entendu, du genius loci des Romains dont il s'agit encore.

Citant un visiteur, Hermann Hesse :

« On m'avait raconté qu'au fur et à mesure qu'on pénètre dans ce merveilleux jardin que vous avez fait, monsieur DE PRÉCY, on oublie la réalité… Je comprends à présent, en respirant toute la beauté du lieu, en plongeant dans son mystère, pourquoi on ressent cela. Ici on voit que le monde est en train de dormir, et ce jardin en est peut-être le rêve. »

---

63 Le génie des lieux

Heureusement pour nous, la poésie n'est pas que de l'idéalisme : DE PRÉCY nous indique même certaines méthodes.

> *À quoi sert le jardinier dans un jardin sauvage ? Il est là uniquement pour réguler ce mouvement constant de la Vie, ses énergies. Semblable à un directeur d'orchestre, il dirige la musique secrète du jardin. Comment ? En arrachant les végétaux envahissants devenus dangereux pour leurs voisins, en dessinant des allées à l'aide d'une faux à travers les prairies fleuries, en plantant des végétaux horticoles qui se mélangeront avec les sauvages, en protégeant le silence et la paix dont tout beau lieu a besoin.*

Ne reconnaît-on pas la gestion raisonnée des adventices, le respect de l'herbe comme couverture des allées, la non-mécanisation ? Le rôle de régulateur convient de même au jardinier agroécologiste. Et DE PRÉCY de rejoindre FUKUOKA :

> *[Le jardinier] doit apprendre de temps en temps à poser ses outils ... il doit comprendre où il est, quelles sont les forces à l'œuvre dans son jardin. Parfois, ne rien faire est le meilleur choix ... il suffit d'un geste effectué au bon moment. Les sages taoïstes ne disaient pas autre chose lorsqu'ils prêchaient le wu-wei, le « non-agir ». Ne pas agir, cela veut dire ... ne pas s'engager dans des actions dont le but est d'obtenir plus que ce qui est offert par la vie. Ainsi, la seule règle du jardinage sauvage est : faîtes-en le moins possible, laissez à la Nature le gros du travail... Oui, dans mon jardin idéal, le jardinage est avant tout une œuvre du cœur et du regard.*

Le mystère, la poésie, l'harmonie, la spiritualité, l'action juste : que ce soit DE PRÉCY en 1912, FUKUOKA en 1970, RABHI en 2000, ces notions semblent ne pas pouvoir être dissociées du jardinage qui se veut respectueux de la Nature et de l'être humain. C'est donc un très noble défi que le jardinier agroécologiste peut relever : parvenir à faire vivre ces notions dans son jardin tout en obtenant des récoltes fiables.

7 SYNTHÈSE DES SPIRITUALITÉS AGRICOLES

Pour conclure ce chapitre, synthétisons les différentes spiritualités agricoles selon le niveau (personnel / groupe) où elles se déroulent et selon leurs objectifs :

Forme d'agriculture	Caractéristiques de l'expérience spirituelle
Agroécologie, agriculture naturelle	• Expérience intérieure, personnelle • Respect de la vie par des techniques judicieuses
Biodynamie	• Prise de conscience et mise en pratique de la science spirituelle, comme complémentaire de la science officielle • Respect de la vie par l'entremise de la mise en pratique de la science spirituelle
Agriculture religieuse selon frère Amédée	• Amour (sincère ?) des animaux, fraternité des agriculteurs et foi dans le progrès • Foi en l'Homme et en Dieu
Agriculture « originelle »	• Invocation des divinités agricoles, des « esprits » ou des ancêtres, seul ou en groupe • L'ensemble des pratiques culturales reproduit l'acte originel de création de la vie sur Terre

Tableau 12 : Expériences spirituelles possible selon la forme d'agriculture

SITUER L'AGROÉCOLOGIE DANS L'AGRICULTURE

Durant tout ce cours nous avons présenté ce qui définit l'agroécologie, ce qui lui est propre et qui la différencie des autres formes d'agriculture, en particulier de l'agriculture industrielle. La réalité n'est pas aussi nette, elle est nuancée. Il n'y a pas d'un côté une agriculture tout à fait tout manuelle et de l'autre côté une agriculture tout à fait industrielle. Par exemple, Jean-Pierre DARRÉ a clairement montré qu'il n'existe pas une mais plusieurs agricultures conventionnelles. Les degrés de mécanisation et d'industrialisation varient selon les exploitants, et on distingue donc au moins quatre formes d'agriculture conventionnelle :

1. Les exploitants qui suivent avec soin les recommandations des instituts techniques officiels ;
2. Les exploitants qui ont arrêté de suivre à la lettre ces recommandations (pour cause d'investissements trop importants ou par décision personnelle de ne pas toujours être à la pointe du progrès), mais qui les suivaient par le passé ;
3. Les exploitants pour qui ces recommandations ne sont pas utiles pour leurs cultures ou leurs clients ;
4. Les exploitants qui innovent sans se baser sur les recommandations officielles.

L'ensemble des techniques qu'un exploitant met en œuvre est appelé communément son « système de production ». Et les systèmes de production de ces différentes formes d'exploitation ont toujours quelques points communs, ce ne sont pas des systèmes totalement différents. Cela signifie que les systèmes de production peuvent recevoir s'influencer les uns et les autres, et ainsi évoluer.

Dans ce dernier chapitre, nous allons donc essayer de produire une image globale de l'agriculture, afin d'y situer l'agroécologie. En faisant cette réunion finale, c'est avec le double espoir que

- l'agroécologie puisse se répandre dans les autres systèmes de production par ses aspects qui lui sont les plus essentiels ;
- et dans l'autre sens que l'agroécologie puisse identifier certains éléments des autres systèmes qui sont compatibles avec ses objectifs, et les incorpore en les adaptant. La fidélité aux objectifs agroécologiques et la créativité sont les garanties pour que de telles incorporations ne deviennent pas des compromis qui rogneraient les objectifs (à l'instar de ce qui se produit avec l'agriculture biologique).

Ainsi on fait de l'agroécologie est un membre à part entière du monde de l'agriculture. C'est important, car si elle devait rester fermée sur elle-même ce serait dommage pour elle tout comme pour les autres formes d'agriculture.

On ne peut dissimuler un certain aspect paradoxal de notre projet de définir l'agroécologie de la façon la plus certaine possible. D'une part, la suite de ce chapitre montre que les délimitations entre les formes d'agriculture ne sont pas étanches ni rigides. D'autre part, tout au long de ce cours, nous montrons que les facettes de l'agroécologie sont nombreuses et débordent le seul cadre de la technique : l'agroécologie est reliée au monde, elle lui donne et elle reçoit de lui. Cela produit une définition relativiste de l'agroécologie. Au contraire, il est tout aussi important de vouloir donner une définition de l'agroécologie qui soit aussi peu dépendante que possible des autres facettes de la société, une définition qui se suffise à elle-même. La logique sous-jacente à une définition qui serait auto-suffisante est celle-ci : moins l'agroécologie dépendrait des autres facettes de la société, moins sa définition serait facile à influencer. Elle semblerait donc stable, solide, identitaire. Sur une identité solide, on peut construire un édifice pérenne. Une agriculture avec une identité solide peut servir de fondation à la société. Et une identité bien marquée est aussi un gage de valeur et de reconnaissance sociale. Aujourd'hui, on voit comment l'agriculteur conventionnel est dépendant des autres facettes de la société. Cette dépendance l'a fait passer du statut de créateur à celui de transformateur : il transforme le pétrole et l'acier en fruits, légumes, vaches et cochons. Mais l'agriculteur conventionnel n'est plus maître chez lui et la valeur des récoltes n'a jamais été aussi faible.

Il est donc important que le jardinier agroécologiste soit ouvert sur le monde, qu'il évolue en s'y adaptant comme en l'influençant, mais toujours dans la limite des objectifs agroécologiques, sans les compromettre aucunement. Le paradoxe de la double définition relativiste / stricte doit être utilisé comme un avantage.

1 PRÉCISIONS SUR LA NOMENCLATURE NATIONALE

En Allemagne, on ne parle pas d'agriculture biologique mais d'agriculture *écologique* (ökologische Landwirtschaft), c'est-à-dire une agriculture qui respecte l'écologie des plantes et du sol. Les mots diffèrent, mais les principes et les pratiques sont tout à fait identiques. Le logo européen de l'agriculture biologique est maintenant une feuille verte étoilée, qui succède au logo AB vert bien connu. Notons qu'en Allemagne à côté de ce logo est précisé « öko nach EG Verordnung », soit « bio selon la réglementation de la communauté européenne ». Car en Allemagne existent plusieurs labels bio privés, comparativement mieux connus de la population que ne le sont les labels bio privés en France.

Pourquoi appeler biologique ce qui de l'autre côté du Rhin est appelé écologique ? Le biologique français est plus proche du « organic food » anglo-saxon, et traduit la volonté de différencier les agricultures selon qu'elles utilisent des produits chimiques ou non. En Allemagne, la différenciation se fait par rapport au respect des processus écologiques naturels. Pourquoi cette différence de référentiel, car dans les faits, toutes les agricultures biologiques non alternatives ont les mêmes principes et les mêmes techniques (tout comme l'agriculture conventionnelle est aussi identique dans ses techniques et principes d'un pays à l'autre) ? C'est peut-être une question de sensibilité de la population. Les Français et les anglo-saxons sont peut-être plus sensibles que les Allemands aux effets potentiellement non contrôlables des pesticides. C'est peut-être aussi une question de culture. Rappelons-nous qu'en 1968, le mouvement social du même nom a eu beaucoup moins de suites en France qu'en Allemagne. L'écologie balbutiante, qui était associée à ce mouvement, a été comme lui vite oubliée par les Français. Ou bien y a-t-il une autre raison pour l'abandon populaire de l'écologie en France dans les années 1970-1990, tandis qu'en Allemagne toute un champ de pensée et de techniques prenait son essor à partir d'elle ? C'est donc peut-être une question d'éducation, résultant de choix politiques nationaux. Après la guerre, la France misait sur la chimie et sur le nucléaire, et donc formait beaucoup de jeunes gens pour ces domaines. Elle ne misait pas sur l'écologie, ce qui fait qu'en 1960 – 1970, la majorité de la population ignorait ce qu'est l'écologie.

Dans les années 1990, les techniques pour cultiver sans engrais de synthèse et sans pesticides étaient agronomiquement confirmées. De plus en plus d'agriculteurs les utilisaient. Il fallait donc trouver une dénomination pour en même temps regrouper toutes ces techniques et exprimer, auprès du consommateur français, la particularité des récoltes produites ainsi. L'expression d'agriculture écologique aurait soulevé trop d'incompréhension parmi les baby-boomers et les générations plus âgées de consommateurs. Pour la majorité des personnes de ces générations, l'écologie est un parti politique ! Utiliser biologique était donc vraisemblablement plus « parlant » pour les Français.

Pour ce qui est des points communs de l'AB des deux côtés du Rhin, on note une forte industrialisation ces dernières années :
- techniques : calibrage des fruits et légumes (hélas !), couverture du sol avec des bâches imperméables que l'on perce là où on veut planter, serres gigantesques, monocultures ;
- exportations : des cultures sous serre de Loire Atlantique vers l'Allemagne, et des choux allemands vers la France ;
- formes de vente : mise en place de filiales, de centrales d'achat, de lobbies ;

• produits raffinés dérivés : protéines de lait bio, amidon bio, sucre blanc bio, farine blanche bio.

En France comme en Allemagne, la bio généraliste (c'est-à-dire qui suit le cahier des charges du label européen) ne signifie plus local ni artisanal ni même saisonnier. Le calibrage et la fabrication de produits raffinés sont des non-sens qui sont en contradiction avec l'esprit originel de la bio. Cela annonce selon nous la fin du label bio à moyen terme (horizon 2020-2025).

2 ÉVITER DE MORALISER

Lorsqu'on se tourne vers les agricultures biologiques alternatives, c'est vraisemblablement parce que l'agriculture conventionnelle nous paraît être dans l'erreur : scandales alimentaires récurrents, produits uniformes, sans goût, manifestations d'éleveurs contraints à la ruine, profits scandaleux des grandes surfaces et des intermédiaires... On cherche donc quoi faire pour ne plus avoir à accepter tout cela.

« La bio, c'est bien, le chimique c'est l'œuvre de fainéants et de spéculateurs ! » Jean-Pierre DARRÉ nous a personnellement mis en garde contre de telles remarques *moralisatrices* à l'encontre des agriculteurs conventionnels. Si la mise en garde est limpide, il n'en demeure pas moins difficile d'identifier à partir de quand on a une attitude moralisatrice, car qu'entend-on par « morale » ? Eh bien, on est moralisateur dès qu'on se permet de juger qu'une certaine chose est bonne ou mauvaise. Mais une telle différenciation est toujours subjective. On peut en venir à être moralisateur si on trop subjectif, trop porté sur les émotions, et qu'on oublie de se référer à la réalité concrète. En parlant d'agriculture, on risque donc facilement d'être moralisateur quand on n'a pas soi-même une certaine expérience de pratique agricole et / ou qu'il nous manque la connaissance

• des forces syndicales en présence et des enjeux économiques qui tiraillent les agriculteurs conventionnels et l'agro-industrie (agrochimie, agroalimentaire, agrotextile) ;
• des moyens dont disposent les agriculteurs pour s'organiser par eux-mêmes afin de contrer ou de promouvoir certaines pratiques ou normes (groupe professionnel local) ;
• de la diversité des formes d'agriculture conventionnelles.

L'agriculture biologique, ainsi que toutes les agricultures biologiques alternatives, trouvent leurs plus fervents défenseurs non parmi la population rurale, mais parmi la population citadine. C'est cette population qui prône un « retour à la terre », sans pourtant avoir elle-même une connaissance de la vie à la campagne. Tout au plus elle se réfère aux récits des parents et grand-parents. C'est un étrange paradoxe, qui témoigne peut-être du fossé qui s'est créé entre l'agriculteur et le consommateur.

Nous-même faisons partie de cette population qui en a eu marre de la vie urbaine et du travail industriel, et qui a choisi d'aller à la campagne, après avoir acheté moult livres sur le jardinage bio et sur les philosophies d'une agriculture qui respecte la vie. Certes, on manque d'expérience et de connaissance de la vie campagnarde et surtout agricole, mais la motivation est là. Peut-on tout de même faire un travail de rédaction sur l'agriculture (c'est-à-dire ce présent cours) qui ne soit pas moralisateur ? Nous laissons le lecteur juger des thèses que nous avons soutenues, en particulier dans le sous-chapitre Établissement de l'agriculture conventionnelle p. 58. Pour ce qui du présent chapitre dévolu à l'identification de toutes les différentes formes d'agriculture, nous assumons clairement le fait que c'est un recueil d'opinions personnelles, basées sur des faits dont nous n'avons qu'une connaissance indirecte. Nous n'avons par exemple jamais travaillé dans une exploitation agricole ou dans une coopérative agricole. Notre seul lien légitime à l'agriculture est le fait d'avoir travaillé en laboratoire à tester les effets des pesticides sur les organismes non-cibles (plantes rudérales, arthropodes auxiliaires, microfaune du sol...) À défaut donc de référence à des situations réelles de terrain, nous essayons de nous baser sur des éléments de définitions proposés par des auteurs qui semblent être unanimement reconnus.

Toutefois, faut-il bannir complètement la moralisation ? D'une façon générale, pour un mouvement en cours de création, la contestation moralisatrice est indispensable. Elle constitue le cœur de ce qui est train de se créer. Mais par la suite, la contestation devrait se transformer en tolérance. In fine les acteurs de l'agroécologie devraient pouvoir dialoguer avec leurs « ennemis », les agriculteurs productivistes. Cela est indispensable, au risque de choquer certaines âmes citadines un peu bobos. Pourquoi ? En ville, si les conditions ne nous satisfont pas, il suffit de déménager. Mais quand on a des terres et une maison, on ne peut pas partir si facilement. On doit vivre avec les voisins, et on doit privilégier le dialogue. Partir ou simplement refuser tout dialogue, c'est trop facile comme attitude. En France, on sait tous que le droit à la liberté de pensée et à la liberté de conscience existe. Mais le droit à la liberté d'action existe aussi. La tolérance n'est pas qu'une question de mots, cela vaut aussi pour le plan concret. Tant que le voisin ne nous met pas en danger, ou tant que nous ne le mettons pas en danger, il faut tolérer les petites nuisances qui résultent de ses actions. La limite est quand il y a un risque, que le voisin veut nous faire accepter mais que nous ne voulons pas. Nous vivons *ensemble*. Imaginons deux jardiniers voisins, l'un agroécologiste, l'autre habitué de l'usage des pesticides. Si le jardinier agroécologiste arrive à produire de façon satisfaisante et fiable, qu'il montre sa récolte à son voisin. Inutile qu'il dise à son voisin que ce qu'il fait est mal, est dangereux... Le voisin verra bien par lui-même, et il fera un choix par lui-même. Qu'importe si le choix est rapide ou se produit après plusieurs années. Respectons chaque individu, en lui laissant soi-même définir le moment opportun pour changer. Charité bien ordonnée commence par soi-même : vous a-t-on forcé à vous intéresser à l'agroécologie ? N'oublions pas que les agriculteurs, historiquement, ont toujours fait évoluer leurs techniques. Si l'agroécologie les intéresse, ils sauront bien s'en inspirer.

3 L'AGRICULTURE DE PRÉCISION

C'est la forme de l'agriculture conventionnelle qui se présente comme le plus à la pointe de la technique et du rendement. Elle concerne les grandes cultures. En voici la définition selon l'INRA (site internet de l'INRA, 2013) :

> *L'agriculture de précision, par l'association de nouvelles technologies telles que la localisation géographique par satellite et la micro-informatique, offre la perspective de réellement* **prendre en compte dans les interventions culturales l'hétérogénéité au sein de chaque parcelle...**

Ces techniques se complètent de divers capteurs (à infrarouge, à micro-ondes, magnétiques) que l'on peut fixer sur les tracteurs ou sur les outils, pour mesurer l'utilisation des intrants par les plantes, le taux de couverture des parcelles, la croissance des plantes, la présence de plantes malades, la teneur en eau des plantes et du sol... Il s'agit de collecter un maximum d'informations géo-référencées, c'est-à-dire dont la localisation est précisément connue. Ainsi, des moissonneuses avec GPS peuvent enregistrer en temps réel le rendement lors de la récolte. Ces chiffres servent à établir des cartes de rendement. De ces cartes, on peut en déduire les besoins en intrants pour les cultures suivantes. Pesticides et engrais seront appliqués de façon automatique et optimale, selon la carte et selon les informations récoltées par les capteurs. In fine c'est l'auto-pilotage des engins de traitement et d'irrigation qui est visé (techniques visibles dans le film de science-fiction Interstellar de Christopher NOLAN).

Des recherches menées par l'INRA, le CEMAGREF et l'ITCF autour de ces technologies ont été présentées au cours d'une conférence-débat au Salon International du Machinisme Agricole en mars 1999. Les différentes interventions sont rassemblées dans le dossier « L'enjeu français de l'agriculture de précision ; hétérogénéité parcellaire et gestion des intrants » dont voici quelques extraits :

L'agriculture de précision, par l'association de nouvelles technologies telles que la localisation géographique par satellite et la micro-informatique, offre la perspective de réellement prendre en compte dans les interventions culturales l'hétérogénéité au sein de chaque parcelle.

En effet les caractéristiques des sols, la topographie, les attaques parasitaires, la présence de mauvaises herbes peuvent varier beaucoup sur un espace restreint. Connue depuis longtemps par les agriculteurs, la variabilité intraparcellaire était pourtant traitée de manière uniforme. L'agriculture de précision vise une gestion modulée des intrants (semences, eau d'irrigation, engrais, fongicides, herbicides, insecticides...) afin d'adapter aux caractéristiques hétérogènes d'une parcelle l'ensemble des travaux agricoles : travail du sol, semis, apports d'engrais, protection des cultures, irrigation... Elle est déjà pratiquée aux États-Unis, dans des conditions sensiblement différentes de celles que connaît l'Europe.

Le concept de l'agriculture de précision s'appuie au départ sur l'information totalement nouvelle des cartes de rendement fournies par les engins de récolte. Par exemple une moissonneuse-batteuse équipée de capteurs de rendement, liés à un positionnement par satellite (GPS), permet d'obtenir une cartographie du rendement d'une parcelle de blé. Celle-ci, associée à d'autres informations, permet à son tour de moduler les intrants. Afin d'être opérationnelles, ces techniques doivent être couplées à de nouveaux modèles agronomiques d'aide à la décision.

Avec l'appui de la recherche, l'agriculture de précision est susceptible d'optimiser les résultats agronomiques des productions végétales européennes tout en limitant leurs impacts sur l'environnement.

En résumé : En se basant sur les informations des cartographies de rendement des années précédentes, prendre en compte l'hétérogénéité spatiale pour piloter les opérations culturales suppose d'enchaîner :

1 – l'acquisition dans l'espace et dans le temps de données spécifiques d'une opération précise (cartographies des sols à échelle fixe, détection du taux de couverture par le couvert végétal, de l'indice foliaire ou du taux d'azote par cliché aérien ou donnée satellitaire),

2 – l'interprétation de ces données pour en déduire une prise de décision (modèles de simulation des cultures),

3 – la possibilité technique de moduler en conséquence l'apport des intrants dans la parcelle.

Les chercheurs de l'INRA apportent leur savoir-faire dans les deux premiers domaines. Ils travaillent à l'adaptation des capteurs ou des outils, tels que les techniques de cartographie et les dispositifs de télédétection. Ils capitalisent leurs connaissances agronomiques sur les modèles de simulation afin d'interpréter les informations recueillies et d'en déduire des règles de décision pour les opérations culturales

Le journal des jeunes agriculteurs apporte la définition suivante (extraits de JA Mag déc. 2012)

C'est quoi ?

« La bonne dose au bon endroit. » C'est le principe de base de l'agriculture de précision, qui consiste à s'adapter à la variabilité au sein de chaque parcelle. D'où un large panel de techniques qui s'appuie notamment sur la géolocalisation par satellite (GPS). C'est en 1985 que des chercheurs du Minnesota (États-Unis) ont commencé à expérimenter des apports localisés d'amendement calcique. Le GPS offre une précision d'1 à 15 m, un niveau insuffisant pour les agriculteurs. Ils peuvent donc faire appel à deux systèmes aug-

mentant la précision : GPS différentiel (dGPS, 5 ou 10 cm) ou RTK (Real time kinematic, jusqu'à 2 cm).

À quoi ça sert ?

Sur le papier, moduler les apports présente un triple intérêt : économique (réduire la facture des intrants), écologique (en limitant le lessivage par exemple) et agronomique (améliorer les rendements en répondant aux besoins de chaque plante). Concrètement, l'agriculteur peut adapter la dose suivant les caractéristiques de la parcelle, le rendement de l'année précédente (cartographie du rendement) ou en temps réel. Ces techniques permettent aussi une véritable chasse au gaspillage, en n'appliquant pas deux doses d'engrais, de semences ou de produits phytosanitaires au même endroit (coupure des tronçons automatique). Le guidage reste ce qui intéresse le plus les agriculteurs. « Quand on ne se soucie plus de conduire, on peut suivre en continu les réglages du matériel », explique Guillaume DEZÈS. Il réfléchit à ce type d'investissement pour ses 170 ha de cultures dans les Landes (maïs, légumes, semences). Le guidage permet notamment de diminuer le recouvrement entre chaque passage d'outil, obligatoire en manuel. « Avec une précision de 2 cm, je pourrais rapidement gagner 10 à 15 ha », espère-t-il. « C'est comme la climatisation ou les boîtes de vitesse automatiques, ajoute Arnaud TACHON. Quand tu y as goûté... » Le gain en confort de travail a conquis de nombreux agriculteurs. Dernier aspect, non négligeable pour ce maïsiculteur landais, le sentiment d'être « plus citoyen » : « Je ne mets plus d'engrais sur les bords de chemins. » Le potentiel de l'agriculture de précision est loin d'être épuisé. Elle pourrait permettre demain de lutter contre le tassement des sols. C'est ce qu'expérimente HORSCH en République tchèque. En faisant passer les roues toujours au même endroit, le constructeur allemand espère diviser la surface compactée par cinq. Prochaine étape : avec l'interconnexion entre matériels, on peut rêver à l'avenir à des outils uniques permettant de tout gérer sur l'exploitation, de la cartographie des sols à la fiche de paie.

Est-ce que c'est fait pour moi ?

Difficile de compter le nombre d'agriculteurs conquis. Selon le dernier recensement 2010 du ministère de l'Agriculture, 32 % des moyennes et grandes exploitations en grandes cultures utilisaient un « logiciel de gestion technique intégrant par exemple le GPS pour la pratique d'une agriculture de précision ». Les céréaliers sont les plus équipés. Mais « les éleveurs aussi peuvent y trouver un intérêt, estime Guillaume Dezès. Les presses sont désormais équipées de capteurs de rendement, ce qui permet de moduler les épandages de fumier. » Et les jeunes dans tout ça ? La nouvelle génération est familiarisée avec les nouvelles technologies. Mais d'après notre sondage, moins de 8 % d'entre eux classent le GPS et l'agriculture de précision parmi les « investissements prioritaires lors de l'installation ». En démarrage d'activité, d'autres achats plus importants passent devant.

Combien ça coûte ?

C'est la question qui fâche. « Les prix élevés freinent les investissements, regrette Guillaume DEZÈS. Les premiers prix sont à 3 ou 4000 €. Après, on passe vite à 15 000 €. » Tout dépend du but recherché. Il faut souvent acheter une balise RTK (ou payer un abonnement), un récepteur satellite à placer sur le tracteur et un boîtier de remplacement de la direction. Sans compter le matériel compatible (épandeur à engrais, semoir ou pulvérisateur).

Comment se situe l'agroécologie par rapport à cette forme d'agriculture ? Dans l'agriculture de précision règne le triptyque Machine – Nature – Homme. L'Homme connaît la Nature par l'intermédiaire de ses machines : fertilité du sol, teneur en humus, réserve minérale, réserve d'eau et aussi indicateurs chimiques de la valeur de la récolte déterminés en laboratoire par des techniques particulièrement sophistiquées. Avec une légère ironie, on peut visualiser que l'agriculteur de pré-

cision ne demande pas à son miroir qui est le plus beau. Il demande plutôt à sa machine
« Machine, machine, dis-moi qui a la meilleure exploitation ? » Dans l'agroécologie au contraire,
il n'y a que le couple Homme-Nature, et c'est simplement l'Homme qui avec ses sens développés
(cf. L'épanouissement personnel p. 159) et ses connaissances en écologie et en biologie, interroge
la Nature. La complication n'est pas au niveau technique, mais au niveau des connaissances et de
la sensibilité, tandis qu'en agriculture de précision, ces aptitudes paraissent totalement superflues
pour l'agriculteur. C'est une mise en pratique de la pensée industrielle[64] et l'agroécologie veut
clairement s'en éloigner.

4 L'AGRICULTURE ÉCOLOGIQUEMENT INTENSIVE

C'est la forme d'agriculture promue par le ministère de l'agriculture, de l'agroalimentaire et de
la forêt suite au grenelle de l'environnement. À notre connaissance, elle concerne les grandes
cultures. La campagne de promotion s'intitule « Produisons autrement », et elle est présentée
entre autre dans le document *Dix clés pour comprendre l'agroécologie*, 2014.

Cette agriculture écologiquement intensive (ou AEI) a pour objectif la « double performance
économique et environnementale », ce qui concrètement dans une exploitation doit se traduire par
la diversification des productions, l'augmentation de l'autonomie, l'économie d'énergie et d'intrants. Ceci est rendu possible grâce aux « facteurs naturels de production » (gestion écologique
des parasites, des adventices, de la fertilité, de la ressource en eau) qui doivent être partie intégrante de l'organisation de l'exploitation. On utilise ainsi le semis direct, le non-labour, les
cultures de couvertures, on laisse en surface les restes de culture, qu'on enfouira superficiellement. Les machines s'équipent de pneus énormes à basse pression.

Les détails techniques et sociaux de l'AEI sont présentés sur le site de l'association pionnière
www.aei-asso.org, ainsi que sur le site web de la coopérative TERRENA. La particularité de
cette coopérative est de combiner AEI et économie circulaire (d'après L'expansion, n°789,
novembre 2013, p. 72-74).

Il est important de noter que l'initiative individuelle et la créativité des agriculteurs est mise au
premier plan. L'association montre de nombreux témoignages d'agriculteurs qui économisent en
carburant, en engrais, en pesticides, en antibiotiques, en inventant des techniques et en pensant
mieux l'organisation de leur exploitation.

Selon le centre d'étude et de prospective du ministère (analyses n°59, 60 et 63), cette agriculture doit faire face à certains défis si elle veut se démocratiser. Notamment lever le blocage de
certaines filières agricoles et même de certaines régions pour cause de cycles d'endettement
empêchant l'achat du matériel adéquat. À cela s'ajoute les débouchés des produits à ce jour
encore incertains. En effet, il faut comprendre que l'AEI sélectionne les variétés qui sont les plus
adaptées au double objectif, et donc que les légumes et les fruits ainsi produits sont plus variables
que ceux issus des filières conventionnelles. L'objectif environnement implique aussi d'utiliser
certaines techniques plus onéreuses (par exemple l'élevage de porc sur litière). Cette variabilité et
ce surcoût n'est à priori pas adapté aux cahiers des charges de nombreuses coopératives ainsi que
de la grande distribution, qui devraient alors faire évoluer leurs pratiques à plusieurs niveaux
(collecte, stockage, transport, vente).

On peut dire que l'AEI est de l'AB sauf que le recours aux pesticides et l'utilisation d'OGM
est possible. Ainsi Louis-Marie HOUDEBINE, de l'association française pour l'information scientifique, pense que les OGM peuvent tout à fait être intégrés à des pratiques culturales innovantes
respectueuses de l'environnement (et qu'elles ne sont pas l'apanage d'une agriculture dont le
paradigme de pensée est né après-guerre). L'AEI est plutôt une évolution de l'agriculture conventionnelle : elle maintient une position de fournisseur de l'industrie agroalimentaire, l'objectif

---

64 Nous détaillons notre conception de la pensée industrielle dans notre livre Où va le monde.

d'exportation des récoltes sur le marché mondial est maintenu, et le schéma diffusionniste des connaissances, malgré l'affiche des agriculteurs créatifs est aussi maintenu. En effet, on peut lire dans l'Analyse n°63 la question « La recherche sera-t-elle capable de mettre au point pour l'agroécologie des formules générales d'action et un machinisme comme elle a pu le faire pour l'agriculture intensive ? ». Il y a donc dans l'AEI une certaine orchestration par le haut qui est souhaitée.

Il faut noter que le ministère assimile souvent agroécologie et AEI : le citoyen doit être informé de ce manque de précision. L'AEI n'est pas une agriculture artisanale, tout au contraire.

Nous avons aussi remarqué que dans les textes présentant le projet de l'AEI, le critère de qualité des produits n'apparaît pas. Hormis la protection de l'environnement, ce critère ne semble pas devoir influencer le choix des pratiques culturales. C'est très regrettable. Aussi, il semble que l'AEI soit conçue pour être gouvernée non seulement dans ses aspects techniques, mais aussi dans ses aspects sociaux : le ministère prévoit la création des GIEE, des Groupements d'Intérêts Écologiques et Économiques, pour encadrer le déploiement national de l'AEI. Enfin, notons aussi le désir d'une gouvernance du territoire (au sens spatial) : l'Analyse n°59 présente les nécessités de coordonner les exploitations à l'échelle des bassins versants et des paysages. Sous toute cette gouvernance, que reste-t-il comme initiative à l'agriculteur ? Vraisemblablement très peu : c'est le schéma diffusionniste dans toute sa splendeur ! L'AEI comporte dès sa conceptions des contradictions. Voici les quatre lignes directrices du rapport que le ministre de l'agriculture Mr. LE FOLL avait demandé à Mme GUILLOU pour promouvoir l'AEI (extrait de la note résumée par agreenium, cf. bibliographie) :

- Sortir du dilemme, encouragement à la production agricole d'un côté, contraintes environnementales de l'autre, pour concevoir et mettre en œuvre des systèmes de production à la fois compétitifs et durables,
- Capitaliser les démarches de pionniers en France et à l'international, et en tirer des enseignements sur les méthodes collectives d'innovation des groupes d'agriculteurs,
- Inciter plutôt que contraindre, car pour favoriser les démarches et pratiques innovantes, il faut éviter la sur-réglementation qui ne laisse plus de marge de manœuvre,
- Permettre une diversité de systèmes adaptés aux conditions locales, du milieu et de l'organisation des acteurs, et pour cela remettre au centre les groupes d'agriculteurs, leurs projets et leurs démarches agronomiques.

Malgré ces lignes directrices louables, il faut dire clairement que l'AEI est encadrée de très près par l'État, et en particulier par les « têtes pensantes » du centre d'étude et de prospective (CEP) du ministère de l'agriculture. La deuxième ligne directrice pose question : à quoi serviraient de telles connaissances, sinon pour contrôler les possibilités qu'ont les agriculteurs d'innover par eux-mêmes ? On peut s'attendre à des discours de propagande. En plus, par définition, ces têtes pensantes du CEP n'ont aucune expérience personnelle du métier d'agriculteur, et se reproduira la si commune et si regrettable situation (typique de la France ?) où un expert émet des directives et des normes sans tenir compte de la diversité du terrain. Pour l'agroécologie telle que nous l'entendons, et pour toutes les agricultures alternatives, il est important d'éviter la mainmise d'experts sur la créativité des agriculteurs : c'est la porte ouverte à la perte d'identité, telle que cela est arrivé à l'AB qui s'est laissée normaliser et industrialiser. Le CEP n'est pas neutre, il est au service de l'industrie agro-alimentaire.

Mettons à part les visées politico-industrielles. On pourrait arguer qu'une gestion à l'échelle des bassins versants est logiquement fondée, car en fonction de la nature des sols et de leur pente, on doit adapter les cultures. Certes, mais cela est une évidence. Et après avoir lu ce cours on aura compris que s'adapter aux conditions locales est une règle d'or de l'agroécologie. Une telle gestion est donc superflue.

Dans l'ensemble, peut-on dire qu'il serait souhaitable que l'AEI se démocratise ? Certes, elle constitue une évolution de l'agriculture conventionnelle vers une meilleure gestion de la fertilité des sols. Mais pourquoi vouloir développer une agriculture qui est aujourd'hui à mi-chemin entre l'agriculture conventionnelle et l'AB ? Pourquoi ne pas plus simplement poursuivre la démocratisation de l'AB ? Est-ce trop difficile ? Cette agriculture n'est-elle pas le symptôme du manque d'ambition politique en matière d'agriculture durable ? Ou est-elle une regrettable tentative de « green-washing » (c'est-à-dire de donner une image de responsabilité écologique) comme on en a désormais l'habitude dans tant d'autres domaines ?

5 L'AGRICULTURE CONVENTIONNELLE

Nous avons déjà argumenté (cf. Établissement de l'agriculture conventionnelle p. 58) notre point de vue sur l'origine du paradigme de pensée qui sous-tend l'agriculture conventionnelle. Nous allons ici nous consacrer aux enjeux actuels qui animent cette agriculture.

Le premier enjeu est d'augmenter le rendement par hectare. Cela serait indispensable, d'après les portes-parole de l'agriculture conventionnelle ainsi que de l'agriculture de précision et de l'AEI. Pourquoi ? Car ce serait la réponse adaptée à l'augmentation de la population mondiale, à la diminution des terres arables (pour cause d'artificialisation des sols et de changements climatiques) et au changement de régime alimentaire de la majorité des terriens vers plus de viande. L'AEI revendique de pouvoir adresser cet objectif tout préservant la fertilité des sols : c'est tout à son honneur (mais restons sceptiques, ne lui donnons pas aveuglément notre confiance, car il peut ne s'agir là que de belles paroles).

En France en tout cas, effectivement les terres arables disparaissent sous le béton des lotissements. Il y a une demande de logement, mais c'est aussi parce que nombre d'agriculteurs empochent de considérables sommes d'argent en vendant les terres proches des villes. Par là même, ils montrent aussi le peu de souci qu'ils ont pour les futurs agriculteurs. Nous aimons notre jardin, et si nous devions le vendre pour qu'il soit transformé en parking, ce serait la mort dans l'âme. Cependant, ne généralisons pas : il est vraisemblable que beaucoup d'agriculteurs vendent la mort dans l'âme, d'une part à cause de la disparition de la terre fertile (résultat des décennies de travail), d'autre part par l'absence de jeune pour reprendre la suite.

Cet enjeu est soutenu par celui, plus ancien, de « nourrir les gens », qui vaut pour toute forme d'agriculture. L'agroécologie n'y échappe pas : Olivier DE SCHÜTTER pense que l'agroécologie peut nourrir l'humanité, et nous aussi nous le pensons. Remarquons quand même que cet enjeu est parfois utilisé avec un certain sous-entendu de mauvaise foi : Sous prétexte que les gens doivent manger, l'important est qu'ils aient quelque chose dans l'assiette, et la qualité de ce quelque chose serait tout à fait secondaire. Pas de ça en agroécologie ! La qualité est aussi importante que la quantité.

Certes la population augmente, certes la SAU (la surface agricole utile) diminue. L'équivalence entre cette diminution et l'obligation d'augmenter le rendement est-elle pour autant fondée ? La diminution de la SAU se produit parce que nos élus privilégient l'artificialisation (le bétonnage) à l'agriculture. Construire des lotissements, des zones industrielles et des routes leur paraît plus important que de maintenir des emplois locaux agricoles. C'est un cercle tout à fait vicieux : d'une part l'administration a orchestré la diminution drastique de la population agricole, d'autre part elle décide maintenant que l'agriculture doit laisser la place à l'industrie (alors que celle-ci ne crée plus d'emplois), et enfin l'agriculture est insidieusement poussée à augmenter ses rendements. Ce n'est donc que parce qu'il y a une certaine hypocrisie politique que l'équivalence paraît fondée. Le choix de privilégier les routes et l'artificialisation des sols n'est pas une fatalité : si volonté il y avait, il pourrait être reconsidéré. Par là, on voit comment grandes sont les forces agissant pour réduire l'agriculture.

C'est bien sûr toute l'agriculture qui souffre de cet enjeu. L'agroécologie a peut-être plus d'arguments que l'agriculture conventionnelle pour convaincre les élus, car elle prône des circuits courts, donc des emplois locaux. Ce n'est pas négligeable, étant donné le chômage de masse auquel notre pays est confronté depuis presque trente ans. Mais cela ne suffit pas en général (du moins pas encore) pour faire pencher la balance en sa faveur. Aujourd'hui démarrer un jardin agroécologique en périphérie de ville ou de village comporte le risque de se faire exproprier pour diverses raisons. Faut-il que l'histoire des maraîchers de Paris se répète[65] ?

Le second enjeu est celui de la rentabilité financière des grandes cultures (maïs, blé, riz, pomme de terre, betterave à sucre...) Les récoltes de ces cultures sont maintenant des valeurs boursières. Leur valeur n'est pas décidée par l'agriculteur ni par les acheteurs (selon une vision romantique de la bourse), mais par les spéculateurs. Assis toute la journée devant leurs écrans, ils parient sur les valeurs qui vont monter comme sur celles qui vont baisser. Qu'une valeur soit constante ne les intéresse pas. Au contraire la constance ne peut que gêner les déplacements des fonds monétaires. Les récoltes conviennent donc parfaitement pour le spéculateur, car elles varient naturellement d'une année à l'autre. Mais le spéculateur veillera à ce que les récoltes ne soient pas élevées plus de deux ou trois années consécutives. Si cela doit se produire, il préférera que les récoltes soient détruites. Et effectivement, cela se produit bel et bien régulièrement, sous couvert de telle ou telle maladie. Cela n'est pas dû au hasard de la biologie ni des conjonctures économiques : c'est la conséquence d'un mouvement initié par les plus grandes agences de spéculateurs boursiers. Il n'est donc pas de l'intérêt du spéculateur que l'agriculteur ait un revenu régulier. C'est un mécanisme cynique, c'est la nature humaine. Heureusement, l'agroécologie ne peut pas en théorie être attaquée par ce genre de « requin ».

6 L'AGRICULTURE NATURELLE

Masanobu FUKUOKA († 2008), scientifique japonais spécialisé en pathologie du végétal puis agriculteur autodidacte, est l'inventeur dans les années 1960 de l'agriculture naturelle. Pour transmettre ses observations, ses réflexions et ses techniques, en plus d'avoir accueilli des stagiaires il a écrit deux ouvrages essentiels : « La révolution d'un brin de paille : une introduction à l'agriculture sauvage » et « L'agriculture naturelle : théorie et pratique pour une philosophie verte ». La pensée de FUKUOKA est aussi à la base de la permaculture (cf. sous-chapitre suivant).

Voici comment nous comprenons l'agriculture naturelle. FUKUOKA invite en premier lieu à percevoir ce qu'est une plante naturelle : sa forme, son rythme et son cycle de vie, ses conditions de vie, lorsque l'être humain n'intervient pas. Il s'agit ensuite de cultiver les plantes d'une façon qui se rapproche le plus possible de ce que la Nature fait elle-même. L'être humain ne devrait plus avoir qu'à semer et récolter, toute intervention directe sur les plantes est inutile (ce qui inclut la taille des arbres fruitiers) et le travail du sol ne sert à rien.

Pour préparer un terrain, FUKUOKA nous invite ensuite à utiliser la végétation locale dominante pour créer un sol naturel. Il la coupe et il l'étale simplement sur le sol, tel les feuilles qui tombent au sol à la fin de la vie d'une plante et en automne. Nous savons que l'apport de matière organique pour former de l'humus est indispensable : la fertilité du sol en dépend. Selon FUKUOKA, la productivité d'une forêt naturelle en bonne santé est d'environ 40 tonnes par hectare de matière fraîche. Il ne s'agit pas de prendre cette valeur comme objectif de production (même s'il est facile de l'atteindre avec certains légumes tels que les pommes de terre, les betteraves, les radis noirs...) Cette valeur indique ce que peut être la fertilité maximale et durable d'un sol si celui-ci est géré par un ensemble de pratiques qui reproduisent les processus naturels de retour de matière organique. Donc d'une part la façon dont s'opère le retour de matière organique est importante, et d'autre part l'origine de cette matière est importante. Utiliser la matière locale ne bouleverse pas

---

65 Ils furent expulsés sans ménagements, repoussés toujours plus loin pour que la ville puisse s'agrandir.

la biodiversité de la faune du sol. En effet, celle-ci est déjà habituée à la litière que cette végétation produit. Donc la formation d'humus est plus rapide en utilisant la matière organique locale. L'agroécologie s'inspire directement de ces considérations.

FUKUOKA se demande si l'être humain peut comprendre complètement les processus naturels menant à la fertilité du sol. La réponse qu'il apporte est surprenante. Après avoir travaillé jusqu'à l'épuisement total dans un laboratoire de physiopathologie du riz, il fit un séjour en hôpital pour se rétablir. À l'hôpital il vit un jour, depuis son lit, un héron traverser le ciel. Et il comprit, subitement, qu'il ne savait rien. Que son expérience de scientifique ne valait rien pour connaître la vraie nature des êtres vivants. Suite à cette réalisation, il est convaincu que la meilleure façon de se rapprocher des processus naturels du sol et des plantes est non pas de procéder de façon scientifique, mais au contraire de s'éloigner autant que possible de la science ! FUKUOKA insiste sur la nécessité de comprendre ce qu'est la pensée discriminante, caractéristique centrale de la science selon lui. La pensée discriminante intervient lorsqu'il faut analyser des phénomènes compliqués ou complexes, dont les structures et les fonctions ne se laissent pas comprendre aisément. Bien souvent les phénomènes tels qu'il se présente à nous par nos cinq sens, par exemple un arbre ou un rocher ou un nuage... sont bien plus compliqués qu'on ne le suppose spontanément. Pour les comprendre, les scientifiques font d'abord des réductions : ils divisent intellectuellement le phénomène en sous-phénomènes qui eux sont relativement simples à expliquer. C'est la méthode réductionniste. On divise, on isole, on sépare tous les aspects pour se rendre le travail d'analyse plus facile. Pour des phénomènes vastes et complexes, tels que le sol ou les plantes, le nombre de sous-divisions qu'il est possible de faire est immense. On va donc sélectionner certaines sous-divisions, celles qui semblent les plus importantes, et on va laisser les autres de côté. FUKUOKA nous indique que cette discrimination fait perdre de vue le phénomène initial tel qu'on peut l'appréhender avec nos cinq sens, qu'ainsi on ne peut pas accéder à une connaissance complète. Après son « illumination » à l'hôpital, savoir est devenu pour lui connaître un phénomène dans son entier. Si on divise, alors on ne sait rien. C'est uniquement quand on « sait » ce que sont le sol ou les plantes qu'on est en mesure de les guider sans leur nuire, et donc de leur faire produire une récolte qui sera aussi nourrissante qu'un fruit sauvage (cf. les découvertes de François COUPLAN), tout en étant plus abondante bien sûr. FUKUOKA n'est pas le seul à adopter cette attitude : c'est en fait assez courant dans de nombreuses spiritualités, notamment le bouddhisme (que FUKUOKA pratiquait). Ainsi par exemple PLOTIN écrivait-il dans la 6e ennéade : « Quand l'âme acquiert une connaissance scientifique quelconque, elle se retire de l'unité et cesse d'être une ». La pensée discriminante isole aussi l'Homme de la Nature (intellectuellement bien sûr mais aussi physiquement avec les techniques et les outils).

L'agroécologie repose sur des connaissances écologiques et biologiques. Faisons-nous alors une erreur qui nous empêcherait de « saisir » la vraie nature du sol et des plantes ? Erreur qui nous empêcherait donc de mettre au point des techniques qui les respectent au plus près de leur identité ? Soyons clairs : l'agroécologie n'a pas prétention à connaître la vraie nature, ou la nature ultime, du sol et des plantes. L'agriculture naturelle est fortement spirituelle et l'agroécologie ne la suit pas dans cette direction.

Ne jetons pas complètement la mise en garde de FUKUOKA. Considérons-la de façon pragmatique, en ôtant juste l'objectif, plutôt spirituel, d'atteindre la nature ultime du sol et des plantes. Faisons l'expérience d'un glissement vers la pensée discriminante. En effet, on glisse facilement vers la pensée discriminante et, à moins d'y prendre garde, on peut effectivement perdre de vue l'image globale du phénomène en question. Voici le raisonnement : On sait que pailler le sol participe à la structuration du sol (acquisition d'une structure grumeleuse idéale pour la croissance racinaire, qui résulte de la formation d'humus). Les engrais verts permettent d'enrichir le sol en minéraux et en matière organique. Les plantes couvre-sol[66] servent à maîtriser les adventices. Les

---

66 Nous n'avons pas abordé cette technique, qui consiste à semer entre les rangs de cultures des plantes basses dont la fonction est

plantes compagnes servent à augmenter la santé des cultures. Le compost permet un apport direct d'humus.

Ces considérations sont relativement simples, évidentes presque, mais voilà, on est tombé dans la pensée discriminante. Car on a séparé les uns des autres tous ces processus. Par réflexe on a divisé, délimité, isolé, en pensée, des processus naturels qui dans la Nature se produisent tous simultanément, forment un tout inséparable. En agroécologie on veut faire preuve de parcimonie. Bien souvent quand on divise les phénomènes, quand on les sépare les uns des autres, on aboutit à une multitude de techniques : telle technique pour remplir telle fonction, telle technique pour telle autre fonction, telle technique à telle date, telle technique pour telle culture... Si on peut utiliser une technique qui est multifonctionnelle, il faut l'utiliser car c'est parcimonieux (simple, efficace et élégant). Et pour concevoir une telle technique, il faut avoir bien en vue l'image globale du sol, des plantes et du jardin.

Il nous semble que FUKUOKA est extrémiste dans le sens où il considère que les connaissances scientifiques sont tout à fait inutiles. L'agroécologie ne le suit pas : elle prône plus une voie médiane. Il est bon pour le jardinier agroécologiste de savoir quels sont les différents processus biologiques et écologiques qui ont lieu dans son jardin. Et ces connaissances précises n'impliquent pas nécessairement d'assigner à une tâche de jardinage une seule fonction. Prenons le cas des processus naturels qui améliorent la fertilité du sol. Ils peuvent être réunis dans une ou deux actions de jardinage seulement. Par exemple, en travaillant uniquement des sillons de 20 à 30 cm de large, intercalés de 20 à 30 cm de paillage régulièrement renouvelé et où croissent des adventices, n'obtient-on pas d'un seul coup toutes les fonctions de protection contre la surchauffe, de stimulation de la vie du sol, de gestion de l'eau et de la formation d'humus ? On peut aussi laisser pousser les adventices qui ne gênent pas les cultures. Si on fait cela, on pourrait repérer celles qui semblent conforter la croissance des cultures, c'est-à-dire qui agissent à la manière d'une plante compagne. Certes, nous restons dans la pensée rationnelle, mais ne prenons toujours soin de relier les parties au tout. En agriculture conventionnelle au contraire on a perdu la vision du tout et on a sur-simplifié les parties (le sol, les plantes, l'eau, la fertilité).

FUKUOKA sous-entend que l'empirisme (c'est-à-dire les connaissances acquises suite à la méthode d'essai-erreur, couplée à l'observation et à la tradition) et la pensée non-discriminante suffisent pour réaliser une agriculture durable et fiable. Une agriculture qui certes, précise-t-il, permet seulement de satisfaire les besoins de l'être humain. Ainsi il est tout à fait impossible de faire des fruits et légumes hors-saison ou exotiques avec les principes de l'agriculture naturelle. Ses résultats furent confirmés scientifiquement : les rendements de ses cultures dépassaient ceux de l'agriculture conventionnelle. Mais bien sûr ses méthodes ne furent pas enseignées à grande échelle ; elles sont plutôt anecdotiques dans l'histoire moderne de l'agriculture japonaise.

En lisant FUKUOKA, on cherche bien sûr à comprendre cet instant de révélation qu'il a eu dans sa chambre d'hôpital, qui l'a mené à une perception unique, holiste, de la Nature. Étant bouddhiste, FUKUOKA donne d'une part des explications logiques, il explique le rôle de la pensée discriminante pour la science et les limites de cette pensée. Mais d'autre part, cette révélation est une expérience qui se vit au-delà des mots et même des émotions. Pour l'individu occidental et rationaliste, ce genre d'expérience est inhabituel. Nous nous en sommes fait une représentation mentale : c'est percevoir tous les « courants de force » qui traversent la Nature (voici pour les mots, encore faut-il ensuite visualiser et plus encore parvenir à ressentir ces courants). L'eau qui s'écoule et le vent qui souffle sont des courants naturels évidents. La croissance et la mort des végétaux et des animaux peuvent aussi être conçues comme des courants biologiques, mais dont l'échelle de temps et d'espace nous serait difficile à percevoir. L'être humain ne doit pas détruire ces courants : il devrait au contraire les utiliser subtilement pour faire croître les plantes qu'il

---

de couvrir le sol, donc de l'ombrer pour éviter qu'il ne surchauffe et aussi pour que les mauvaises herbes ne poussent trop vigoureusement. Par exemple en Basse-Normandie certains agriculteurs sèment de l'herbe entre les rangs de maïs, qui est à maturité quand le maïs est bon pour la récolte. Cela évite l'érosion et facilite le passage des tracteurs pour récolter.

veut consommer. Pour imager encore un peu plus, nous avons donné à cet ensemble de multiples courants de croissance et de mort le nom de « dragon vert » (inspiré par les croyances traditionnelles des Japonais en l'existence d'esprits de la Nature). Il s'agirait alors non pas de devenir le compagnon de ce dragon ni de le chevaucher, mais plutôt de l'attirer dans le jardin pour profiter de la dynamique des remous qu'il engendre lors de son passage ! Cette pseudo-théorie a quelque pouvoir explicatif : une tâche de jardinage qui est un pur acte de force (retourner la terre, casser des mottes, tailler) ne pourrait être qu'une action à l'encontre du dragon, dont l'effet serait de bloquer son chemin, de le contraindre ou même de le mutiler. Au contraire des tâches plus douces (faire des couvertures de sol, faucher) seraient attractives pour le dragon ! (voila un peu de « jardin-fantasy »).

Historiquement, nos sociétés se sont significativement développées à partir du moment où elles ont su tirer parti des courants naturels : aux bords des cours d'eau moulins et scieries, sur les collines moulins à vent, voyages maritimes grâce au vent saisi dans les voiles des navires. Ces courants nous donnent ce que nous appelons aujourd'hui une énergie renouvelable. Si nous voulons franchir une nouvelle étape dans l'évolution de notre société, il faut peut-être faire reposer l'agriculture du futur sur ces énergies renouvelables, après qu'elle eut été tout à fait dépendante des énergies fossiles.

FUKUOKA invite à réfléchir au bon usage de l'énergie de travail, et pour cela il est considéré comme un pionnier de la permaculture. Comme le maniement des outils manuels nous l'enseigne progressivement (cf. p. 123 Les outils du jardinier agroécologiste), c'est par la perfection de la conception et de la réalisation, à la fois de l'outil et du geste, que l'efficacité est atteinte. Non par la force. Le geste de force doit progressivement s'effacer au profit du mouvement harmonieux et souple. Il faut en quelque sorte soi-même devenir un courant, pour que chacune de nos actions de jardinage s'intègre au sillage du grand courant de la Nature qu'est le dragon vert. Il faut bien comprendre l'attitude de FUKUOKA envers les machines et les techniques. Il ne veut pas remplacer une technique de culture par une autre, ni remplacer un concept par un autre. Il veut aller vers le rien, c'est-à-dire supprimer tout concept et toute technique superflue. Semer et récolter est tout ce que l'être humain devrait faire. L'effort réside dans l'intelligence et l'action judicieuse pour laisser la Nature faire le reste (santé et croissance des plantes, fertilité du sol). Cette pensée à la base de toutes les agricultures biologiques alternatives.

Si l'on décide de respecter strictement cette parcimonie énergétique, comment réagir vis-à-vis des énergies fossiles et de l'énergie nucléaire ? Par définition, ces énergies ne s'inscrivent pas dans le cycle de la vie présente (les premières appartiennent au passé, les secondes sont d'un cycle temporel bien plus long que la vie humaine et donc non gérables). Elles sont très abondantes mais en général elles ne servent qu'à remplacer et démultiplier la force humaine. Ce qui est déjà beaucoup direz-vous, mais ainsi nous ne sommes plus sollicités pour perfectionner nos capacités d'observation, de conception et de dextérité. Nous donnons le primat au muscle et non plus au cerveau. Considérons le labour d'un tracteur, même d'un tout petit tracteur. Puis considérons un individu qui, pour préparer sa terre, la frappe avec force et rythme avec sa houe. Son geste rappelle celui de l'outil attaché au tracteur, mais il en atteint seulement le dixième de puissance. Nous dirions spontanément de cet individu qu'il est fou de s'acharner comme ça sur le sol, qu'il se ruine la santé. Alors pourquoi ne dirions-nous pas aussi de la machine qu'elle est folle ? Mais elle ne peut pas l'être, ce doit donc être le conducteur de la machine qui est fou. On est tous d'accord pour dire que passer 1000 m² de terrain à la houe, à la seule force des muscles, est un signe de folie. Par contre, appuyer sur un bouton pour que ce soit un tracteur qui fasse le geste à votre place n'est pas considéré comme un signe de folie mais comme un signe de modernité. La modernité est donc dans le muscle. Ne devrait-elle pas plutôt être dans la tête ?

Vous aurez peut-être reconnu dans cette réflexion à l'absurde (qui est de nous, et non de FUKUOKA) une certaine similarité avec les koan zen. C'est pour faire honneur à FUKUOKA, qui était bouddhiste, et pour qui l'agriculture naturelle était une mise en pratique des principes bouddhistes.

L'agroécologie n'est pas nécessairement une démarche spirituelle, comme nous l'avons expliqué (cf. Spiritualité et agroécologie p.177). Mais il est bon que FUKUOKA demeure comme une petite lumière toujours allumée dans la conscience du jardinier agroécologiste. En voici la raison. Dans ses ouvrages, FUKUOKA nous parle des poèmes que les anciens paysans du Japon avaient le temps d'écrire avant que les pratiques de l'agriculture scientifique et mécanisée ne se démocratise. Or ces pratiques modernes étaient censées prodiguer du temps libre aux paysans ! Le contraire se produisit, le paysan se mit à travailler beaucoup plus. FUKUOKA ne précise pas le contenu de ces poèmes, mais s'ils ont retenu son attention c'est parce que, pensons-nous, ils devaient montrer une *sublimation* de la réalité agricole : l'acte agricole qui donnait le sens à la vie humaine car il parachevait l'ordre du monde visible et invisible. Pour FUKUOKA ces poèmes de paysans sont la preuve que la population agricole n'avait pas besoin de longues réflexions savantes sur la Nature et sur le sens de la vie (c'est-à-dire de philosophie de la nature et de sciences naturelles). Leur façon de vivre et de travailler incarnait le sens de la vie. Les paysans n'avaient pas besoin de chercher le sens de la vie : ils le vivaient, tout simplement. Cela interpelle, car n'est-ce pas aussi un peu de cela que recherche le jardinier agroécologiste ? Et cette pensée ne serait-elle pas universelle, quand on sait que Rudolf STEINER (cf. La biodynamie p. 213) l'a aussi émise, mais cinquante ans plus tôt et de l'autre côté du globe ?

7 LA PERMACULTURE

C'est une AB alternative inventée en Australie notamment par Bill MOLLISON et David HOLMGREN. Elle est exposée dans l'ouvrage de référence Permaculture One, paru en 1978. La permaculture est l'AB alternative la plus usitée aujourd'hui de par le monde : elle est présente dans tous les pays anglo-saxons. En France elle est représentée entre autres par la ferme du Bec Hellouin et par l'association Brin de Paille, et la majorité des éco-villages la choisissent pour auto-produire leurs fruits et légumes. Elle repose sur les principes suivants :

1. L'agencement optimal du jardin par rapport aux besoins des plantes, aux points cardinaux, aux vents dominants, ainsi qu'aux aspirations fondamentales de l'être humain et à la nature sauvage : c'est le « design » du jardin. Cela déborde la seule production de légumes et petits fruits : on y inclut des prairies, des forêts, des mares piscicoles, des cours d'eaux, de l'élevage de basse-cour voire de bétail, des vergers, des vergers cultivés, des forêts alimentaires (chênes, noisetiers, châtaigniers...) Il s'agit de multiplier les cultures, les élevages, les écosystèmes, donc d'avoir une diversité de lieux et de pratiques. On les relie tous ensemble, dès la conception, de façon intelligente en un tout harmonieux, où le déchet d'une activité ou d'un lieu est la matière entrante pour un autre, où la déperdition naturelle d'énergie d'une activité est en même temps la source principale d'énergie pour une autre activité. In fine on essaye de générer concrètement cet adage : « le tout est plus que la somme des parties ». Il doit émerger une *synergie* entre les unités de production, et cette synergie représente toute la valeur ajoutée de la permaculture : c'est grâce à elle que le jardinier augmente le rendement de son travail par unité de temps et par unité de surface, car le jardin « travaille pour lui ».

2. La création de micro-climats. La création de mares, de buttes, de murs, de murets, de haies, d'ondulations du terrain... sert à créer des micro-climats. Chaque micro-climat créé doit être bien différencié. Par exemple telle pente sera créée orientée au Sud et ouverte au vent. Telle autre pente sera aussi orientée au Sud, mais les vents seront coupés. Tel espace sera orienté au Nord donc plus froid et plus humide. Tel espace sera soumis aux pluies dominantes. Tel espace sera surélevé et donc plus sec. La création de micro-climats n'est pas facile si la topographie du terrain n'est pas naturellement diversifiée. Cette phase de création d'un espace permaculturel requiert donc de la main d'œuvre importante, et on organise soit des chantiers participatifs

(une vingtaine de personnes au moins) soit l'utilisation d'engins de chantier. Il est important de planter dans chaque micro-climat *uniquement* les espèces qui en tirent un maximum de profit. Pour ne donner qu'un exemple : les légumes qui ont besoin de beaucoup d'eau ne doivent pas être plantés en eau des buttes. Il en résulte que *les espaces de culture ne sont pas interchangeables* : on ne peut pas planter n'importe où n'importe quoi. C'est une erreur fréquente : si dans votre jardin tous les espaces de culture sont interchangeables, votre jardin n'est donc pas permaculturel.

3. L'utilisation optimale de l'énergie : pas de combustibles fossiles, mais de l'énergie thermique solaire mise en œuvre à l'aide de vitres, de fonds noirs, de masses pour accumuler la chaleur. Au contraire, pour refroidir, on utilise la ventilation naturelle, les silos enterrés, l'orientation au nord...

4. L'allongement de la période de culture autant que faire se peut, sans recourir aux combustibles fossiles pour chauffer serres et tunnels. On utilise châssis, serres, tunnels, doubles tunnels, couches chaudes...

De ces quatre principes, en agroécologie on suit *en partie* le premier : l'orientation du jardin et des planches, sans aller jusqu'à placer nécessairement l'habitation au centre du jardin. On ne cherche pas à multiplier le nombre de lieux et d'activités pour bénéficier d'un effet de synergie. On ne suit pas le second principe. On suit le troisième, mais pas le quatrième : en agroécologie on privilégie la culture de variétés de saisons et de variétés qui se conservent, plutôt que de forcer les plants dans des serres et des tunnels (cf. Quand cultiver ?p 135 et les considérations du point La culture maraîchère du XIXe siècle). La permaculture accorde donc plus d'importance à la mise en forme du jardin et à l'humain que l'agroécologie. Le principe des micro-climats requiert d'importants moyens. Pour un jardinier seul, ces créations sont hors de portée, ou sinon il faut les payer au prix fort en faisant intervenir un entrepreneur agricole ou un paysagiste. Par la suite, il faut aussi régulièrement remettre en forme ces créations qui se nivellent par l'érosion due au vent et à la pluie. Cela demande un certain temps de travail et une certaine organisation, bref, une surcharge régulière de travail qu'un jardinier seul pourrait ne pas parvenir à assumer. La permaculture se pratique donc en groupe.

Notons que certains adeptes utilisent une définition stricte de la permaculture :
- Ne doivent être cultivées que des espèces vivaces ou qui se ressèment d'elles-mêmes ;
- Le forçage est prohibé ;
- De même que la modification d'un terrain pour créer des micro-climats : Il faut s'adapter au terrain et non pas le modifier ;
- La synergie est indispensable ;
- Le travail du sol est prohibé.

Cette définition stricte ne fait pas l'unanimité. Elle a l'avantage d'être simple et peut donc servir de point de repère.

La permaculture de MOLLISON et HOLMGREN revêt de très nombreux aspects et il est difficile de parvenir à tous les réaliser. C'est presque un art, qui requiert donc de nombreuses années de pratique avant de parvenir à un résultat correct. Ainsi, nombre de fermes commettent quelque abus en s'appelant permaculturelles : elles ont soit trop de lieux différents, soit des espaces cultivés interchangeables, soit travaillent le sol comme en AB intensive (cf. infra), soit n'hésitent pas à faire des cultures hors-saison sous serre. Ce laxisme (souvent involontaire) des auto-appellations n'est pas un reproche, car les AB alternatives sont toutes en train de se construire, et car nous savons bien que la réalité impose souvent des compromis. Cependant, cela entraîne une confusion auprès du grand public
- qui a encore du mal à comprendre ce qu'est l'AB ;
- qui fait face aux moindres incohérences de l'AB décriées avec force par l'agriculture conventionnelle ;
- qui sait que les fraudes à l'AB existent ;

- qui constate que l'AB est industrielle et alimente les grandes surfaces.

Nous avons une crainte, c'est que les appellations des AB alternatives soient utilisées de façon abusive. Cela aurait des conséquences néfastes pour ces agricultures en cours de constitution. Nous espérons avec ce cours apporter de la clarté, de la distinction, quant aux façons de penser qui sont à la base de chacune des AB alternatives, quitte peut-être à faire des délimitations trop strictes. Mais cela ne pourra que rassurer le grand public et l'aider à s'orienter.

8 LA CULTURE MARAÎCHÈRE DU XIXE SIÈCLE

Nous allons effectuer ici des comparaisons très importantes entre l'agroécologie et la culture maraîchère du XIXe siècle. En effet, s'ils font mieux que leurs ancêtres les maraîchers du XIXe siècle, les jardiniers agroécologistes auront gagné leurs lettres de noblesse. Nous nous basons sur le livre des maraîchers MOREAU et DAVERNE, *Manuel pratique de la culture maraîchère de Paris*, éditions Bouchard-Huzard, 1845. C'est sur le savoir-faire de ces maraîchers qu'Elliot COLEMAN (cf. sous-chapitre suivant) a fondé toute une branche de l'agriculture biologique aux États-Unis, et les fondateurs de la ferme du Bec Hellouin se réfèrent également à ces maraîchers (ce qui n'est pas sans contradiction, nous l'expliquerons).

Voici comment nous comprenons la culture maraîchère de Paris au XIXe siècle :
- Par définition une agriculture biologique (les molécules de synthèse n'existaient pas) ;
- Son cœur est la culture des légumes primeurs sur couches chaudes (fumier compacté qui en se décomposant émet de la chaleur), avec châssis et protections multiples contre le gel[67] ;
- Sa base est l'utilisation du fumier de cheval : il en faut beaucoup pour faire des primeurs forcées (au moins 1 m³ par jour) ;

  Aujourd'hui il est impossible d'obtenir de telles quantités de fumier de cheval ou de vache, et sa qualité biologique est contestable (résidus d'antibiotiques, de vermifuges et d'hormones vraisemblablement).
- Forte charge de travail : jusqu'à 20 heures par jour au printemps, mais pas moins de dix aussi en hiver !
- C'est une profession dont l'apprentissage par le travail doit démarrer très tôt, et dont le maître maraîcher est responsable.
- Elle est très technique (utilisation de cloches, de paillassons, de couches chaudes, d'ados, de côtières...). Cette débauche de techniques est, d'après les mots mêmes des auteurs, ce qui vaut la reconnaissance sociale au maître maraîcher.

On aura pu lire de Jean-Martin FORTIER, d'Eliot COLEMAN, de Charles et Perrine HERVÉ-GRUYER, que cette agriculture maraîchère est le précurseur de l'AB. Elle est citée en exemple à suivre. Nous voulons apporter des nuances à ce propos.
- On y trouve effectivement des éléments de permaculture tels que la gestion optimale de l'espace, de l'ensoleillement et du vent, grâce à une palette de techniques : ados, côtières, châssis, lieux de stockage du matériel...
- On y trouve des combinaisons de plusieurs cultures sur une seule planche, pour maximiser le rendement par unité de surface ;
- On utilise du fumier pour créer des couches chaudes et retourner de la matière organique au sol.

  Cependant, d'après MOREAU et DAVERNE :
- Les cultures combinées le sont dans la seule perspective de meilleure gestion des arrosages. Les effets interactifs entre plantes sont tout à fait inconnus ;

---

67 On en déduit que l'utilisation de serres ou de tunnels seuls (c'est-à-dire non combinés à un processus de chauffage) afin de forcer les cultures avant mai et après octobre est une erreur, au contraire de ce qu'on pense généralement. En effet, si les légumes ont certes bien chaud en journée, la nuit ils n'en ont pas moins froid, car la serre n'est pas isolée. Ils sont donc confrontés à d'importants chocs thermiques (dont l'ampleur n'a rien de naturel) au lever et au coucher du soleil.

- Le sol est fortement travaillé : le labour est indispensable, le sol est défoncé (labour méthodique très profond) tous les 4 à 5 ans, le binage et le sarclage sont quotidiens. Il n'y a pas de prise en compte de la vie du sol. Ce concept est même absent de leur ouvrage (si ce n'est pour les références aux larves destructrices) ;
- Paillage et terreautage servent juste à ombrer le sol, afin d'éviter l'assèchement, les fissures et l'élévation de sa température. Ils ne servent pas à nourrir le sol ;
- Revenons au cœur de ce type de maraîchage : forcer les plantes à pousser durant les mauvaises saisons. Le maître maraîcher cherche un contrôle total du sol, de la température, de l'aération, du développement de la plante. Ceci afin de démarrer plus tôt et de finir plus tard la période de vente ;
- La concurrence entre maraîchers et les attentes des Parisiens, qui poussent à forcer toujours plus les légumes.

Cette façon de penser, qui se traduisait concrètement en techniques très raffinées qui valaient la reconnaissance sociale au maître maraîcher, est à *la base du maraîchage industriel après la seconde guerre mondiale*. L'héritage du maraîchage du XIXe siècle est donc double. On y trouve :

- Des éléments précurseurs du respect de la vie du sol (paillage, apport de fumier) ;
- Des éléments précurseurs de l'agriculture intensive (défonçage du sol, contrôle direct du développement de la plante) ;
- La course au légume primeur est à l'origine de la production et de la consommation de fruits et légumes hors-saison. Ceci est a préparé les esprits à la banalisation de la consommation de fruits et légumes venant de plus en plus loin de Paris, pour finalement amener la banalisation de la consommation des fruits et légumes produits hors de France.

Les maraîchers en question décrivent explicitement les contraintes pour la vente à leur époque : pour ce qui est des cultures faciles et non forcées la concurrence des jardiniers privés ; pour le chou-fleur (une des plus importantes cultures) la concurrence des régions de l'ouest grandissante, car les courriers et diligences amènent ces légumes de plus en plus rapidement à la capitale ; l'augmentation constante du prix du fumier.

Ce maraîchage était donc certes par définition biologique. Il ne recourait même pas aux engrais phosphatés minéraux issus d'os ou de guano. Il faisait certes le meilleur usage possible de l'eau, du soleil et de l'espace. Mais il flattait la clientèle autant qu'il suivait ses désirs, et il était prêt à mettre en œuvre toute technique possible pour cultiver hors saison. Ainsi les auteurs écrivent qu'il fallait en hiver se lever au milieu de chaque nuit, afin de contrôler la température dans les châssis, et rajouter si nécessaires des paillassons ou tout autre isolation, et que de novembre à avril il ne fallait pas sous-estimer la nécessité d'au moins cinq fois par jour régler les ouvertures des châssis ! L'avènement des serres chauffées au pétrole et à l'éclairage artificiel est la suite en droite ligne, logique, de cet état d'esprit. Cela ne saurait en aucune façon inspirer le jardinier agroécologiste. Car certes il est techniquement possible de produire en toute saison, mais c'est contre nature, on produit de mauvais légumes.

Enfin, il nous faut réfléchir sur les conditions économiques de l'utilisation du fumier de cheval. Au XIXe siècle, ce fumier est très abondant : c'est un déchet des transports hippomobiles. Si nous transposons cette condition aujourd'hui, l'équivalent du fumier de cheval serait tous les gaz d'échappements des voitures et des camions ! Bien sûr, nous savons que ces gaz ne peuvent pas être utilisés pour augmenter la fertilité et la vie du sol. Le XIXe siècle, de par l'abondance du fumier de cheval, est donc une condition tout à fait optimale pour le maraîchage, mais historiquement elle est plutôt une exception, et, en tout cas, elle appartient au passé. Aujourd'hui, certains maraîchers peuvent certes s'approvisionner en fumier de cheval auprès des centres équestres, en quantité et en régularité satisfaisantes. Plaçons-nous dans une perspective plus large : l'agriculture est ainsi rendue dépendante d'une activité de loisir. C'est-à-dire que la satisfaction d'un besoin essentiel (la production d'aliment) est conditionné à la réalisation d'une activité de loisir. Aucune société durable ne serait être ainsi organisé. Au XIXe siècle agriculture et transports étaient au moins des domaines économiques d'égale importance. Nous ne voulons pas dénigrer le travail et la qualité des récoltes des maraîchers actuels qui utilisent du fumier de cheval. Simplement nous voulons indiquer que cette situation ne peut être que temporaire, car elle rend le maraîchage dépendant des sports équestres, sports qui évoluent selon les hauts et les bas de l'économie libérale, et donc que ce ne peut pas être une garantie de durabilité à long terme.

La fin massive des hippomobiles, donc la fin du fumier gratuit, a signé la fin de la culture maraîchère du XIXe siècle. L'agroécologie, avec son objectif de bilan de matière nul voire positif, n'a pas ce risque. Mais aujourd'hui nous savons que, avec ses techniques actuelles, l'agroécologie n'est pas durable. Si le bilan de matière est nul, et qu'elle est donc durable en ce sens, son bilan d'énergie fait qu'elle n'est pas durable au-delà de notre société du pétrole. Elle dépend tout à fait des combustibles fossiles : l'essence pour la tondeuse. Sans essence, il est impossible de nourrir le sol avec de la tonte et de maintenir des allées enherbées. Il faudra donc dans vingt ou quarante ans, quand les combustibles fossiles seront épuisés, repenser l'agroécologie sans allées enherbées et sans tonte ! De profondes évolutions sont d'ores et déjà en perspective.

9 L'AGRICULTURE BIOLOGIQUE INTENSIVE SUR PETITE SURFACE

L'AB intensive sur petite surface est la reproduction à l'époque actuelle de la culture maraîchère du XIXe siècle. Elle est pratiquée par exemple à la ferme de la Grelinette et à la ferme du Bec Hellouin (qui combine permaculture et AB intensive). La culture maraîchère du XIXe siècle fut redécouverte entre autre par Eliot COLEMAN dans les années 1970. Dans sa ferme des quatre saisons dans le Maine (USA), il met en pratique et perfectionne les savoirs qu'un des derniers maraîchers de Paris a pu lui transmettre. Grâce à une émission télévisée Gardening Naturally, diffusée de 1993 à 2003, on peut dire que sa vision des choses fut notable pour la démocratisation de l'agriculture biologique sur petite surface aux États-Unis.

L'objectif est donc, comme les maraîchers du XIXe, et comme les maraîchers conventionnels, de produire autant que possible sur une surface donnée, mais avec les précisions suivantes :
- Bien sûr pas de recours aux pesticides ni aux engrais de synthèse ;
- Pas de recours aux énergies fossiles pour chauffer les serres ;
- Au contraire du maraîchage conventionnel avec tracteur, le travail est manuel ;
- Les légumes sont cultivés en planches permanentes : les allées sont fixées une fois pour toute, au contraire du maraîchage en plein champ où il n'y a pas d'allées, et où tout le sol du champ est labouré avant les semis ;
- Les planches cultivées sont étroites (80 cm), afin de pouvoir être facilement accessibles en tout point à l'aide d'outils manuels ;
- Surtout, la terre est travaillée en profondeur et très enrichie en humus, afin de pouvoir planter les légumes aussi serrés que possible, d'où l'adjectif d'intensif. La terre arable étant profonde, le développement racinaire est facilité, et les racines des plantes se font moins de concurrence. De telles planches ont une apparence caractéristique : elles sont surélevées (15-20 cm) par rapport au niveau des allées (sans pour autant avoir la forme de buttes, ne pas confondre) ;
- Utilisation d'outils de précision, notamment pour faire des semis très denses, pour travailler la terre même en serre, pour récolter aussi vite que possible ;
- Culture en toute saison, à l'aide de serres, de bâches, de tunnels et d'autres techniques originales.

Cette forme d'agriculture s'intègre donc sans problème dans la permaculture, et pour peu que les apports de fumier et de composts soient conséquents (comme pour les maraîchers du XIXe siècle), le rendement est considérable. Les volumes produits aux jardins de la Grelinette et du Bec Hellouin le confirment. Ces derniers font d'ailleurs l'objet d'une étude agronomique à la ferme du Bec Hellouin, menée par l'UMR (Unité Mixte de Recherche) 1048 SADAPT (Sciences pour l'Action et le Développement : Activités, Produits, Territoires), structure conjointe de l'Institut Agro-ParisTech et de l'INRA, depuis 2012.

Précisons les différences avec l'agroécologie. Le jardinier agroécologiste ne plante pas aussi serré : il suit les indications classiques d'espacement entre les rangs et entre les plants. Les planches ne sont pas surélevées, mais au niveau du sol des allées. En effet, le non-recours massif au fumier de cheval implique de faire des couvertures de sol (paillage et mulch) pour amener de la matière organique au sol. Ces couvertures nécessitent de l'espace entre les rangs pour pouvoir être mises en place. Ainsi pour une planche de 1,60 mètre de large, nous n'excédons pas quatre rangs de cultures, et pour une planche de 1,20 mètre, nous n'excédons pas trois rangs. Car mettre du paillage sur un espace moins large que 20 centimètres ne produirait pas les effets escomptés (le paillage serait trop sensible au vent, il laisserait pousser trop vites sur ses bords les adventices).

La production par unité de surface en agriculture biologique intensive est plus importante qu'en agroécologie, c'est indéniable. L'objectif est bien de produire autant que possible, toute l'année durant, sans recourir aux pesticides ni aux engrais de synthèse. Notons qu'en contrepartie, la dépendance envers la source de fumier ainsi qu'envers le matériel sophistiqué est total : l'autonomie n'est pas un objectif de l'AB intensive.

Avec toutes ces comparaisons, le lecteur doit penser que nous cherchons à identifier la « meilleure » agriculture, celle qui respecterait le mieux la Nature et serait la plus autonome tout en étant la plus productive. Ce serait une entreprise vouée à l'échec. D'abord, l'agriculture même biologique, par définition et au désespoir des âmes romantiques, ne laisse jamais la Nature tranquille : elle la modifie *nécessairement*. Parmi les primates, seul l'être humain se nourrit de la Nature en la dérangeant ! Notre jardin, bien que nous fassions tout notre possible pour respecter la Nature, et qu'effectivement s'y trouvent maintenant des grenouilles, des tritons, des hérissons, des lézards, est totalement contrôlé. Nous ne laissons rien au hasard, aucun mètre carré à l'abandon, pas de nature sauvage. Ensuite, on pourrait se quereller quant au fait de savoir si telle ou telle ferme abuse de l'appellation permaculture et n'est pas en réalité de l'AB intensive sur petite surface ou de l'AB tout court. *Dans la pratique, force est de constater que le mélange des objectifs, des principes et des techniques est courant.* Quant à l'objectif de l'autonomie, il est vrai que certains maraîchers AB alternatifs ne souhaitent pas s'en soucier et importent (achètent) simplement du fumier ou du compost pour maintenir leur terre fertile. Quant à la non-motorisation, d'autres n'hésitent pas à utiliser de puissants tracteurs pour « casser » une prairie en hiver, afin de pouvoir cultiver dès le printemps même. Quant aux semences, rares sont les maraîchers AB alternatifs à produire les leurs. Ce sont des choix personnels qu'il faut accepter. Ce n'est pas une raison pour rompre tout lien entre ces AB alternatives, qui sont toutes dans une phase de constitution ; car les différences sont des sources précieuses d'inspiration.

10   LA BIODYNAMIE

Qu'est-ce que la biodynamie ? Il faut lire le livre de Rudolf STEINER, *Cours aux agriculteurs*, de 1924, pour s'en faire soi-même une idée et aller au-delà des clichés répandus d'agriculture magique. Les récoltes produites par des techniques biodynamiques portent le label Demeter. Notons qu'à l'origine elle concerne plutôt les exploitations agricoles disposant de plusieurs champs, qui font donc des grandes cultures, et n'a pas vocation à être utilisées pour les jardins.

Voici la biodynamie telle que nous en comprenons l'essence. Rudolf STEINER veut mettre en lumière la valeur spirituelle des éléments (azote, phosphore, eau) dans l'agriculture. Il nous dit que ces éléments sont correctement décrits et expliqués par la science, qu'il n'entend pas renier. Mais tout comme la science peut décrire un corps, elle n'en explique pas pour autant les choix que fait un individu pour guider sa vie. STEINER nous explique ainsi que les éléments sont liés aux planètes de notre système solaire, que c'est par eux que s'expriment les forces de ces astres sur Terre. Bref, son système, qu'il nomme science spirituelle, se superpose à la description scientifique de la chimie de l'agriculture. Chaque élément porte en lui une certaine motivation à agir d'une façon qui lui est propre, motivation qui provient de la sphère céleste, et en particulier d'un astre précis. Positionnons cette gnose par rapport à celle de la science, à celle de FUKUOKA, et à celle de « monsieur tout le monde » :

	Appréhension de la réalité
Monsieur tout le monde	Par les cinq sens
Le scientifique	Par les appareils de mesure et par les théories
Rudolf STEINER	Par la science spirituelle (mais il ne dit pas comment exactement un être humain fait pour percevoir les forces et les courants naturels portés par les éléments chimiques)
Masanobu FUKUOKA	Par une sensibilité telle qu'on peut l'exercer lors de méditations, donc directement en nous, en faisant l'expérience de la pensée non discriminante

Tableau 13 : Les moyens de percevoir la réalité

La biodynamie peut rendre sceptique, car cette gnose n'est pas testable, n'est pas démontrable. Tout se passe à une échelle très petite, sublime. On peut douter (ce qui est notre position) que si effets il y a vraiment, ceux-ci soient au-dessus du seuil d'efficacité (cf. Ce que l'agroécologie n'est pas p. 178). On peut aussi raisonnablement contester la biodynamie, car STEINER nous explique, entre autre, qu'il y a transmutation des éléments dans le sol. Or la transmutation est un processus alchimique, et l'alchimie est abandonnée depuis LAVOISIER. La biodynamie est aussi contestable par son ésotérisme. Par là, nous entendons le fait qu'elle était à son origine un ensemble d'enseignements secrets, réservés aux agriculteurs adhérents à l'anthroposophie. L'anthroposophie est l'humanisme développé par Rudolf STEINER, qui est aujourd'hui mis en pratique dans les écoles Waldorf et au Goetheanum (situé en Suisse) par exemple. L'agroécologie ne peut pas, par définition, être un enseignement secret : elle se veut universelle.

Il nous faut expliquer pourquoi nous ne mentionnons pas ce que le lecteur attendait peut-être dans ce sous-chapitre, à savoir des techniques biodynamiques intrigantes telles la fameuse corne de vache remplie de fumier ou bien l'eau dynamisée avec du fumier ainsi préparé et qui sera épandue en quantité infinitésimale dans les champs ou sur les tas de compost. C'est parce que ces techniques, qui sont communément associées à la biodynamie, ne sont pas l'essence de la pensée de STEINER, selon nous. Elles en sont des applications. Pour situer l'agroécologie par rapport à la biodynamie, il faut le faire par rapport à l'essence de la biodynamie : la science spirituelle. Cette science est une sorte d'alchimie appliquée à l'agriculture, raison pour laquelle STEINER explique qu'elle est la science « des anciens ». C'est une façon de penser très courante dans les milieux occultistes. Cette essence est en général méconnue du grand publique ; en agroécologie elle n'a pas sa place.

Peut-être le lecteur aura-t-il lu Cosmos de Michel ONFRAY ? Il s'y trouve un chapitre intitulé fumier spirituel. Le philosophe y témoigne du peu d'efficacité des méthodes biodynamiques pour produire des vins buvables. Il critique à juste titre STEINER qui n'a lui-même jamais cultivé et se contentait de penser. Il critique à juste titre les méthodes biodynamiques de lutte contre les ravageurs, qui sont des absurdités. Nous regrettons que le philosophe n'ait fait que dénoncer et n'ait pas démonté logiquement la biodynamie, en expliquant que c'est une forme d'alchimie. L'alchimie, « science secrète », était et est toujours enrobée d'un voile de mystère qui encourage la crédulité et la ferveur. STEINER aura usé à dessein de cette aura pour rendre respectables ses idées sur l'agriculture.

Nous avons fait un tableau négatif de la biodynamie. Mais nous reconnaissons son apport, d'importance : le compostage. Le fait que les restes de récolte étaient mis en tas et mélangés selon certaines méthodes secrètes, puis que les tas étaient aspergés de solutions d'une fabrication secrète, et surtout que cela produisait un amendement qui redonnait aux terres leur fertilité, cela a impressionné les contemporains de STEINER. À notre connaissance le compostage est né dans un contexte biodynamique. Ses effets positifs sur les terres, et sa réalisation secrète, éveillaient les curiosités. Ainsi Miss BRUCE, qui fût un temps membre de la société anthroposophique avant la guerre. Elle apprit ainsi la façon de faire le compost et la recette des solutions pour l'asperger. Après la guerre, elle écrivit un livre, plusieurs fois réédité, où elle explique sa méthode pour faire du compost et présente sa recette d'une solution pour l'asperger, qui permet de ne jamais le rater. Elle précise avec soin qu'elle ne trahit en rien le secret du maître STEINER ! L'important à retenir n'est pas tant le désir de Miss BRUCE de s'inspirer de la biodynamie que les raisons de son intérêt pour le compostage. Elle explique qu'en Angleterre pendant la guerre, le fumier de cheval manquait absolument, tous les chevaux ayant été réquisitionnés. Les récoltes des jardins baissèrent rapidement en quantité et en qualité, enfants comme adultes étaient mal nourris. Son effort de guerre consista à enseigner au plus grand nombre la façon de faire du compost, ainsi qu'une solution pour l'asperger afin d'éviter les échecs (n'oublions pas le contexte). Aujourd'hui on sait que sa méthode pour faire le tas de compost est correcte, et les solutions pour asperger ne sont plus utilisées car superflues. Néanmoins il est curieux de lire aujourd'hui son explication de l'importance de ces solutions : ces solutions diffusaient une énergie dans le tas de compost, qui le rendait vivant, l' « activait ». Et cette énergie se transmettait à la terre dans laquelle on incorporait le compost. Miss BRUCE explique plus précisément que cette énergie était de type nucléaire ! Après-guerre le nucléaire était à la mode, rappelons-le !

En agroécologie, on peut toutefois accepter STEINER, non pour sa gnose, mais pour son attitude envers la science. En effet, STEINER n'accepte pas que la description scientifique du monde soit la seule possible. À son époque, la science se répand de plus en plus dans la société, et de plus en plus, la possibilité de découvrir le monde est réservée aux seuls scientifiques. Aujourd'hui, notre société est une société d'experts, qui disent au peuple ce qu'il en est de la nature de la réalité. On délègue à ces experts l'*exclusivité* de la connaissance de la Nature[68]. C'est cette délégation qui a permis l'émergence des techniques de l'agriculture chimique, par le schéma diffusionniste, et c'est ce que contestait STEINER. Il pensait que la science seule était incomplète, et il l'a complétéc avec sa « science spirituelle ». Il rejoint l'attitude bouddhiste de FUKUOKA en écrivant que « le paysan est un homme qui médite ». C'est en marchant, et en marchant sans cesse sur ses terres, que le paysan accède à la connaissance intime des courants de force qui agitent le sol et les plantes, selon STEINER. Marcher de façon méditative permet d'accéder à la science spirituelle, science que les « anciens » possédaient. Pour FUKUOKA, marcher de la sorte fait accéder à la pensée non-discriminante. Donc par rapport à la science, STEINER en dit qu'il faut la compléter, FUKUOKA en dit qu'elle est inutile. Et le jardinier agroécologiste ne suit ni l'un ni l'autre ! La voie du jardinier agroécologiste est de s'en tenir au précepte de l'adaptation des principes agroécologiques. Les connaissances scientifiques doivent être interprétées par le jardinier, en fonction des conditions locales et de ses aspirations. Elles ne doivent pas « tomber d'en haut » (des astres ou des instituts de recherche scientifique) et être appliquées uniquement par ferveur (envers l'alchimie ou envers la science moderne).

---

68 Nous développons cette thèse dans un des essais de notre livre Où va le monde ?

11   L'AGRICULTURE DE CONSERVATION

Définition de la FAO (www.fao.org, octobre 2014) :

L'agriculture de conservation (AC) vise des systèmes agricoles durables et rentables et tend à améliorer les conditions de vie des exploitants au travers de la mise en œuvre simultanée de trois principes à l'échelle de la parcelle : le travail minimal du sol ; les associations et les rotations culturales et la couverture permanente du sol. L'AC présente un grand potentiel pour tous les types d'exploitations agricoles et d'environnements agroécologiques. Elle est d'un grand intérêt pour les petites exploitations ; celles dont les moyens de production limités ne permettent pas de lever la forte contrainte de temps et de main d'œuvre constituent une cible prioritaire. C'est un moyen de concilier production agricole, amélioration des conditions de vie et protection de l'environnement. L'AC est mise en œuvre avec succès par différents types de systèmes de production et dans une diversité de zones agroécologiques. Elle est perçue par les utilisateurs comme un outil valable pour la gestion pérenne du terroir.

La FAO est engagée dans la promotion de l'AC, et tout particulièrement dans les pays en voie de développement. L'AC ne peut produire les résultats escomptés que si tous les aspects techniques concernés sont pris en compte de façon simultanée et intégrée. Les équipes de plusieurs divisions de la FAO ont pris l'initiative de créer un groupe de travail informel, constitué des membres des divisions suivantes : Division de la production végétale et de la protection des plant (AGP), Division des terres et des eaux (NRL), Division des infrastructures rurales et des agro-industries (AGS). Il est évident qu'en raison du caractère interdisciplinaire et multifonctionnel de l'AC, les actions pour son développement et sa diffusion nécessiteront toujours la mobilisation et la conjugaison des compétences riches et diversifiées présentes à la FAO.

Définition de Michel ROESCH, www.solvivant.fr septembre 2013 :

L'Agriculture de Conservation (AC) des sols est définissable par la primauté qu'elle attribue au « Carbone » comme élément structurant et dynamisant du bon fonctionnement de l'écosystème d'un sol vivant.

Le semis direct, le semis sous couvert végétal ou les TCS (techniques culturales simplifiées) sont autant de définitions attribuées à ce concept. Mais les fondamentaux sont les mêmes :

- *Gérer les résidus de cultures en surface*
- *Réduire le travail du sol au strict minimum, voir le supprimer.*
- *Une rotation des cultures aussi diversifiée que possible.*
- *Une production maximum de biomasse aérienne et racinaire par l'introduction systématique de couverts végétaux.*

L'Agriculture Biologique (AB) va chercher à amplifier les acquis de l'AC grâce à l'abandon des fertilisants et produits phytosanitaires de synthèse. Ceci en recherchant un équilibre entre la productivité permise par le sol et la qualité sanitaire et alimentaire des denrées produites. Cette conception de l'agroécologie va privilégier l'optimisation de la vie du sol grâce à la biodiversité obtenue par l'association de plantes, la rotation des cultures et l'introduction systématique des légumineuses.

Cette approche du métier d'agriculteur est nécessairement accompagnée par une analyse différente de la gestion du « risque ». D'une agriculture qui essaye d'éliminer la notion de risque par une surprotection phytosanitaire entre autre, mais qui compromet sa pérennité et hypothèque la santé des consommateurs, il faut passer à une conception plus « holistique » ou le risque technique est replacé dans un contexte plus global pour aboutir à une stratégie du risque supportable.

On trouvera plus de détails sur le site internet du CIRAD et sur celui de l'INRA, en particulier l'article en ligne de Pascale MOLLIER, *L'agriculture de conservation : un éclairage par la recherche*, février 2014.

L'agroécologie est-elle issue de l'agriculture de conservation ? À l'origine, l'agriculture de conservation est une réponse à la mauvaise adaptation des pratiques culturales des pays du Nord (Europe, États-Unis) standardisées aux sols tropicaux, et répandues lors de la « révolution verte ». En effet, laissés à nus et sans retour de matière organique, ces sols perdent rapidement leur fertilité. Les températures élevées stimulent l'activité microbienne du sol, ce qui a pour conséquence une minéralisation très rapide de l'humus. Les pluies importantes emportent alors les minéraux plus rapidement que les cultures ne peuvent les consommer. On obtient finalement des sols rouges ferreux et stériles, les latérites. À cause de cela, on a longtemps cru que les sols des pays tropicaux n'étaient que peu fertiles. Claude BOURGUIGNON l'explique très bien : les ingénieurs agronomes occidentaux oubliaient de considérer la luxuriance des forêts tropicales, preuve s'il en est que ces sols peuvent être le support d'une forte production de biomasse. Si le sol est infertile, c'est parce qu'on lui impose des techniques non adaptées aux conditions de températures et de précipitations. Dans les années 1980, des programmes pour encourager les techniques culturales simplifiées, c'est-à-dire notamment le semis sous couvert et l'absence de labour, furent mis en place entre autre par le CIRAD.

L'AC est donc assez semblable à l'agroécologie (telle que nous la définissons) dans ses pratiques de couverture du sol. Mais elle s'en démarque nettement, car elle ne prohibe pas l'utilisation d'intrants de synthèse (pesticides, engrais ou hormones). Elle n'implique pas non plus l'autonomie, tandis que cela est essentiel en agroécologie. Elle est donc plus proche de l'AEI. Disons plus précisément que l'AEI semble être la transposition en droite ligne des principes de l'AC de l'agriculture du Sud à l'agriculture du Nord. À ces principes viennent s'adjoindre des pratiques de l'AB (en particulier les engrais verts). C'est donc un retour d'expérience des pays du Sud vers les pays du Nord, grâce aux publications du CIRAD. En tout cas, elle partage avec l'AEI cette position intermédiaire entre agriculture conventionnelle et AB, et on peut se reposer la question de pourquoi ne pas démocratiser simplement l'AB, si ce n'est pour contenter l'industrie agrochimique ?

Avec ces descriptions de l'AC, notons aussi d'autres définitions de l'agroécologie. La FAO considère des espaces agroécologiques, donc des espaces à une échelle supérieure à celle de l'exploitation agricole. Elle rejoint ainsi la définition du ministère de l'agriculture, pour qui le terme d'agroécologie n'est valide qu'à l'échelle des paysages ou des bassins versants. Pour ROESCH l'agroécologie est une forme d'agriculture qui englobe l'AC. Preuve s'il en est que la nomenclature des pratiques agricoles n'est pas une science exacte.

12   CLASSIFICATIONS DES AGRICULTURES

Pour clore ce chapitre, nous vous proposons deux classifications des agricultures. La première est une classification normative des agricultures alternatives, c'est-à-dire selon ce qu'elles *devraient* être en théorie, et non par rapport à ce qu'elles sont effectivement. Nous avons vu dans les sous-chapitres précédents que les frontières entre les différentes formes d'agriculture sont perméables. L'objectif est donc simplement de fixer des points de repère, par rapport auxquels on peut naviguer librement par la suite.

Critères	Agriculture biologique	Agroécologie	Permaculture	Agriculture naturelle
Espèces cultivées	Pas d'OGM Hybrides Traditionnelles	Traditionnelles	Traditionnelles	Traditionnelles
Semences	Produites localement Achetées	Produites localement Achetées	Produites localement Achetées	Produites localement
Mécanisation	Oui De toute taille	Oui Minimale	Oui Minimale	Non
Forçage des cultures	Oui	Non	Oui	Non
Intrants	Oui : tout sauf produits de synthèse	Non (uniquement ce qui peut être produit sur place)	Non (uniquement ce qui peut être produit sur place)	Non (uniquement ce qui peut être produit sur place)
Travail du sol	Oui	Réduit au minimum	Réduit au minimum	Non
Importance de l'agencement du jardin	+	+	+++	+
Importance des moyens mis en œuvre	++++	++	+++	+

Tableau 14 : Classification normative des agricultures

Rappelons certains éléments de définitions :
- Agriculture biologique : pas d'utilisation de produits de synthèse ni d'OGM ;
- Agroécologie : utilisation majoritairement de produits issus du jardin, hormis carburants, produits de synthèse passifs (bâches, voiles), outils ;
- Permaculture : sa caractéristique principale est la réflexion sur l'aménagement du terrain, unifiant lieu de vie et espace d'agriculture ;
- Agriculture naturelle : non mécanisation, pas de travail du sol, semis sous couvert.

Nous classons ensuite les agricultures selon leur degré de mécanisation. Par là nous entendons les machines au sens strict, ainsi que les outils actifs (outils manuels) et passifs (bâches, serres, voiles…)

Degré de mécanisation	Forme d'agriculture
1	Agriculture de précision
2	Agriculture écologiquement intensive
3	Agriculture conventionnelle
4	Agriculture biologique industrielle
5	Agriculture biologique intensive sur petite surface
6	Permaculture
7	Agroécologie
8	Agriculture naturelle
9	Agriculture traditionnelle des peuples premiers
10	Gestion des écosystèmes selon les aborigènes d'Australie
11	Mode de vie chasseur / cueilleur

Tableau 15 : Mécanisation des différentes formes d'agriculture

Le niveau neuf est par exemple l'agriculture traditionnelle des habitants de Nouvelle-Calédonie, le peuple kanak. Jeune enfant, nous avons pu contempler de tels jardins traditionnels, mais sans en comprendre les tenants et les aboutissants. Nous mettons aussi l'agriculture traditionnelle des peuples d'Amazonie à ce niveau. Nous ne pouvons qu'inciter le lecteur à chercher des informations sur ce niveau d'agriculture, qui est l'intermédiaire entre la gestion aborigène des écosystèmes et l'agriculture naturelle : nous avons volontairement décidé de ne pas aborder ce sujet, le cours dans sa présente forme nous semblant déjà présenter une exhaustivité suffisante des points de vue.

CONCLUSION : SCÉNARIO À L'HORIZON 2050

1 QUATRE CONDITIONS POUR LA PÉRENNISATION DE L'AGROÉCOLOGIE

Résumons les conditions nécessaires, sur le fond, pour la pérennisation de l'agroécologie :

1. Attachement aux objectifs de l'agroécologie (cf p. 8). C'est indispensable pour permettre l'émergence à moyen terme (2030-2040) d'une science pour l'artisanat de la terre ;
2. Le jardinier sait rester un artisan de la Terre (cf. p. 175), pour ne pas se voir confondu avec les ingénieurs et ouvriers agro-industriels ;
3. Le jardinier ne se soumet pas au schéma diffusionniste (cf p. 75 et p. 120). Il garde sa capacité d'inventer par lui-même ;
4. Les jardiniers gardent le contact entre eux (cf p. 112). Ils débattent en commun de leurs idées.

Le lecteur pourra être surpris que nous ne mettions pas parmi ces conditions les éléments suivants (*) : la sobriété énergétique (en combustible fossile notamment), le retour au sol de matière organique, la biodiversité, les techniques agroécologiques (paillage, engrais verts, compostage, associations de cultures...), les connaissances scientifiques ou encore la vente en circuit court. Expliquons-nous. L'utilisation de principes issus de connaissances scientifiques en écologie est aussi une garantie de pérennité, mais c'est aujourd'hui une évidence pour toutes les formes d'AB. Certes les pionniers de la bio se sont battus pour elle, mais il faut maintenant voir plus loin. Pour ce qui est des techniques, le lecteur aura compris qu'elles évoluent sans cesse dans toutes les formes d'agricultures. Ce n'est donc pas telle ou telle technique qui peut assurer la pérennité d'une forme d'agriculture. Aujourd'hui, l'agroécologie jouit d'une certaine identité de par l'originalité de ses techniques. Mais prenons le cas de l'AB : maintenant nombre de ses techniques sont importées dans l'agriculture de précision, l'AEI et l'agriculture conventionnelle. À ce rythme, dans vingt ans, qu'est-ce qui différenciera encore l'AB, si ce n'est seulement le non-usage de pesticides et d'OGM ? Donc, si aujourd'hui l'agroécologie ne devait se définir que par ses techniques, après-demain soyons certains qu'elle aurait disparu. C'est pour cela que par ce cours exhaustif, nous entendons donner une définition la plus intemporelle possible à l'agroécologie, pour rendre ses objectifs véritablement durables (nous avons expliqué p. 212 que sur le plan énergétique l'agroécologie avec ses techniques actuelles n'est pas durable). C'est pour cela que nous nous accrochons à des éléments théoriques un peu éloignés, il est vrai, de la pratique, mais ça en vaut la peine. Ces éléments théoriques servent à définir « l'esprit » de l'agroécologie, et cet esprit peut perdurer au fil des générations, car il peut être adapté sans perdre son identité. C'est comme pour toute chose de la vie : sur le long terme mieux vaut des valeurs bien identifiées et de la créativité, qu'une adhésion ferme à des procédures.

Il y a d'autres éléments théoriques, que nous ne considérons pas comme des conditions pour la pérennité de l'agroécologie : avec ceux marqués de l'astérisque il y a aussi les idées de « recréer du lien », de produire en toute saison, d'utiliser de façon optimale chaque mètre carré cultivable, de ne cultiver que des plantes qui se resèment elles-mêmes. Toutes ces idées sont présentées dans les ouvrages grand public comme formant « la » voie à suivre, mais selon nous c'est une erreur. D'une part ces éléments sont certes importants, mais ils sont plus des *conséquences* que des causes. Ils sont plus proches des techniques que des principes, et ils pêchent donc par une généralisation impossible. D'autre part dans ces ouvrages grand public, toutes ces idées sont présentées dans une prose confuse mélangeant technique et philosophie, voire poésie. Les auteurs insistent sur le fait que c'est ce mélange des genres, précisément, qui constituent un nouveau paradigme agricole ! Car en agriculture conventionnelle justement tous ces aspects ont été éliminés pour ne garder que le seul objectif de la productivité. Certes, il faut réintroduire « de l'humain » dans l'agriculture. Pour notre définition de l'agroécologie nous réunissons aussi ce qui est épars, mais nous le faisons avec *méthode*. L'assise intellectuelle de ces ouvrages grand public, dont les auteurs vraisemblablement n'aiment pas l'attitude rationaliste (car ils l'associent univoquement au productivisme), est trop étroite pour soutenir l'agroécologie sur le long terme. Notons aussi que dans ces ouvrages, c'est toujours le même plan qui est utilisé : on présente des généralités voire des banalités philosophiques, on lie écologie, agriculture, amour et humanisme, puis on donne des techniques, voire on précise que telle ou telle technique est quasiment miraculeuse, en omettant (sciemment ou par incompétence) de préciser les limites et les inconvénients (cf. Tableau 2 : Les quatre dimensions de tout outil, technique, moyen).

Ces lacunes résultent d'un effet de mode, indéniable : la vente de livres grand public sur les AB alternatives s'inscrit dans la mode des styles de vie alternatifs et des changements de vie. Les éditeurs semblent vouloir surfer autant que possible sur cette vague, quand bien même les dernières publications n'apportent rien de plus que les livres des pionniers. Pour leur choix de livres, nous invitons les actuels et futurs jardiniers agroécologistes au sens critique et à l'*envergure* : cherchez les bases solides, fuyez les perspectives faciles.

2 LA FORME DOMINANTE D'AGRICULTURE

Nous estimons que l'agriculture écologiquement intensive sera devenue la norme au milieu du XXI siècle. Sa définition aura certainement évolué entre-temps, mais le principe d' « intensification écologique » sera certainement toujours valide. C'est un principe qui est aujourd'hui de plus en plus fréquent dans la littérature agricole. L'INRA et le CIRAD en font un axe de recherche prioritaire et en donnent cette définition :

> „L'intensification écologique, c'est concevoir des systèmes de production plus productifs, durables, économes en intrants et moins nocifs pour l'environnement. C'est aussi créer des variétés mieux adaptées à leur milieu, inventer de nouvelles techniques de lutte contre les maladies et les ravageurs. C'est comprendre le fonctionnement de la nature pour exploiter ses ressources sans la détruire, produire plus et rompre avec les pratiques fondées sur l'utilisation excessive et massive de pesticides, d'engrais chimiques, d'eau et d'énergie fossile. „

Source : www.agriculturedeconservation.com

La coopérative Terrena (cf. L'agriculture écologiquement intensive p.201) utilise ce terme. On consultera également la note du 15 janvier 2013 de la mission agrobiosciences : Frédéric GOULET, *Le Paysan et la Nature, mythes fondateurs de l'intensification écologique*, Le Courrier de l'Environnement, sur www.agrobiosciences.org, pour plus de détails.

Dans la quête d'optimisation de l'utilisation des intrants (semences, engrais, pesticides, fumiers...) et d'économie d'énergie, l'agriculture conventionnelle a commencé à réduire progressivement son impact négatif sur la biodiversité du sol et sur la qualité des eaux souterraines. Ainsi, avec les analyses de sol et des reliquats d'azote, les CIPAN (Cultures Intermédiaires Pièges à Nitrate), les quotas d'azote, la pollution en nitrates des cours d'eau est déjà en diminution. Bien sûr, c'est un discours officiel très positif qu'il convient de relativiser, mais qui suit une certaine logique de progrès : l'agriculture conventionnelle a prouvé qu'elle peut produire en quantité. Il lui reste à prouver qu'elle peut augmenter en qualité. Et cela passe nécessairement par une meilleure prise en compte des processus écologiques.

En 2050, l'AEI aura vraisemblablement fusionné avec l'agriculture de précision. L'électronique et la micro-informatique sont des domaines qui évoluent rapidement ; les prix baissent sans cesse. Les capteurs à distance en particulier évoluent de façon étonnante[69]. Nul doute que les bio-capteurs qui équipent actuellement certains tracteurs vont suivre une telle évolution.

C'est une bonne chose que la diminution des impacts négatifs : cela confirme la tendance vers l'agriculture durable (qui serait autonome non seulement en matière mais aussi en énergie : objectif très difficile à atteindre et débat trop vaste pour ce cours). Cependant, ces agricultures fortement mécanisées seront toujours des maillons de l'industrie agroalimentaire, et donc par définition elles seront toujours sujettes aux désirs d'arnaque du consommateur et au désir d'exploitation de la Nature. Les divers scandales alimentaires et sanitaires engendrés par l'appât du gain feront toujours partie du quotidien en 2050. Et étant fortement mécanisée, ces agricultures emploieront encore moins de monde qu'aujourd'hui. Tant que la politique agricole commune de l'union européenne, et la politique agricole française, ne viseront qu'un seul objectif, celui d'exporter autant que possible, l'emploi agricole demeurera réduit et ses formes de travail seront industrielles. L'AEI sera dirigée non par des agriculteurs mais par des administrateurs, des banquiers et des multinationales de l'agroalimentaire, comme c'est le cas aujourd'hui pour l'agriculture conventionnelle. Respect de la Nature et absence d'éthique commerciale et sociale peuvent cohabiter ; l'Histoire regorge de situations dictatoriales où la raison était au service du vice.

Dans l'AEI les agriculteurs seront majoritairement des employés, les exploitations des entreprises anonymes voire des filiales de multinationales. Tout le contraire de l'agroécologie, avec ses jardiniers maîtres et possesseurs de leurs terres.

Notre opinion est que l'agroécologie peut perdurer à côté de l'AEI. La condition en est une législation humaniste qui reconnaisse le droit à choisir la forme de son travail, c'est-à-dire une législation qui garantisse la coexistence de l'artisanat et de l'industrie par respect pour les aspirations personnelles de chacun à mener une vie qui fait sens.

3 LES SEMENCES AUTORISÉES

Quel sera le statut des semences en 2050 ? Aujourd'hui, une poignée d'entreprises multinationales (des « global players » comme elles aiment s'appeler) produisent les deux tiers des semences *et* des variétés. Ces quelques entreprises auront-elles la main-mise sur tout le marché en 2050 ? On ne peut qu'espérer le contraire. Souhaitons que les associations telles que Kokopelli soient entendus par les élus et qu'elles soient légitimées. Notre opinion est qu'il faut revenir sur la définition de la semence. Actuellement, cette définition s'établit sur des critères technico-scientifiques seulement. Or, une graine porte aussi en elle une *histoire*. Une histoire culturelle tout d'abord : celles des paysans, jardiniers, agriculteurs, qui l'ont récoltée et semée chaque année. Une graine contient un peu, mais nécessairement, une « mémoire » des techniques de culture qui ont été utilisées pour la produire. Ces techniques varient toujours un peu, en fonction des préférences personnelles des jardiniers. Et une graine porte aussi une histoire locale : une graine qui vient de telle commune, qui vient du jardin de untel, qui est issue des plants qui ont résisté à une sécheresse mémorable ou à un été particulièrement pluvieux. Cette double histoire ne peut pas être résumée au seul génome porté par la graine – ou du moins, nous mettons au défi les scientifiques de prouver cela.

Au contraire, les semences produites par l'industrie ne possèdent pas une histoire relative à un terroir ou à un peuple. Elles sont le produit d'un travail technique de grande envergure, sur plusieurs décennies. Elles ont toute légitimité à être vendues. Mais toutes les autres semences, qui ont une histoire culturelle et locale, qui contiennent en elles les caractéristiques d'un terroir (sol, climat, faune et flore sauvage) et les décisions d'un peuple ou des habitants d'un certain espace (région, département, vallée, village…) doivent être libres de tout droit et libres à échanger. Elles

---

69 Ainsi le fameux « tri-corder » de Star Trek existe déjà en partie, car il est possible d'identifier à distance de nombreux métaux et alliages à l'aide d'un petit appareil portable.

sont un *bien commun* ; elles ne peuvent donc pas être vendues. La coexistence de ces deux catégories de semences est possible : il suffit de fixer les appellations, et nous proposons les termes de *semences techniques* et de *semences culturelles*. Tout jardinier agroécologiste d'aujourd'hui se doit de soutenir les semences culturelles libres de droit, en s'approvisionnant auprès d'associations telles que Kokopelli ou auprès de jardiniers locaux, si possible en produisant soi-même des semences.

4 EMPLOI AGRICOLE, INNOVATION ET VENTE

Les AB alternatives continueront de se démarquer de l'AEI par une valeur essentielle qu'elles incarnent aujourd'hui et depuis leur création : le travail artisanal. C'est dans le geste et la créativité, technique et conceptuelle, ainsi que dans le rapport avec une nature respectée, que se trouve l'épanouissement personnel. Cet artisanat des mains, de l'intellect et de la sensibilité, est-il possible quand on est dans la cabine d'un énorme engin agricole ? Ou que l'on est dans un bureau d'ingénieur ? Non, ce n'est pas vraisemblable. Donc même si elle demeure minoritaire, l'agroécologie a déjà réservé sa place pour le futur, car en face d'elle il n'y aura qu'une agriculture certes productive et plus respectueuse de la nature, mais qui emploiera encore moins qu'aujourd'hui. L'agroécologie a un fort potentiel d'emploi.

L'agroécologie demeurera artisanale, mais ses techniques auront bien sûr évolué entre-temps. Après le non-travail total du sol, après le semis sous couvert, qui aujourd'hui sont au cas par cas mis en œuvre et sont donc plutôt des principes directeurs, ces principes deviendront des généralités pratiques, tout comme aujourd'hui le paillage ou le compostage le sont. Pourquoi les techniques vont-elles nécessairement évoluer ? D'une part grâce à l'imagination des jardiniers tout simplement. D'autre part, parce que les connaissances scientifiques, notamment écologiques, évoluent constamment. La compréhension des relations entre les différents niveaux d'organisations des écosystèmes, de l'intérieur de l'organisme vivant jusqu'au paysage, progresse grâce au travail de fourmi des chercheurs qui collectent d'innombrables données sur chaque espèce. La science va fournir de plus en plus de connaissances pour guider un écosystème dans son ensemble, et non espèce par espèce (plante par plante ou animal par animal). Il sera très intéressant de comparer ces connaissances avec les techniques que les jardiniers auront inventées : il y aura peut-être des concordances, qui profiteront autant à la science qu'à l'agroécologie. Nous espérons, bien sûr, que les nouvelles connaissances scientifiques ne reposeront pas sur la causalité simple : nous espérons qu'elles seront au contraire un raffinement et / ou une extension de l'action dans la complexité (cf. sous-chapitre La complexité du jardinage p.164).

Qu'en sera-t-il des formes de vente ? La vente en circuit court aura-t-elle toujours des adeptes ? C'est vraisemblable. Par contre, il est vraisemblable que les paniers de légumes ne seront plus l'apanage des petits agriculteurs bio et des jardiniers agroécologistes ou permaculturels au sein d'AMAP (Association pour le Maintien de l'Agriculture Paysanne). En effet, avec les « drives » (achat sur internet, collecte au magasin), les hypermarchés peuvent faire des paniers, bio ou non, dans la logique de proposer des ensembles de produits plutôt que des produits seuls. Cela pourrait notamment bien convenir pour la vente des produits de l'AEI, qui sont plus diversifiés que ceux de l'agriculture conventionnelle actuelle. Ces paniers seraient alors une solution intermédiaire entre le vrai panier AMAP et le rayon frais du supermarché, ce qui pourrait séduire beaucoup de consommateur non désireux de franchir le pas du panier.

Enfin, le discours diffusionniste aura-t-il toujours autant de poids, c'est-à-dire l'agriculture sera-t-elle toujours autant dirigée par des experts plutôt que par les agriculteurs eux-mêmes ? C'est très probable, quand on sait que l'AEI n'est pas une remise en cause de l'application de la pensée industrielle à la production d'animaux et de plantes. L'AEI sera gouvernée par le haut. Cependant, il est vraisemblable qu'une nouvelle crise économique se produise, à moins que ce ne soit l'actuelle crise qui ne se termine en un apex destructeur. Dans ce cas, le triptyque ministères

– coopératives agricoles – spéculateurs pourrait se déconstruire. Le modèle diffusionniste pourrait alors être abandonné au profit par exemple d'une intelligence collective inspirée par des actuels groupes professionnels locaux d'agriculteurs.

5 LE JARDINIER DÉTENTEUR DE LA TRADITION AGROÉCOLOGIQUE

L'objectif de ce cours est de rassembler des points de vue variés pour définir et expliquer, sur des bases les plus solides et les plus larges possibles, ce qu'est l'agroécologie. Tel une araignée, nous avons tissé une toile avec des fils dans toutes les directions, pour essayer de saisir au mieux ce qu'est l'agroécologie. Nous espérons que cette diversité de points de vue saura soutenir la démocratisation de l'agroécologie.

Cependant, soyons certains qu'une fois démocratisée, en 2050 peut-être, elle n'aura pas tout à fait les caractéristique que nous lui avons attribué aujourd'hui. Elle aura évolué avec certitude dans ses techniques et peut-être aussi dans ses principes. Les autres considérations (épanouissement personnel, projet de société, implications psychologiques, philosophiques et spirituelles) ne devraient pas évoluer, car ils ont trait à la nature humaine qui, fondamentalement, ne change jamais. L'agriculture dans son ensemble aura évolué, sous l'effet de diverses forces sociales et naturelles et sous l'effet de forces internes (nous espérons que le développement de l'agroécologie participe à cette évolution). Donc la position de l'agroécologie ne sera plus celle d'aujourd'hui.

En politique existe une certaine mentalité qui consiste à privilégier le compromis : pas de monopôle mais une répartition équitable, pas de projet trop novateur, mais des projets doucement innovants, pas de volonté qui s'impose, mais un consensus. Cette mentalité ne convient pas à l'agroécologie : ses objectifs et ses principes ne sont pas négociables. Ce n'est pas une attitude intégriste, comme le disent certaines personnes hostiles, conservatrices ou douées de peu de raison. Tenir fermement à des principes peut certes mener une personne simple à un comportement fondamentaliste et intolérant. Mais pour une âme qui veut s'élever, au contraire l'attachement aux principes force à s'adapter personnellement à chaque situation et à être créatif.

Peut-être que l'agroécologie sera « récupérée » par ses opposants. Espérons alors qu'elle n'abandonnera pas tous ses objectifs originels, comme l'agriculture biologique officielle le fait en se mettant sous la coupe du législateur européen. Peut-être que les jardiniers agroécologistes se verront proposer de travailler comme employés, par des multinationales qui auront acheté énormément de terres agricoles, et qui auront parié sur un modèle de petites mais très nombreuses exploitations, en lieu et place du modèle actuel d'exploitation peu nombreuses mais gigantesques. Tout dépendra de la volonté des jardiniers agroécologistes de préserver les objectifs originels, en se référant en 2050 encore aux principes énoncés par Pierre RABHI ou Miguel ALTIERI (pour ne citer qu'eux). Les jardiniers sont les seuls garants de l'évolution intègre de l'agroécologie, qui a tout le potentiel pour devenir une longue tradition combinant agriculture et humanisme.

ANNEXES

Dans notre livre *Où va le monde*, des essais permettent d'approfondir certains des thèmes évoqués brièvement durant ce cours :

- Nous avons souvent invoqué les effets néfastes de la pensée industrielle appliquée au monde du vivant, c'est-à-dire appliquée selon nous hors de son contexte légitime. Nous expliquons les forces et les limites de la pensée industrielle dans l'essai du même nom.
- L'agroécologie est une forme d'agriculture qui se veut respectueuse de la Nature. Elle n'est pas pour autant une forme de protection de la Nature. Ce domaine d'activité est source de nombreux malentendus, pour nous Français de métropole qui n'avons plus de lien fort avec la Nature. L'essai *Protéger la Nature, ça veut dire quoi ?* présente toutes les conceptions existantes de cet ensemble d'activités dans la double perspective de respecter la Nature et de contribuer à une meilleure connaissance de soi-même. Le lecteur pourra faire des liens avec le jardin de Jorn DE PRÉCY, et ainsi remonter jusqu'à son propre jardin.
- Nous avons évoqué la géobiologie et la bioélectrographie, deux pseudo-sciences que certains pensent pouvoir utiliser en agriculture. L'essai *L'appareillage en pseudo-sciences : un vecteur du désir d'exploration* permet au lecteur de mieux comprendre un des mécanismes intellectuels qui rend les pseudo-sciences attractives.

Enfin, nous vous proposons quelques réflexions complémentaires.

1 AGROÉCOLOGIE, LE FUTUR C'EST MAINTENANT

J'ai écrit le texte qui suit en 2012, quelque temps après avoir suivi une formation de reconversion pour passer du travail en laboratoire au travail des champs. C'est une « profession de foi », j'explique toute ma motivation à devenir un jardinier agroécologiste. Depuis, trois années ont passé, le jardin agroécologique à vocation productive a été mis en place, trois livres ont été écrits sur le sujet. Je vous propose tout d'abord cette profession de foi, ensuite je vous expliquerai pourquoi comment mon opinion a évolué, surtout suite à la constatation de mon rendement !

1.1 Le point de départ

Durant les deux années à venir, je vais créer un grand jardin de 5000 m² pour produire et distribuer des légumes locaux, naturels et sains, en Basse-Normandie. Pour ces deux années d'investissement intense, j'alimente mon énergie et ma motivation auprès de nombreuses sources : j'ai fait au printemps 2012 la formation bio à la ferme de Sainte-Marthe, je fais mes premiers semis et composts dans le jardin de mes parents, je lis beaucoup, et je regarde beaucoup de documentaires en lien avec l'agriculture biologique. Parmi ceux-ci, le dernier documentaire de Marie-Monique ROBIN *Les Moissons du Futur* me motive particulièrement. L'auteur nous montre toute la capacité d'une nouvelle agriculture : l'agroécologie. Nouvelle, mais déjà confirmée, car les années pionnières étaient entre 1970 et 1990.

J'ai envie – en tant que futur maraîcher – de partager avec vous les raisons de ma motivation pour l'agroécologie. J'ai aussi envie – en tant que scientifique, ayant travaillé jusqu'en décembre 2011 pour l'industrie chimique des pesticides – de partager avec vous mon opinion sur le rôle de la science pour cette nouvelle agriculture. Enfin, j'ai envie – en tant que citoyen du monde, ayant vécu en Nouvelle-Calédonie, à Tahiti, à Hong-Kong, en Allemagne et en Métropole – de partager avec vous mon opinion sur la signification de l'agroécologie pour l'histoire mondiale de l'agriculture.

1.2 Une somme de techniques

M-M. ROBIN nous présente plusieurs cas concrets de techniques agroécologiques à travers le monde :
- la « milpa » au Mexique, triple association de légumes ;
- l'agroforesterie au Malawi, utilisation des feuilles d'arbre pour créer et maintenir l'humus du sol ;
- la « push-pull » au Kenya, utilisation de plantes attractives et répulsives pour contrôler les flux d'insectes phytophages ;
- la « teiki »au Japon, ferme autonome ;
- le semis direct en Allemagne, des plantes qui remplacent le labour et les engrais ;
- (on peut y ajouter la permaculture, la « community supported agriculture », la technique SRI de culture du riz, entre autres).

Les agriculteurs pratiquant ces techniques parviennent à une production plus que satisfaisante : en plus de vendre leurs produits, ils en nourrissent aussi leur famille et leurs aides. Ce « tour de force » – rendre les pesticides, OGM et engrais inutiles – repose sur l'adéquation optimale des techniques aux conditions locales naturelles (le climat, la faune et la flore endémiques) et sociales (marché, consommateurs, réseau de distribution). Elles permettent surtout pour l'agriculteur :
- l'autonomie et l'indépendance quant aux moyens de production ;
- de recréer et maintenir la fertilité du sol ;
- d'avoir, en plus des plantes pour la consommation et la vente, des plantes utilitaires ;
- de nouer des contacts honnêtes entre l'agriculteur, le commerçant et le consommateur ;
- et enfin, de prodiguer de la sérénité.

Ce dernier critère est pour moi très important : j'ai vu autour de moi par le passé trop de personnes effectuant un travail qui ne leur plaisait pas ; et je vois aussi actuellement comment le « stress » économique démotive beaucoup d'entrepreneurs. Je vous invite à faire attention au point suivant : interrogez un agriculteur sur son métier. Les premières choses dont il vous parlera seront les difficultés, nombreuses, qu'il rencontre. Ce n'est que bien plus tard, ou même peut-être pas du tout, qu'il vous parlera de son amour pour les plantes, la terre, les animaux. C'est une triste réalité, qu'il convient de ne pas prolonger !

M-M ROBIN nous le montre clairement : ces cinq critères sont substantiels à l'agroécologie. Donc, pour moi, l'agroécologie, c'est l'agriculture biologique *artisanale*. On choisit *volontairement* de garder la ferme petite, car on veut ces cinq critères. Cela correspond environ au ratio un hectare pour une personne, dans une exploitation type maraîchage. Si une personne s'occupe de plus d'un hectare, nécessairement elle doit mécaniser, et donc perdre de son indépendance (achat à crédit, entretien, combustible, assurance, etc.)

1.3 Le retour de la science

Effectivement ! Depuis les années 1970-1980, la science écologique étudie et explique les relations sol-plante, plante-plante, plante-animaux, animaux-sol. En 1967, elle est explicitement présentée et enseignée dans le manuel scolaire de la classe de première des éditions Hachette !

L'agriculture conventionnelle ne prend pas en compte les résultats des études écologiques. Ainsi on sait depuis les années 1970 que les pesticides, les engrais et le labour profond tuent la microfaune et la microflore du sol, qui pourtant sont essentiels pour apporter aux plantes les minéraux nécessaires à leur santé. Les hybrides, puis les OGM – derniers fleurons « scientifiques » de l'agriculture conventionnelle, ne font changer en rien l'utilisation d'engrais, de pesticides et du labour. La base scientifique de ce type d'agriculture est donc dépassée. Mais quelle est cette base me demandez-vous ? Cette base est un ensemble d'assertions :
- les phytophages et autres plantes envahissant les champs font baisser les rendements ;

- la monoculture est le meilleur moyen d'augmenter les rendements ;
- le sol est le support physique de la culture ;
- l'apport direct d'engrais aux plantes fait augmenter les rendements.

On a donc voulu transformer les champs en laboratoires, c'est-à-dire en espaces où tout est mis sous contrôle, où n'est présent que l'essentiel. Ce fut une application simpliste d'une attitude scientifique par ailleurs importante : le réductionnisme. On a voulu simplifier l'agriculture, pour mieux la contrôler : on a trop simplifié. Et Gaston Bachelard, philosophe qui a si bien su caractériser la démarche scientifique, aurait certainement dit de ces assertions qu'elles relèvent de l'état préscientifique typique d'avant la Renaissance : ce sont des intuitions rapides et des généralités, sur fond de valeur humaine (la maîtrise totale de la Nature comme droit humain inaliénable).

Et après la seconde guerre mondiale, avec la foi dans le progrès, on pensait bien qu'on arriverait à contrôler pleinement la Nature. Le discours économique l'emporte jusqu'à aujourd'hui ; l'agriculture rate massivement et volontairement les découvertes de la science écologique des années 1970-1980. Les coopératives, les industries de pesticides et d'engrais, les semenciers s'approprient à leur guise (de quel droit ?) le monde du vivant, et transforment le paysan en un ouvrier, qui ne peut même plus décider du prix auquel il vend ses produits !

Avec l'agroécologie, les découvertes de la science écologique sont enfin pleinement prises en compte. Si la milpa et la teiki sont plutôt issues d'aspirations traditionnelles, confirmées a posteriori par la science, l'agroforesterie, la « push-pull » et la méthode SRI de riziculture furent mises en place suite à des programmes volontaires d'expérimentation.

L'agroécologie permet aussi selon moi de faire de la science d'une nouvelle façon. On le voit dans le documentaire, les agriculteurs n'utilisent pas de grosses machines chères et compliquées. Le savoir prime ! Donc les scientifiques ne travaillent plus pour participer à l'invention de nouvelles machines – qui pourraient se vendre fort cher, d'où profit pour l'industrie de l'équipement agricole, d'où dettes pour l'agriculteur, etc, bref la spirale infernale actuelle de l'agriculture conventionnelle. Non, les scientifiques auront pour interlocuteur non plus un directeur d'usine de production d'engins agricoles, mais directement l'agriculteur.

1.4 Un tournant historique à l'échelle mondiale

Nous y voilà, enfin ! M-M Robin nous montre comment, localement, des techniques adaptées sont développées et utilisées. Ce n'est plus *une* forme d'agriculture, que les occidentaux veulent vendre, qui s'est répandue sur toute la planète à partir des années 1950. La nouvelle agriculture est une somme de techniques très variées, qui naissent partout ici et là, au Sud comme au Nord, car adaptées précisément aux conditions locales. Et il n'y a plus d'imposition, par la force (physique ou économique) d'une forme unique d'agriculture : l'agroécologie naît toujours sous forme d'initiatives locales. Moi qui vais démarrer une activité d'agriculture, je peux puiser dans ce panel de techniques, pour en développer une qui soit adaptée parfaitement à mes conditions. Je n'ai même pas besoin de me référer aux conseils des chambres d'agriculture !

Les conséquences de ce simple changement sont drastiques : elles forcent à la mise sur un pied d'égalité de tous les agriculteurs de la planète ! Le céréalier de la Beauce qui roule en mercedes n'a plus à recevoir plus de respect que le producteur de maïs vivrier au Malawi. Ce n'est plus la taille des machines qui compte, c'est la qualité du savoir. Je vais pratiquer l'agroécologie, cela me permettra d'échanger d'égal à égal de l'expérience avec n'importe quel autre agriculteur de la Terre.

C'est là une belle mondialisation qui est amorcée. J'espère qu'elle est le prélude à l'égalité des peuples, la vraie égalité, pas ce néo-colonialisme actuel par lequel nombre de commerçants occidentaux s'enrichissent sans retenue, en influençant la politique mondiale pour que les écarts de niveau de vie entre pays du Nord et pays du Sud s'agrandissent encore et encore.

1.5 Conclusion : l'agroécologie terre d'avenir

Alors, je crois en l'agroécologie. J'ai 33 ans, et je ne vois rien de mieux (pour l'instant). L'agriculture conventionnelle appartient au passé, selon moi. Ses défenseurs vont quitter peu à peu la scène, car les consommateurs sont de moins en moins dupes et de mieux en mieux informés. Alors, oui l'*industrie* agroalimentaire va débaucher dans les décennies à venir. Beaucoup d'intermédiaires parasites vont devoir changer de métier. Et justement, l'agriculture *vivrière* va embaucher massivement. Un hectare pour une personne. Les périphéries des villes vont se transformer en jardins agroécologiques. L'agriculteur écologique, avec son savoir raffiné, retrouve un statut enviable – ce n'est plus un technicien exploitant qui manipule le vivant sans le souci de l'éthique ni de la santé. Il faut dire au 4 millions de chômeurs français qu'il y a du travail pour eux, dans l'agroécologie. Vous me direz que cela nécessiterait de fermer les frontières, pour ne plus importer de fruits et légumes que l'on peut produire en France, ou au contraire ne plus exporter nos céréales et produits laitiers (qui, étant largement subventionnés, déconstruisent les économies agricoles des pays du Sud). Oui, et alors, ce serait un moindre mal ! Car aujourd'hui, nous n'avons plus de projet de société. Nous regardons les entreprises débaucher depuis trente ans. Depuis trente ans, la possibilité de pouvoir travailler diminue sans cesse, alors que les réseaux matériels et virtuels n'ont jamais été aussi développés. L'évidence est sous nos yeux : notre économie est en crise profonde. Il faut la changer.

Et puis l'agroécologie, par l'exemple des teiki où la rémunération est de la forme du don, préfigure une étape décisive de la société : la non-monétarisation des aliments. Moi j'y crois : un jour chaque être humain pourra vivre sans se soucier de trouver et payer trois fois par jour des aliments. Lorsque nous prendrons conscience que nous nous créons plus de soucis que nous ne résolvons de problèmes en utilisant l'argent pour assurer l'échange des aliments, nous abandonnerons l'argent. Un rêve ? Non : un projet de société. Une utopie ? Non, c'est plausible et possible. L'agroécologie n'est pas un retour à la bougie : si nos ancêtres, avec leurs petits lopins, étaient forcés à la famine par les rois, nos descendants exploiteront volontairement de petites surfaces, afin de produire mieux, et pour tout le monde.

Au vu de l'ampleur de la crise actuelle, seule une pensée qui « sort du lot », et d'une même ampleur, peut être à la base d'un scénario de sortie de crise. Faites votre choix, les dés sont jetés. Moi j'ai choisi.

1.6 Retour sur moi-même

Deux ans plus tard

Voilà deux saisons d'écoulées, deux saisons à la météo clémente et particulièrement ensoleillée pour la Normandie. Deux saisons pour démarrer un grand jardin, mais il en faut bien deux encore pour peaufiner l'organisation de toutes les tâches qui m'incombent, à moi l'apprenti jardinier agroécologiste que je suis devenu. Et quand ces deux années supplémentaires seront écoulées, je dirai certainement que je peux encore améliorer telle ou telle pratique culturale. L'art de jardiner est peut-être l'art qui requiert le plus de temps pour arriver à la perfection, car on n'a jamais qu'une seule occasion par an : quand on constate à mi-printemps qu'un semis est raté, quand on constate que la récolte a été incorrectement effectuée, il faut attendre l'année suivante pour pouvoir recommencer.

Mais la pratique parfaite de l'art est un objectif ... qu'il ne faut pas viser. La Nature enseigne rapidement que l'on n'est pas seul aux commandes du jardin (un enseignement qui doit valoir pour toutes les formes d'agriculture). Me voici bel et bien arrivé dans la complexité des plantes, du sol et des animaux, vaste ensemble irréductible où l'on ne peut pas planifier « de A à Z » mais seulement penser en stratège (cf. Agir dans la complexité p. 166). Et cela me plaît : place à l'observation, la réflexion, l'imagination et la créativité !

Je ne pense pas avoir dévié de ma motivation initiale. J'ai abandonné le terme de paysan, pour le remplacer définitivement par jardinier agroécologiste. Jardinier est un mot simple, pour qualifier une activité basique, humble, mais non moins essentielle (gründlich comme on dit si justement en allemand). C'est aussi un mot qui désigne une personne ayant le souci du détail et de la qualité. L'agroécologie a pour objectif la production de beaux et bons légumes, et les meilleurs légumes ne sont-ils pas justement ceux du jardin ? Je pense pouvoir dire que la qualité des légumes du jardin, qui poussent à leur rythme et dans une bonne terre, fait partie de notre patrimoine culturel. C'est une « valeur sûre ». Alors le jardinage agroécologique a toute sa place dans notre pays, car il permet justement de revivifier, d'actualiser, cette valeur culturelle.

Aujourd'hui je pense devoir reformuler mon opinion sur la fermeture des frontières. Un pays est pour moi comme une cellule : *ouverte sur le monde sans pour autant s'y dissoudre, se renouvelant grâce aux apports extérieurs et s'adaptant à son environnement sans pour autant sans perdre son identité.* Je ne suis pas pour une Europe où les nations seraient homogénéisées par tout un fatras de normes. C'est trop facile de s'unir par une uniformisation imposée d'en haut. On évite ainsi l'effort de gérer les différences internationales et le mot tolérance perd alors toute signification. Je pense que le vrai défi, qui est la vraie base pour des sociétés durables, est celui d'établir des relations amicales et stimulantes entre des pays qui ont justement des cultures différentes.

Je pense aussi qu'il est nécessaire d'insister sur la non-administration de l'agroécologie. L'administration (le ministère, les chambres d'agricultures) ne doit pas vouloir contrôler ou réglementer l'agroécologie. Si cela devait se produire, elle serait alors poussée dans le même chemin que l'agriculture biologique : industrialisation et financement par des spéculateurs (holdings et multinationales). Il faut dès à présent être très attentif à toute forme d'administration (j'entends par là l'administration au sens large, la fonction et non seulement l'institution). Administrer n'est rien d'autre qu'ordonner quoi faire et comment le faire. Sous couvert d'objectif national de production et de positionnement sur le marché mondial, l'administration peut imposer certaines techniques (ce qu'elle fait pour tous les domaines d'activité d'ailleurs). Cela ne peut qu'entraver la créativité des jardiniers agroécologistes et réduire l'optimisation des techniques, ce qui in fine fera baisser la qualité des fruits et légumes. L'agroécologie est bien trop jeune pour se permettre un tel compromis : elle en perdrait son identité à peine acquise.

Une comparaison avec l'Allemagne est instructive. Nos voisins ont de par leur tradition industrielle privilégié les entreprises agricoles de très grande taille, même en bio. En conventionnel, les fermes de plus de 1000 ha avec une cinquantaine d'employés sont courantes. La forte augmentation de la demande pour les produits bio incite à augmenter la production locale. Dans le même temps, les investisseurs fonciers et les holdings agricoles spéculent avec le prix des terres arables : l'agriculture bio allemande devient donc une affaire d'investissement et de retour sur investissement. C'est en partie pour ces raisons que je suis venu en France démarrer mon projet : il me semble qu'ici l'artisanat – et donc l'artisanat agricole – ait encore un avenir, quand bien même le droit du travail et les cotisations parfois aberrantes (non proportionnelles aux marges, décalées de deux années, liées à la surface cultivée…) lui sont défavorables. Mon projet d'agriculture artisanale n'aurait eu aucune chance de voir le jour en Allemagne, où, plus qu'en France, le progrès passe par l'industrialisation, rationalisme oblige. Ce n'est pas un hasard si c'est en France que se développent des concepts agricoles novateurs tels que la permaculture, les microfermes et l'agroécologie bien sûr. Peut-on poser la question de quelle forme sera la plus durable : la bio industrielle allemande ou la bio artisanale française ? Je n'ose pas faire de prévision, mais je suis certain d'une chose : il faut une législation et un régime de cotisation qui permette aux grandes comme aux très petites entreprises agricoles de *coexister*. Car sans cette base neutre, aucune des formes d'agriculture ne peut faire objectivement ses preuves (et n'est-ce pas aussi cela, une économie libérale ?). Mais bon, les règles de l'économie sont truquées pour l'agriculture encore plus que pour les autres domaines, et sans une volonté politique de neutralité, la forme d'agriculture qui sera durable sera sans surprise celle qui aura le plus influencé (pour ne pas dire corrompu) le législateur.

Trois ans plus tard

Et maintenant en 2015, voici comment je vois les choses. Je constate d'abord que ma profession de foi était prétentieuse au regard de ma production, très faible. Trop faible même pour que je ne dépende plus de l'aide sociale (RSA). Pour gagner 1000€ net par mois, soit 12 000€ net par an, il faut générer un chiffre d'affaires d'au moins 18 000€. À un prix de vente moyen de 2,5€/kg, il faut donc vendre au moins 7,2 tonnes de produits. Si nous posons 30 % d'invendus et de pertes liées aux ravageurs et aux intempéries, la production doit s'élever à 10,3 tonnes. La surface cultivée dans mon jardin étant de 800 m², la production au m² devrait être de 13 kg. Ce chiffre n'est pas réaliste : cette année mon rendement est de 1 kg au m². Avec plus d'années de pratique, je pense pouvoir le tripler. Il me faudrait donc augmenter ma surface cultivée et mécaniser plus de tâches de travail : c'est possible, mais alors je ne m'inscris plus dans la démarche agroécologique.

Les techniques sont efficaces et leur ensemble forme un tout cohérent. Le problème est plus prosaïque : aujourd'hui il faut au moins 5000€ par an pour vivre, et encore est-ce là le seuil de la pauvreté. Quoi qu'en pensent les âmes romantiques, tout se résume au *profit*. L'agroécologie est une démarche rentable dans les pays en voie de développement : elle permet à une économie agricole durable d'émerger là où auparavant régnaient la famine et la misère (méthode push-pull de Zeyaur KHAN au Kenya par exemple). Mais ici en France les aliments ont trop peu de valeur pour permettre une agriculture artisanale avec un faible rendement par heure de travail. Mes produits mériteraient d'être vendus plus cher que des produits biologiques, car je prends plus de soin du sol, je suis plus autonome, je consomme moins de pétrole. Mais personne n'est prêt, à la campagne, à payer huit euros un kilo de tomates, de haricots ou de fraises. L'agroécologie s'effondre face à cette réalité économique : je pense donc qu'elle est, en France du moins et pour aujourd'hui, une utopie.

La question du trop faible profit d'un jardin agroécologique semble reposer, plus fondamentalement, sur le choix volontaire d'utiliser très peu d'énergie fossile. L'agriculture, comme toute activité de production (au contraire des activités de services) requiert beaucoup d'énergie. Celle-ci est utilisée très majoritairement sous forme de pétrole et de ses dérivés. Michel BLAY, entre autres penseurs, nous rappelle avec clarté que le capitalisme est basé sur les actions, très simples dans leur principe, d'extraire quelque chose de la terre et de le revendre. C'est ce qui différencie le capitalisme des économies précédentes, qui se contentaient d'utiliser les forces de la Nature (par exemple l'eau et le vent pour les moulins). Aujourd'hui, les industries du pétrole et du charbon sont à la base de notre économie. Avec l'industrie minière, elles extraient la matière des profondeurs et sont de ce fait, si je puis me permettre l'expression, la source de notre économie. Elles vendent la matière extraite, ce qui fait rentrer l'argent dans le système économique. Plus on s'éloigne de cette source, plus l'argent se répartit entre de nombreuses mains, plus le profit diminue (cette perspective n'est pas pertinente pour les services). Le profit de l'agriculture conventionnelle repose exclusivement sur la mécanisation, c'est-à-dire sur la combustion d'énergie fossile. Sans tracteur l'agriculture moderne n'est simplement pas pensable (à la campagne, c'est à la taille du tracteur qu'on reconnaît le bon agriculteur). Pour résumer, qui brûle du pétrole gagne. L'agroécologie ne s'inscrit pas dans cette logique : elle se veut très loin de la source. Comment pourrait-elle alors s'insérer dans l'économie si elle en refuse le flux substantiel qui est la valeur ajoutée des activités mécanisées ? L'agroécologie trouverait par contre tout naturellement sa place dans une économie sourcée aux énergies renouvelables. Une autre utopie…

J'ai aussi fait le constat du labeur physique, indissociable du jardinage, même agroécologique. C'est un métier dans lequel on peut se ruiner la santé, car si l'on veut vendre beaucoup il faut produire beaucoup et l'on doit donc travailler de nuit, faire de longues récoltes, porter des charges régulièrement, travailler par tous les temps... Or il n'y a pas de raison aujourd'hui d'accepter que les maraîchers ou les jardiniers travaillent au printemps et en été comme des forçats 70 heures par semaine. D'un point de vue humaniste progressiste, ce n'est pas acceptable. Le progrès agricole de la révolution verte consistait justement, entre autre, à alléger la pénibilité du travail. Face à ce constat, la pensée d'une agriculture majoritairement salariée semble être la voie de la raison : maraîchers ou éleveurs pourraient travailler en équipe, 40 heures par semaine seulement et prendre des congés payés. Mais cela implique un renoncement, le renoncement à la « fierté paysanne » : la fierté simple de posséder un coin de cette bonne vieille terre, et de le faire fructifier. Le salarié ne possédera rien, tout appartiendra aux holdings et aux sociétés anonymes internationales. Déshabillée de cette fierté paysanne, notre société aura indubitablement perdu un de ses fondements. Cette voie semble rationnelle, mais elle comporte des incertitudes : les salaires seront-ils corrects ? Produira-t-on pour autant des fruits et légumes de qualité, à partir d'un sol respecté ? On pourrait, mais là aussi on s'inscrirait dans la continuation du modèle économique actuel. Au lieu de cela, je pense qu'il faut revenir à la question, certes encore irrésolue mais progressiste, d'un système législatif qui permettrait la coexistence d'une agriculture industrielle et d'une agriculture artisanale, où le labeur physique serait absent de l'une comme de l'autre. Cette législation n'existe pas encore, et le progrès consiste justement à faire advenir ce qui n'existe pas.

Revenons sur le plan philosophique. L'agroécologie de ma profession de foi comporte une erreur. C'est que pour être économiquement viable, elle requiert un changement total de société. Or un tel changement est multifactoriel et se produit sur des décennies sinon sur un voire deux siècles (ne sommes-nous pas aujourd'hui seulement dans la société imaginée par les philosophes des Lumières ?). Peut-être que dans cent ans, si les forces humanistes progressistes se maintiennent, l'agroécologie apparaîtra, aux yeux de la majorité (précision d'importance), comme une candidate sérieuse au poste d'agriculture nationale. Aujourd'hui, on en est très loin : même l'agriculture biologique, pourtant initiée dans les années 1970, n'apparaît toujours pas comme une candidate sérieuse malgré tout le bon sens qu'elle entend incarner. Comme le dit le proverbe : « c'est un grand tort que d'avoir raison trop tôt ». L'agroécologie n'est donc pas un combat de notre époque : avant, nous devons d'abord faire évoluer nos conceptions de l'industrie et de l'économie.

Il me semble que, en tant qu'utopie agricole, l'agroécologie est comparable aux acquis sociaux (congés payés, syndicats, 40 h par semaine...). D'après Jean BRUHAT et Marc PIOLOT, ces acquis ne résultent pas des théoriciens socialiste du XIXe siècle tels PROUDHON, qui prônaient la coopérative de production, le crédit gratuit, l'artisanat... Utopies d'ailleurs qualifiées par les auteurs p.20 d' « illusions dangereuses ». Pour résumer très rapidement l'ouvrage de BRUHAT et PIOLOT, les acquis sociaux résultent avant tout de l'union des ouvriers, et c'est parce qu'ils étaient très nombreux qu'il fut possible de contraindre le patronat à concéder des droits sociaux (je passe sur l'importance de Karl MARX et les débuts difficiles des syndicats en France). J'y distingue une similarité avec la (brève) histoire de l'agroécologie.

D'une part, on voit que l'agroécologie renoue avec les utopies socialistes du XIXe. Utopies louables, mais il faut avec résignation concéder que, comme toute utopie, elles ne sont pas réalisables en les forçant à l'existence (elles ne peuvent être décrétées, elles doivent advenir d'elle-mêmes, elles doivent émerger parce que les conditions rendent leur émergence inévitable, parce qu'il ne peut pas en aller autrement). Une utopie, c'est la description d'une situation désirable mais qui laisse dans l'ombre les efforts à faire pour y parvenir, ou sinon les balaie trop rapidement. D'autre part, on voit que « l'union fait la force ». Or aujourd'hui, les jardiniers agroécologistes sont très peu nombreux, et ils prennent grand soin de leurs utopies – comme je l'ai fait très consciencieusement ces trois dernières années. Le syndicalisme a émergé parce qu'au XIXe siècle le nombre d'ouvriers a considérablement augmenté. Or que pourrait-on imaginer qui pousserait un nombre considérable de Français à quitter les villes pour aller à la campagne et faire de l'agriculture artisanale (cf. Un projet de société basée sur l'agroécologie p. 82)? À moyen terme, à part l'effondrement total de notre société pour cause de pénurie de pétrole, et/ou une décision politique inédite de forcer le travail agricole pour cause de chômage trop important qui mettrait en danger la paix sociale, je ne vois pas d'autre déclencheur possible.

L'agroécologie est une forme récente d'agriculture. On ne peut donc pas l'apprendre par transmission de personne à personne : on l'acquiert en lisant nécessairement moult livres. Et, sur le papier, elle est très séduisante. C'est une fusion de philosophies (philosophie de la Nature et philosophie de l'humanisme) avec la réalité. Or la philosophie a dû avoir sur moi l'effet d'une drogue : on se réfugie dans les pensées, on y trouve à la fois les questions et les réponses, on se met hors du temps. Elle est addictive, de cette façon-là : quand on retourne dans la réalité, on jette un œil très rapidement aux écueils et on se contente d'espoirs inavoués. On croit que « ça va le faire »... Le retour à la réalité ne me fut pas plaisant !

L'agroécologie est donc à réserver aux jardins privés, elle n'a rien à faire dans les mains de producteurs professionnels qui doivent « faire du chiffre ». Uniquement dans un jardin privé ou associatif est-ce un rêve que l'on peut consommer sans risque. À moins que (car il ne faut jamais dire jamais) le jardinier agroécologiste ne se spécialise dans les fruits et légumes à haute valeur ajoutée : légumes de luxe ou petits fruits rouges. L'agroécologie comme artisanat haut de gamme, au même titre par exemple que l'ébénisterie (plutôt que la menuiserie), que la taille de pierres (plutôt que la maçonnerie au ciment) : c'est une voie possible, où un profit peut être plus raisonnablement espéré qu'avec une production potagère classique (choux, salades, haricots, radis...) Car l'offre conventionnelle est déjà très abondante pour ces légumes, et en plus ils ne bénéficient pas d'une image positive (le chou et les navets, c'est pas cool, on en mange quand on ne peut pas faire autrement). Faire du haut de gamme, destiné à une clientèle aisée, implique de renoncer à l'objectif de produire des fruits et légumes de qualité accessibles au plus grand nombre, et donc de renoncer au désir de « changer le monde », pour se ranger dans l'ordre actuel de l'économie.

Je sais que, souvent, la situation du jardinier impose de gagner beaucoup d'argent (pour subvenir aux besoins de sa famille, pour le logement ...) Dans l'immédiat la voie du haut de gamme est un compromis, mais qui doit n'être que temporaire. À l'horizon 2050, je pense que nous pouvons espérer de grands changements dans le monde agricole si nous trouvons les réponses aux deux questions suivantes : Comment faire coexister production artisanale et production industrielle ? Comment faire en sorte que toute la population ait accès à des fruits et légumes de qualité à prix raisonnable, qu'ils soient industriels ou artisanaux ? Répondons à ces questions, et un nouveau monde adviendra.

2 ÉLÉMENTS D'ÉCOLOGIE THÉORIQUE

L'écologie est la science de l'habitat des êtres vivants. Ses objets d'études sont les relations entre la biocénose (ensemble des organismes vivants) et le biotope (ensemble des éléments et conditions physiques), et les relations à l'intérieur de la biocénose (c'est-à-dire entre les populations d'organisme vivants). Le terme fut introduit par le biologiste HAECKEL en 1866, à la suite de l'œuvre de DARWIN en 1859.

La théorie des systèmes sous-tend l'écologie : un ensemble d'éléments, par leurs interactions, modifient les conditions de leur existence. Ces éléments, interactions et conditions forment une unité : un écosystème. L'expression associée à la systémique est bien connue : « le tout est plus que la somme des parties ». Le « tout » est une méta-structure, d'un niveau supérieur aux éléments. On peut l'illustrer ainsi : Les être humains sont désireux de se déplacer rapidement et en de nombreux endroits. Seul, un être humain ne peut rien faire pour faciliter grandement ce désir. Ensemble par contre, ils peuvent imaginer et une construire une méta-structure : un réseau routier. Une fois achevé, cette méta-structure incite les être humains à réorganiser leurs habitudes.

Intuitivement, on tend à différencier les organismes vivants du milieu physique. Mais nous allons voir que le sol, l'eau et l'air sont des milieux autant organiques que minéraux. Listons donc les catégories d'éléments associées intuitivement aux différents milieux :

Le sol (intuitivement associé aux éléments solides)	Matière organique fraîche en décomposition, à la surface (litière) : excréments, végétaux morts, animaux morts, etc.
	Humus : il est constitué de particules d'un complexe dit argilo-humique (mélange de matière organique avec des argiles et/ou des limons)
	Terre minérale (ne contenant ni humus ni matière organique)
	Roche mère (grès, granite, basalte...)
	Faune et flore du sol
	Racines
	Porosités remplies d'eau et d'air

Tableau 16 : Les constituants du sol

L'eau (les éléments liquides)	Eau de pluie
	Eau du sol (« solution du sol ») retenue entre les grumeaux d'humus
	Eau des nappes phréatiques
	Eau des lacs, étangs, rivières, ruisseaux, fossés
	Neige, grêle, glace
	Liquide des organismes : sève, nectar, sang, urine...
	Gaz dissout (en particulier O_2)
	Particules minérales et organiques en suspension
	Organismes aquatiques (algues, bactéries)

Tableau 17 : Les constituants de l'eau

L'air (les éléments volatils)	Gaz (O_2, N_2, CO_2)
	Agitation des molécules (température, vent, pression)
	Ensoleillement, lumière lunaire
	Poussières (d'argiles, de sables)
	Vapeur d'eau
	Phéromones des plantes et des animaux, molécules odorantes
	Pollen, spores
	Bactéries, champignons

Tableau 18 : Les constituants de l'air

Après les milieux, venons-en maintenant aux organismes vivants (des milieux terrestres) :

Groupe	Fonction	Précision
Végétaux	Plantes cultivées	Cultures Plantes compagnes
	Plantes sauvages	Rudérales (des champs) Sauvages vraies
Champignons	Du sol Du feuillage Des racines	Détritivores
Insectes	Du sol	Détritivores (acariens, collemboles, larves) Ravageurs Prédateurs de ravageurs
	Du feuillage	Ravageurs Prédateurs de ravageurs Pollinisateurs
Rongeurs	Consommateurs de racines Consommateurs de graines	Ravageurs, structurent le sol (galeries)
Oiseaux	Ravageurs Prédateurs d'insectes ravageurs	
Mollusques	Ravageurs Détritivores (consommation de matière organique en voie de décomposition)	
Bactéries	Détritivores Pionnières Symbiotiques	Partout présentes
Mousses, algues	Pionnières	

Tableau 19 : Classification fonctionnelle des êtres vivants

Tous ces éléments interagissent entre eux : le nombre et la diversité des interactions est donc très élevé. Ici sont listés 24 catégories d'éléments du milieu et 23 catégories d'organismes vivants, ce qui correspond à
- somme des interactions des éléments du milieu : 24 × 23
- somme des interactions entre organismes vivants : 23 × 22
- somme des interactions entre organismes vivants et éléments du milieu : 24 × 23

Soit au total, à partir de ces deux classifications très sommaires, 1610 catégories d'interactions possibles !

De plus, à chaque échelle spatiale (microscopique, œil nu, macroscopique) et temporelle (rythme circadien, lunaire, des saisons, des années) ces interactions engendrent des méta-structures qui interagissent entre elles, et varient. Une chose est donc certaine : les écologues sont des personnes qui sont très calmes !

3 EXTRAITS FERMENTÉS : SCIENCE OU CROYANCE ?

Nombre d'ouvrages recommandent l'utilisation d'extraits fermentés, de décoctions ou de tisanes de plantes, à diverses fins : conforter la croissance des cultures (purin d'ortie), repousser les ravageurs (purin de feuilles de rhubarbe), conforter le développement des fleurs et des fruits (purin de consoude), permettre aux plantes de cicatriser rapidement (purin de prêle). On recommande de les utiliser en pulvérisation sur les feuillage et d'éviter d'arroser directement au pied de la plante avec les purins. Pourquoi cette dernière préconisation ? Et les effets attendus sont-ils prouvés objectivement, grâce à l'utilisation de protocoles de test rigoureux et appropriés ?

Ces purins sont faciles à faire soi-même. Nous les utilisons en arrosage, dilués au dixième et toutes les deux semaines. S'ils ont vraiment un effet positif, pourquoi s'en priver ? Jusqu'à présent, nous n'avons pas constaté d'effet négatif. Avant de vous présenter notre opinion, voici celle de Christophe GATINEAU, que Gilles DOMENECH a repris sur son site www.jardinonssolvivant.fr, dans le contexte suivant :

> *L'objectif ici n'est ni d'encenser ni de déconseiller le purin d'ortie, mais de lancer un débat pertinent sur des bases scientifiques aussi solides que possible. Je laisse la parole à Christophe, bonne lecture !*
>
> *L'arrêté du 18 avril 2011 autorisant la mise sur le marché du purin d'ortie devait mettre un terme à la guerre de l'ortie qui durait depuis plusieurs années mais curieusement tous ont été insatisfaits, les pros et les anti.*
>
> *Conséquence d'une décision politique au détriment de toutes considérations scientifiques, cet arrêté autorise la tromperie du consommateur en légalisant le purin d'ortie comme un anti-mildiou et un acaricide, un mensonge dénoncé par les amis de l'ortie, dénoncé par les pros et les anti.*
>
> *Une fois encore, le consommateur est pris en otage et le purin d'ortie risque d'en payer la note dans un avenir proche.*
>
> *En effet, le problème n'est pas le jardinier qui fabrique et utilise son purin d'ortie, le problème est qu'en s'appuyant sur la Loi, on fasse croire aux consommateurs que le purin d'ortie possède certaines propriétés reconnues comme fausses et abusives.*
>
> *...*
>
> *3| État des lieux de la recherche.*
>
> *Si quelques essais de laboratoires ont mis en évidence certaines réponses du végétal soumis au purin d'ortie, tous les essais réalisés en plein champs ont été dans l'incapacité de les valider.*
>
> *Le GRAB (groupement de recherche en agriculture biologique) reconnaît avoir arrêté ses essais sur le purin d'ortie depuis 2004 faute de résultats. Depuis, ils ont recentré leurs travaux sur les décoctions et les tisanes d'orties. Même son de cloche du côté de l'ITAB où le responsable de la mission extraits naturelles confesse que les recherches sont concentrées uniquement sur les tisanes et les décoctions, car les résultats encouragent l'exploration de cette voie contrairement au purin d'ortie.*
>
> *Les bénéfices du purin d'ortie résultent aujourd'hui de quelques observations échafaudées en théories scientifiques comme celle de Terre vivante sur les vaccins végétaux !...*

Notre opinion n'est pas fixée quant aux véritables effets des purins. Si l'on croit que les purins ont un effet, c'est parce qu'on croit en une théorie explicative de leur effet. Alors, quel cadre théorique peut-on imaginer dans lequel l'effet des purins serait prédictible ? Telle est la question qui doit, avant toute querelle de société, être posée. Nous voyons deux théories possibles :

1. Le purin contient des minéraux. Il agit donc comme un engrais, que ce soit par arrosage au pied ou en pulvérisation foliaire (la pulvérisation foliaire est une méthode utilisée en serres en production intensive).

2. Le purin contient des bactéries. C'est en fait un élevage de bactéries, par la fermentation aérobie de plantes coupées mises dans de l'eau (le purin est agité quotidiennement durant environ deux semaines). Quand on arrose le sol avec, les bactéries en surnombre vont digérer l'humus présent dans le sol et le transformer en minéraux (elles minéralisent l'humus). Ou bien les bactéries meurent simplement et se décomposent en minéraux. Les minéraux vont alors être consommés par les plantes, qui vont grandir et être vigoureuses. D'ailleurs les préparations de bactéries EM (Effiziente Mikroorganismen) conçues par le Dr. Teruo HIGA de l'université d'Okinawa reposent sur cette théorie, et l'effet des EM est objectivement constaté : ces bactéries digèrent si bien la matière organique du sol qu'il ne faut rien y planter avant cinq semaines.

Voie à explorer : Les effets d'humification (transformation de la matière organique en humus) et de minéralisation (transformation de l'humus en minéraux) des purins sont à établir, même si actuellement les GRAB et ITAB les pensent inexistants...

Nous pensons qu'en fait, *c'est le choix de la pratique (pulvérisation ou arrosage du sol au pied des plantes) qui oblige ou non à utiliser un purin*. Il convient alors de bien choisir ce que l'on veut faire. Veut-on pulvériser ? Dans ce cas, il ne sert à rien de recouvrir la plante de bactéries, cela est même contre Nature. On pulvérisera donc des infusions et des décoctions de plante. En effet, ces méthodes de préparation extraient des molécules des plantes. La solution à pulvériser ne contient donc pas de bactéries. Les molécules déposées sur les feuilles auront un effet soit en étant absorbée par la plante à travers l'épiderme, soit par leur simple présence sèche sur la feuille (l'eau qui sert de solvant s'évaporant), tel que par exemple la protection physique de l'épiderme ou l'effet répulsif envers des ravageurs. Pour rappel, l'action des pesticides repose sur ce principe : les molécules actives soit agissent en demeurant en tant que résidu sec sur la feuille, soit agissent en pénétrant dans le végétal jusqu'à la sève et ainsi circulant dans toutes ses parties.

Veut-on arroser au sol ? Dans ce cas, on arrose avec de l'extrait fermenté dilué au dixième. Ainsi on augmente les minéraux disponibles pour la plante (par minéralisation de l'humus et par la décomposition des bactéries).

Comme toute technique, l'utilisation de purin a des limites d'usage, mais à ce jour d'aujourd'hui de telles limites ne nous sont pas connues. Pour ce qui est de l'arrosage, si notre théorie est correcte, trop de bactéries injectées dans le sol vont entraîner la digestion des racines des cultures. C'est ce que font les EM. Remarquons aussi que dans un compost en cours d'élaboration, se trouvent de très nombreuses bactéries (et champignons), et aucune plante ne pousse dans un tel milieu (il faut attendre 5-6 mois, c'est-à-dire que le compost soit « mûr » pour pouvoir planter dedans ou l'épandre). Et bien sûr, arroser des cultures avec des purins implique d'amener régulièrement de la matière organique comme couverture de sol (paillage de foin ou d'adventices, compost, copeaux, tonte, BRF...) afin de nourrir les bactéries. Sans un tel apport, l'arrosage de purin ne ferait pas de sens, car il épuiserait le sol. Il pourrait même gêner les plantes (les racines seraient consommées par les bactéries). Autre limites inconnues : quelle est la dilution optimale ? La minimale ? Avec quelle périodicité peut-on pulvériser ou arroser ?

Voie à explorer : Pour éviter d'apporter trop de bactéries dans le sol, il faudrait comparer purins et solutions d'EM dans leurs effets de minéralisation et d'humification de la matière organique, afin de déterminer la dilution minimale. De plus, le principe de complémentarité purin – couverture de sol devrait aussi être testé.

4 UTILISATIONS POSSIBLES DE LA FOUGÈRE

D'après l'article fougère de Wikipédia, juin 2014 :

- Paillage antifongique

La fougère, en particulier la fougère aigle (Pteridium aquilinum) commune dans les landes et forêts françaises, peut être utilisée en jardinage biologique. On la récolte de préférence sèche ou jaunissante, à l'automne. À cette époque de l'année, sa vocation première est de servir de protection contre le gel à toutes les plantes sensibles : mâches, chicorée sauvage, scarole, artichaut... Quand vient le printemps, la fougère se transforme en matériau idéal pour la couverture du sol. C'est dans les fraisiers qu'elle donne le meilleur d'elle-même grâce à son action allélopathique antifongique contre la pourriture grise. Mais on peut également l'utiliser pour pailler toutes sortes de cultures dès lors que le sol s'est réchauffé, en guise d'assurances anti-sécheresse et anti-mauvaises herbes. En paillage frais ou sec de 5 cm d'épaisseur environ, elle attire mais empoisonne les limaces, car elle contient un aldéhyde se transformant en métaldéhyde après fermentation. Le purin de fougère peut également être utilisé à cet effet et il serait encore plus efficace si l'on ajoute quelques marrons d'Inde écrasés lors de la fabrication.

- Purin de fougère insecticide

Le purin de fougère est également un insecticide puissant qui permet de détruire le puceron lanigère (que la plupart des insecticides chimiques n'arrivent pas à contrôler). Il serait également efficace contre le taupin de la pomme de terre et la cicadelle de la vigne. On l'utilise en pulvérisation diluée à 10 %. Pour le produire, il suffit de laisser fermenter 1 dose de fougère dans 10 doses d'eau puis de diluer le résultat de la fermentation dans 10 fois son volume d'eau. C'est un des rares insecticides naturels à utiliser en « curatif ».

- Engrais vert

La fougère aigle pousse dans les sols acides, mais elle n'acidifie pas le sol : c'est une plante améliorante qui contient de grandes quantités de chaux, remède naturel contre l'acidité. Mieux elle constitue un véritable engrais vert, 7 fois plus riche en azote, 3 fois plus riche en phosphore et 5 fois plus riche en potasse que le fumier de vache. Il est donc souhaitable de l'incorporer au sol après qu'elle a servi de « mulch ». Elle favoriserait le développement d'un important chevelu racinaire.

Dans l'ouest des Pyrénées, l'agriculture traditionnelle en tire encore profit. Fauchée fin juin, à demi séchée et très lentement brûlée dans une fosse deux fois plus profonde que large (pour éviter les flammes, les agriculteurs pratiquent l'écobuage en recouvrant sans cesse le foyer de nouveaux combustibles), elle donne une cendre très riche en potasse.

La fougère mâle (Dryopteris filix-mas) aurait des propriétés proches de la fougère aigle, sauf les actions antifongiques.

BIBLIOGRAPHIE

AMÉDÉE Frère, *Avec ta vache tire ton char*, Bibliothèque de l'éleveur, Rennes, 1988

ANONYME, *Analyses* n°59, 60, 63, Centre d'étude et de prospective du ministère de l'agriculture sur l'état actuel et les besoins en développement de l'AEI, 2013

ANONYME, *Basse Normandie – Plan régional d'aménagement et de développement*, Journal officiel de la république n°1266, 1965

ANONYME, *Dix clés pour comprendre l'agroécologie*, Ministère de l'agriculture, 2014

ANONYME, *L'enjeu français de l'agriculture de précision. Hétérogénéité parcellaire et gestion des intrants*, INRA, salon international du machinisme, 3 mars 1999

ANONYME, *Les filières de l'élevage français*, Les cahiers de FranceAgriMer, édition 2013

BESSON Yann, *Les fondateurs de l'agriculture biologique*, Sang de la terre, 2011

BEVIN Ernest, *Committee of European Economic Cooperation, Volume 1, General Report*, Paris, September 21, 1947

BLAY Michel, *L'existence au risque de l'innovation*, CNRS Éditions, 2014

BOURGUIGNON Claude et Lydia, *Le sol, la terre et les champs*, Sang de la terre, 2008

BRUCE M.E., Gartenglück durch Schnellkompost, Waerland-Verlagsgenossenschaft EG, date de publication inconnue (édition originale : Common Sense Compost Making, Faber and Faber Limited, London, 1946)

BRUHAT Jean, PIOLOT Marc, *Esquisse d'une histoire de la CGT*, confédération générale du travail, 1958

CAHUET Alméric, article *La vie et les livres*, L'Illustration n°5133, juillet 1941

CALLOC'H Pierre, *Le corps est notre meilleur médecin*, Initiation à la santé, 1975

CÉPÈDE Michel, *Réflexions sur la « réforme agraire ». Le rôle du technicien*. In : Économie rurale. N°53, 1962. pp. 3-7.
http://www.persee.fr/web/revues/home/prescript/article/ecoru_0013-0559_1962_num_53_1_1745

CHATELLIER et coll., *La consommation de viande bovine dans le monde et dans l'Union européenne : évolutions récentes et perspectives*, INRA-ESR, 2003

COAT Fabrice, Adieu paysans, Programm33, France Télévisions, 2015

DARRÉ Jean-Pierre, *Forum sociologie*. In : Langage et société, n°19, 1982. pp. 80-81.
http://www.persee.fr/web/revues/home/prescript/article/lsoc_0181-4095_1982_num_19_1_1880

DARRÉ Jean-Pierre, *L'invention des pratiques dans l'agriculture*, Karthala, 1996

DARRÉ Jean-Pierre, *Les hommes sont des réseaux pensants*. In : Sociétés contemporaines N°5, Mars 1991. pp. 55-66. foi : 10.3406/socco.1991.986
http://www.persee.fr/web/revues/home/prescript/article/socco_1150-1944_1991_num_5_1_986

DARRÉ Jean-Pierre. *Les dialogues entre agriculteurs (Étude comparative dans deux villages français, Bretagne et Lauragais)*. In : Langage et société, n°33, 1985. pp. 43-64.
http://www.persee.fr/web/revues/home/prescript/article/lsoc_0181-4095_1985_num3

DE PRÉCY Jorn, *Le jardin perdu*, Actes Sud, 2011 (édition originale 1912)

DEMING Edwards W., *Out of the Crisis*, Massachusetts Institute of Technology, 1982

DE SERRES Olivier, *Théâtre d'agriculture et mesnage des champs*, première édition 1600. 25e édition Actes Sud, 2001.

DUMAS Jean-Louis. *Liebig et son empreinte sur l'agronomie moderne*. In : Revue d'histoire des sciences et de leurs applications. 1965, Tome 18 n°1. pp. 73-108. doi : 10.3406/rhs.1965.2393
http://www.persee.fr/web/revues/home/prescript/article/rhs_0048-7996_1965_num_18_1_2393

ELIADE Mircea, *Mythes, rêves et mystères*, Gallimard, 1957

FRANCK Gertrud, *Gesunder Garten durch Mischkultur*, Südwestverlag, 1980

FORTIER Jean-Martin, *Le jardinier – maraîcher*, écosociété, 2012

FUKUOKA Masanobu, *L'agriculture naturelle. Théorie et pratique pour une philosophie verte*, Guy Trédaniel, 2010 (publié au Japon en 1985)

FUKUOKA Masanobu, *La révolution d'un seul brin de paille : une introduction à l'agriculture sauvage*, Guy Trédaniel, 2005 (publié aux USA en 1978)

GATINEAU Christophe, *Il ne faut pas pousser mémé dans les orties !*, www.jardinonssolvivant.fr, décembre 2012

GUILLOU et coll., *Le projet agroécologique : Vers des agricultures doublement performantes pour concilier compétitivité et respect de l'environnement. Propositions pour le Ministre*, agreenium INRA, mai 2013

GUILLOU et coll., *Note résumée « Le projet agroécologique : Vers des agricultures doublement performantes pour concilier compétitivité et respect de l'environnement »*, agreenium, 2013

HÄCKEL Ernst, *Generelle Morphologie der Organismen*, Georg Reimer, 1866

HARRIMAN ravel, *European recovery and american aid, a report by the president's commitee on foreign aid (parts one and two)*, Washington dc, november 1947

HERVIEU, PURSEIGLE, Sociologie des mondes agricoles, Armand Colin, 2013

HIGA Teruo, *EM une révolution pour sauver la planète*, International Books, 2013

HOUDEBINE Louis-Marie, en réponse à notre contribution « les OGM sont-ils nécessaires » ? rubrique Dialogue avec nos lecteurs, Sciences et pseudo-sciences, revue de l'AFIS, n° 308 avril 2014

JABIOL et coll., *L'humus sous toutes ses formes*, 2e édition, ENGREF – Nancy, 2007

JANSON Arthur, *Auf 300 qm Gemüseland den Bedarf eines Haushalts ziehen. Anleitung zum Gemüsebau des kleinen Mannes und zur Bewirtschaftung von Schreber – und Kleingärten aller Art*, ökobuch. 2010 (1. Auflage 1904). Traduction : « Nourrir une famille avec 300 m². Instructions à l'usage des gens simples et pour la gestion de jardins ouvriers et de toutes sortes ».

JODIER Jean-Alix, *Panorama de l'agriculture*, www.franceagricole.fr, janvier 2010

LE NAIRE Olivier, *Rabhi semeur d'espoirs*, Actes Sud, 2013

LE PAPE Yves. *L'agriculture biologique, une alternative ?*. In : Économie rurale. N°128, 1978. Écologie et société – 3e partie pp. 29- 31
http://www.persee.fr/web/revues/home/prescript/article/ecoru_0013-0559_1978_num_128_1_2602

LEGRAIN Philippe, Recensement *agricole*, Présence rurale n°22, Chambre d'agriculture de la Manche, décembre 2011

LELORRAIN Anne-Marie. *Le rôle de l'école laïque et des instituteurs dans la formation agricole (1870-1970)*. In : Histoire de l'éducation, N. 65, 1995. pp. 51-69. doi : 10.3406/hedu.1995.2770
http://www.persee.fr/web/revues/home/prescript/article/hedu_0221-6280_1995_num_65_1_2770

LEMAÎTRE Donatien, *Le business du commerce équitable*, Arte, 2013

LÉVÊQUE Christian, Écologie*, de l'écosystème à, la biosphère*, Dunod, 2001

MATHIAS Xavier, *Les idées reçues du jardinier*, Rustica, 2014

MAUPASSANT Guy de, *Un réveillon et autres contes de Normandie*, Larousse, 2008

MENDRAS Henri. *Objet, méthode et organisation de la sociologie rurale. In : Économie rurale. N°47, 1961. Sociologie rurale. pp. 67-72.
http://www.persee.fr/web/revues/home/prescript/article/ecoru_0013-0559_1961_num_47_1_1722

MILLET Séverine et coll., *L'agriculture et le changement*, lettre n°8, association Nature Humaine, mai 2012

MONTMEAS, REVELEAU, *Évolution des systèmes d'élevage ovin et bovin en France*, Société Centrale Canine – Société d'Ethnozootechnie, mai 2012

MOREAU, DAVERNE, *Manuel pratique de la culture maraîchère de Paris*, Bouchard-Huzard, 1845

MUMFORD Lewis, *Technique et civilisation*, Seuil, 1950

RABHI Pierre, *Du Sahara aux Cévennes*, Albin Michel, 2002

RABHI Pierre, *Vers la sobriété heureuse*, Actes Sud, 2010

REICHHOLF Josef H., *Naturgeschichten*, Knaus, 2011

RIBON Bruno. *Le rôle de l'engineering dans l'agriculture*. In : Économie rurale. N°74, 1967. La transmission des innovations dans un secteur dominé : l'agriculture. pp. 67-72. http://www.persee.fr/web/revues/home/prescript/article/ecoru_0013-0559_1967_num_74_1_1993

ROUPNEL, *Histoire de la campagne française*, 1ère édition Grasset 1932, Plon, 1974

SASSENSCHEIDT Edith et Wolfgang, *Anwendung von EM*, Emiko, 2001. www.emiko.de

SOREL Benoît, *Les associations de culture*, mémoire de fin de stage, formation bio à la ferme de Sainte-Marthe, 2012

TOUSTAIN DE BILLY, René (1643-1709), *Mémoires sur l'histoire du Cotentin et de ses villes. Première partie, Villes de Saint-Lô et Carentan par messire René Toustain de Billy*, Société d'archéologie et d'histoire naturelle du département de la Manche, 1864.

TRUMAN Harry, *Foreign Assistance Act of 1948, 80 th Congress, 20 Session, Chapter 169*, April 3,194

WEINRICH OSB, *Mischkultur im Hobbygarten*, Ulmer, 2008. Traduction : « Association de cultures pour le jardinier amateur »

TABLES

1 AUTEURS

Altieri .... 57 sv, 131, 225
Amédée 189
Ancori 111
Besson 57
Blay 87, 232
Bourguignon .. 14, 26, 36, 45, 57, 106, 108, 110,
....126 sv, 217
Boussingault 61
Bové 57
Brillat-Savarin 13
Bruce 215
Bruhat 233
Cahuet 82, 85
Calloc'h 8, 121
Cameron 168, 170
Cépède 64, 74
Champollion 184
Chatellier 89
Coat 190
Coleman 136, 210, 212
Couplan 19, 21, 205
Darré .... 2, 70, 108, 111 sv, 116, 147, 195, 197
Darwin 29, 77, 174, 234
de Gaulle 73
de Précy 77, 176, 191, 227
de Schütter 17, 100, 203
de Serres 15
Deming 96
Desbrosses .... 56 sv
Domenech 237
Dufumier 26, 57
Dumas 60
Eliade 178
Fortier 106, 152, 210
Fortier 88
Fraise 73
Franck .... 57, 76, 106, 137 sv
Fukuoka .. 41 sv, 57, 76, 80, 106, 110, 128, 143,
....150, 194, 204, 214
Gatineau 237
Gautier 77
Goethe 180
Goulet 222
Haeckel 77, 234
Hervé-Gruyer 88, 210
Hervieu et Purseigle .... 72 sv

Higa 238
Holmgren 208
Houdebine 201
Howard 57
Hoyningen-Huene 165
Jabiol .... 33, 45 sv
Janson 44, 57, 88, 90, 106, 122
Jekyll 77
Khan 16, 18, 49, 166, 171, 232
Lavoisier 33, 184, 214
Le Pape 55
Léger 63
Legrain 74
Lelorrain 72
Lemaître 80
Liebig 60, 184
Lovelock .... 169 sv
Malek 65
Mallasis 67
Marshall 73
Marx 233
Mathias 105
Maupassant 122
Mendras 62, 74, 152, 156
Mollier 217
Mollison 208
Montmeas 89
Moreau et Daverne 57, 61, 130, 210
Morel 63
Morez 57
Morin 167, 171
Müller 57
Mumford .... 57, 77, 80, 120, 123 sv
Nolan 198
Onfray 1, 157, 214
Pfeiffer 188
Piolot 233
Plotin 205
Proudhon 233
Rabhi   12, 57, 71, 76, 85, 106, 124, 131, 148 sv,
....158, 191, 225
Reichholf 35, 120
Ribon 68
Robin 227
Robinson 77
Roddenberry 53

Roesch 216   Steiner 57, 76, 166, 168, 184, 188, 213
Roupnel 119   Toustain de Billy 68
Segond 185   Ville 62
Soltner 57   Vincent 72
Spencer 77   Weinrich 44, 57, 138
Spinoza 14

2 MOTS-CLÉ

ADN 11   espèces spécialisées 35
adventices 13   exode urbain 83
agriculture du livre 105   extraits fermentés 15
agriculture écologiquement intensive 16   forçage 135
agroécosystème 15   franc-jardiniers 190
agroforesterie 39   fumer le sol 140
alchimie 184   Gaïa 169
amendement 140   green-washing 65
antagonistes 29   groupes professionnels locaux 112
apex évolutif 35   guidage des écosystèmes 78
attitude réductionniste 166   homéostasie 167
auto-organisation 37   humification 40
auxiliaires 29   humus 33
besoins fondamentaux de tout jardin 45   jardin-fantasy 207
bilan d'énergie 21   jardin-fiction 169
bilan de matière 21   jardin-fumier 47
bioaccumulation 11   l'innovation technique 87
biosphère 34   la pensée agroécologiste 115
chaulage 61   le modèle de la cellule 86
circuit court 80   légumineuses 89
circum 40 102   lessivage du sol 38
collemboles 33   lit de semence 36
complexe argilo-humique 33   litière 33
complexité 164   lutte biologique 29
compostage 15   méthode réductionniste 205
compostage horizontal 33   micro-ferme 88
connaissances pour l'action 70   micro-terroir 52
connaissances pour l'action 112   modèle standard d'organisation du territoire 87
consommation de luxe 128   molécules xénobiotiques 11
couverture du sol 27   mulch 15
cycle sylvigénétique 34   néo-paysans 112
design 208   OGM 10
dragon vert 207   optimisation génétique 68
écogénicité 41   parcimonie 22
économies d'échelles 80   pensée binaire 177
écosystème 8   pensée discriminante 205
effet hétérosis 69   phyllotaxie 41
effets synergiques 11   physiologie cellulaire 11
effets xénotropes 138   phytosociologie 38
empirisme 171   Planches permanentes 118
engrais verts 15   plantes hybrides 12
espèces généralistes 35   plantes rustiques 45

push-pull	16	semences techniques	224
régénération de la nature	78	seuil d'efficacité	178
régionalisation des productions	67	sociologie des sciences	63
régulation	180	structure fertile du sol	14
remembrement	67	symbiose	38
résilience	37	système	164
retour à la terre	83	système de production	195
révolution verte	19	système fumier	93
rhizosphère	126	système herbe	93
sagesse	159	texture du sol	48
schéma diffusionniste	71	théorie du sol naturel	52
science spirituelle	213	traditions agricoles	28
scientistes	11	turicules	33
sélection massale	68	utopie	233
semences culturelles	224	valeur organoleptique	130

3 SIGLES

ATP	11	GRAB	56	MSA	95
DDT	11	ITAB	56	AGRESTE	101
BRF	15	CIRAD	57	SAU	101
INRA	16	DATAR	63	BPREA	112
FAO	17	INA	64	BTA	112
PNUE	17	PAC	67	CFPPA	113
UTH	20	ARVALIS	71	TCS	143
BRF	27	ACTA	71	IFREMER	172
Bt	29	ITIA	71	AEI	201
NPK	30	GEVES	71	CIPAN	222
CAH	33	CEE	73	AMAP	224
INRA	48	GAEC	75	EM	238
IRSTEA	48	MSA	82		

4 EXPRESSIONS

La tête est en avance sur les mains	5
Dis-moi comment tu cultives, et je te dirai qui tu es	7
Dis-moi comment tu manges, et je te dirais qui tu es	13
Il faut savoir ce que l'on veut	22
La fonction, la limite d'usage, les avantages et les inconvénients	28
Rien ne se perd, rien se crée, tout se transforme	33
La nature a horreur du vide	36
Ceux qui avaient raté le train du progrès	56
La carotte et le bâton	74
Observe, imagine, réfléchis et agis	76
On fait avec ce qu'on a	79
Faire confiance, c'est bien. Contrôler, c'est mieux	96
Le médecin de l'humanité	96
Des légumes comme avant	98
C'est dans les vieilles casseroles qu'on fait la meilleure cuisine	100
Ordo ab chaos	116
Le jardin peut travailler pour nous	118
Ici et maintenant	119

La force n'est rien sans la souplesse 120
L'outil permet autant qu'il oblige 123
J'achète donc je suis 151
La terre ne ment pas 152
À chaque heure son objectif, à chaque objectif son plan 153
Le sol est bien bas, mon bon monsieur 156
On ne peut pas être à la fois beau parleur et solide travailleur 156
Quand on a bien mal au dos, c'est qu'on a bien travaillé 157
Le tout est plus que la somme des parties 169
Toujours tout le temps 172
C'est un grand tort que d'avoir raison trop tôt 233
L'union fait la force 233

5 TABLEAUX

Tableau 1 : De l'agriculteur au chasseur – cueilleur 19
Tableau 2 : Les quatre dimensions de tout outil, technique, moyen 27
Tableau 3 : L'emploi agricole en 2012 82
Tableau 4 : Répartition de la population en 2006 84
Tableau 5 : Notre production en 2014 90
Tableau 6 : Affectation des surfaces cultivées dans notre jardin agroécologique ... 91
Tableau 7 : Production estimée du jardin en 2016 91
Tableau 8 : Estimation du CA bas pour 2016 92
Tableau 9 : Estimation du CA haut pour 2016 92
Tableau 10 : Production française de fruit et légumes en 2012 101
Tableau 11 : Comparaison du rendement énergétique 131
Tableau 12 : Expériences spirituelles possible selon la forme d'agriculture ... 194
Tableau 13 : Les moyens de percevoir la réalité 214
Tableau 14 : Classification normative des agricultures 218
Tableau 15 : Mécanisation des différentes formes d'agriculture 219
Tableau 16 : Les constituants du sol 235
Tableau 17 : Les constituants de l'eau 235
Tableau 18 : Les constituants de l'air 235
Tableau 19 : Classification fonctionnelle des êtres vivants 236

6 ILLUSTRATIONS

Illustration 1 : Comment passer des connaissances à la pratique 26
Illustration 2 : Cycle du phosphore schématisé. Lévêque 2001 30
Illustration 3 : Cycle de l'azote schématisé. Wikipédia 2014 31
Illustration 4 : Cycle de l'eau schématisé. Wikipédia, 2014 31
Illustration 5 : Cycle du carbone schématisé. Wikipédia 2014 32
Illustration 6 : Cycle de la matière organique schématisé 32
Illustration 7 : Naissance et évolution d'un écosystème. Wikipédia 2014 35
Illustration 8 : Hiérarchie des théories 51
Illustration 9 : Schéma diffusionniste 71
Illustration 10 : Symbole de l'agroécologie 97
Illustration 11: Variation annuelle de l'ensoleillement (France) 136
Illustration 12 : Planning annuel des techniques de soin au sol 146
Illustration 13 : Causalité simple et causalité multiple 165
Illustration 14 : Symbole du fauchage 182